编号：2014-1-164

生物化学

第三版

陆正清　陆　璐　主编

韩秋敏　王　静　刘连成　副主编

翟玮玮　主审

化学工业出版社

·北京·

内容简介

《生物化学》为“十四五”职业教育国家规划教材及“十二五”职业教育国家规划教材，也是“十二五”江苏省高等学校重点教材。主要内容包括糖类化学、蛋白质、酶、核酸、辅酶和维生素、生物氧化、糖代谢、脂类代谢、蛋白质降解和氨基酸代谢、核苷酸代谢、物质代谢调节、信息分子代谢、肝脏的生物化学、生物化学实验等。为了方便教学，书中每章配有教学课件、部分章节配有微课、练习题（配有参考答案），扫书中二维码即可获得。

本书注重理论和实践的结合，注重学生职业能力培养，注重新技术及新知识的运用，注重课程思政元素的有机融入，培养学生的家国情怀和工匠精神。

本书可作为高职高专医药卫生大类、食品药品与粮食大类、生物与化工大类及相关专业的教材，也可作为其他专业学生学习生物化学课程的选修或辅修教材及参考书。

图书在版编目（CIP）数据

生物化学/陆正清，陆璐主编. —3 版. —北京：化学工业出版社，2020.10（2025.2 重印）

“十二五”职业教育国家规划教材

ISBN 978-7-122-37550-6

Ⅰ.①生… Ⅱ.①陆…②陆… Ⅲ.①生物化学-高等职业教育-教材 Ⅳ.①Q5

中国版本图书馆 CIP 数据核字（2020）第 152941 号

责任编辑：旷英姿　蔡洪伟　　　装帧设计：王晓宇

责任校对：王　静

出版发行：化学工业出版社（北京市东城区青年湖南街 13 号　邮政编码 100011）

印　　装：北京云浩印刷有限责任公司

787mm×1092mm　1/16　印张 18　字数 471 千字　　2025 年 2 月北京第 3 版第 7 次印刷

购书咨询：010-64518888　　　售后服务：010-64518899

网　　址：http://www.cip.com.cn

凡购买本书，如有缺损质量问题，本社销售中心负责调换。

定　　价：49.00 元

第三版前言

《生物化学》自2010年9月第1版、2015年6月第2版出版以来，已被国内多所高职院校用作医药卫生大类、食品药品与粮食大类、生物与化工大类及相关专业的教材。使用本教材院校的广大师生不仅对本书有关基础理论知识的取舍、新知识和新技术的补充、各章节内容的编排、体例设计及编写特色等方面给予了充分的肯定，同时也提出了一些很好的建议和意见，我们已在本书第3版的编写过程中予以采纳。

教材第3版除了对第2版各章节内容进行完善外，还体现了以下特点：

(1) 在课程思政方面，能将思想政治教育渗透到专业知识教学中，充分体现党的二十大报告提出的“培育创新文化，弘扬科学家精神，涵养优良学风，营造创新氛围”等理念。通过思政元素的渗透，贯彻党的二十大提出的落实立德树人根本任务精神，培育学生爱国情怀、工匠精神和创新精神，树立社会主义核心价值观。

(2) 内容的编排上，在突出“三基（基本理论、基本知识、基本技能）”基础上，进一步加强了本课程与前、后续课程的衔接与联系，进一步注重相关内容的逻辑关系，由浅入深、重点突出、条理清晰，便于教师的讲解和学生的学习。

(3) 在新知识补充方面，密切关注本学科及行业理论、技术发展以及新技术在医药、食品、生物产业中的应用，并将其融入教材中，尽可能地保持教材的先进性，服务于专业人才培养目标，提高教学效果，提高人才培养质量。

(4) 为进一步增加教材的应用性、趣味性和可读性，以激发学生的学习兴趣，在体例设计上，保留了每章前设置的“学习目标”及每章后设置的“本章小结”“练习题”和“阅读材料”等栏目。另外，相关章节增加了与行业企业相关案例及教学动画（扫描书中二维码获取），进一步扩展了学生的知识面及增强学生对知识点的理解。

(5) 本书实验内容作了一定的修改，以增加实验项目的实用性和可操作性，体现职业岗位特色。

(6) 本书各章配有教学课件，部分章节配有微课（扫描书中二维码获取），便于教师教学时使用，也便于学生加深对相关内容的理解。

(7) 将第2版各章后的“复习思考题”用“练习题”替换，练习题的题型及内容更丰富且更有针对性，各练习题答案附在封底二维码中。

本书由江苏食品药品职业技术学院陆正清、江苏卫生健康职业学院陆璐担任主编，江苏食品药品职业技术学院韩秋敏、王静、刘连成担任副主编，参加编写工作的还有湖南化工职业技术学院温拥军，太原科技大学李文斌，常州工程职业技术学院邱玉华，长沙环境保护职业技术学院杨利平，中山火炬职业技术学院李晓璐，江苏食品药品职业技术学院杨猛、时小艳，江苏卫生健康职业学院张晶、肖顺华。全书由陆正清负责统稿，江苏食品药品职业技术学院翟玮玮教授主审。

本书第4次印刷，康缘药业股份有限公司吴云、浙江迦南科技股份有限公司方环提供了部分数字化资源及相关技术指导意见。

本教材编者参考了相关文献、资料，包括网上资料，在此表示衷心感谢。由于生物化学的发展非常迅速，涉及的知识领域较广，且时间仓促、水平有限，不妥之处在所难免，恳请读者批评指正。

编者

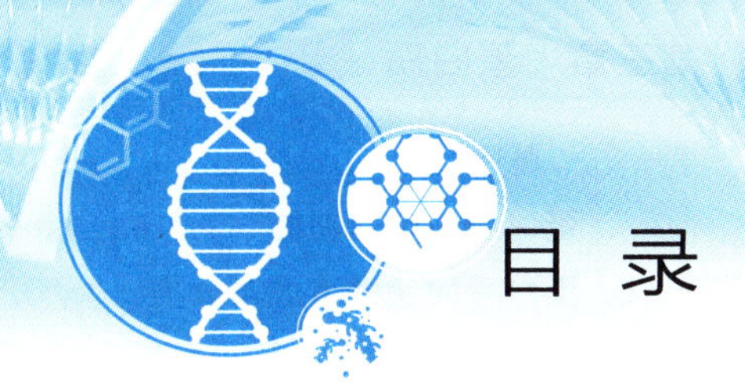

目 录

第一章　绪论　/ 001

一、生物化学的概念、研究内容及其与专业学习的关系　/ 001
二、生物化学的发展过程及研究热点　/ 002
三、生物化学与现代工业、农业、医药等领域的联系　/ 004
四、生物化学的学习方法　/ 005
本章小结　/ 005
练习题　/ 006
阅读材料　生物化学的发展应用前景　/ 007

第二章　糖类化学　/ 009

第一节　概述　/ 009
一、糖的概念　/ 009
二、糖的种类　/ 009
三、糖类的生物学功能　/ 010
第二节　单糖　/ 010
一、单糖的结构　/ 010
二、单糖的性质　/ 012
三、重要的单糖和单糖衍生物　/ 015
第三节　二糖　/ 016
一、还原性二糖　/ 016
二、非还原性二糖　/ 016
第四节　多糖　/ 017
一、淀粉　/ 017
二、纤维素　/ 019
三、糖原　/ 019
四、果胶质　/ 019
第五节　复合糖　/ 020
一、糖蛋白　/ 020
二、蛋白聚糖　/ 021
三、肽聚糖　/ 021
本章小结　/ 021
练习题　/ 022
阅读材料　纤维素生物燃料：最有希望替代石油能源　/ 024

第三章　蛋白质　/ 025

第一节　概述　/ 025

一、蛋白质的生理功能　/ 025

二、蛋白质的元素组成与分类　/ 027

第二节　氨基酸　/ 028

一、氨基酸的结构与分类　/ 029

二、氨基酸的理化性质　/ 029

三、氨基酸的制备和用途　/ 030

第三节　肽　/ 031

一、肽和肽键　/ 031

二、天然存在的重要的活性肽　/ 031

第四节　蛋白质的分子结构　/ 031

一、蛋白质的一级结构　/ 031

二、蛋白质的二级结构　/ 032

三、蛋白质的三级结构　/ 034

四、蛋白质的四级结构　/ 035

第五节　蛋白质结构与功能的关系　/ 035

一、蛋白质一级结构与功能的关系　/ 035

二、蛋白质的空间结构与功能的关系　/ 035

第六节　蛋白质的理化性质　/ 036

一、蛋白质的两性性质和等电点　/ 036

二、蛋白质的胶体性质　/ 036

三、蛋白质的变性与复性　/ 037

四、蛋白质的颜色反应　/ 037

第七节　蛋白质的分离纯化及分子量测定　/ 037

一、蛋白质分离纯化的一般原则　/ 037

二、分离纯化蛋白质的一般程序　/ 038

三、蛋白质分子量测定　/ 039

本章小结　/ 039

练习题　/ 040

阅读材料　蛋白质组学　/ 043

第四章　酶　/ 044

第一节　概述　/ 044

第二节　酶的命名与分类　/ 044

一、酶的命名　/ 044

二、酶的分类及编号　/ 045

第三节　酶的化学本质、组成及催化特点　/ 046

一、酶的化学本质　/ 046

二、酶的组成　/ 046

三、酶的催化特点　/ 047
第四节　酶的结构与功能　/ 048
一、酶的活性中心　/ 048
二、酶原与酶原的激活　/ 048
三、别构酶与同工酶　/ 049
第五节　酶的作用机制　/ 050
一、酶与底物分子的结合　/ 050
二、影响催化效率的因素　/ 050
第六节　酶促反应的速率和影响反应速率的因素　/ 052
一、酶促反应速率的测定　/ 052
二、影响酶促反应速率的因素　/ 052
第七节　酶的分离纯化与活力测定　/ 057
一、酶分离提纯　/ 057
二、酶的保存　/ 058
三、酶活力测定与酶活力单位　/ 058
第八节　酶工程简介　/ 059
一、化学酶工程　/ 059
二、生物酶工程　/ 059
三、酶工程的应用　/ 059
本章小结　/ 060
练习题　/ 061
阅读材料　第一个证明酶是蛋白质的人　/ 062

第五章　核酸　/ 063

第一节　概述　/ 063
第二节　核酸的化学组成　/ 064
一、核酸的元素组成　/ 064
二、核酸的基本组成单位——核苷酸　/ 064
三、细胞中的游离核苷酸及其衍生物　/ 067
第三节　核酸的分子结构　/ 068
一、DNA 的分子结构　/ 068
二、RNA 的分子结构　/ 071
第四节　核酸的性质　/ 073
一、核酸的一般性质　/ 073
二、核酸的紫外吸收　/ 073
三、核酸的变性和复性　/ 073
四、核酸的杂交　/ 074
五、核酸的研究与生物技术的关系　/ 075
第五节　核酸的研究方法　/ 075
一、核酸的分离、提纯和定量测定　/ 075

二、核酸的超速离心 / 076
三、核酸的凝胶电泳 / 076
四、核酸的核苷酸序列测定 / 077
本章小结 / 077
练习题 / 078
阅读材料 核酸的研究与现代分子生物学技术 / 081

第六章 辅酶和维生素 / 083

第一节 水溶性维生素 / 083
一、维生素 B_1 和羧化辅酶 / 083
二、维生素 B_2 和黄素辅酶 / 084
三、泛酸和辅酶 / 085
四、维生素 B_5 和辅酶Ⅰ、辅酶Ⅱ / 085
五、维生素 B_6 和磷酸吡哆醛 / 086
六、生物素 / 087
七、叶酸及叶酸辅酶 / 087
八、维生素 B_{12} 和辅酶 B_{12} / 088
九、硫辛酸 / 088
十、维生素 C / 088
第二节 脂溶性维生素 / 089
一、维生素 A 和胡萝卜素 / 089
二、维生素 D / 090
三、维生素 E / 091
四、维生素 K / 091
第三节 作为辅酶的金属离子 / 092
一、金属酶类与金属激活酶类 / 092
二、含铁酶类 / 092
三、含铜酶类 / 093
四、含锌酶类 / 093
本章小结 / 094
练习题 / 094
阅读材料 中国维生素产业的发展历程和市场前景 / 097

第七章 生物氧化 / 098

第一节 生物氧化概述 / 098
一、生物氧化的概念、特点 / 098
二、生物氧化酶类 / 099
三、高能磷酸化合物 / 099
第二节 电子传递链 / 099

一、电子传递链的组成及功能 /099
二、NADH 氧化呼吸链 /100
三、$FADH_2$ 氧化呼吸链 /100
四、电子传递抑制剂 /101
五、线粒体外 NADH 的氧化 /102
六、ATP 的生成 /102
本章小结 /104
练习题 /105
阅读材料 生物质能 /108

第八章 糖代谢 /109

第一节 糖酵解 /110
一、糖酵解（EMP）的反应过程 /110
二、糖酵解的反应特点 /112
三、糖酵解途径的调节 /113
四、糖酵解的生理意义 /113
五、丙酮酸的去路 /114
第二节 糖的有氧氧化 /114
一、糖的有氧氧化的过程 /115
二、糖的有氧氧化的生理意义 /120
第三节 磷酸戊糖途径 /121
一、磷酸戊糖途径的过程 /121
二、磷酸戊糖途径的生物学意义 /124
第四节 糖原的代谢 /125
一、糖原合成 /125
二、糖原分解 /126
第五节 糖的异生作用 /126
一、生化反应过程 /127
二、糖异生的调控 /127
三、糖异生的重要意义 /128
第六节 血糖 /128
一、血糖的来源和去路 /128
二、血糖浓度的调节 /129
三、糖耐量及耐糖曲线 /129
四、高血糖与低血糖 /130
本章小结 /130
练习题 /131
阅读材料 蚕豆病 /135

第九章　脂类代谢　/136

第一节　脂肪的降解　/137
一、脂肪的酶促降解——脂肪动员　/137
二、甘油的降解与转化　/137
三、脂肪酸的氧化分解　/138
第二节　脂肪的生物合成　/141
一、α-磷酸甘油的生物合成　/142
二、脂肪酸的生物合成　/142
三、甘油三酯的生物合成　/145
第三节　磷脂的代谢　/146
一、甘油磷脂的合成代谢　/146
二、甘油磷脂的降解　/147
第四节　胆固醇的代谢　/148
一、胆固醇的合成　/148
二、胆固醇的酯化　/149
三、胆固醇在体内的代谢转变与排泄　/149
第五节　血脂与血浆脂蛋白代谢　/150
一、血脂　/150
二、血浆脂蛋白的分类、组成及结构　/150
本章小结　/152
练习题　/153
阅读材料　脂蛋白代谢紊乱与动脉粥样硬化　/154

第十章　蛋白质降解和氨基酸代谢　/156

第一节　蛋白质的营养作用　/156
一、蛋白质的生理功能　/156
二、蛋白质的生理需要量　/157
三、蛋白质的营养价值及互补作用　/157
第二节　蛋白质的消化吸收与腐败　/157
一、蛋白质的消化吸收　/157
二、蛋白质的腐败作用　/158
第三节　蛋白质的酶促降解　/158
一、蛋白酶　/158
二、肽酶　/159
三、蛋白质的酶促降解　/159
第四节　氨基酸的一般代谢　/159
一、脱氨基作用　/159
二、脱羧基作用　/161
三、氨基酸分解产物的去向　/163

四、一碳单位的代谢 /166
第五节 发酵生产谷氨酸的生物化学机理 /166
一、谷氨酸生物合成途径 /166
二、谷氨酸生产菌需具备的生物化学特点 /167
本章小结 /167
练习题 /168
阅读材料 汉思·阿道夫·克利布斯 /169

第十一章 核苷酸代谢 /170

第一节 核苷酸的合成代谢 /171
一、嘌呤核苷酸的合成代谢 /171
二、嘧啶核苷酸的合成代谢 /173
三、脱氧核苷酸的合成代谢 /173
第二节 核苷酸的分解代谢 /175
一、嘌呤核苷酸的分解代谢 /175
二、嘧啶核苷酸的分解代谢 /176
第三节 核苷酸代谢与临床医学 /176
一、痛风症 /176
二、Lesch-Nyhan 综合征 /177
三、核苷酸的代谢拮抗物及临床应用 /177
本章小结 /178
练习题 /178
阅读材料 痛风 /181

第十二章 物质代谢调节 /183

第一节 代谢途径的相互关系 /183
一、糖代谢与脂肪代谢的关系 /183
二、糖代谢与蛋白质代谢的相互关系 /184
三、脂肪代谢与蛋白质代谢的相互关系 /184
四、核酸代谢与其他代谢途径关系 /185
第二节 代谢调节 /185
一、神经水平调节 /185
二、激素水平调节 /185
三、酶合成的调节 /187
四、酶活性的调节 /188
本章小结 /191
练习题 /191
阅读材料 科学家莫诺 /193

第十三章　信息分子代谢　/ 194

第一节　DNA 的生物合成　/ 194
一、DNA 的复制　/ 195
二、逆转录　/ 197
三、DNA 的修复　/ 197
四、PCR 技术　/ 198
第二节　RNA 的生物合成　/ 199
一、转录　/ 199
二、RNA 的复制　/ 201
第三节　蛋白质的生物合成　/ 202
一、遗传密码　/ 202
二、蛋白质合成的过程　/ 203
三、肽链合成后加工处理　/ 206
本章小结　/ 207
练习题　/ 208
阅读材料　遗传密码子的破译　/ 211

第十四章　肝脏的生物化学　/ 212

第一节　肝脏的化学组成特点　/ 212
第二节　肝脏在物质代谢中的作用　/ 213
一、肝脏在糖代谢中的作用　/ 213
二、肝脏在脂类代谢中的作用　/ 213
三、肝脏在蛋白质代谢中的作用　/ 214
四、肝脏在维生素代谢中的作用　/ 214
五、肝脏在激素代谢中的作用　/ 215
第三节　肝脏的生物转化作用　/ 215
一、肝脏生物转化的概述　/ 215
二、生物转化反应类型　/ 216
三、影响生物转化的因素　/ 218
第四节　胆汁酸代谢　/ 219
一、胆汁酸的种类　/ 219
二、初级胆汁酸的生成　/ 219
三、次级胆汁酸的生成　/ 220
四、胆汁酸的肠肝循环　/ 220
五、胆汁酸的生理功能　/ 221
第五节　胆色素代谢　/ 222
一、胆红素的生成及转运　/ 222
二、胆红素在肝脏中的代谢　/ 223

三、胆红素在肠道中的转变 / 225
四、血清胆红素与黄疸 / 226
本章小结 / 227
练习题 / 228
阅读材料 新生儿黄疸 / 231

第十五章 生物化学实验 / 233

实验一 糖的颜色反应和还原性的鉴定 / 233
实验二 蛋白质和氨基酸的成色反应及蛋白质的沉淀反应 / 236
实验三 牛奶中酪蛋白的制备 / 239
实验四 氨基酸纸色谱鉴定 / 240
实验五 酵母 RNA 的提取和鉴定 / 243
实验六 酶的性质 / 245
实验七 小麦萌芽前后淀粉酶活力的比较 / 249
实验八 动物组织和细胞中 DNA 和 RNA 的提取 / 252
实验九 核酸含量测定 / 255
实验十 蛋白质分离纯化及鉴定 / 259
实验十一 蛋白质的分子量测定——SDS-聚丙烯酰胺凝胶电泳法 / 263
实验十二 琼脂糖凝胶电泳法分离预染血清脂蛋白 / 265

附录 常用缓冲溶液的配制方法 / 269

参考文献 / 274

第一章 绪论

学习目标

1. 掌握生物化学的概念、研究内容。
2. 了解生物化学与现代工业、农业、医药等领域的联系。
3. 了解生物化学的发展过程及研究热点。

一、生物化学的概念、研究内容及其与专业学习的关系

生物化学是关于生命的化学，是以生物体（包括人、动物、植物和微生物）为研究对象，研究生命本质的科学。它是运用化学、物理、生物学的理论和方法，从分子水平研究生命物质的化学组成、结构、性质、功能及其化学变化规律的科学。

1. 生物化学的研究内容

（1）生物体的化学组成、结构与功能（静态生物化学） 生物体的化学组成非常复杂，从无机物到有机物，从小分子到各种生物大分子应有尽有。除了各种无机物和水之外，大多数生物的化学组成是以下 30 种小分子前体物质。有人将这 30 种前体物质称为生物化学的字母表。

① 20 种编码蛋白的氨基酸：氨基酸是蛋白质的基本结构单位或构件分子，也参与许多其他结构物质和活性物质的组成。

② 5 种芳香族碱基：2 种嘌呤和 3 种嘧啶。

③ 2 种单糖：葡萄糖和核糖。

④ 脂肪酸、甘油和胆碱。

以上前体组成了糖类、蛋白质、核酸和脂类生物体的四大类基本物质。除上述四大类物质外，生物体还含有可溶性糖、有机酸、维生素、激素、生物碱及无机离子等。生物结构复杂、功能各异，是各种生命活动最基本的物质基础。

（2）代谢过程及调控（动态生物化学） 新陈代谢是生物的基本特征之一。生物体与外界环境之间的物质和能量交换以及生物体内物质和能量的转变过程叫做新陈代谢。新陈代谢是生物体内全部有序化学变化的总称。它包括物质代谢和能量代谢两个方面。

物质代谢：是指生物体与外界环境之间物质的交换和生物体内物质的转变过程。可细分

为从外界摄取营养物质并转变为自身物质（同化作用），自身的部分物质被氧化分解并排出代谢废物（异化作用）。

能量代谢：是指生物体与外界环境之间能量的交换和生物体内能量的转变过程。可细分为储存能量（同化作用），释放能量（异化作用）。

在新陈代谢过程中，既有同化作用，又有异化作用。同化作用（又叫做合成代谢）是指生物体把从外界环境中获取的营养物质转变成自身的组成物质，并且储存能量的变化过程。异化作用（又叫做分解代谢）是指生物体能够把自身的一部分组成物质加以分解，释放出其中的能量，并且把分解的终产物排出体外的变化过程。

新陈代谢分为三个阶段：第一阶段为消化吸收过程；第二阶段为中间代谢过程，包括合成代谢、分解代谢、物质互变、代谢调控、能量代谢，这是学习生物化学时应重点把握的内容；第三阶段即为排泄阶段。

（3）遗传信息的传递、表达及调控（机能生物化学） 生物体通过个体的繁衍，将遗传信息传给后代使生命得以延续。核酸起着携带、传递遗传信息的作用；基因是遗传信息储存与传递的载体，基因通过 DNA 的复制、转录和翻译将遗传信息传递给后代，使生命延续并多姿多彩。因此，研究核酸的核苷酸序列及其功能，以及 DNA 复制、RNA 转录和蛋白质生物合成等遗传信息传递与表达的机制、调控规律等是生物化学极为重要的内容。这将为解开生命之谜奠定坚实的基础。

2. 生物化学与专业学习的关系

生物化学是药学类（药学、中药学等）、护理类、药品制造类（中药生产与加工、药品生产技术、兽药制药技术、药品质量与安全等）、食品药品管理类（药品经营与管理、药品服务与管理、保健品开发与管理、化妆品经营与管理等）、食品工业类（食品加工技术、酿酒技术、食品质量与安全、食品贮运与营销、食品检测技术、食品营养与卫生、食品营养与检测等）、生物技术类（食品生物技术、化工生物技术、药品生物技术、农业生物技术、生物产品检验检疫等）等专业的一门重要的专业基础学科，与这些专业的课程密切联系、相互影响、互相促进。

生物化学技术是对组成人体的生物活性物质及其代谢产物，如蛋白质（氨基酸）、核酸（核苷酸）、糖类物质、酶、维生素等，进行分离提取、含量测定、活性鉴定、生化分析、制备与改造的技术。生物化学技术不仅是生化工作者进行科研、生产、检验的重要手段，也是进行相关专业研究和学习的重要工具。尤其是毕业后从事这些领域工作的学生，在实际工作中更离不开生物化学的基本理论和基本操作。

二、生物化学的发展过程及研究热点

生物化学是生命科学中最重要的学科之一，其发展经历了漫长的历史过程。

1. 18 世纪前的早期应用阶段

人们在长期的生产实践中早就应用了生物化学的知识。如酿酒、制醋，用于治疗消化道疾病；用海藻（含碘）治疗瘿病（甲状腺肿）；用含维生素 B_1 的草药治疗脚气病；用猪肝（含维生素 A）治疗雀目（夜盲症）等。

2. 18～20 世纪中期的独立发展阶段

在此 200 多年间，许许多多的科学家为揭开生命的奥秘进行了不懈的努力，推动了生物化学学科的形成和发展，其中比较重要的人物和大事如下：

1777 年，Antoine L. Lavoisier（法国）阐明了呼吸的化学本质，开创了生物氧化及能量代谢的研究；

1828 年，Friedrich Wohler（德国）由氰酸铵合成尿素，开创有机物人工合成先河；

1877 年，E. F. Hoppe-Seyler（德国）提出“Biochemie”一词，建立生理化学学科；

1897 年，Eduard Buchner，Hans Buchner（德国）发现无细胞酵母提取液可发酵糖类生成乙醇，奠定了近代酶学的基础；

1903 年，Carl A. Neuberg（德国）提出“biochemistry”一词，生物化学成为一门独立的学科；

1904 年，A. Harden（英国）发现了具有热稳定性的、参与发酵过程的辅酶，推动了酶学的发展；

1911 年，C. Funk（波兰）鉴定出糙米中能对抗脚气病的物质是胺类，提出维生素的概念；

1919 年，吴宪（中国）提出血液系统分析法；

1926 年，J. B. Sumner（美国）结晶出脲酶，提出酶的化学本质是蛋白质；

1929 年，吴宪（中国）提出蛋白质变性学说，奠定蛋白质空间构象的研究基础；

1937 年，H. Krebs（德国）创立了三羧酸循环理论，奠定物质代谢的基础；

1944 年，O. Avery（美国）完成肺炎双球菌转化试验，发现 DNA 是遗传物质。

3. 20 世纪 50 年代至今的深入发展阶段

20 世纪 50 年代以来，生物化学突飞猛进地发展，以 1953 年 Watson 和 Crick 提出的 DNA 双螺旋结构模型为标志，生物化学进入了分子生物学时代。这一时期人们提出了遗传信息传递的中心法则，破译了遗传密码，并发现了基因传递与表达的调控；核酸和蛋白质组成的序列分析技术飞速发展；20 世纪 60～70 年代体外 DNA 重组技术建立、基因表达调控机制被发现，人工合成了牛胰岛素和酵母丙氨酸-tRNA；20 世纪八九十年代核酶和抗体酶被发现，发明了 PCR 技术，并启动了人类基因组计划；随着人类基因组计划的完成，人类又相继完成了水稻基因组计划、家蚕基因组计划……而且在此基础上，衍化出的转基因技术、基因剔除技术及基因芯片技术等更加开阔了人们对基因研究的视野，为人类破解生命之谜奠定了坚实的基础。继之而来的后基因组计划，将在更加贴近生命本质的更深层次上探讨与发现生命活动的规律，以及重要生理与病理现象的本质。这些庞大工程的完成，必将对生命的本质、生命的进化、遗传、变异，疾病的发病机制、疾病的预防与治疗、延缓衰老和新药的开发，以及整个生命科学产生深远的影响。

4. 生物化学的研究热点

生物化学与分子生物学成为 21 世纪生命科学的带头学科与支柱。下列几方面将是生物化学研究最活跃、最重要的领域。

（1）大分子结构与功能的关系　生命的基础物质（蛋白质和核酸，也有人认为包括糖）基本上是大分子，研究这些大分子结构与功能的关系，仍然是生物化学的首要任务。

（2）生物膜的结构与功能　细胞是生命的基本结构与功能单位，细胞的外周膜（质膜）与细胞内的膜系统（如线粒体膜、叶绿体膜、内质网膜、高尔基体膜、核膜等）统称为生物膜。细胞的能量转换、信息识别与传递、物质运送等基本生命过程都与生物膜密切相关。生物膜是由脂类、蛋白质以及糖等组成的超分子体系，膜蛋白是生物膜功能的主要体现者，膜脂除了具有对膜结构的支撑作用外，它们还与信号传递等功能有密切的联系。21 世纪对生物膜的结构、功能、人工模拟与人工合成的研究将是重大的生物化学课题之一。

（3）机体自身调控的分子机理　生物体内的新陈代谢是按高度协调、统一、自动化的方式进行的。一个正常机体，体内各种生命物质既不会缺乏，又不会过多积累，它们之间互相制约、彼此协调，这是由机体内高度发达、精密的调节控制机制来实现的。这一调节控制系统是任何非生物系统或现代机器所不能比拟的。阐明生物体内新陈代谢调节的分子基础，揭示其自我调节的规律，也是生物化学的研究热点之一。

（4）生化技术的不断完善与创新　现在生命科学的某些重要领域的发展受到生化技术的限制，例如基因工程受到产品分离纯化技术的限制。有的基因工程技术实现了基因筛选、分离、转移，并得以表达，但其产品得不到分离纯化，并未达到目的。因此，生物大分子的分离纯化、微量及超微量生命物质的检测与分析等技术需要不断加以完善与创新。

我国的生化研究起步晚，但发展迅速，尤其是新中国成立以后，无论在研究蛋白质、核酸、酶等基础理论方面，还是在临床生化等方面都取得了可喜的成绩。例如，1965 年人工合成具有全部活性的结晶牛胰岛素；1981 年人工合成了具有生物活性的酵母丙氨酸转移核糖核酸。近年来，在人类基因组、水稻基因组、生物工程药物的研究领域都取得了巨大成就。

三、生物化学与现代工业、农业、医药等领域的联系

1. 生物化学与现代工业

（1）生物化学是生物工程的基础　生物工程包括细胞工程、基因工程、酶工程、发酵工程和蛋白质工程五个方面。它们之间既相对独立又相互联系，但都是建立在生物化学的基础之上。

酶工程包括酶的生产与应用两大方面。酶作为一种生物催化剂，具有专一性强、催化效率高、作用条件温和等特点，已在食品、轻工、化工、医药、环保、能源等领域广泛应用。但在应用过程中，也逐渐发现了它的不足，如酶对热、酸、碱等因素的稳定性差；酶反应通常在水溶液中进行，酶只能使用一次；酶同产品混杂在一起，使产品的分离纯化复杂化。为了克服酶的这些缺点，人们发明了固定化技术，即将纯化的酶固定在一定大分子载体上，这样酶就可以反复使用，这种酶称为固定化酶。目前，在酶的固定化技术、细胞的固定化技术、酶的化学合成、分子修饰、人工模拟等方面，都取得了很大的进展，这些都与生物化学的发展是分不开的。

发酵工程是用工程技术手段大规模培养微生物，生产人们所需要的各种产品，也叫微生物工程。微生物菌种的筛选是发酵工程的核心，微生物代谢和代谢产物的分离提取是发酵工程的基本生产过程，这些都与生物化学密切相关。学习生物化学知识，掌握微生物的代谢规律和代谢特点，可得到最优化的工艺条件及分离纯化方法，更好地进行发酵生产。

蛋白质工程是基因工程的深入和延伸，是以蛋白质分子结构及其功能为基础，通过基因修饰和基因合成，对现有蛋白质加以改造，并设计和构建功能比自然界现有蛋白质更优良、更符合人们需要的新型蛋白质。

总之，生物化学与生物工程的关系非常密切，生物化学与分子生物学的发展支撑着生物技术的进步。

（2）生物化学对食品、轻工、化工等工业的渗透　食品生物化学作为开发食品资源、研究食品工艺、质量管理和储藏技术的理论基础，必将促进新型食品生产的大发展，以满足人们对营养的需要，适应人们的生理特点和感官要求。由于许多酶的分离纯化，它们正逐步应用于皮革、纺织、日化、酿造等轻化工工业。蛋白质（酶）、糖、脂肪、核酸等生命物质的研究成就及应用，已使传统食品、轻化工行业发生了根本性的变化。

2. 生物化学与现代农业

现代农业的发展离不开农业生物技术，农业生物技术的发展离不开生物化学。转基因技

术及其产业在经历了技术成熟期和产业发展期两个阶段之后，目前已进入至关重要的抢占技术制高点与经济增长点的战略机遇期。转基因作物从抗病虫和除草剂等第一代特性向抗逆、改良营养品质、改变代谢途径、工业或医药用生物反应器等第二、第三代特性发展，将在更广阔的领域改变传统农业的面貌。植物转基因技术发展是大势所趋，不可逆转。比如，从20世纪90年代中期转基因抗虫棉成功育成，到2006年我国转基因抗虫棉种植面积已占棉田总面积的75%。十多年来，棉农由于农药和用工减少、产量增加，增收节支超过166亿元人民币。我国生物技术总体研发水平在发展中国家居领先地位，部分领域跻身世界前列，已成为我国高新技术中与国外差距最小的领域之一。生物化学知识对饲料、养殖、种植、农药、农产品的深加工等行业的发展也起着十分重要的作用。

3. 生物化学与现代医药

代谢过程的异常必将表现为疾病，例如，糖尿病人大多就是因为体内胰岛素缺乏而引起糖代谢障碍，因此，临床上常用胰岛素治疗糖尿病。此外，从血、尿及其他体液的分析来了解人体物质代谢情况，有助于疾病的诊断。所以生物化学与疾病的病因、发病机制、诊断、治疗和康复有着极为密切的关系。

药学和药理学在很大程度上是以生化和生理学为基础的，由于大多数药物通过酶催化进行代谢，因此，要了解药物在体内如何进入细胞，在细胞内如何代谢转化，并在分子水平上如何探讨药物作用机制等，都必须以生物化学为基础。生化药物是一类用生物化学理论与技术制取的具有治疗作用的生物活性物质，随着生物化学进入生物工程领域，现代生物工程技术为生化药物生产提供了广阔的前景。例如，基因工程和蛋白质工程可以利用细菌来生产胰岛素、生长素、干扰素等重要药物，利用生物化学的手段可以不断研制具有高效性、长效性的新药，或者改造现有药物的疗效，减少毒副作用。

四、生物化学的学习方法

生物化学与生物学、化学等很多学科有着密切的联系，内容十分丰富，发展非常迅速，地位极其重要，因而成为食品、生物、农业、医药等相关专业必修的基础课程。

对于生物化学理论的学习，要根据本学科的特点，以生物大分子的结构、性质、代谢及生物功能为重点，注重归纳总结，在注重知识前后联系的同时，注重与有机化学及生物学等学科的联系，在理解的基础上记忆，在记忆的过程中加深理解。对于生物化学技术的学习，在懂得实验原理的基础上，要重在培养实验操作技能，提高分析问题和解决问题的能力。

本章小结

生物化学是从分子水平研究生命物质的化学组成、结构、性质、功能及其化学变化规律的科学，是关于生命的化学。其研究内容包括：①生物体的化学组成、结构与功能（静态生物化学），除包括糖类、蛋白质、核酸、脂类四大类基本物质外，还含有可溶性糖、有机酸、维生素、激素、生物碱及无机离子等；②代谢过程及调控（动态生物化学），包括物质代谢及能量代谢，在新陈代谢过程中，既有同化作用，又有异化作用，新陈代谢分三个阶段进行；③遗传信息的传递、表达及调控（机能生物化学）。要学好生物化学，必须掌握正确的学习方法。

生物化学的发展经历了18世纪前的早期应用、18～20世纪中期的独立发展及20世纪50年代至今的深入发展三个阶段。大分子结构与功能的关系、生物膜的结构与功能、机体自身调控的分子机理及生化技术的不断完善与创新是今后生物化学的研究热点。目前，生物化学已发展成为自然科学领域发展最快、成就最多、影响最大的学科之一。

生物化学在药学科学中占有重要地位。生物化学为药学科学提供理论基础，生物技术是推动药业发展的重要力量，生物药物已成为当前新药研究开发中最有前景的一个重要领域。生物化学与现代工业、农业、医药等领域联系紧密，作用重大。

练习题

一、名词解释

1. 生物化学　2. 静态生物化学　3. 动态生物化学　4. 同化作用　5. 异化作用　6. 生物大分子

二、填空题

1. 生物大分子包括________、________、糖类、________。

2. 生物化学的内容包括________________________、________________________、________________________。

三、选择题

1. 关于生物化学叙述错误的是（　　）。

A. 生物化学是生命的化学　B. 生物化学是生物与化学
C. 生物化学是生物体内的化学　D. 生物化学研究对象是生物体
E. 生物化学研究目的是从分子水平探讨生命现象的本质

2. 关于生物化学的发展叙述错误的是（　　）。

A. 经历了三个阶段　B. 18世纪中至19世纪末是叙述生物化学阶段
C. 20世纪前半叶是动态生物化学阶段　D. 20世纪后半叶以来是分子生物学时期
E. DNA双螺旋结构模型的提出是在动态生物化学阶段

3. 当代生物化学研究的主要内容不包括（　　）。

A. 生物体的物质组成　B. 生物分子结构与功能
C. 物质代谢及其调节　D. 基因信息传递
E. 基因信息传递的调控

4. 我国生物化学家吴宪作出贡献的领域是（　　）。

A. 生物分子合成　B. 免疫化学
C. 蛋白质变性和血液分析　D. 人类基因组计划
E. 人类后基因组计划

5. 我国生物化学家人工合成具有生物活性的牛胰岛素是在（　　）。

A. 公元前21世纪　B. 20世纪　C. 1965年　D. 1981年　E. 2001年

四、判断题

1. 生物化学是生命的化学。（　　）
2. 生物化学是生物与化学。（　　）
3. 生物化学是生物体内化学。（　　）
4. 生物化学研究对象是人体。（　　）
5. 生物化学研究目的是从分子水平探讨生命现象本质。（　　）

五、简答题

1. 什么是生物化学，它的研究对象与目的是什么？
2. 当代生物化学研究的主要内容是什么？生物化学与药学的关系是什么？

阅读材料

生物化学的发展应用前景

科技的每一小步前进都会带来社会的深刻变化。现代生命科学技术可以大大加快人类的进化历程并改变某些物种，从而影响到整个自然界的发展历程。生命科学领域中的工作者们正在努力实现使生命更完美的目标。

现代农业的发展离不开农业生物技术，农业生物技术的发展离不开生物化学。“转基因”这个概念大家已越来越熟悉。在当今社会，几乎不存在没与转基因产品打过交道的人。转基因技术及其产业在经历了技术成熟期和产业发展期两个阶段之后，目前已进入至关重要的抢占技术制高点与经济增长点的战略机遇期。转基因作物从抗病虫和除草剂等第一代特性向抗逆、改良营养品质、改变代谢途径、工业或医药用生物反应器等第二、第三代特性发展，将在更广阔的领域改变传统农业的面貌。植物转基因技术发展是大势所趋，不可逆转。目前推广的转基因植物品种主要有大豆、玉米和棉花。而转入的基因主要是抗虫基因和耐除草剂基因，转入基因后的植株生产成本大大降低，所以推广起来非常迅速。2002年，我国本土生产大豆1541万吨，从美国和阿根廷等国家共进口了1397万吨大豆，进口大豆占我国大豆总消费量的50%左右，其中美国占573万吨，剩下是阿根廷和巴西。美国100%转基因，阿根廷98%，巴西至少10%。这说明市面上流通的豆类制品，近50%是转基因作物制造。从20世纪90年代中期转基因抗虫棉成功育成，到2006年我国转基因抗虫棉种植面积已占棉田总面积的75%。十多年来，棉农由于农药和用工减少、产量增加，增收节支超过166亿元人民币。我国是一个人口大国，人均耕地较少，通过生物技术改良农作物提高产量和质量势在必行，否则不要说实现小康，可能连社会稳定都无从谈起。生物化学知识对饲料、养殖、种植、农药、农产品的深加工等行业的发展也起着十分重要的作用。

20世纪70年代初出现的DNA重组技术，使得人类实现了改造生物遗传性状的目的。重组DNA技术又称遗传工程，是在体外重新组合脱氧核糖核酸（DNA）分子，并使它们在适当的细胞中增殖的遗传操作。这种操作可把特定的基因组合到载体上，并使之在受体细胞中增殖和表达。因此它不受亲缘关系限制，为遗传育种和分子遗传学研究开辟了崭新的途径。

将DNA重组技术应用于发酵工业。用大肠杆菌生产人的生长激素释放抑制因子是第一个成功的实例。在9L细菌培养液中这种激素的产量等于从大约50万头羊的脑中提取得到的量。这是把人工合成的基因连接到小型多拷贝质粒pBR322上，并利用乳糖操纵子β-半乳糖苷酶基因的高效率启动子，构成新的杂种质粒而实现的。现在胰岛素、人的生长激素、人的胸腺激素α-1、人的干扰素、牛的生长激素、乙型肝炎病毒抗原和口蹄疫病毒抗原等都可用大肠杆菌发酵生产，其中有的还可在酵母或枯草杆菌中表达，这就为大规模的工业发酵开辟了新的途径。还有些很重要的基因，如纤维素酶的基因等也已在大肠杆菌中克隆和表达。利用遗传工程手段还可以提高微生物本身所产生的酶的产量。例如可以把大肠杆菌连接酶的产量提高500倍。

将DNA重组技术应用于动植物育种和基因治疗领域，潜力巨大。例如把来自兔的β-血红蛋白基因注射到小鼠受精卵的核内，再将这种受精卵放回到小鼠输卵管内使它发育，在生下来的小鼠的肝细胞中发现有兔的β-血红蛋白基因和兔的β-血红蛋白。还有人把包括小鼠的金属巯基组氨酸三甲基内盐基因的启动子及大鼠生长激素结构基因的DNA片段注射进小鼠受精卵的前核中，由此发育得来的一部分小鼠由于带有可表达的大鼠生长激素基因，所以明显地比对照鼠长得大。这些实验结果为基因治疗展现了可喜的前景。固氮的功能涉及17个基因，分属7个操纵子，现在已能把它们全部引入酵母菌，而且能正常地复制，不过还没有能使这些基因表达。改造玉米胚乳蛋白质而使人畜营养必需的赖氨酸和色氨酸成分增加的工作也在着手进行。大豆的基因已能通过Ti质粒引入向日葵。因此，可以预期随着时间的推移在能源、农业、食品生产、工业化学和药品制造等方面都将会取得巨大的成果。

在医学上，人们根据疾病的发病机理以及病原体与人体在代谢和调控上的差异，设计或筛选出各种高效低毒的药物。比如最早的抗生素——磺胺类药物就是竞争性抑制使细菌不能合成叶酸从而死亡。依据免疫学知识人们设计研制出各种所需疫苗，现在人们对艾滋病、禽流感相当恐惧，但随着生物技术的发展，疫苗研制工作不断取得进步，终有一天人类会从传染病中得以幸免。胎儿在发育之前已对其缺陷基因进行了彻底的修复；可以利用基因芯片技术对刚出生的婴儿进行疾病预测，并制定预防方案，到那时没有了疾病的困扰，200岁被定为青年，衰老的器官被人工合成的新器官所移植……代谢过程的异常必将表现为疾病，例如糖尿病就是由于胰岛素缺乏而引起糖代谢障碍，可用胰岛素治疗。此外，从血、尿及其他体液的分析来了解人体物质代谢情况，有助于疾病的诊断。所以生物化学与疾病的病因、发病机制、诊断和治疗有极为密切的关系。

21世纪是以信息科学和生命科学为前沿科学的时代，有理由相信未来的生命科学将为人类营造出一个更加健康、更加繁荣、更加幸福的生命世界!

第二章 糖类化学

学习目标

1. 掌握重要单糖的结构（开链结构、环状结构）、分类及化学性质。
2. 掌握重要糖的鉴别方法。
3. 掌握二糖、多糖的分类、结构特点和主要性质。
4. 了解糖类的应用。

第一节 概 述

一、糖的概念

糖类物质是多羟基（2个或2个以上）的醛类或酮类化合物，以及它们的衍生物或聚合物。依其带有的基团可分为醛糖和酮糖。还可根据碳原子数分为丙糖、丁糖、戊糖、己糖。最简单的糖类就是丙糖（甘油醛和二羟丙酮）。

糖类物质由碳、氢、氧三种元素组成，由于绝大多数的糖类化合物都可以用通式$C_m(H_2O)_n$表示，所以过去人们一直认为糖类是碳与水的化合物，称为碳水化合物（carbohydrate）。现在已知这种称谓并不恰当，因为有些物质中的碳、氢、氧之比符合上述通式，然而从其理化性质上看，却不属于糖类，例如甲醛（CH_2O）、醋酸（CH_3COOH）、乳酸（$CH_3CHOHCOOH$）等；而有些糖类物质的碳、氢、氧之比却不符合上述通式，如鼠李糖（$C_6H_{12}O_5$）、脱氧核糖（$C_5H_{10}O_4$）等，只是沿用已久，仍有许多人称其为碳水化合物。

二、糖的种类

根据糖的结构单元数目多少分为以下几种。

（1）单糖　是指简单的多羟基醛或酮的化合物，它是构成寡糖和多糖的基本单位，自身不能被水解成更小分子的糖。

（2）寡糖　由2～10个单糖分子脱水缩合而成，最常见的寡糖为二糖，如蔗糖、麦芽糖、乳糖等。此外，还有三糖、四糖等，如棉子糖和龙胆糖均是由3个单糖分子缩合失水而形成的三糖。

（3）多糖　是由许多个单糖分子缩合而成的，其水解后又可生成许多分子的单糖，若构成多糖的单糖分子都相同就称为均一性多糖（同多糖），如淀粉、糖原、纤维素、半纤维素、几丁质（壳多糖）等；而由不同种类单糖缩合而成的多糖称为不均一性多糖（杂多糖），如糖胺多糖类（透明质酸、硫酸软骨素、硫酸皮肤素）等。

（4）结合糖（复合糖，糖缀合物）　糖脂、糖蛋白（蛋白聚糖）、糖-核苷酸等均为结合糖。

（5）糖的衍生物　包括糖醇、糖酸、糖胺、糖苷等。

三、糖类的生物学功能

（1）提供能量　糖在生物体内（或细胞内）通过生物氧化释放能量，植物的淀粉和动物的糖原都是能量的储存形式。

（2）物质代谢的碳骨架　糖可为蛋白质、核酸、脂类的合成提供碳骨架。

（3）细胞的骨架　纤维素、半纤维素、木质素等是植物细胞壁的主要成分，肽聚糖是细菌细胞壁的主要成分，壳多糖是昆虫和甲壳类的外骨骼。

（4）细胞间识别和生物分子间的识别　一些特殊的复合糖和寡糖在动植物及微生物体内具有重要的生物学功能。人类的ABO血型是由所谓的血型物质决定的，这类血型物质实际上是一种糖蛋白，糖蛋白中的糖链在人红细胞表面上存在很多血型抗原决定簇，其中多数是寡糖链。在ABO血型系统中A、B、O（H）三个抗原决定簇只差一个单糖残基，A型在寡糖基的非还原端有一个GalNAc（*N*-乙酰半乳糖），B型有一个Gal（半乳糖），O型这两个残基均无。此外，糖类物质还与机体免疫、细胞识别、信息传递等重要生理功能紧密相关。正因为如此，糖类在生物化学中的地位和作用越来越重要。

第二节　单　糖

单糖分为两类：醛糖和酮糖。最简单的醛糖是二羟基丙醛，最简单的酮糖是二羟基丙酮。存在于自然界的大多数单糖是含有5个碳原子的戊糖和6个碳原子的己糖。

一、单糖的结构

1. 单糖的旋光性与开链结构

（1）旋光性——单糖具有手性碳原子　一束光波照射到尼科尔棱镜时，通过的只能是沿某一平面振动的光波，这种光称为平面偏振光。与平面偏振光振动的平面相垂直的面称为偏振面。某些物质能使平面偏振光的偏振面发生旋转，这种性质称为旋光性物质。研究发现凡是具有旋光性的物质，其分子都是不对称分子，即手性结构分子。这种结构的分子与其镜像不能重叠。如同左手与右手一样，因而称为手性分子。以仅有一个不对称碳原子的甘油醛的分子结构为例（图2-1）。

对于这个不对称的碳原子而言，羟基可以在右边也可以在左边。事实上，由于羟基的空间结构（称为构型）不同，形成了两种不同的物质，它们互为镜像，但不能重合。由于构型不同，其性质也不相同。为加以区别，规定：凡羟基在右边的为D型；羟基在左边的为L型。对于含有3个碳原子以上的糖，由于存在不止1个不对称碳原子，在规定其构型时，以距醛基或酮基最远的不对称性碳原子为准，羟基在右的为D型，羟基在左的为L型。自然界中的糖均为D构型。

旋光性物质的构型（D/L）与旋光性是不同的概念，但它们之间又有必然的联系。构型是人为规定的，旋光性是用旋光仪测定时偏振面偏转的实际方向。具有D型的物质可能具有右旋性，也可能具有左旋性。但同一种物质D型和L型的旋光性是相反的。

（2）单糖的开链式结构——费歇尔投影式　19世纪末20世纪初，费歇尔（Fischer）首先对糖进行了系统的研究，确定了葡萄糖的结构。葡萄糖的构型如图2-2所示。

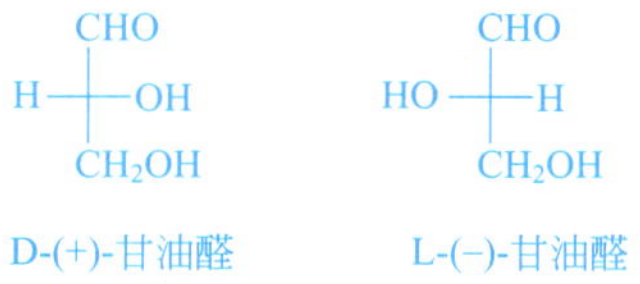

D-(+)-甘油醛　L-(−)-甘油醛

图2-1　甘油醛的D型和L型结构

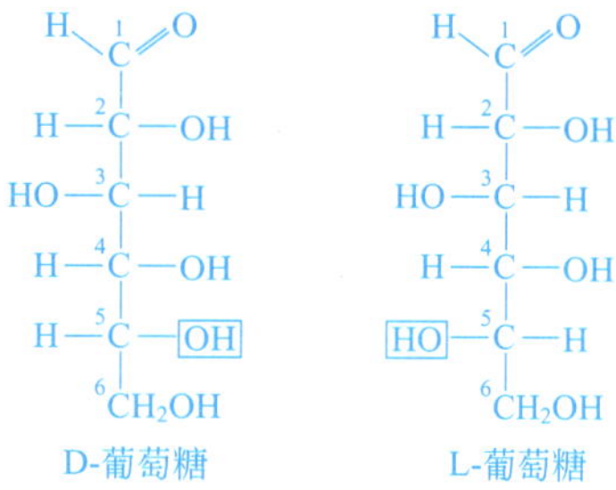

D-葡萄糖　L-葡萄糖

图2-2　葡萄糖的构型

在葡萄糖的投影式中，定位编号最大的手性碳原子上的羟基位于右边，按照单糖构型的D、L表示法规定，葡萄糖属于D型糖，又因葡萄糖的水溶液具有右旋性，所以通常写为D-(+)-葡萄糖。糖的构型一般用费歇尔式表示，但为了书写方便，也可以写成省写式。其常见的几种表示方法如图2-3所示。

2. 单糖的环状结构

（1）环状结构　单糖的链状结构不稳定，在溶液或结晶状态和生物体内主要以环状结构存在。如葡萄糖具有分子内的醛基与醇羟基形成半缩醛的环状结构。由于六元环最稳定，故由C-5上的羟基与醛基进行加成，形成半缩醛，并构成六元环状结构，组成环的原子中除了碳原子外，还有一个氧原子。所以糖的这种环状结构又叫做氧环式结构（图2-4）。

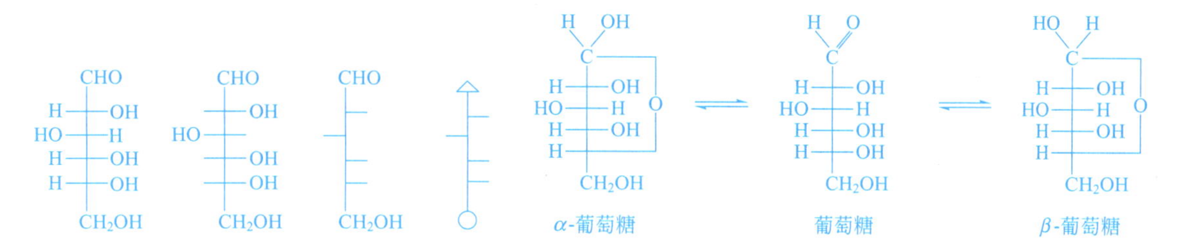

图2-3　葡萄糖的表示方法　　图2-4　环式与开链式结构相互转化

D-(＋)-葡萄糖由链状结构转变为环状半缩醛结构时，有α型和β型两种结构，通常形成的半缩醛羟基位于碳链右边的构型称为α型，位于碳链左边的称为β型。由于葡萄糖存在2种环状结构，在水溶液中，两种环状结构中任何一种均可通过开链结构相互转变，最后达到动态平衡状态。在溶液中，糖的链状结构和环状结构（α、β）之间可以相互转变，最后达到一个动态平衡，称为变旋现象。达到平衡后，其中α型占36%，β型占63%，链式占1%。

（2）哈沃斯式　在葡萄糖的平面环状结构式中，C—O—C键拉得很长，这与实际情况不符。为了合理地表达单糖的环状结构，可将费歇尔投影式换写成哈沃斯透视式（图2-5）。

在环状结构中，C-5上的羟基参与成环，在哈沃斯透视式中，C-5上的羟甲基在环上的为D构型，在环下的为L构型。在D构型糖中，半缩醛羟基在环平面下的为α-葡萄糖，而

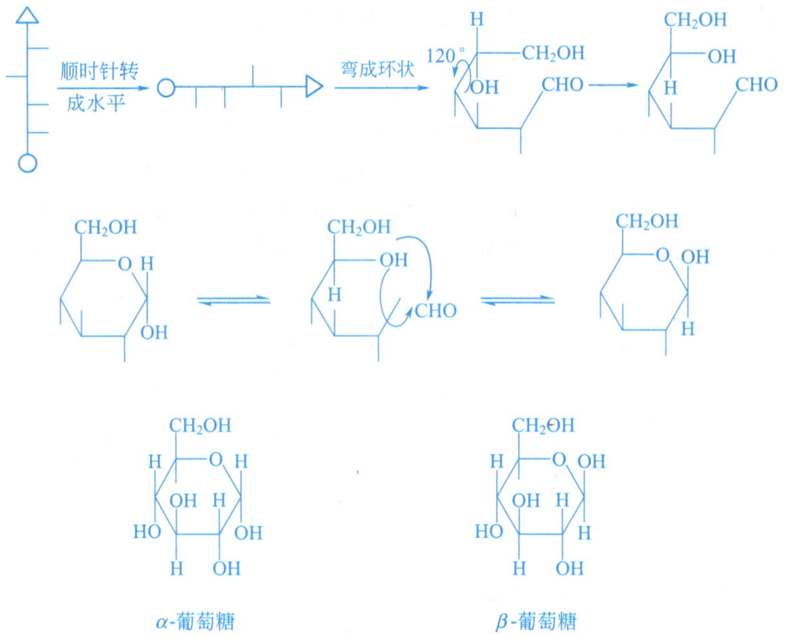

α-葡萄糖　　β-葡萄糖

图 2-5　费歇尔投影式换写成哈沃斯透视式

半缩醛羟基在环平面上的为β-葡萄糖（图 2-6）。

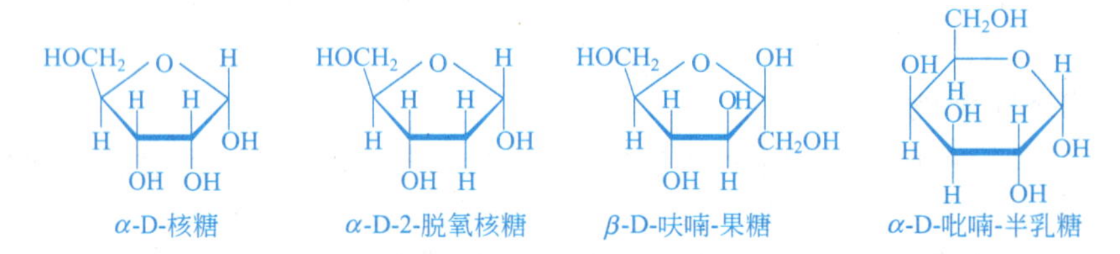

图 2-6　α-D-核糖、α-D-2-脱氧核糖、β-D-呋喃-果糖、α-D-吡喃-半乳糖的环状结构

（3）构象式　哈沃斯结构式虽能正确反映糖的环状结构，但还是过于简单，构象式最能正确地反映糖的环状结构，它反映出了糖环的折叠形结构。以葡萄糖为例，哈沃斯结构式设想葡萄糖的环状结构为平面结构，但是由 X 射线衍射得知，葡萄糖的吡喃环上的 5 个碳原子并不在一个平面上，而是扭曲成两种不同的结构（构象）：船式和椅式。船式构象和椅式构象可相互转换。椅式构象比船式构象稳定（图 2-7），对葡萄糖来说，β-葡萄糖的构象比α-葡萄糖稳定。

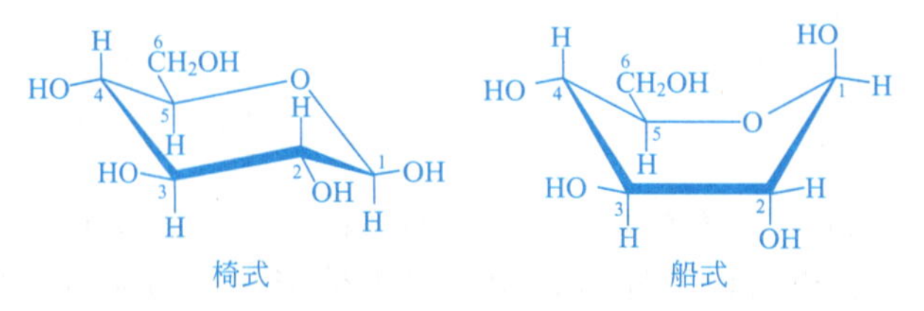

图 2-7　吡喃葡萄糖的椅式构象和船式构象

二、单糖的性质

（一）物理性质

单糖为无色晶体，有甜味，在水中的溶解度比较大。有变旋现象，指单糖溶于水后，产

生环式和链式异构体的互变异构，相互之间不断转化。旋光度不断改变，直至达到平衡。例如，α-D-葡萄糖旋光度为＋112°，溶解于水达到平衡后旋光度为＋52.7°；β-D-葡萄糖旋光度为＋18.7°，溶解于水达到平衡后旋光度为＋52.7°。

（二）化学性质

在溶液中，糖的链状结构和环状结构（α、β）之间可以相互转变，最后达到动态平衡，三者间的比例因糖种类而异。只有链状结构才具有下述的氧化还原反应。由于单糖分子的链状结构是多羟基醛或多羟基酮，单糖的许多化学反应是由于存在着羟基、羰基等官能团所引起的。

1. 还原性

单糖是还原剂，单糖用不同的试剂氧化生成氧化程度不同的产物。

（1）单糖是多羟基醛或多羟基酮，因而具有还原性　能还原许多弱氧化剂（如氧化铜的碱性溶液），利用单糖的这一性质，可以用费林试剂对糖进行定性定量的测定。

醛糖的分子中含有醛基，所以容易被弱氧化剂氧化，能将斐林试剂还原生成氧化亚铜砖红色沉淀。斐林试剂由甲液（$CuSO_4$ 溶液）和乙液（NaOH＋酒石酸钾钠溶液）组成。使用之前将甲、乙两种溶液等量混合，反应生成 $Cu(OH)_2$。酒石酸钾钠的作用是防止形成 $Cu(OH)_2$沉淀，它与 Cu^{2+} 配位成可溶性酒石酸钾钠铜复合物，从而保证 Cu^{2+} 与还原糖发生氧化还原反应。斐林试剂测糖的反应过程如下：

CHO, H—OH, HO—H, H—OH, H—OH, CH_2OH —斐林试剂→ COOH, H—OH, HO—H, H—OH, H—OH, CH_2OH ＋ Cu_2O↓(砖红色沉淀)

酮糖具有 α-羟基酮的结构，在碱性溶液中可发生差向异构化，故也能被上述弱氧化剂氧化，利用上述碱性试剂不能区分醛糖和酮糖。

（2）溴水　在 pH＝5 时，溴水使已醛糖直接氧化成醛糖酸的内酯，机理尚不清楚。β-D-葡萄糖氧化的速度为 α-D-葡萄糖的 250 倍，说明反应从进攻 1 位羟基开始。

D-葡萄糖 —Br_2，H_2O→ D-葡萄糖酸-δ-内酯 ⇌ (CHO, H—OH, HO—H, H—OH, H—OH, CH_2OH) ⇌ D-葡萄糖酸-γ-内酯

在葡萄糖的溶液中加入溴水，稍加热后，溴水的棕红色即可褪去，而果糖与溴水无作用，所以，用溴水可以区别醛糖和酮糖。凡是能够还原斐林试剂的糖都称为还原糖。从结构上看，还原糖都含有 α-羟基醛或 α-羟基酮或含有能产生这些基团的半缩醛或半缩酮结构。

（3）硝酸　稀硝酸的氧化作用比溴水强，能使醛糖氧化成糖二酸。D-葡萄糖二酸是旋光的。醛糖氧化生成的糖二酸是否具有旋光性，可用于糖的构型测定。糖二酸也容易生成内酯。

D-葡萄糖 ⇌ (CHO, H—OH, HO—H, H—OH, H—OH, CH_2OH) —HNO_3，100℃→ D-葡萄糖二酸 (COOH, H—OH, HO—H, H—OH, H—OH, COOH) → 双内酯

2. 成酯反应

糖分子中的羟基能与无机酸或有机酸发生酯化反应生成酯，在生物体内最常见的糖脂为糖的磷酸酯，其中最重要的是1-磷酸葡萄糖、6-磷酸葡萄糖、6-磷酸果糖和1,6-二磷酸果糖。

1-磷酸葡萄糖和6-磷酸葡萄糖是生物体内糖代谢的重要中间产物。农作物施磷肥的原因之一，就是为农作物体内糖的分解与合成，提供生成磷酸葡萄糖所需的磷酸。如果缺磷就会影响农作物体内糖的代谢作用，农作物就不能正常生长。

3. 成苷反应

单糖的半缩醛羟基较其他羟基活泼，在适当条件下可与醇或酚等含羟基的化合物失水，生成具有缩醛结构的化合物，称为糖苷。如在干燥的氯化氢气体催化下，D-葡萄糖与甲醇作用，失水生成甲基葡萄糖苷。

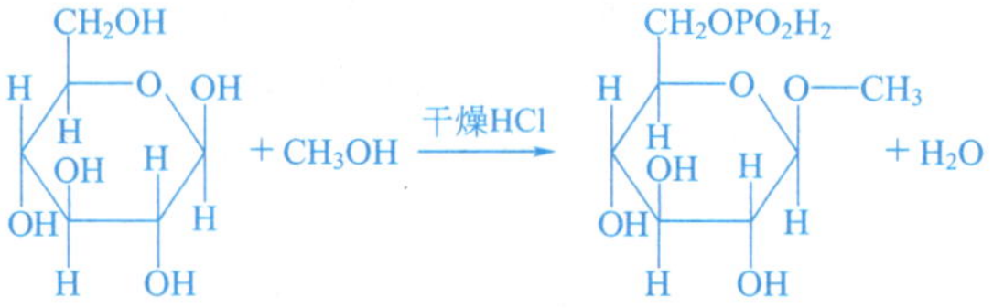

CH_2OH H O OH H OH H OH H H OH + CH_3OH —干燥HCl→ $CH_2OPO_2H_2$ H O O—CH_3 H OH H OH H H OH + H_2O

β-葡萄糖　　β-甲基葡萄糖苷

糖苷分子中糖的部分称为糖基，非糖部分称为配基或非糖体，糖基与配基的连接键（C—O—C）称为糖苷键或苷键。连接糖基与配基的是氧原子的糖苷称为含氧糖苷。

4. 成脎反应

苯脎是单糖的定性试剂。常温下，糖与1分子苯肼缩合生成苯腙，在过量的苯肼试剂中，加热则与3分子苯肼作用生成糖脎。糖脎为黄色结晶，微溶于水。各种糖的糖脎都有特异的晶形和熔点，据此，可以定性鉴定糖的种类。

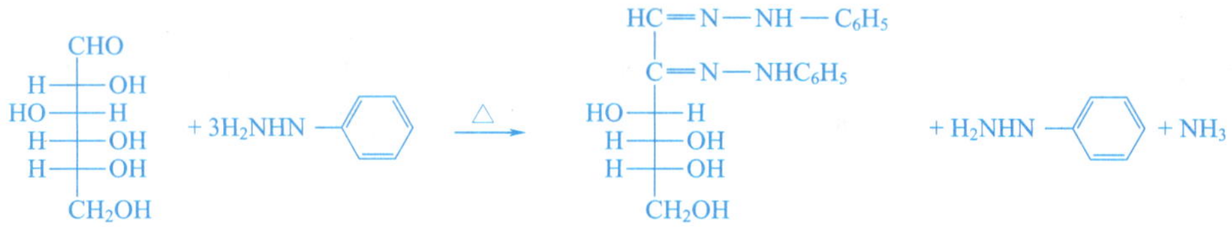

CHO / H—OH / HO—H / H—OH / H—OH / CH_2OH + $3H_2NHN$—C_6H_5 —△→ HC=N—NH—C_6H_5 / C=N—NHC_6H_5 / HO—H / H—OH / H—OH / CH_2OH + H_2NHN—C_6H_5 + NH_3

D-葡萄糖　　D-葡萄糖脎

在单糖成脎反应中，单糖分子第3个碳原子以下的基团都不参加反应，故D-葡萄糖、D-甘露糖、D-果糖的糖脎是相同的。

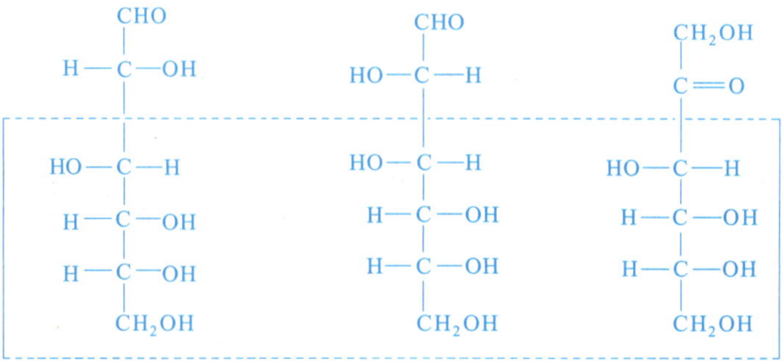

CHO / H—C—OH / HO—C—H / H—C—OH / H—C—OH / CH_2OH

CHO / HO—C—H / HO—C—H / H—C—OH / H—C—OH / CH_2OH

CH_2OH / C=O / HO—C—H / H—C—OH / H—C—OH / CH_2OH

D-葡萄糖　　D-甘露糖　　D-果糖

5. 显色反应

在浓酸（浓硫酸或浓盐酸）作用下，单糖发生分子内脱水形成糠醛或糠醛的衍生物。例如，戊糖脱水生成糠醛，已糖脱水生成5-羟甲基糠醛。

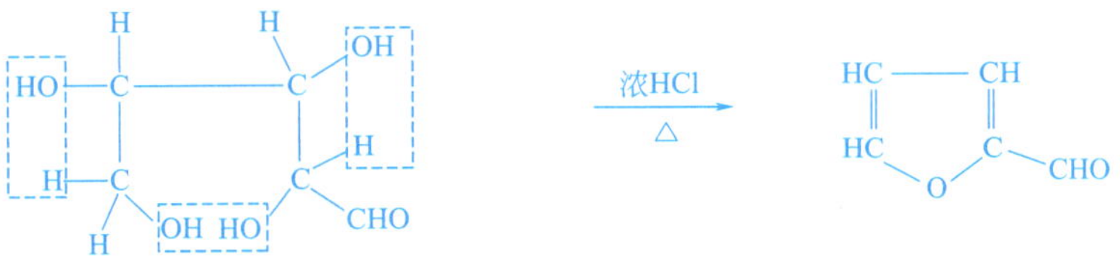

戊糖 $\xrightarrow[\triangle]{浓HCl}$ 糖醛

己糖 $\xrightarrow[\triangle]{浓酸}$ 5-羟甲基糖醛

糖醛及其衍生物可与酚类、蒽酮、芳胺等缩合生成不同的有色物质。尽管这些有色物质的结构尚未搞清楚，但由于反应灵敏、实验现象清楚，故常用于糖类化合物的鉴别。

(1) 莫立许（Molisch）反应　在糖的水溶液中加入 α-萘酚的醇溶液，然后沿着试管壁再缓慢加入浓硫酸，不得振荡试管，此时在浓硫酸和糖的水溶液交界处能产生紫红色。该反应可用来鉴别糖类。

(2) 西里瓦诺夫（Seliwanoff）反应　在醛糖和酮糖中加入间苯二酚的盐酸溶液，加热，醛糖与盐酸反应生成糠醛衍生物的速率比酮糖慢得多，酮糖能产生鲜红色，而醛糖则不能。此反应可用于鉴别醛糖和酮糖。

三、重要的单糖和单糖衍生物

1. 重要的单糖

(1) 葡萄糖　葡萄糖为无色晶体，极易溶于水，加热可使溶解度增加，冷却热的糖浆可获得非常浓的溶液，葡萄糖的甜度约为蔗糖的 70%，人体血液中的葡萄糖叫做血糖，正常人血糖浓度维持恒定，其含量为 4.4～6.7mmol/L。当血糖浓度超过 9mmol/L 时，糖可随尿排出，出现糖尿现象。

(2) 果糖　果糖为无色棱形晶体，易溶于水，可溶于乙醚及乙醇中。果糖是最甜的一种糖，甜度约为蔗糖的 170%。

(3) 核糖与 2-脱氧核糖　核糖与 2-脱氧核糖这两种戊糖都是核酸的重要组成部分，它们是 D-醛糖，具有左旋性，半缩醛环状结构中含呋喃环，其环状及开链结构式如图 2-6 所示。

核糖是核糖核酸（RNA）的组成部分。RNA 参与蛋白质及酶的生物合成过程。2-脱氧核糖是脱氧核糖核酸（DNA）的组成部分，DNA 存在于绝大多数活的细胞中，是遗传密码的主要物质。

2. 重要单糖衍生物

(1) 糖醛酸　动物体内有两种很重要的糖醛酸：α-D-葡萄糖醛酸和差向异构物 β-L-艾杜糖醛酸，它们在结缔组织中含量很高。葡萄糖醛酸是肝脏内的一种解毒剂，它与类固醇、一些药物、胆红素（血红蛋白的降解物）结合增强其水溶性，使之更易排出体外。

(2) 氨基糖　糖胺又称氨基糖，即糖分子中的一个羟基为氨基所代替。自然界中存在的糖胺都是己糖胺。常见的是 D-葡萄糖胺和 D-半乳糖胺（图 2-8）。D-葡萄糖胺为甲壳质（几丁

β-D-葡萄糖胺　β-D-半乳糖胺

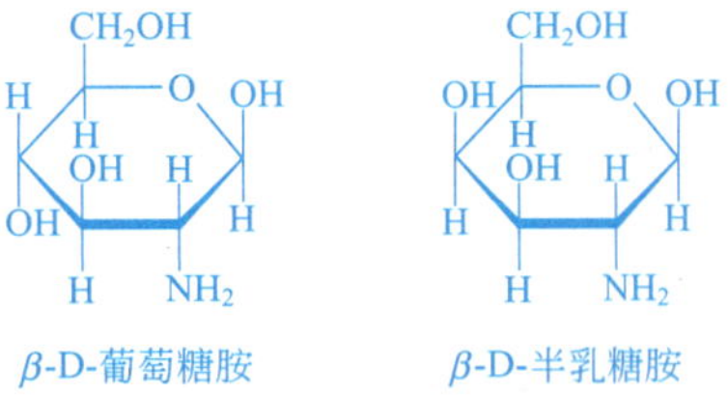

图 2-8　D-葡萄糖胺和D-半乳糖胺的结构

质）的主要成分。甲壳质是组成昆虫及甲壳类结构的多糖。D-半乳糖胺则为软骨组成成分软骨酸的水解产物。

（3）糖苷　单糖的半缩醛羟基与其他分子的醇、酚等羟基缩合，脱水生成缩醛式衍生物，称糖苷。半缩醛部分是葡萄糖，称葡萄糖苷。半缩醛部分是半乳糖，称半乳糖苷。糖苷物质与糖类的区别是：糖是半缩醛，不稳定，有变旋现象；糖苷是缩醛，较稳定，无变旋现象。糖苷大多数有毒。

第三节　二　糖

二糖分还原性二糖和非还原性二糖，还原性二糖是由一分子糖的半缩醛羟基与另一分子糖的醇羟基缩合而成的。非还原性二糖是由二分子糖的半缩醛羟基脱水而成的。

一、还原性二糖

还原性二糖有麦芽糖和纤维二糖等，麦芽糖和纤维二糖互为同分异构体。

1. 麦芽糖

麦芽糖可由淀粉水解制得，麦芽糖在大麦芽中含量很高。麦芽糖是由 1 分子 α-葡萄糖 C-1 位上的半缩醛羟基和另 1 分子 α-葡萄糖的 C-4 位上羟基脱水形成的二糖。在麦芽糖的分子中还保留了一个半缩醛羟基，因此具有还原性，能还原新制的氢氧化铜（图 2-9）。麦芽糖是白色结晶性粉末，易溶于水，有甜味，但不如葡萄糖甜。麦芽糖在稀酸或麦芽糖酶的作用下，可被水解为葡萄糖。麦芽糖是饴糖的主要成分，饴糖是麦芽糖和糊精的混合物。

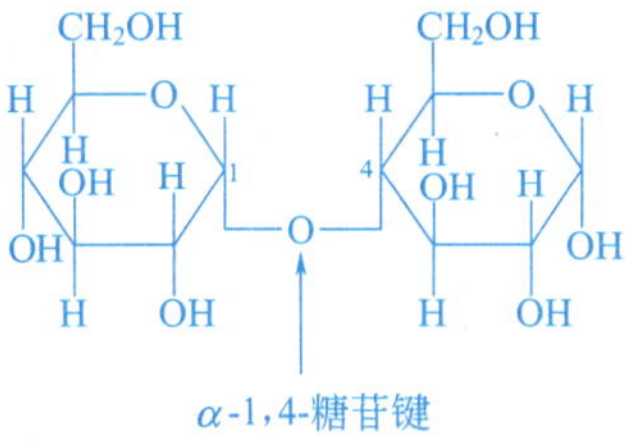

α-1,4-糖苷键

图 2-9　麦芽糖结构

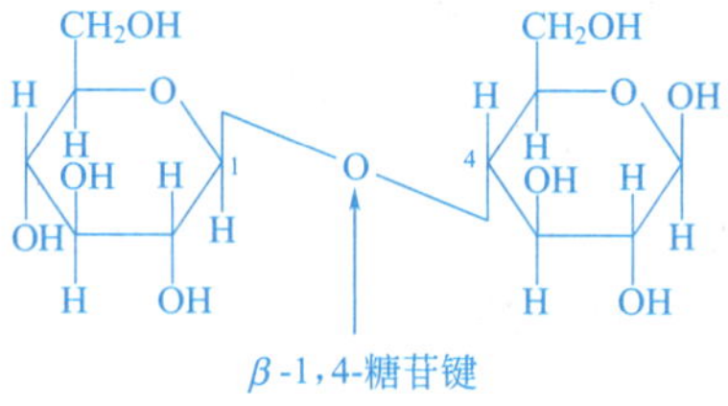

β-1,4-糖苷键

图 2-10　纤维二糖结构

2. 纤维二糖

纤维二糖是由两分子 β-葡萄糖脱去一分子水所形成的二糖（图 2-10），是组成纤维素的基本单位。纤维二糖含有一个半缩醛羟基，具有还原性，能还原新制的氢氧化铜。纤维二糖在酸或酶的作用下，水解后生成两分子 β-葡萄糖。

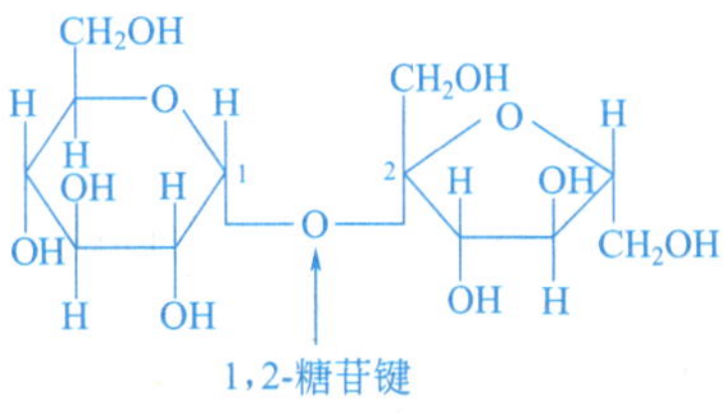

1,2-糖苷键

图 2-11　蔗糖结构

二、非还原性二糖

蔗糖是白色晶体，易溶于水，甜度仅次于果糖。蔗糖是一种非还原性二糖，其由一分子 α-葡萄糖 C-1 上的半缩醛羟基与一分子 β-果糖 C-2 上的半缩醛羟基脱水，以 1,2-糖苷键连接而成的二糖（图 2-11）。蔗糖分子中不存在半缩醛羟基，因而无还原性。蔗糖在酸或酶的作用下水解，生成葡萄糖和果糖的混合物，这种混合物称为转化糖。转化糖中含果糖，因而比蔗糖甜。蜂蜜中含转化糖，所以很甜。

第四节　多　糖

多糖是由单糖通过糖苷键连接成的高分子化合物。如动植物储藏养分的糖原、淀粉等，组成植物骨架的纤维素也是多糖。多糖的特点：无甜味，极少还原性，不溶于水，只有平均分子量。仅由一种单糖组成的多糖，称作均一性多糖；由几种单糖组成的多糖称作不均一性多糖。

一、淀粉

淀粉是人类最主要的食物，广泛存在于各种植物及谷类中。淀粉用水处理后，得到的可溶解部分为直链淀粉，不溶而膨胀的部分为支链淀粉。一般淀粉中含直链淀粉 10%～20%，支链淀粉 80%～90%。

1. 直链淀粉

直链淀粉大约由 200～980 个 α-葡萄糖脱水，以 α-1,4-糖苷键结合而成的链状化合物（图 2-12），但其结构并非直线型的，由于分子内的氢键作用，使其链卷曲盘旋成螺旋状，每圈螺旋一般含有 6 个葡萄糖单位。由于各个分子中只保留一个半缩醛羟基，在分子中所占的比例甚小，一般认为直链淀粉无还原性。

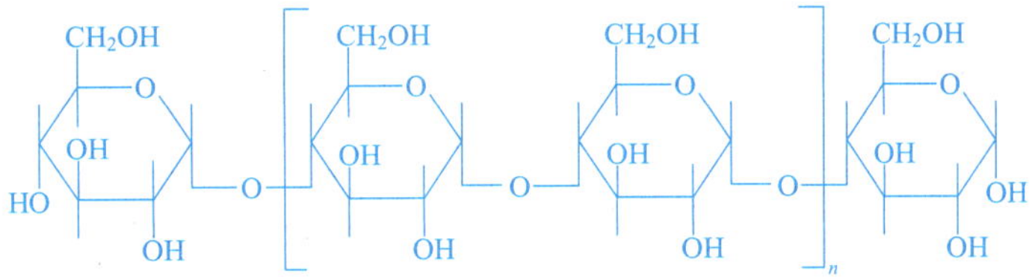

图 2-12　直链淀粉的结构

直链淀粉溶于热水形成胶体溶液，遇碘显深蓝色，淀粉与碘的作用一般认为是碘分子钻入淀粉的螺旋结构中，并借助范德华力与淀粉形成一种蓝色的包结物。当加热时，分子运动加剧，致使氢键断裂，包结物解体，蓝色消失；冷却后又恢复包结物结构，深蓝色重新出现。在酸或淀粉酶的作用下，水解生成称为糊精的多糖片段，再在麦芽糖酶的作用下水解生成葡萄糖。糊精与碘溶液作用时产生不同颜色，蓝糊精遇碘显蓝紫色，红糊精遇碘显红色，无色糊精遇碘不变色。这些颜色煮沸时消失，放冷又重新出现。

淀粉酶催化（淀粉→蓝糊精→红糊精→无色糊精）　麦芽糖酶催化（无色糊精→麦芽糖→葡萄糖）

淀粉→蓝糊精→红糊精→无色糊精→麦芽糖→葡萄糖
（蓝色）（蓝紫色）（红色）（无色）（无色）（无色）

2. 支链淀粉

支链淀粉由 600～6000 个 α-葡萄糖分子相互脱水，以 α-1,4-糖苷键连接成直链外，还有以 α-1,6-糖苷键相连而引出支链（图 2-13）。每隔 20～25 个葡萄糖单位有一个分支，纵横关联，构成树枝状结构。支链淀粉不溶于水，热水中则溶胀呈糊状，无还原性。支链淀粉遇碘

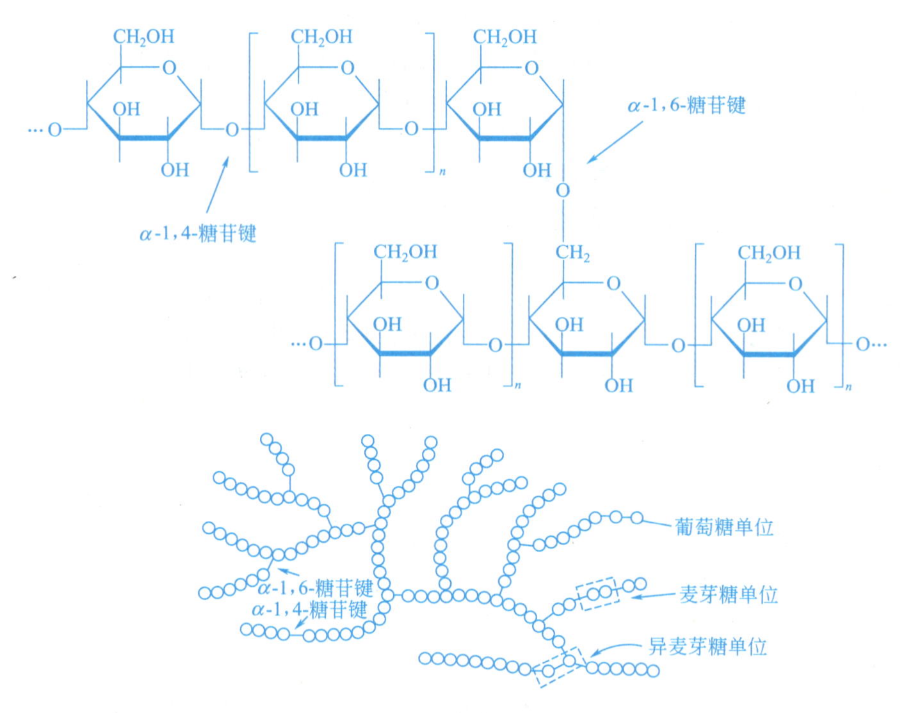

图 2-13 支链淀粉的结构

呈现紫红色。酸或酶的催化下可以逐步水解，生成与碘呈现不同颜色的糊精、麦芽糖，最后水解为葡萄糖。

3. 淀粉的性质

白色、无味、粉末状物质。一般不溶于水也不溶于有机溶剂。直链淀粉一般易溶于热水，而支链淀粉要在加热加压的情况下才溶于水。

（1）淀粉的糊化　淀粉在植物中是以淀粉粒的形式存在的，淀粉粒不溶于水。一般把生淀粉称为β-淀粉。当把β-淀粉在水中加热至一定温度的时候，淀粉粒开始吸水发生膨胀，到一定程度时甚至破裂（溶胀），相应的，淀粉的体积也扩大到原来的数百倍之大，此时，原来的悬浮液变成了黏稠的胶体溶液，这种现象就称为淀粉的糊化，也叫做淀粉的α化，处于这种状态的淀粉称为α-淀粉。发生糊化时所需的温度就称为糊化温度。

淀粉糊化的本质：淀粉颗粒中有序态（晶体）和无序态（非晶体）的淀粉分子之间的氢键断裂，分散在水中形成亲水性胶体溶液。

影响糊化的因素主要有：温度（淀粉糊化以后形成的淀粉糊，随着温度的升高其黏度也不断增大，在95℃附近达到最高黏度后恒定一段时间，其黏度就逐步下降）；淀粉溶液的黏度和胶凝特性；食品中的其他成分，如脂肪、蛋白质、糖、酸、水分含量。

糊化的淀粉具有更可口、更利于人体的消化吸收、更容易被淀粉酶水解的特点，原因是多糖分子吸水膨胀和氢键断裂，从而使淀粉酶能更高效地对淀粉发挥酶促消化作用。

（2）淀粉的黏度　干淀粉黏度最小；淀粉在水中加热糊化时黏度最大；直链淀粉含量多的淀粉糊黏度小，糊化时体积增加较多。

（3）淀粉的呈色反应　淀粉与碘发生呈色反应，直链淀粉遇碘呈蓝色，支链淀粉遇碘呈紫红色，根据糊精与碘发生反应显示的颜色，可分为紫糊精、红糊精、无色糊精。

所呈现的颜色则与淀粉糖苷链的长度有关。当链长小于6个葡萄糖基时，因为它还不能形成一个螺旋圈，所以不能呈色。当平均长度为20个葡萄糖基时呈红色。大于60个葡萄糖基时呈蓝色。

(4) 淀粉的老化 经过糊化的淀粉冷却后，淀粉运动逐渐减弱，分子链趋向平行排列，相互靠拢，彼此间以氢键结合，形成大于胶体的质点而沉淀，分子间氢键的结合特别牢固，以至于不再溶于水，也不易被淀粉酶水解，这个过程就称为淀粉的老化。

影响老化程度的因素主要有：淀粉的来源，淀粉的老化与所含直链淀粉与支链淀粉的比例有关，直链淀粉比支链淀粉易于老化，所以直链淀粉越多，老化就越快；淀粉的含水量，含水量为 30%～60%时易于老化，含水量小于 10%或在大量水中则不易老化；淀粉温度，老化作用最适宜温度是 2～4℃，大于 60℃或小于－20℃都不发生老化；pH，在偏酸或偏碱性条件下淀粉不易老化，一般中性情况下易老化。

二、纤维素

纤维素分子是由 1200～10000 个 β-葡萄糖分子脱水、以 β-1,4-糖苷键连接而成的没有分支的长链（图 2-14），与直链淀粉不同，纤维素分子不卷曲成螺旋状，而是纤维素链间借助于分子间氢键形成纤维素胶束。这些胶束再扭曲缠绕形成像绳索一样的结构，使纤维素具有良好的机械强度和化学稳定性。

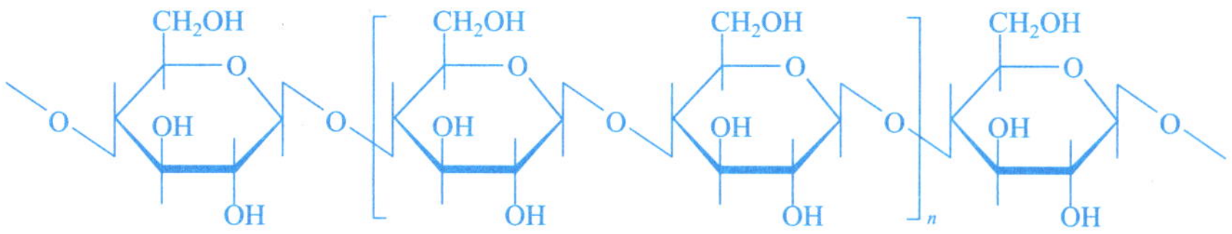

图 2-14 纤维素结构

纤维素是白色纤维状固体，不具有还原性，不溶于水和有机溶剂，但能吸水膨胀。淀粉酶或人体内的酶（如唾液酶）只能水解 α-1,4-糖苷键而不水解 β-1,4-糖苷键。纤维素与淀粉一样由葡萄糖构成，但不能被唾液酶水解而作为人的营养物质。草食动物（如牛、马、羊等）的消化道中存在着可以水解 β-1,4-糖苷键的酶或微生物，所以它们可以消化纤维素而取得营养。土壤中也存在能分解纤维素的微生物，能将一些枯枝败叶分解为腐殖质，从而增强土壤肥力。纤维素也能被酸水解，但水解比淀粉困难，一般要求在浓酸或稀酸加压下进行。水解过程中可得纤维二糖，最终水解产物是葡萄糖。

三、糖原

糖原又叫动物淀粉或肝糖，是由葡萄糖通过 α-1,4-糖苷键和 α-1,6-糖苷键组成的多糖。它的结构与支链淀粉相同，但分支程度比支链淀粉高，一般每 8～12 个葡萄糖单位就具有一个支链。

糖原是无色粉末，易溶于水及三氯乙酸，不溶于乙醇等有机溶剂，遇碘呈紫红色。糖原主要存在于动物的肝脏和肌肉中，是动物能量的主要来源。当动物血液中葡萄糖含量较高时，它就结合成糖原储存在肝脏和肌肉中；当血液中葡萄糖含量降低时，糖原即可分解为葡萄糖，供给机体能量。

四、果胶质

果胶质广泛存在于植物的细胞壁中，能使细胞黏合在一起。在植物的果实、种子、浆果、块茎、叶子里都含有果胶质，但以水果和蔬菜中含量较多。果胶的主要用途是作为果酱与果冻的胶凝剂。果胶的类型很多，不同酯化度的果胶能满足不同的要求。慢胶凝HM（高甲氧基果胶）果胶与LM（低甲氧基果胶）果胶用于制造凝胶软糖。果胶另一用途是在生产酸奶时作水果基质，LM果胶特别适合。果胶还可作为增稠剂和稳定剂。HM果胶可应用于乳制品，它在pH 3.5～4.2范围内能阻止加热时酪蛋白聚集，这适用于经巴氏杀菌或高温杀菌的酸奶、酸豆奶以及牛奶与果汁的混合物。HM与LM果胶能应用于蛋黄酱、番茄酱、浑浊型果汁、饮料以及冰激凌等，一般添加量小于1%；但是凝胶软糖除外，它的添加量为2%～5%。

果胶质是一类成分比较复杂的多糖，其化学组成常因来源不同而有差别。果胶在酸、碱或酶的作用下可发生水解，可使酯水解（去甲酯化）或糖苷键水解；在高温强酸条件下，糖醛酸残基发生脱羧作用。果胶在水中的溶解度随聚合度的增加而减少，在一定程度上还随酯化度的增加而增加。果胶溶液是高黏度溶液，其黏度与链长成正比，果胶在一定条件下具有胶凝能力。根据其结合状况和理化性质，可把果胶质分为原果胶、可溶性果胶和果胶酸。

（1）原果胶　原果胶主要存在于未成熟的水果中，是可溶性果胶与纤维素合成的高分子化合物。原果胶在稀酸或果胶酶的作用下即转变为可溶性果胶。

（2）可溶性果胶　可溶性果胶主要成分是半乳糖醛酸甲酯以及少量半乳糖醛酸通过1,4-糖苷键连接而成的长链高分子化合物（图2-15）。

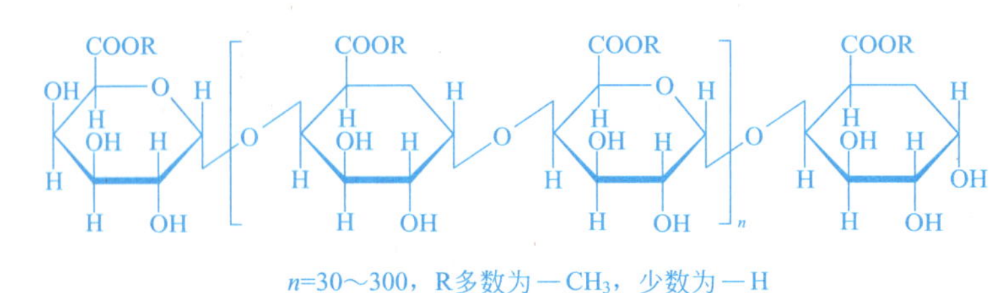

图2-15　可溶性果胶结构

可溶性果胶能溶于水，水果成熟后由硬变软，其原因之一是原果胶转变为可溶性果胶。它在稀酸或果胶酶的作用下，半乳糖醛酸甲酯水解成半乳糖醛酸和甲醇。

（3）果胶酸　果胶酸是由许多半乳糖醛酸通过α-1,4-糖苷键结合而成的高分子化合物。果胶酸的溶解度较低。

第五节　复合糖

一、糖蛋白

糖蛋白是由短的寡糖链与蛋白质共价相连构成的分子。其总体性质更接近蛋白质。糖与蛋白质之间以蛋白质为主，其一定部位上以共价键与若干短的寡糖链相连，这些寡糖链常常是具分支的杂糖链，不呈现重复的双糖系列，一般由2～10个单体（少于15）组成，末端成员常常是唾液酸或L-岩藻糖。

1. 糖的组成

在糖蛋白中，糖的组成常比较复杂，有β-D-葡萄糖、α-D-甘露糖、α-D-半乳糖、α-D-木糖、α-D-阿拉伯糖、α-L-岩藻糖、葡萄糖醛酸、艾杜糖醛酸、*N*-乙酰葡萄糖胺、*N*-乙酰半乳糖胺、唾液酸等。

2. 糖蛋白的生物学功能

(1) 糖蛋白携带某些蛋白质代谢去向的信息　糖蛋白寡糖链末端的唾液酸残基，决定着某种蛋白质是否在血流中存在或被肝脏除去的信息。比如脊椎动物血液中的铜蓝蛋白，当铜蓝蛋白丢失唾液酸后，肝细胞能降解它，唾液酸的消除可能是体内“老”蛋白的标记方式之一。再如新生的红细胞膜上唾液酸的含量远高于成熟的红细胞膜。用唾液酸酶处理新生的红细胞，回注机体，几小时后全部消失。而未用唾液酸酶处理的红细胞，回注后，几天以后仍能在体内正常存活。

(2) 寡糖链在细胞识别、信号传递中起关键作用　淋巴细胞正常情况应归巢到脾脏，而切去唾液酸后，结果归巢到了肝脏。在原核中表达的真核基因，无法糖基化。

糖蛋白可以是胞溶性的，也可以是膜结合型的，可以存在于细胞内也可存在于细胞间质中。糖蛋白在动植物中较为典型，脊柱动物中糖蛋白尤为丰富，例如，金属转运蛋白（转铁蛋白）、血铜蓝蛋白、凝血因子、补体系统、一些激素、促卵泡激素（FSH，前脑下垂体分泌，促进卵子和精子的发育）、RNase、膜结合蛋白（如动物细胞膜的 Na^+-K^+-ATPase）、主要组织相容性抗原（细胞表面上介导供体器官与受体器官交叉匹配的标志）。绝大多数糖蛋白的寡糖是糖蛋白的功能中心。有些糖蛋白的糖对于糖蛋白自身机体起着保护作用或润滑作用，如牛的 RNaseB（糖蛋白）对热的抗性大于 RNaseA，大量的唾液酸能增强唾液黏蛋白的黏性从而增强唾液的润滑性。南极鱼抗冻蛋白的糖组分能与水形成氢键，阻止冰晶的形成从而提高了抗冻性。糖蛋白在细胞间信号传递方面起着更为复杂的作用。HIV 的靶细胞结合蛋白 GP120 是一个糖蛋白，能与人类靶细胞表面的 CD_4 受体结合从而附着在靶细胞表面，如果去掉 GP120 的糖部分则不能与 CD_4 受体结合从而失去感染能力。细胞表面的糖蛋白形成细胞的糖萼（糖衣），参与细胞的粘连，这在胚和组织的生长、发育以及分化中起着关键性作用。

二、蛋白聚糖

蛋白聚糖是由糖胺聚糖与多肽链共价相连构成的分子，总体性质与多糖更为接近。糖胺聚糖链长而不分支，呈现重复双糖系列结构，其一定部位上与若干肽链相连。由于糖胺聚糖具有黏稠性，所以蛋白聚糖又称为黏蛋白、黏多糖-蛋白质复合物等。

蛋白聚糖主要存在于软骨、腱等结缔组织和各种腺体分泌的黏液中，有构成组织间质、润滑剂、防护剂等多方面的作用。

三、肽聚糖

肽聚糖是细菌细胞壁的主要成分，革兰阳性细菌胞壁所含的肽聚糖占干重的50%～80%，革兰阴性细菌胞壁所含的肽聚糖占干重的 1%～10%。糖链由 *N*-乙酰葡萄糖胺和 *N*-乙酰胞壁酸通过 β-1,4-糖苷键连接而成，糖链间由肽键交联，构成稳定的网状结构，肽链长短视细菌种类不同而异。

本章小结

糖是多羟基醛（酮）及其缩合物。按水解情况分为单糖、低聚糖和多糖；按与 Tollens 试剂等碱性氧化剂作用分为还原糖和非还原糖。单糖都是还原糖。

单糖分为醛糖和酮糖两类。最简单的醛糖是二羟基丙醛，最简单的酮糖是二羟基丙酮。存在于自然界的大多数单糖是含有5个碳原子的戊糖和6个碳原子的己糖。重要的单糖有葡萄糖、果糖、核糖与2-脱氧核糖，重要单糖衍生物有糖醛酸、氨基糖、糖苷。其中葡萄糖、果糖为学习重点。

单糖具有手性碳原子，因此具有旋光性，单糖有开链式和环状两种结构形式，在溶液中，糖的链状结构和环状结构（α、β）之间可以相互转变，最后达到动态平衡，称为变旋现象。三者间的比例因糖种类而异。只有链状结构才具有氧化还原反应。由于单糖分子的链状结构是多羟基醛或多羟基酮，单糖的许多化学反应是由于存在着羟基、羰基等官能团所引起的。单糖是还原剂，具有还原性，可与碱性弱氧化剂和酸性氧化剂反应；与苯肼成脎；与羟基化合物成苷；与磷酸生成一磷酸酯和二磷酸酯。

重要和常见的二糖有麦芽糖、乳糖、蔗糖、纤维二糖。按有无还原性，二糖分为还原性二糖和非还原性二糖。它们的特征是非糖部分有游离的半缩醛羟基的为还原糖，没有游离的半缩醛羟基的为非还原糖。

淀粉、糖原和纤维素的基本结构单位是葡萄糖。淀粉和糖原是葡萄糖通过α-1,4-糖苷键，接点为α-1,6-糖苷键的葡萄糖链，而纤维素为β-1,4-糖苷键的葡萄糖链。果胶质是一类成分比较复杂的多糖，其化学组成常因来源不同而有差别。

糖蛋白是由短的寡糖链与蛋白质共价相连构成的分子，总体性质更接近蛋白质。蛋白聚糖是由糖胺聚糖与多肽链共价相连构成的分子，总体性质与多糖更为接近。肽聚糖是细菌细胞壁的主要成分，糖链由N-乙酰葡萄糖胺和N-乙酰胞壁酸通过β-1,4-糖苷键连接而成。

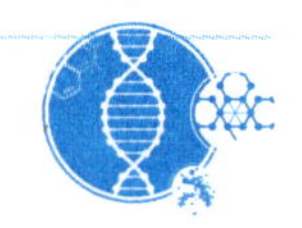

一、名词解释

1. 糖　2. 单糖　3. 寡糖　4. 构象　5. 糖苷　6. 还原糖　7. 糖原　8. 纤维素

二、填空题

1. 绝大多数非光合生物通过氧化__________获得生命活动所需的__________。

2. 糖是一类化学本质为多羟基醛或__________及其__________的有机化合物。

3. 糖类可以根据其水解程度分为单糖、__________和__________三类。

4. 糖原和纤维素都由葡萄糖组成，但其__________键不同，因而__________都不同。

5. 手性分子的构型可以用__________作参照物表示。单糖的构型是根据其__________手性碳原子连接的—OH来确定。

6. 在溶液状态下，D-葡萄糖的__________羟基与__________醛基发生分子内缩醛反应，形成环式半缩醛结构。

7. 溶液中的单糖有两种环式结构分别称为__________糖和__________糖。

8. 环式单糖的__________可与其他分子中的__________缩合，生成糖苷。

9. 单糖分子中所有的__________都能与__________成酯，其中具有重要生物学意义的是形成磷酸酯。

10. 蔗糖是自然界分布最广的双糖，由D-葡萄糖和__________以__________键结合而成，在溶液中不能开环形成醛基。因此，蔗糖没有还原性。

11. 多糖可按其组成分为__________和__________。

12. 支链淀粉由D-葡萄糖通过__________键连接成短链，再通过__________键相连形成分支。支链淀粉在淀粉中占70%～80%，不溶于水，在热水中膨胀而成糊状。

三、选择题

1. 自然界分布最广、含量最多的有机分子是（　　）。

A. 蛋白质　B. 核酸　C. 水　D. 糖类　E. 脂类

2. 以下哪个单糖最小？（　　）

A. 半乳糖　B. 甘油醛　C. 果糖　D. 核糖　E. 脱氧核糖

3. 以下哪个单糖是酮糖？（　　）

A. 半乳糖　B. 果糖　C. 甘油醛　D. 核糖　E. 脱氧核糖

4. 自然界中最丰富的单糖是（　　）。

A. 半乳糖　B. 核糖　C. 葡萄糖　D. 脱氧核糖　E. 蔗糖

5. 单糖分子至少含几个碳原子？（　　）

A. 2　B. 3　C. 4　D. 5　E. 6

6. 以下哪个是不含手性碳原子的单糖？（　　）

A. 半乳糖　B. 二羟丙酮　C. 甘油醛　D. 核糖　E. 脱氧核糖

7. 葡萄糖的构型是由它的几号碳原子决定的？（　　）

A. 1　B. 2　C. 3　D. 4　E. 5

8. 在溶液中，以下哪个糖没有半缩醛结构？（　　）

A. 半乳糖　B. 二羟丙酮　C. 乳糖　D. 麦芽糖　E. 脱氧核糖

9. 在溶液中，以下哪个糖没有旋光性？（　　）

A. 二羟丙酮　B. 麦芽糖　C. 乳糖　D. 脱氧核糖　E. 蔗糖

10. 以下哪种单糖的构象最稳定？（　　）

A. α-吡喃葡萄糖　B. α-吡喃果糖

C. α-呋喃果糖　D. β-吡喃葡萄糖

E. β-吡喃果糖

11. 乳糖中的半乳糖是（　　）。

A. α-吡喃半乳糖　B. α-呋喃半乳糖

C. α-吡喃半乳糖和β-吡喃半乳糖

D. β-吡喃半乳糖　E. β-呋喃半乳糖

12. 以下哪个不是还原糖？（　　）

A. 果糖　B. 麦芽糖　C. 乳糖　D. 脱氧核糖　E. 蔗糖

13. 含有α-1,4-糖苷键的是（　　）。

A. 硫酸软骨素　B. 麦芽糖　C. 乳糖　D. 纤维素　E. 蔗糖

14. 哪个反应是还原糖的特征反应？（　　）

A. 彻底氧化分解生成CO_2和H_2O　B. 发生酶促氧化反应

C. 与非碱性弱氧化剂反应　D. 与碱性弱氧化剂反应

E. 与较强氧化剂反应（如稀HNO_3）

15. 由不止一种单糖构成的是（　　）。

A. 麦芽糖　B. 乳糖　C. 糖原　D. 纤维素　E. 支链淀粉

16. 与直链淀粉不同的是支链淀粉含有哪种糖苷键？（　　）

A. α-1,2-糖苷键　B. α-1,3-糖苷键

C. α-1,4-糖苷键　D. α-1,5-糖苷键

E. α-1,6-糖苷键

四、简答题

1. 简述单糖及其分类。
2. 简述单糖的构型。
3. 简述葡萄糖的环式结构。
4. 简述单糖的化学性质。
5. 简述单糖的氧化反应。
6. 简述重要双糖的还原性。
7. 简述淀粉和纤维素的异同。

阅读材料

纤维素生物燃料：最有希望替代石油能源

生物燃料可以用植物或植物制品为原材料。目前，第一代生物燃料以可食用作物为原料，主要包括玉米、大豆（美国）、甘蔗（巴西）。用可食用作物制造生物燃料是最简单可行的，因为把这些可食用作物转化为燃料的技术是现成的。然而，第一代生物燃料并非长久之计，原因很简单：没有足够的耕地能够满足发达国家 10% 的液态燃油原料需求。这种对粮食作物的额外需求还使 2008 年家畜饲料价格大幅上升，一旦将玉米生长、收获及加工期间的所有排放纳入经济成本预算，第一代生物燃料显然并不是人们所期望的、对环境安全具有积极影响的能源形式。

第二代生物燃料主要以纤维素质材料为原料，如富含纤维素、生长迅速的草本植物，因此将英文汽油（gasoline）单词中前缀“gas”去掉，引入“grass”（草），就组成了形象生动的专有名词“草油”（grassoline）。可转化为草油的原料有很多，从木材废料（锯木屑、木质建筑残片）到农业废弃物（玉米秸秆、小麦茎秆），再到“能源作物”。这些原料作物耕作成本低、量大，更关键的是，这些作物的种植生产不会干扰和危及粮食生产。大多数能源作物能够在不能用作农田的边际土地上快速生长。还有一些能够在被废水或者重金属污染的土壤中生长并净化土壤，如生长周期较短的灌木柳树。

纤维素类植物生物质（指某一系统中全部或特定的生物总量）丰富，能够可持续地收获，来制造生物燃料。美国农业部和能源部的研究显示，在不减少作为人类食物、动物饲料及出口生物质份额的前提下，美国每年能够生产 13 亿吨（干重）生物质。如此大量的生物质每年至少能够产生 1000 亿加仑（约 3790 亿升）草油，大约相当于每年美国汽油、柴油消耗总量的一半。放眼全球，每年纤维素类生物质生产量能够转化的生物燃料相当于 340 亿～1600 亿桶原油，已经超过了目前全球每年 30 亿桶原油的消耗量。纤维素类生物质能够转化成任何类型的燃料，如乙醇、普通汽油、柴油，甚至航空燃油。

现在，科学家仍然更擅长发酵玉米籽粒（有效成分为淀粉），而不是打断纤维素分子链，使它们转变成可发酵单糖，但最近这方面取得了突破性进展。量子化学计算模型之类的强大工具的引入，使化学工程师能够在原子水平控制反应进程。目前科学家将研究重心集中在如何快速将这种微观尺度的控制级别提升到炼制厂这样的工业水平。尽管此领域依然处于起步阶段，一些示范工厂已经开始运行。

第三章 蛋白质

学习目标

1. 掌握肽键、蛋白质一级结构。
2. 掌握氨基酸的结构与分类及性质，蛋白质的重要性质。
3. 了解蛋白质二级、三级、四级结构，蛋白质分离纯化及分子量的测定。

蛋白质是一类非常重要的生物大分子。它存在于所有的生物细胞中，是构成生物体最基本的结构和功能物质。

蛋白质是生命活动的物质基础，它是与生命及与各种形式的生命活动紧密联系在一起的物质。如生物体内发生的催化作用、代谢过程、免疫作用、物质转运、信息传递、运动和生命调控等都有蛋白质的直接参与，并在其中起着重要作用。

生物体内的蛋白质种类繁多，各种蛋白质都有其特定的结构和功能，蛋白质具有众多生物活性的物质基础就是其复杂的结构。要了解蛋白质的功能及其在生命活动中的重要性，必须从了解它的结构入手。本章主要阐述蛋白质的基本结构特征和主要功能，并在此基础上简述了蛋白质的结构与功能之间关系。

第一节 概 述

一、蛋白质的生理功能

蛋白质是生物体内最主要的生命大分子之一。在所有的生物细胞组织中，蛋白质是除水之外含量最大和最基本的成分，具有多种重要的生理功能。按组织、细胞中的蛋白质和血浆蛋白质两部分将其功能分述如下。

1. 组织、细胞中主要蛋白质的功能

人体各组织、细胞中存在着多种蛋白质，它们的性质和功能各异。归纳起来，这些蛋白质的主要功能有以下几个方面。

（1）催化和调控作用　体内物质代谢中的一系列化学反应几乎都是由酶催化的，目前已

知的酶除了少数具有催化活性的RNA分子（核酶）外，其他酶的化学本质是蛋白质；其在物质代谢中起着重要的催化作用。

人体内全身各细胞所含基因组虽相同，但不同器官、组织或不同时期基因的表达都受到严格的调控。参与基因调控的蛋白质有组蛋白、非组蛋白、阻遏蛋白、基因激活蛋白、多种生长因子和蛋白类激素等，如胰岛素可以调控血糖水平；阻遏蛋白可以阻止某基因的表达。还有一些蛋白质参与细胞间信息传递。如许多激素是蛋白质或肽，它们通过与靶细胞上的受体蛋白特异结合，把胞外信号传递到胞内，引起细胞一系列化学反应，最后导致机体相应的生理变化。因此，机体内各组织细胞各种代谢的进行及协调，都与蛋白质的调控功能密切相关。

（2）在协调运动中的作用　生命和运动紧密相连。无论个体运动，还是细胞运动，甚至胞内运动，都需要蛋白质完成。肌肉收缩是一种协调运动，人体生理功能离不开肌肉的收缩，即使在安静时，循环（心血管内的肌肉）、呼吸（膈肌等）、消化（消化道平滑肌）、排泄（括约肌等）及体姿的维持（有关肌肉）等重要功能都与肌肉收缩密切相关，负责肌肉收缩的主要蛋白质是肌动蛋白和肌球蛋白。剧烈运动时则更是如此。

（3）在运输及储存中的作用　蛋白质在体内物质运输和储存中起重要作用。机体中许多小分子、离子是通过蛋白质运输的。例如，物质代谢所需的氧分子，就是靠血红蛋白运输的；氧在肌肉组织中的储存靠肌红蛋白来完成。铁在细胞内需与铁蛋白结合才能储存。

（4）在识别、防御和神经传导中的作用　体内各种传递信息的信使需与特异的受体相互识别、结合才能将信息传递至有关细胞内，受体多为蛋白质。机体合成的抗体蛋白在对外源性蛋白质的识别与结合、在免疫防御中起着十分重要的作用。神经细胞对特异刺激起一定的反应，需要有特异的受体蛋白质的参与。如视网膜细胞中存在的受体蛋白质，在感光和视觉传导中起媒介作用；神经细胞连接处的特异受体蛋白在接受神经递质的作用后，可引起神经冲动的传递，可见蛋白质在神经传导中有着极重要的作用。此外，皮肤及骨骼等组织中含量较大的胶原蛋白，动物的毛、发、角、爪中含丰富的角蛋白，它们具有较强的抗张力作用，主要起机械支持作用。

2. 血浆蛋白质的主要功能

血液除去血细胞等有形成分后的部分称为血浆。血浆是很多种蛋白质和小分子物质的混合水溶液。随着分离技术的提高，目前用分辨率较高的电泳法（如聚丙烯酰胺凝胶电泳和免疫电泳等）能分离出很多的血浆蛋白组分，已分离纯化的有200多种，有些蛋白质含量甚微，其结构与功能尚不清楚，现将血浆蛋白质的主要功能归纳如下。

（1）对血浆pH的调节和胶体渗透压的维持作用　血浆蛋白质的pI大多在pH 4.0～7.3。血浆蛋白质的未电离蛋白质（HPr，弱酸）和电离蛋白质（Pr^-，共轭碱）组成缓冲对，参与对血浆正常pH 7.35～7.45的维持。

血浆胶体渗透压的维持对于血管与组织间水分及物质的交换起重要作用。胶体渗透压是使组织间液从毛细血管静脉端渗回血管内的主要力量，如血浆胶体渗透压下降，可引起水分过多地潴留在组织间隙而出现水肿（如营养不良性水肿）。血浆胶体渗透压的大小取决于血浆中蛋白质分子数的多少。血浆蛋白质中，白蛋白的含量最多（35～55g/L），且其分子量较小（约为66000Da），故其分子数量最多，所以，它在维持正常血浆胶体渗透压方面起主要作用（血浆胶体渗透压的75%～80%靠白蛋白维持）。白蛋白是肝细胞合成、分泌入血的，故血浆白蛋白的含量也可反映部分肝脏功能及机体的营养状况。

（2）对多种物质的运输作用　一些难溶于水或不溶于水的物质，在血浆内需以蛋白质作载体才能运输。以白蛋白作为载体运输的物质有脂酸、胆红素、甲状腺素、肾上腺素、视黄醇及一些难溶于水的药物（如毛地黄苷、巴比妥、阿司匹林等）；与血浆球蛋白结合而运输的物质有甲状腺素、肾上腺皮质激素、磷脂、三酰甘油、胆固醇及胆固醇酯、脂溶性维生素等。

（3）血浆中存在着多种酶，由组织细胞合成后分泌入血浆　根据来源和作用可将血浆酶分为三类：胞内酶、外分泌酶、血浆功能性酶。血浆功能性酶与血浆正常功能密切相关，如凝血系统及纤维蛋白溶解系统中的多种酶类，它们大多以无活性的酶原形式存在，激活后才发挥催化活性；铜蓝蛋白（为一种亚铁氧化酶）、磷脂酰胆碱、胆固醇酰基转移酶、脂蛋白脂肪酶和肾素（一种蛋白水解酶）等也是在血浆发挥作用的酶。血浆中的外分泌酶是由外分泌腺分泌物异常进入血浆所致，通常提示外分泌腺炎症或通透性增大。血浆中的细胞酶是细胞内酶泄漏入血浆的，是由细胞破裂死亡、通透性加大、炎症等造成的。

（4）免疫、防护等功能　血浆中存在的抗体蛋白，能特异地识别异体蛋白质（外源性蛋白质），并能与之结合成复合体，这类蛋白质被称为免疫球蛋白。还有另一类被称作补体的蛋白酶系统，它能协助免疫球蛋白清除异体蛋白，以防御病原微生物对机体的危害。血浆蛋白质中的凝血因子能在一定条件下促进血液凝固，保护受伤机体不致流血过多。另一些血浆蛋白质有抗凝血或溶解纤维蛋白的作用，使正常血液循环能够畅通无阻，其作用与整个机体功能的完成是密不可分的。

（5）营养功能　血浆蛋白质还可以被组织摄取，用以进行组织蛋白质的更新、组织修补，转化成其他重要含氮化合物、异生为糖或直接被氧化分解以供能，在营养缺乏的条件下，血浆蛋白质的这种功能尤为重要。

二、蛋白质的元素组成与分类

1. 蛋白质的元素组成

蛋白质是大分子化合物，分子量一般上万，结构十分复杂，但都是由 C（碳）、H（氢）、O（氧）、N（氮）、S（硫）等基本元素组成，有些蛋白质分子还含有 P（磷）、Fe（铁）、Zn（锌）、Cu（铜）、Mn（锰）、I（碘）等元素。

蛋白质是一类含氮有机化合物，并且占有生物组织中所有含氮物质的绝大部分。因此可以将蛋白质的含氮量近似看作为生物组织的含氮量。由于大多数蛋白质的含氮量接近 16%，故在生物样品中，每测得 1g 氮就相当于 6.25g 蛋白质。所以，可以根据生物样品中的含氮量来计算蛋白质的大致含量：

$$样品中的含氮量\times 6.25=蛋白质的含量$$

2. 蛋白质的分类

蛋白质数量庞大、结构复杂、功能繁多，通常依据其分子组成和形状来分类。

依据其分子组成，蛋白质可分为简单蛋白和结合蛋白。简单蛋白是只含有 α-氨基酸的肽链，结合蛋白是由简单蛋白与其他非蛋白成分结合而成的蛋白。结合蛋白又分为色蛋白、糖蛋白、脂蛋白和核蛋白。色蛋白是由简单蛋白与色素物质结合而成的，如血红蛋白、叶绿蛋白和细胞色素等；糖蛋白是由简单蛋白与糖类物质结合而成的，如细胞膜中的糖蛋白等；脂蛋白是由简单蛋白与脂类物质结合而成的，如血清 α-脂蛋白、β-脂蛋白等；核蛋白是由简单蛋白与核酸结合而成的，如核糖核蛋白等。

依据其形状，蛋白质可分为球状蛋白质和纤维状蛋白质。球状蛋白质的分子外形接近球状或椭圆形，溶解性较好，能形成结晶，大多数蛋白质属于这一类，酶和激素蛋白都是球蛋白。纤维状蛋白质的分子外形似纤维或细棒，它又可分为可溶性纤维蛋白和不可溶性纤维蛋白、丝、毛、皮肤、头发、角、爪甲、蹄、羽毛、结缔组织等都是纤维蛋白。

第二节 氨基酸

蛋白质在酸、碱或蛋白酶等的催化作用下可发生水解，最后得到各种氨基酸的混合物。所以氨基酸是蛋白质的基本单位。虽然蛋白质的种类繁多，但组成人体蛋白质是由 20 种氨基酸组成的。20 种基本氨基酸的名称和结构见表 3-1。

表 3-1 20 种基本氨基酸的名称和结构

中文名	三字母缩写	单字母缩写	结构式
丙氨酸	Ala	A	$CH_3—CH(NH_2)—COOH$
精氨酸	Arg	R	$HN═C(NH_2)—NH—(CH_2)_3—CH(NH_2)—COOH$
天冬酰胺	Asn	N	$H_2N—CO—CH_2—CH(NH_2)—COOH$
天冬氨酸	Asp	D	$HOOC—CH_2—CH(NH_2)—COOH$
半胱氨酸	Cys	C	$HS—CH_2—CH(NH_2)—COOH$
谷氨酰胺	Gln	Q	$H_2N—CO—(CH_2)_2—CH(NH_2)—COOH$
谷氨酸	Glu	E	$HOOC—(CH_2)_2—CH(NH_2)—COOH$
甘氨酸	Gly	G	$NH_2—CH_2—COOH$
组氨酸	His	H	(咪唑环，N、N-H) $CH_2CH(NH_2)CHOOH$
异亮氨酸	Ile	I	$CH_3—CH_2—CH(CH_3)—CH(NH_2)—COOH$
亮氨酸	Leu	L	$(CH_3)_2CH—CH_2—CH(NH_2)—COOH$
赖氨酸	Lys	K	$H_2N—(CH_2)_4—CH(NH_2)—COOH$
甲硫氨酸(蛋氨酸)	Met	M	$CH_3—S—(CH_2)_2—CH(NH_2)—COOH$
苯丙氨酸	Phe	F	$Ph—CH_2—CH(NH_2)—COOH$
脯氨酸	Pro	P	(吡咯烷环，N-H) COOH
丝氨酸	Ser	S	$HO—CH_2—CH(NH_2)—COOH$
苏氨酸	Thr	T	$CH_3—CH(OH)—CH(NH_2)—COOH$
色氨酸	Trp	W	(吲哚环，N-H) $CH_2CH(NH_2)COOH$
酪氨酸	Tyr	Y	HO—(苯环)—$CH_2CH(NH_2)COOH$
缬氨酸	Val	V	$(CH_3)_2CH—CH(NH_2)—COOH$

一、氨基酸的结构与分类

1. 氨基酸的结构

作为蛋白质结构单元的氨基酸均为 α-氨基酸（脯氨酸为 α-亚氨基酸）。天然蛋白质由 20 种氨基酸组成，少数蛋白质还含有若干种不常见的氨基酸，它们都是基本氨基酸的衍生物。α-氨基酸可以用下面的结构通式表示，R 称为氨基酸的侧链基团。

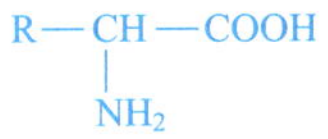

$$R-\underset{\underset{NH_2}{|}}{CH}-COOH$$

不同氨基酸 R 不同，除 R 为 H 的甘氨酸不含手性碳原子外，其他氨基酸的 α-碳原子都是手性碳原子，存在 D 型和 L 型两种异构体，因此它们具有旋光性。组成天然蛋白质的氨基酸均为 L 型。

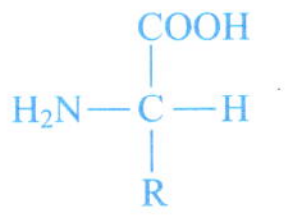

$$\begin{array}{c} COOH \\ | \\ H_2N-C-H \\ | \\ R \end{array} \qquad\qquad \begin{array}{c} COOH \\ | \\ H-C-NH_2 \\ | \\ R \end{array}$$

L-α-氨基酸 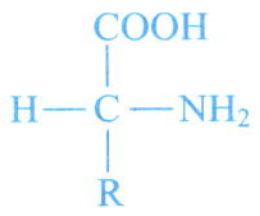　　　　D-α-氨基酸

2. 氨基酸的分类

根据侧链 R 的极性不同分为非极性氨基酸和极性氨基酸。氨基酸的 R 基团不带电荷或极性极微弱的属于非极性氨基酸，如甘氨酸、丙氨酸、缬氨酸、亮氨酸、异亮氨酸、蛋氨酸（甲硫氨酸）、苯丙氨酸、色氨酸、脯氨酸等。它们的 R 基团具有疏水性。氨基酸的 R 基团带电荷或有极性的属于极性氨基酸，它们又可分为以下三种。

（1）极性中性氨基酸　R 基团有极性，但不解离，或仅极弱地解离，它们的 R 基团有亲水性。如丝氨酸、苏氨酸、半胱氨酸、酪氨酸、谷氨酰胺、天冬酰胺等。

（2）酸性氨基酸　R 基团有极性，且解离，在中性溶液中显酸性，亲水性强。如天冬氨酸、谷氨酸。

（3）碱性氨基酸　R 基团有极性，且解离，在中性溶液中显碱性，亲水性强。如组氨酸、赖氨酸、精氨酸。

二、氨基酸的理化性质

1. 物理性质

天然氨基酸都是 α-氨基酸，无色晶体，熔点在 200～300℃。大多数氨基酸能溶于水，且水溶液具有较高的介电常数。

实际上，氨基酸在晶体形态或水溶液中，并不是以游离的羧基或氨基形式存在，而是解离成两性离子，氨基以质子化形式（$-NH_3^+$）存在，羧基以解离状态（$-COO^-$）存在。

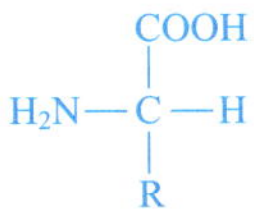

$$\begin{array}{c} COOH \\ | \\ H_2N-C-H \\ | \\ R \end{array} \qquad\qquad \begin{array}{c} COO^- \\ | \\ H_3N^+-C-H \\ | \\ R \end{array}$$

非解离状态 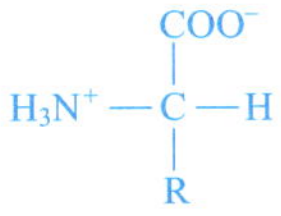　　　　两性离子状态

2. 化学性质

（1）氨基酸的两性解离和等电点　氨基酸是两性电解质，其羧基的解离度大于氨基的解离度，两者都受溶液 pH 值的影响。

$$\underset{\text{正离子(pH<p}I\text{)}}{H_3N^+-\overset{COOH}{\underset{R}{C}}-H} \underset{OH^-}{\overset{H^+}{\rightleftharpoons}} \underset{\text{两性离子(pH=p}I\text{)}}{H_3N^+-\overset{COO^-}{\underset{R}{C}}-H} \underset{H^+}{\overset{OH^-}{\rightleftharpoons}} \underset{\text{负离子(pH>p}I\text{)}}{H_2N-\overset{COO^-}{\underset{R}{C}}-H}$$

在一定 pH 值的溶液中，氨基酸所带的正、负电荷相等，净电荷为零，此时溶液的 pH 值称为氨基酸的等电点（pI）。当溶液的 pH 值大于 pI 时，氨基酸带有净负电荷，在电场中向正极移动。当溶液的 pH 值小于 pI 时，氨基酸带有净正电荷，在电场中向负极移动。

（2）氨基酸分子间脱水　在受热或酶的作用下，一分子氨基酸的 α-氨基和另一分子的羧基脱水生成二肽。

$$H_2N-\underset{R}{CH}-COOH + H_2N-\underset{R}{CH}-COOH \xrightleftharpoons{-H_2O} H_2N-\underset{R}{CH}-CO-NH-\underset{R}{CH}-COOH$$

（3）与茚三酮反应　α- 氨基酸与水合茚三酮在加热的条件下生成一种被称为罗曼染料的蓝紫色化合物，同时释放出 CO_2 和 RCHO。这是一个 α- 氨基和 α- 羧基都参与的反应。生成蓝紫色化合物的颜色深浅及释放 CO_2 量的多少与氨基酸含量呈正比，通过分光光度计比色，可用于氨基酸的定性及定量分析。但是脯氨酸显色特殊，生成的产物颜色为黄色。

$$\text{茚三酮} + H_2N-\underset{R}{CH}-COOH \longrightarrow \text{蓝紫色化合物} + RCHO + CO_2 + H^+$$

茚三酮　氨基酸　蓝紫色化合物　醛

（4）桑格反应（Sanger reaction）　这个反应首先被英国科学家 F. Sanger 用来鉴定氨基酸，故称为桑格反应。这是一个烷基化反应，主要试剂为 1-氟-2,4-二硝基苯（FDNB）或称 2,4-二硝基氟苯（DNFB）。在弱碱性反应条件下，DNFB 与氨基酸的 α- 氨基反应生成黄色 2,4-二硝基苯基氨基酸，即 DNP-氨基酸。

$$O_2N-C_6H_3(NO_2)-F + H_2N-CHR-COO^- \longrightarrow O_2N-C_6H_3(NO_2)-NH-CHR-COO^- + HF$$

1-氟-2, 4-二硝基苯 (Sanger试剂)　2, 4-二硝基苯基氨基酸 (DNP-氨基酸)

三、氨基酸的制备和用途

L-α-氨基酸一般可以通过水解蛋白质得到，如谷氨酸可由面筋（面粉黄蛋白）水解分离制得。现在大部分氨基酸可以用微生物发酵法来制备。

应用化学方法也可以合成氨基酸，一般化学合成法得到的是外消旋体，需要进一步拆分才能得到光学纯的氨基酸。化学合成法除得到 L-氨基酸外，还可以得到其对映体——D-氨基酸。

Strecker 合成法：醛与氢氰酸和氨反应得到氰胺化物，经水解得到外消旋氨基酸。

$$RCHO + HCN \longrightarrow \underset{OH}{RCHCN} \xrightarrow{NH_3} \underset{NH_2}{RCHCN} \longrightarrow \underset{NH_3^+}{RCHCOO^-}$$

D/L-α-氨基酸

还原氨化法：α-酮酸与氨作用，生成亚胺，再还原成外消旋氨基酸。

$$RCOCOO^- + NH_3 \longrightarrow R-\overset{NH}{\overset{\|}{C}}-COO^-NH_4^+ \xrightarrow{H_2/Pt} R-\overset{NH_2}{CH}-COO^-$$

D/L-α-氨基酸

食物中的蛋白质必须经过胃肠道消化，分解成氨基酸才能被人体吸收利用。人体对蛋白质的需要实际就是对氨基酸的需要。吸收后的氨基酸只有在数量和种类上都能满足人体的需要，才能被利用合成自身的蛋白质。营养学上将氨基酸分为必需氨基酸和非必需氨基酸两类。

必需氨基酸指的是人体自身不能合成，必须从食物中摄取的氨基酸。对成人来说，这类氨基酸有 8 种，包括赖氨酸、蛋氨酸、亮氨酸、异亮氨酸、苏氨酸、缬氨酸、色氨酸、苯丙氨酸。对婴儿来说，组氨酸和精氨酸也是必需氨基酸。

非必需氨基酸并不是说人体不需要这些氨基酸，而是说人体可以自身合成或由其他氨基酸转化而得到，不一定非从食物直接摄取不可。这类氨基酸包括谷氨酸、丙氨酸、甘氨酸、天冬氨酸、胱氨酸、脯氨酸、丝氨酸和酪氨酸等。有些非必需氨基酸如半胱氨酸和酪氨酸，又被称为半必需氨基酸，因为它们在体内合成时分别需要以蛋氨酸和苯丙氨酸为原料，如食物中半胱氨酸和酪氨酸含量充裕，可以节省蛋氨酸和苯丙氨酸这两种必需氨基酸的消耗量。

第三节 肽

一、肽和肽键

在受热或酶的作用下，由两个氨基酸脱水生成二肽，其中“—CO—NH—”被称为肽键，又称酰胺键，肽键是多肽和蛋白质的主要化学键。

通常将十肽以下的肽称为寡肽，十肽以上的肽称为多肽。组成多肽的氨基酸单元称为氨基酸残基。多肽是一个线型链状分子，其中氨基酸残基按一定顺序排列。这种排列顺序称为氨基酸顺序，是多肽和蛋白质的重要性质之一。

二、天然存在的重要的活性肽

在生物体中，多肽最重要的存在形式是蛋白质的亚单位。但是，也有许多分子量相对较小的多肽以游离状态存在。这类多肽通常具有特殊的生理功能，常称为活性肽，如谷胱甘肽、缬氨霉素、脑啡肽、抗菌肽等。活性肽是细胞间传递信息的重要物质，在调节代谢、生长、发育、繁殖等生命活动中起着重要作用。最小的活性肽是三肽，如谷胱甘肽和下丘脑分泌的促甲状腺素释放激素都是三肽，抗利尿激素和催产激素是九肽，促肾上腺皮质激素是 39 肽。此外，某些生物（如毒蛇）也能够分泌产生剧毒的多肽物质。

大多数天然多肽链含有 50～2000 个氨基酸残基。氨基酸平均分子质量为 110Da（道尔顿），蛋白质与多肽链含义不同，蛋白质更强调结构与功能的完整性。对于结合蛋白质来讲，多肽链是蛋白质的主要结构成分，而不是唯一的成分；另外，一个蛋白质可能由一条多肽链组成，也可能包含多条相同或不同的多肽链。

第四节 蛋白质的分子结构

一、蛋白质的一级结构

多肽链中氨基酸残基的种类和排列顺序称为蛋白质的一级结构。氨基酸残基的排列顺序是由遗传信息决定的，蛋白质的一级结构是决定蛋白质空间结构的基础，而蛋白质的空间结构则是实现其生物学功能的基础。胰岛素是世界上第一个被确定一级结构的蛋白质（图 3-1）。

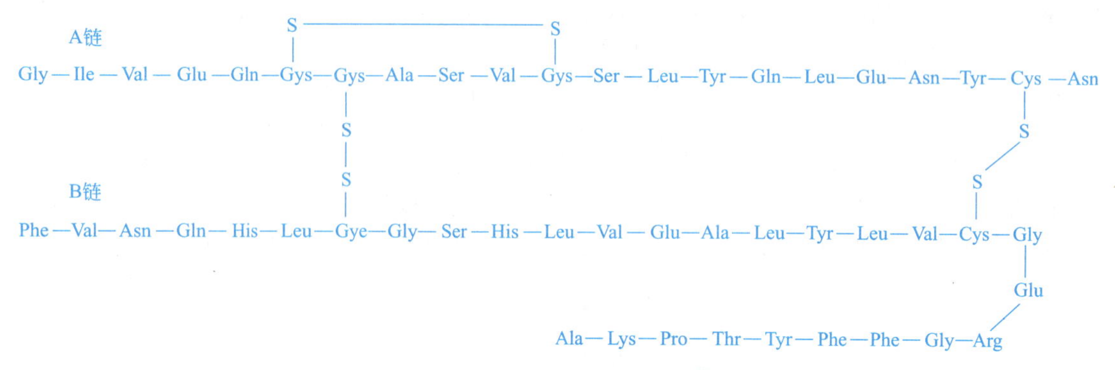

图 3-1 人胰岛素的一级结构

二、蛋白质的二级结构

蛋白质分子并非如一级结构那样是完全展开的“线状”，而是处于更高级、更复杂的状态。天然蛋白质分子中的多肽链可折叠、盘曲成一定的空间结构（三维结构）。蛋白质的空间结构指蛋白质分子内各原子围绕某些共价键的旋转而形成的各种空间排布及相互关系，这种空间结构称为构象。按不同层次，蛋白质的空间结构可分为二级、三级和四级结构。

多肽链主链中各原子在各局部的空间排布，即多肽链主链构象称为蛋白质的二级结构。形成二级结构的基础——肽键平面。

20 世纪 30 年代末，Pauling L. 和 Corey R. 开始对肽进行 X 射线结晶衍射图研究，以探索蛋白质的精细结构。他们测定了分子中各原子间的标准键长和键角，发现肽单元（主链的—C^{α}CN—）呈刚性平面（rigid plane），即肽键平面（图 3-2）。

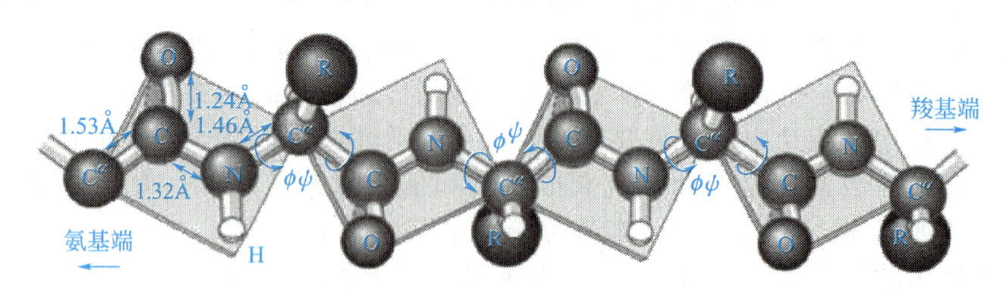

图 3-2 肽键平面和 C^{α} “关节”示意

由于 C—N 键具有部分双键性质，因此 C═O 和 C—N 均不能自由旋转。所以整个肽链的主链原子（—C^{α}CN—C^{α}CN—）中只有 N—C^{α} 和 C—C^{α} 之间的单键可以旋转，N—C^{α} 之间的旋转角为 ϕ，C—C^{α} 之间的旋转角为 ψ。ϕ 和 ψ 的大小就决定了 C^{α} 相邻两个肽键平面之间的相对位置关系，于是肽键平面就成为主链构象的结构基础。如每个氨基酸的 ψ 和 ϕ 已知，整个多肽链的主链构象就确定了。

（1）α-螺旋　肽链的某段局部盘曲成螺旋形结构，称为 α-螺旋（图 3-3）。它主要是多条主链借助氢键卷曲而成。α-螺旋的特征是：①一般为右手螺旋；②每螺旋圈包含 3.6 个氨基酸残基，每个残基跨距为 0.15nm，螺旋上升 1 圈的距离（螺距）为 3.6×0.15nm＝0.54nm；③螺旋圈之间通过每个氨基酸的 C═O 和它前面第四个 N—H 之间形成氢键以保持螺旋结构的稳定，每一个氢键闭合形成的环包含 13 个原子，因此 α-螺旋又称为 3.6_{13}-螺旋；④影响 α-螺旋形成的主要因素是氨基酸侧链的大小、形状及所带电荷等性质。在 α-螺旋中，Glu、Ala 和 Leu 出现的频率比较高；而 Pro 由于无酰胺氢，不能形成链内氢键，它的出现往往引起 α-螺旋终止。

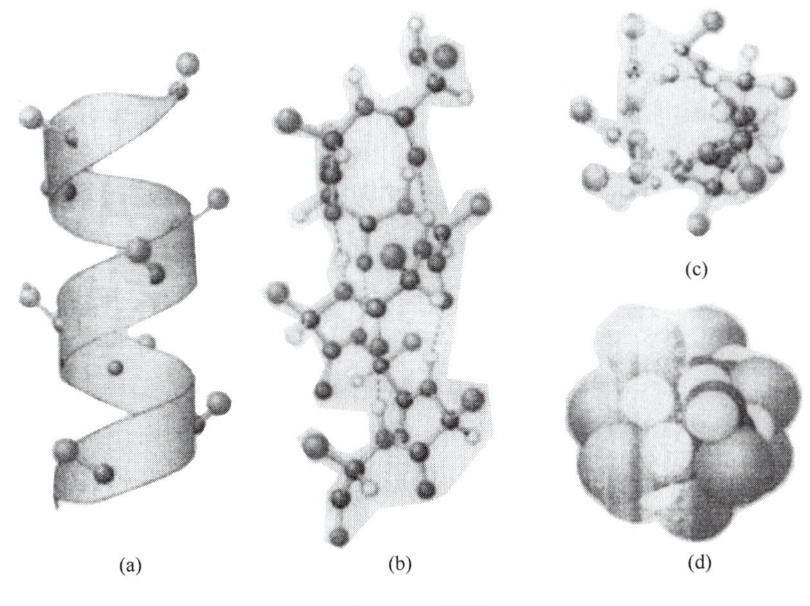

图 3-3　α-螺旋

（2）β-折叠　为一种比较伸展、呈锯齿状的肽链结构。两条或多条（通常 2～5 条）几乎完全伸展的多肽链或同一多肽链中的不同肽段，靠氢键侧向聚集在一起形成的片状结构称为 β-折叠片或 β-片层。又可分顺向平行（肽链的走向相同，即 N、C 端的方向一致）和逆向平行（两肽段走向相反）结构（图 3-4）。

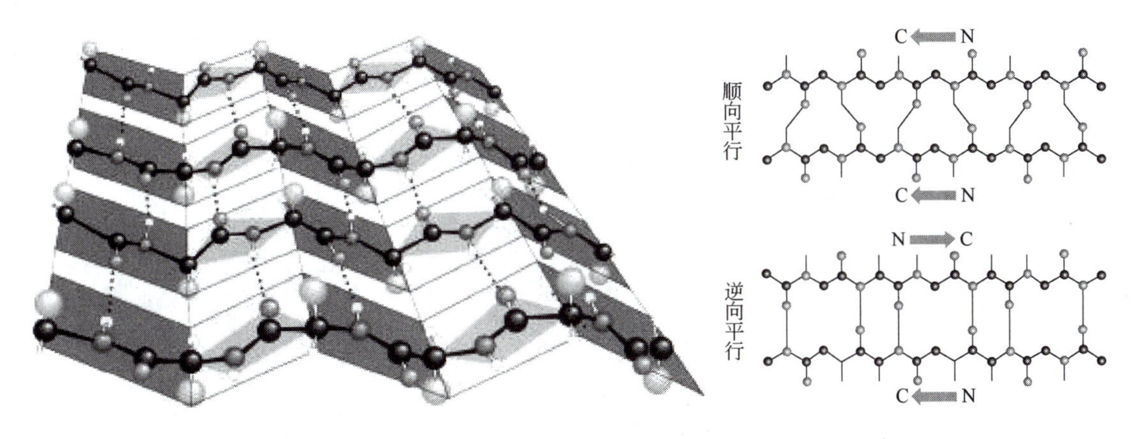

图 3-4　β-折叠结构示意

（3）β-转角　此种结构指多肽链中出现的一种 180°的转折。β-转角通常由 4 个氨基酸残基构成，由第 1 个残基的 $\rangle$C═O 与第 4 个残基的—NH—形成氢键，使得主链结构以 180°角回转，以维持转折结构的稳定。

（4）无规则卷曲　此种结构为多肽链中除以上几种比较规则的构象外，多肽链中其余规则性不强的一些区段的构象。各种蛋白质依其一级结构特点在其多肽链的不同区段可形成不同的二级结构。如蜘蛛网丝蛋白中有很多α-螺旋及β-折叠层，也有β-转角和无规则卷曲（图 3-5）。

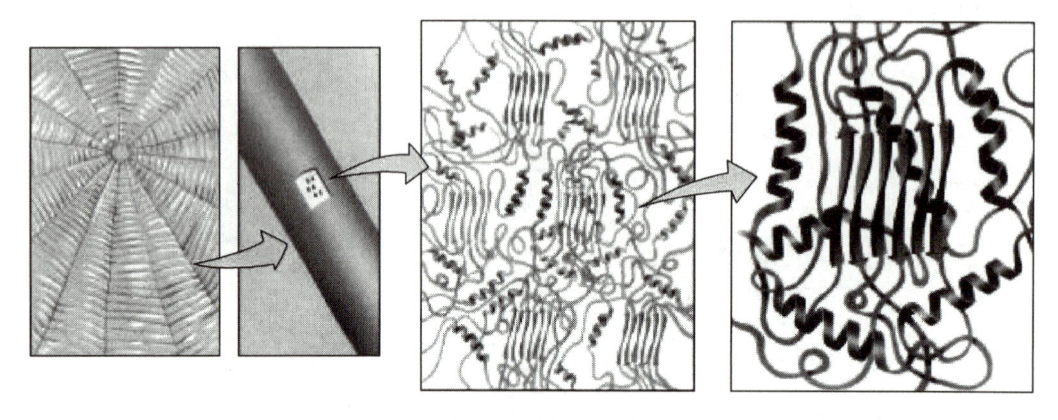

图 3-5 蜘蛛网丝蛋白

三、蛋白质的三级结构

多肽链中，各个二级结构的空间排布方式及有关侧链基团之间的相互作用关系，称为蛋白质的三级结构。换言之，蛋白质的三级结构系指每一条多肽链内所有原子的空间排布，即多肽链的三级结构＝主链构象＋侧链构象，三级结构是在二级结构的基础上由侧链相互作用形成的。

多肽链的侧链（也就是氨基酸的侧链）分为亲水性的极性侧链和疏水性的非极性侧链（详见氨基酸分类）。水介质中球状蛋白质的折叠总是倾向于把多肽链的疏水性侧链或疏水性基团埋藏在分子的内部，这一现象被称为疏水作用或疏水效应（图 3-6）。疏水作用的本质是疏水基团或疏水侧链出于避开水的需要而被迫相互靠近，并不是疏水基团之间有什么吸引力的缘故，因此，将疏水作用称为“疏水键”是不正确的。疏水作用是维系蛋白质三级结构最主要的动力。除疏水作用外，维系蛋白质的三级结构的动力还有氢键、盐键（离子键）、范德华力和二硫键等。

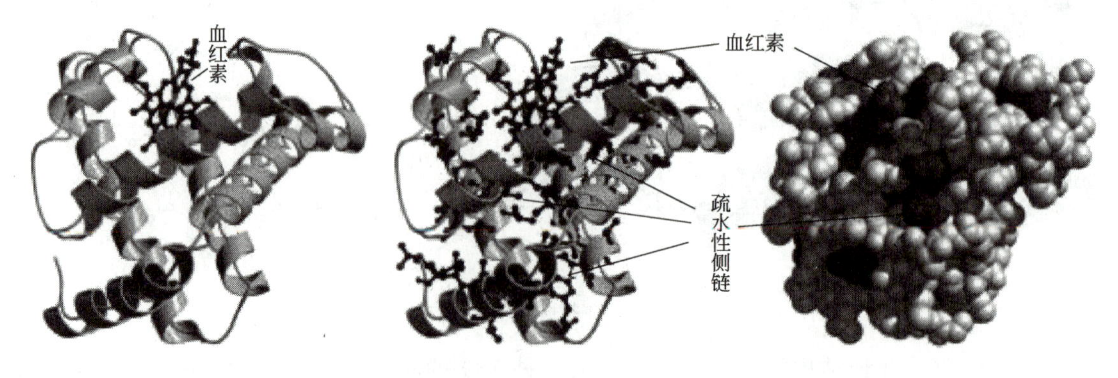

图 3-6 肌红蛋白三级结构

蛋白质中的肽键称为主键，氢键、离子键、二硫键等是副键（次级键），副键因外力作用（如加热）容易断裂，导致蛋白质变性失活。

三级结构对于蛋白质的分子形状及其功能活性部位的形成起重要作用。通过三级结构的形成，可将肽链中某些局部的几个二级结构汇成“口袋”或“洞穴”状，这种结构称为结构域。它们的核心部分多为疏水氨基酸构成，结合蛋白质的辅基常镶嵌其中，这种结构域多半是蛋白质的活性部位。有的蛋白质分子中只有一个特异的结构域，有的则有多个结构域。最近，在很多蛋白质分子中发现有两段β-折叠之间通过一段α-螺旋相连而形成的球状结构，以及多个α-螺旋形成的螺旋束，或3个二硫键将肽链连接成的三环状结构等结构域，它们与蛋白质的功能或活性有密切关系。

四、蛋白质的四级结构

有的蛋白质分子由两条以上具有独立三级结构的肽链通过非共价键相连聚合而成，其中每一条肽链称为一个亚基或亚单位。各亚基在蛋白质分子内的空间排布及相互接触称为蛋白质的四级结构。具有四级结构的蛋白质，其几个亚基的结构可以相同，也可以不同。由相同亚基组成的蛋白质称为同聚体，由不同亚基组成的称为异聚体。如红细胞内的血红蛋白（Hb，图3-7）是由4个亚基聚合而成的，4个亚基两两相同，即含两个α亚基和两个β亚基。在一定条件下，这种蛋白质分子可以解聚成单个亚基，亚基在聚合或解聚时对某些蛋白质具有调节活性的作用。有的蛋白质虽由两条以上肽链构成，但几条肽链之间是通过共价键（如二硫键）连接的，这种结构不属于四级结构，如前面提到过的胰岛素就是1例。

图3-7 血红蛋白四级结构

第五节 蛋白质结构与功能的关系

一、蛋白质一级结构与功能的关系

由较短肽链组成的蛋白质，一级结构不同，生物功能也不同。如加压素和催产素都是由垂体后叶分泌的九肽激素。它们之间仅在分子中有两个氨基酸残基的差异，以异亮氨酸代替苯丙氨酸，以亮氨酸代替精氨酸。加压素促进血管收缩、血压升高和促进肾小管对水的重吸收，起抗利尿作用，故又称抗利尿素；而催产素则刺激子宫平滑肌收缩，起催产作用。

由较长肽链组成的蛋白质一级结构中，其中“关键”部分结构相同，其功能也相同；“关键”部分改变，其功能也随之改变。

基因突变可能引起蛋白质的一级结构改变，导致功能改变而致病，如镰刀形红细胞贫血。这是由于血红蛋白中的β链N端第6个氨基酸残基谷氨酸被缬氨酸替代所引起的一种遗传性疾病。

二、蛋白质的空间结构与功能的关系

蛋白质的空间结构与功能的关系也很密切。空间结构改变，其理化性质与生物学活性也会随之发生改变。如核糖核酸酶变性或复性时，随着空间结构被破坏或恢复，生理功能也将丧失或恢复。变构效应也说明了蛋白质空间结构改变与功能变化之间的密切关系。蛋白质特定的构象显示出特定的功能，天然蛋白质的构象一旦发生变化，必然会影响到它们的生物活性。天然构象如发生破坏性的变化，蛋白质的生物活性就会丧失，此即蛋白质的变性。除受物理、化学因素而引起的构象破坏所致的活性丧失之外，在正常情况下，有很多蛋白质的天然构象也不是固定不变的。人体内有很多蛋白质往往存在着不止一种天然构象，但只有一种构象能显示出正常的功能活性。因而，常可通过调节构象的变化来影响蛋白质（或酶）的活性，从而调控物质代谢反应或相应的生理功能。

当某种小分子物质特异地与某种蛋白质（或酶）结合后（结合部位多在远离活性部位的另一部位，通常称为别位），能够引起该蛋白质（或酶）的构象发生微妙而规律的变化，从而使其活性发生变化（活性可以从无到有或从有到无，也可以从低到高或从高到低），这种现象称为别构效应（或称为别位效应或变构效应）。具有这种特性的蛋白质或酶称为别构蛋白质或别构酶。凡能和别构蛋白质或别构酶结合并引起此种效应的小分子物质，被称为别构效应剂。别构效应充分说明了构象与功能活性之间的密切关系。

血红蛋白就是一种最早发现的具有别构效应的蛋白质，它的功能是运输氧和二氧化碳，血红蛋白运输 O_2 的作用是通过它对 O_2 的结合与脱结合（释放）来实现的。Hb 有两种能够互变的天然构象，一种叫紧密型（T 型），另一种叫松弛型（R 型）。T 型对 O_2 的亲和力低，不易与 O_2 结合；R 型则相反，它与 O_2 的亲和力高，易于结合 O_2。

第六节 蛋白质的理化性质

蛋白质分子空间结构和其性质及生理功能的关系也十分密切。不同的蛋白质，正因为具有不同的空间结构，因此具有不同的理化性质和生理功能。如指甲和毛发中的角蛋白，分子中含有大量的 α-螺旋二级结构，因此性质稳定坚韧又富有弹性，这是和角蛋白的保护功能分不开的；而胶原蛋白的三股螺旋平行再几股拧成缆绳样胶原微纤维结构，使其性质稳定而具有强大的抗张力作用，因此是组成肌腱、韧带、骨骼和皮肤的主要蛋白质；丝心蛋白正因为分子中富含 β-片层结构，因此分子伸展，蚕丝柔软却没有多大的延伸性。事实上不同的酶，催化不同的底物起不同的反应，表现出酶的特异性，也是和不同的酶具有各自不相同且独特的空间结构密切相关。

每一种蛋白质都有着特有的生物学功能，这是由它们特定的空间构象决定的。因为它们的特定的结构允许它们结合特定的配体分子，例如，血红蛋白和肌红蛋白与氧的结合、酶和它的底物分子的结合、激素与受体的结合，以及抗体与抗原的结合等。

一、蛋白质的两性性质和等电点

蛋白质分子是由氨基酸通过肽键构成的高分子化合物，在蛋白质分子中存在着游离的末端 α-氨基和末端 α-羧基，以及侧链上的各种功能基团，因此蛋白质的理化性质有些跟氨基酸相似，蛋白质也是两性电解质，也有其等电点。

可以把蛋白质分子看作是一个多价离子，所带电荷的性质和数量是由蛋白质分子中可解离基团的种类、数目以及溶液的 pH 所决定的。对于某一蛋白质来说，在某一 pH 时，它所带的正电荷与负电荷恰好相等，也即净电荷为 0，这一 pH 称谓蛋白质的等电点。

二、蛋白质的胶体性质

蛋白质溶液是一种分散系统，在这种分散系统中，蛋白质分子颗粒是分散相，水是分散介质。由于蛋白质分子的分子直径达到了胶体微粒的大小（10^9～10^7 m），因此蛋白质溶液属于胶体系统。蛋白质溶液是一种亲水胶体，蛋白质表面的亲水基团在水溶液中能与水分子起水化作用，使蛋白质分子表面形成一个水化层。蛋白质分子表面上的可解离基团，在适当的 pH 条件下，都带有相同的净电荷，与其周围的反离子构成稳定的双电层。蛋白质溶液由于具有水化层和双电层两方面的稳定因素，所以作为胶体系统是相当稳定的。

蛋白质溶液也和一般的胶体系统一样具有丁达尔效应、布朗运动以及不能通过半透膜等特性。

三、蛋白质的变性与复性

在热、酸、碱、重金属盐、紫外线等作用下，蛋白质会发生性质上的改变而凝结起来。这种凝结是不可逆的，不能再使它们恢复成原来的蛋白质，蛋白质的这种变化叫做变性。蛋白质变性后，就失去了原有的可溶性，也就失去了它们的生理作用。因此蛋白质的变性凝固是个不可逆过程。

造成蛋白质变性的原因主要有物理因素和化学因素，其中物理因素包括加热、加压、搅拌、振荡、紫外线照射、超声波等；化学因素包括强酸、强碱、重金属盐、三氯乙酸、乙醇、丙酮等。

如果变性条件剧烈持久，蛋白质的变性是不可逆的。如果变性条件不剧烈，这种变性作用是可逆的，说明蛋白质分子内部结构的变化不大。这时，如果除去变性因素，在适当条件下变性蛋白质可恢复其天然构象和生物活性，这种现象称为蛋白质的复性。例如胃蛋白酶加热至 80～90℃时，失去溶解性，也无消化蛋白质的能力，如将温度再降低到 37℃，则又可恢复溶解性和消化蛋白质的能力。

四、蛋白质的颜色反应

蛋白质可以跟许多试剂发生颜色反应。例如在鸡蛋白溶液中滴入浓硝酸，则鸡蛋白溶液呈黄色。这是由于蛋白质（含苯环结构）与浓硝酸发生了颜色反应的缘故。利用这种颜色反应可以鉴别蛋白质。

第七节　蛋白质的分离纯化及分子量测定

一、蛋白质分离纯化的一般原则

蛋白纯化要利用不同蛋白间内在的相似性与差异，利用各种蛋白间的相似性来除去非蛋白物质的污染，而利用各蛋白质的差异将目的蛋白从其他蛋白中纯化出来。不同蛋白质的分子量大小、形状、电荷、疏水性、溶解度和生物学活性都会有差异，利用这些差异可将蛋白质从混合物如大肠杆菌裂解物中提取出来得到重组蛋白。蛋白的纯化大致分为粗分离阶段和精细纯化阶段两个阶段。粗分离阶段主要将目的蛋白和其他细胞成分如 DNA、RNA 等分开，由于此时样本体积大、成分杂，要求所用的树脂高容量、高流速、颗粒大、粒径分布宽，并可以迅速将蛋白与污染物分开，防止目的蛋白被降解。精细纯化阶段则需要更高的分辨率，此阶段是要把目的蛋白与那些大小及理化性质接近的蛋白区分开来，要用更小的树脂颗粒以提高分辨常用的离子交换柱和疏水柱，应用时要综合考虑树脂的选择性和柱效两个因素。选择性指树脂与目的蛋白结合的特异性，柱效则是指蛋白的各成分逐个从树脂上集中洗脱的能力，洗脱峰越窄，柱效越好。仅有好的选择性，洗脱峰太宽，蛋白照样不能有效分离。

二、分离纯化蛋白质的一般程序

蛋白质分离纯化的一般程序可分为以下几个步骤。

1. 材料的预处理及细胞破碎

分离提纯某一种蛋白质时，首先要把蛋白质从组织或细胞中释放出来并保持原来的天然状态，不丧失活性。所以要采用适当的方法将组织和细胞破碎。常用的破碎组织细胞的方法如下。

（1）机械破碎法　这种方法是利用机械力的剪切作用，使细胞破碎。常用设备有高速组织捣碎机、匀浆器、研钵等。

（2）渗透破碎法　这种方法是在低渗条件下使细胞溶胀而破碎。

（3）反复冻融法　生物组织经冻结后，细胞内液结冰膨胀而使细胞胀破。这种方法简单方便，但要注意那些对温度变化敏感的蛋白质不宜采用此法。

（4）超声波法　使用超声波振荡器使细胞膜上所受张力不均而使细胞破碎。

（5）酶法　如用溶菌酶破坏微生物细胞等。

2. 蛋白质的抽提

通常选择适当的缓冲液溶剂把蛋白质提取出来。抽提所用缓冲液的 pH、离子强度、组成成分等条件的选择应根据欲制备的蛋白质的性质而定。如膜蛋白的抽提，抽提缓冲液中一般要加入表面活性剂（十二烷基硫酸钠、tritonX-100 等），使膜结构破坏，利于蛋白质与膜分离。在抽提过程中，应注意温度，避免剧烈搅拌等，以防止蛋白质变性。

3. 蛋白质粗制品的获得

选用适当的方法将所要的蛋白质与其他杂蛋白分离开来。比较方便的有效方法是根据蛋白质溶解度的差异进行的分离。常用的有下列几种方法。

（1）等电点沉淀法　不同蛋白质的等电点不同，可用等电点沉淀法使它们相互分离。当溶液的 pH 等于某蛋白质等电点时，该蛋白质分子所带的净电荷为零，此时蛋白质分子失去了同种电荷的排斥作用，极易聚集而发生沉淀。因而可以将蛋白质分离开来。但是等电点沉淀的蛋白质往往是一类而不是一种。

（2）盐析法　盐析作用的本质是大量中性盐的加入使水的活度降低，不仅原来溶液中的大部分水用于水化盐离子，而且蛋白质分子表面的水化层也被破坏，使蛋白质分子表面的疏水残基充分暴露，从而发生聚集而沉淀。不同蛋白质盐析所需要的盐饱和度不同，所以可通过调节盐浓度将目的蛋白质沉淀析出。被盐析沉淀下来的蛋白质仍保持其天然性质，并能再度溶解而不变性。

（3）有机溶剂沉淀法　中性有机溶剂如乙醇、丙酮，它们的介电常数比水低。能使大多数球状蛋白质在水溶液中的溶解度降低，进而从溶液中沉淀出来，因此可用来沉淀蛋白质。此外，有机溶剂会破坏蛋白质表面的水化层，促使蛋白质分子变得不稳定而析出。由于有机溶剂会使蛋白质变性，使用该法时，要注意在低温下操作，选择合适的有机溶剂浓度。

（4）蛋白质变性沉淀　在一定温度范围内，蛋白质随温度上升，溶解度增加；当达到一定温度时，维持蛋白质高级结构的次级键将破坏，蛋白质会发生变性。变性蛋白质多肽链伸展，疏水基团外露，容易相互聚集沉淀。蛋白质的结构不同，能够耐受的温度不同，因此，利用加热可使某些蛋白质变性沉淀，而使另一些蛋白质仍处于可溶状态。

4. 样品的进一步分离纯化

用等电点沉淀法、盐析法所得到的蛋白质一般含有其他蛋白质杂质，须进一步分离提纯才能得到有一定纯度的样品。常用的纯化方法有凝胶过滤色谱、离子交换纤维素色谱、亲和色谱等。有时还需要这几种方法联合使用才能得到较高纯度的蛋白质样品。

三、蛋白质分子量测定

1. 葡聚糖凝胶过滤法

微课扫一扫

葡聚糖凝胶过滤法测定蛋白质分子量的原理，主要是依据这种凝胶具有分子筛作用，一定型号的凝胶具有大体上一定大小的孔径。由于不同排阻范围的葡聚糖凝胶有一特定的蛋白质分子量范围，在此范围内，分子量的对数和洗脱体积之间呈线性关系。因此，用几种已知分子量的蛋白质为标准，进行凝胶色谱分离，以每种蛋白质的洗脱体积对它们的分子量的对数作图，绘制出标准洗脱曲线。未知蛋白质在同样的条件下进行凝胶色谱分离，根据其所用的洗脱体积，从标准洗脱曲线上可求出此未知蛋白质对应的分子量。用凝胶过滤鉴定蛋白质分子质量时，蛋白质分子形状对结果有明显影响，凝胶过滤法仅适合球状蛋白质。

2. SDS-聚丙烯酰胺凝胶电泳法

蛋白质在普通聚丙烯酰胺凝胶中的电泳速度取决于蛋白质分子的大小、分子形状和所带电荷的多少。SDS（十二烷基硫酸钠）是一种去污剂，可使蛋白质变性并解离成亚基。当蛋白质样品中加入SDS后，SDS与蛋白质分子结合，使蛋白质分子带上大量的强负电荷，并且使蛋白质分子的形状都变成短棒状，从而消除了蛋白质分子之间原有的带电荷量和分子形状的差异。这样电泳的速度只取决于蛋白质分子量的大小，蛋白质分子在电泳中的相对迁移率和分子质量的对数成直线关系。以标准蛋白质分子质量的对数和其相对迁移率作图，得到标准曲线，根据所测样品的相对迁移率，从标准曲线上便可查出其分子量。

本章小结

蛋白质是重要的生物大分子物质，体内分布广、含量丰富、种类繁多。每种蛋白质都有特定的空间构象及生物学功能。

组成蛋白质的基本单位为氨基酸，共20种，除甘氨酸外，均为L-α-氨基酸。氨基酸为两性电解质，当溶液的pH等于其p*I*时，氨基酸为兼性离子。含有共轭双键的色氨酸、酪氨酸在280nm波长附近有最大吸收峰。氨基酸之间通过肽键相连而成肽。肽键是蛋白质分子中的主要共价键，也称为主键。小于10个氨基酸组成的肽为寡肽，大于10个氨基酸的为多肽，其为链状称为多肽链。多肽链是蛋白质的基本结构，两端分别称为氨基末端（N端），羧基末端（C端）。

蛋白质的结构分为一级、二级、三级和四级结构。多肽链从氨基末端至羧基末端的氨基酸排列顺序为蛋白质的一级结构，其连接键为肽键，还有二硫键。

二级、三级及四级结构为空间结构（高级结构）。肽键中的6个原子基本上位于同一平面，称为肽单元。蛋白质的主链局部空间构象（而不涉及氨基酸侧链）称为蛋白质的二级结构，主要形式有 α-螺旋、β-折叠、β-转角及无规则卷曲，以氢键维持其稳定性。两个或三个具有二级结构的肽段，在空间上相互邻近形成的特殊空间构象，称为模体。蛋白质的三级结构是指多肽链主链和侧链的全部原子的空间排布位置。其稳定性维持主要靠次级键。分子量大的蛋白质三级结构常可分割成一个或数个球状或纤维状的区域，折叠得较为紧密，各执行其功能，称为结构域。亚基与亚基间通过非共价键结合所形成的空间结构为四级结构。

蛋白质也具有两性解离性质，体内大多数蛋白质的等电点接近 pH 5.0。所以在人体体液 pH 7.4 的环境下，大多数蛋白质解离成阴离子。蛋白质是生物大分子之一，其颗粒表面的电荷和水化膜是维持蛋白质胶体稳定的重要因素。若除去蛋白质胶体表面电荷和水化膜，蛋白质极易从溶液中下沉析出。一般认为，蛋白质变性主要发生二硫键和非共价键的破坏，不涉及一级结构中氨基酸序列的改变。蛋白质在 280nm 波长处有特征性吸收峰。

蛋白质的结构与其功能密切相关，一级结构是空间结构的基础，也是功能的基础。一级结构相似的蛋白质，其空间结构及功能也相近。若蛋白质的一级结构发生改变则影响其正常功能，由此引起的疾病称为分子病。

多肽链正确折叠对其形成正确构象和功能的发挥具有重要意义。除一级结构是决定蛋白质折叠成正确空间构象的因素外，还需分子伴侣的参与。若蛋白质的折叠发生错误，尽管其一级结构不变，但蛋白质的构象发生改变，仍可影响其功能，严重时可导致疾病发生，有人将此类疾病称为蛋白构象疾病。

分离、纯化蛋白质是研究单个蛋白质结构与功能的先决条件。通常利用蛋白质的理化性质，采取不损伤蛋白质结构和功能的物理方法来纯化蛋白质。常用的技术有电泳法、色谱法、超速离心法等。

练习题

一、名词解释

1. 氨基酸残基　2. 肽平面　3. 盐析　4. 电泳　5. 凝胶过滤

二、填空题

1. 组成蛋白质的氨基酸中，碱性氨基酸主要是指________、赖氨酸和组氨酸。
2. α-螺旋是非整数螺旋，所以又称为 3.6_{13} 螺旋，由氢键闭环的原子数为________个。
3. 当溶液 pH 大于 p*I* 时，氨基酸分子带________电荷，在电场中向正极移动。
4. 组成蛋白质的 20 种氨基酸中，属于亚氨基酸的是________。
5. 谷胱甘肽分子是由________、半胱氨酸和甘氨酸组成的三肽。
6. Asp 的中文名称是________。
7. 蛋白质变性的最明显标志是________________________。
8. α-螺旋结构特征中，其上升一个螺距是________ nm。
9. 肽平面中包含________个原子。
10. 精氨酸的三字母符号为__________________。
11. 含羟基的氨基酸有________、苏氨酸和酪氨酸。
12. 蛋白质胶体溶液的稳定因素包括表面电荷和________________。
13. 氨基酸处于等电点状态时，主要是以________离子形式存在。
14. 20 种氨基酸中含有巯基的氨基酸是____________。
15. 脯氨酸与水合茚三酮在弱酸性条件下反应生成的化合物呈________色。
16. 凝胶过滤分离提纯蛋白质时，首先被洗脱下来的物质，其分子质量最________。

三、选择题

1. 下列氨基酸中，属于酸性氨基酸的是（　　）。

A. 甘氨酸　　B. 苯丙氨酸　　C. 半胱氨酸　　D. 谷氨酸

2. 维持蛋白质胶体稳定性的因素为（　　）。

A. 水化膜　　B. 表面电荷

C. 水化膜与表面电荷　　D. 水化膜与分子大小

3. 关于蛋白质变性的描述中，说法不正确的是（　　）。

A. 空间构象的破坏　　B. 一级结构被破坏

C. 生物学活性丧失　　D. 水化作用减小，溶解度降低

4. 蛋白质产生的别构（或变构）效应是由于蛋白质的（　　）。

A. 一级结构发生变化　　B. 构型发生变化

C. 构象发生变化　　D. 氨基酸序列发生变化

5. 镰刀状红细胞贫血症的产生是由于血红蛋白 β 链第 6 位的什么改变造成的?（　　）

A. 赖氨酸→缬氨酸　　B. 甘氨酸→缬氨酸

C. 丝氨酸→缬氨酸　　D. 谷氨酸→缬氨酸

6. 组成天然蛋白质的氨基酸共有（　　）。

A. 10 种　　B. 20 种　　C. 30 种　　D. 40 种

7. 测得某一蛋白质样品的氮含量为 0.40g，此样品约含蛋白质（　　）g。

A. 2.00　　B. 2.50　　C. 3.00　　D. 6.25

8. 蛋白质的平均含氮量约为（　　）。

A. 26%　　B. 6%　　C. 16%　　D. 6.6%

9. 关于肽键的描述，不正确的是（　　）。

A. 肽键中的 —C—N— 键的键长比一般的 —C—N— 短

B. 肽键中的 —C—N— 键的键长比一般的 —C═N— 长

C. 肽键中的 —C—N— 键可以自由旋转

D. 肽键形成的肽平面是刚性的

10. 维持蛋白质分子空间结构的作用力，其中不属于次级键的是（　　）。

A. 范德华氏力　　B. 氢键　　C. 二硫键　　D. 疏水键

11. 下列氨基酸中，碱性氨基酸是（　　）。

A. 谷氨酸　　B. 精氨酸　　C. 色氨酸　　D. 丙氨酸

12. 蛋白质一级结构的主要维持键是（　　）。

A. 酯键　　B. 氢键　　C. 核苷键　　D. 肽键

13. 变性蛋白质其（　　）。

A. 一级结构破坏，理化性质改变

B. 空间结构破坏，生物学活性丧失

C. 一级结构和空间结构同时破坏，溶解度降低

D. 空间结构改变，理化性质不变

14. 蛋白质的三级结构是指（　　）。

A. 亚基的立体排布　　B. 多肽链的主链构象

C. 多肽链的侧链构象　　D. 蛋白质分子或亚基所有原子的构象

15. 蛋白质中的氨基酸在 280nm 处光吸收值最大的是（　　）。

A. Trp　　B. Tyr　　C. Phe　　D. Lys

16. 典型的 α-螺旋是（　　）。

A. 2.6_{10}　B. 3_{10}　C. 3.6_{13}　D. 4_{15}

17. 破坏 α-螺旋结构的氨基酸残基之一是（　）。

A. 亮氨酸　B. 丙氨酸　C. 脯氨酸　D. 谷氨酸

18. 蛋白质的一级结构及高级结构决定于（　）。

A. 分子中的氢键　B. 分子中的盐键

C. 氨基酸的组成和顺序　D. 分子内部的疏水键

19. 下列氨基酸中，含氮量最高的氨基酸是（　）。

A. Arg　B. His　C. Glu　D. Met

20. 维系蛋白质三级结构稳定的最重要的键或作用力是（　）。

A. 二硫键　B. 盐键　C. 氢键　D. 疏水作用

21. β-折叠是（　）。

A. β-折叠中氢键与肽链的长轴平行　B. 只有反平行式结构，没有平行式结构

C. 氢键只在不同肽链之间形成　D. 主链骨架呈锯齿状形成折叠的片层

22. 关于蛋白质等电点的叙述，下列正确的是（　）。

A. 在等电点处，蛋白质分子所带净电荷为零

B. 等电点时蛋白质变性沉淀

C. 不同蛋白质的等电点不同　D. 在等电点处，蛋白质的稳定性增加

23. 氨基酸与蛋白质共有的性质是（　）。

A. 胶体性质　B. 两性性质　C. 沉淀反应　D. 双缩脲反应

24. 维持蛋白质二级结构稳定的主要作用力是（　）。

A. 盐键　B. 疏水键　C. 氢键　D. 二硫键

25. 在下列氨基酸溶液中，不引起偏振光旋转的氨基酸是（　）。

A. 甘氨酸　B. 丙氨酸　C. 亮氨酸　D. 丝氨酸

26. 蛋白质的组成成分中，在 280nm 处有最大吸收值的最主要成分是（　）。

A. 酪氨酸的酚环　B. 半胱氨酸的硫原子

C. 肽键　D. 苯丙氨酸

四、判断题

1. 分子病的产生说明蛋白质的一级结构变化与蛋白质的功能无关。（　）
2. 肌红蛋白和血红蛋白都具有四级结构。（　）
3. 天然蛋白质的 α-螺旋为右手螺旋。（　）
4. 蛋白质变性后，其分子量变小。（　）
5. 蛋白质变性后的其空间结构和一级结构都发生改变。（　）
6. 组氨酸中含有胍基。（　）

五、简答题

1. 简述根据溶解度差异分离蛋白质的常用方法。
2. 简述 α-螺旋的基本结构特征。
3. 简述蛋白质二级结构的含义及其主要类型。
4. 简述蛋白质变性的含义及引起变性的主要因素。

六、论述题

1. 试述蛋白质在生命活动中的重要生物学功能。
2. 试述血红蛋白结构与功能的关系。

阅读材料

蛋白质组学

蛋白质组学（Proteomics）一词，源于蛋白质（protein）与基因组学（genomics）两个词的组合，意指“一种基因组所表达的全套蛋白质”，即包括一种细胞乃至一种生物所表达的全部蛋白质。蛋白质组本质上指的是在大规模水平上研究蛋白质的特征，包括蛋白质的表达水平，翻译后的修饰，蛋白与蛋白相互作用等，由此获得蛋白质水平上的关于疾病发生、细胞代谢等过程的整体而全面的认识，这个概念最早是在 1995 年提出的。蛋白质组的研究不仅能为生命活动规律提供物质基础，也能为众多种疾病机理的阐明及攻克提供理论根据和解决途径。通过对正常个体及病理个体间的蛋白质组比较分析，可以找到某些“疾病特异性的蛋白质分子”，它们可成为新药物设计的分子靶点，也会为疾病的早期诊断提供分子标志。确实，那些世界范围内销路最好的药物本身是蛋白质或其作用靶点为某种蛋白质分子。因此，蛋白质组学研究不仅是探索生命奥秘的必需工作，也能为人类健康事业带来巨大的利益。

在基础研究方面，近两年来蛋白质组研究技术已被应用到各种生命科学领域，如细胞生物学、神经生物学等。在研究对象上，覆盖了原核微生物、真核微生物、植物和动物等范围，涉及各种重要的生物学现象，如信号转导、细胞分化、蛋白质折叠等。在未来的发展中，蛋白质组学的研究领域将更加广泛。

在应用研究方面，蛋白质组学将成为寻找疾病分子标记和药物靶标最有效的方法之一。在对癌症、早老性痴呆等人类重大疾病的临床诊断和治疗方面蛋白质组技术也有十分诱人的前景，目前国际上许多大型药物公司正投入大量的人力和物力进行蛋白质组学方面的应用性研究。

在技术发展方面，蛋白质组学的研究方法将出现多种技术并存，各有优势和局限的特点，而难以像基因组研究一样形成比较一致的方法。除了发展新方法外，更强调各种方法间的整合和互补，以适应不同蛋白质的不同特征。另外，蛋白质组学与其他学科的交叉也将日益显著和重要，这种交叉是新技术新方法的活水之源，特别是，蛋白质组学与其他大规模科学如基因组学、生物信息学等领域的交叉，构成组学生物技术研究方法，所呈现出的系统生物学研究模式，将成为未来生命科学最令人激动的新前沿。

第四章 酶

学习目标

1. 掌握酶的分类、酶的化学性质、辅助因子、活性中心、必需基因、酶促反应的特点、K_m 与 K_{max} 的含义及其生物学意义。
2. 掌握酶的命名、最适 pH 和最适温度、可逆性抑制和不可逆抑制的特点、别构酶和同工酶。
3. 了解酶促反应的机制、酶活性测定与酶活力单位、酶工程。

第一节 概 述

酶是由活细胞产生的具有催化功能的生物大分子，是生命活动顺利进行的必要条件之一。生物细胞都产生自己所需的酶，生物体中的各种生化反应，包括物质转化和能量转化，都需要特殊的酶参与催化。至今已发现 2000 多种酶，其中绝大多数酶是蛋白质。20 世纪 80 年代初期，美国科学家 T. R. Cech 和 S. Altman 分别在研究四膜虫 rRNA 前体加工和细菌核糖核酸酶 P 的时候发现了具有催化功能的 RNA——核酶（ribozyme），这一发现从根本上改变了以往只有蛋白质才具有催化功能的概念，为此，1989 年 T. R. Cech 和 S. Altman 获得了诺贝尔化学奖。

酶所催化的化学反应叫酶促反应，在酶促反应中被催化发生化学反应的物质称为底物，其反应的生成物称为产物。

第二节 酶的命名与分类

一、酶的命名

1. 习惯命名法

习惯命名是把底物的名称、底物发生的反应以及该酶的生物来源等加在“酶”字的前面组合而成。过去酶的命名都采用习惯命名法，主要有以下几种情况。

① 大多数根据酶的底物来命名，如催化淀粉水解的酶称为淀粉酶，催化脂肪水解的酶称为脂肪酶。

② 根据酶的底物及其所催化的反应性质来命名，如乳酸脱氢酶、丙氨酸氨基转移酶。

③ 有时还加上酶的来源或其他特点，如胃蛋白酶、胰蛋白酶、碱性磷酸酶。

如淀粉酶、蛋白酶、脲酶是由它们各自作用的底物（淀粉、蛋白质、尿素）来命名的；水解酶、转氨基酶、脱氢酶是根据它们各自催化底物发生水解、氨基转移、脱氢反应来命名的；而胃蛋白酶、细菌淀粉酶、牛胰核糖核酸酶则是根据酶的来源不同来命名的。20 世纪 50 年代以前，所有的酶名都是根据酶作用的底物、酶催化的反应性质和酶的来源这种习惯命名法，由发现者各自拟定的。随着生物化学的发展，所发现的酶的种类与数量日益增多，这种简单的命名方法就显露出它的不足之处：一是“一酶多名”，如分解淀粉的酶，若按习惯命名法则有三个名字，分别为淀粉酶、水解酶、细菌淀粉酶；二是“一名数酶”，如脱氢酶，该酶的全酶中辅助因子是 NAD^+ 或者是 FAD，作为底物脱下来的氢载体，如乳酸脱氢酶、琥珀酸脱氢酶。为此，国际生物化学协会酶学委员会（Enzyme Commision，EC）于 1961 年提出了一个新的系统命名及系统分类原则。

2. 系统命名法

系统命名要求能确切地表明酶的底物及酶催化的反应性质，即酶的系统名包括酶作用的底物名称和该酶的分类名称。若底物是两个或多个则通常用“:”把它们分开，作为供体的底物，名字排在前面，而受体的名字在后。如乳酸脱氢酶的系统名称是 L-乳酸：NAD^+ 氧化还原酶。按照严格的规则对酶进行系统命名后，获得的新名过于冗长而使用不便。因此，尽管系统命名科学严谨，读者一见酶名，就知道该酶所催化的反应，但实际上，只在关键时刻，需要鉴别一种酶的时候，或在一篇论文中，初始出现该酶的名字时，才予以引用。而在绝大多数情况下，使用的都是简便明了的习惯名称。应当指出，所有酶名，都是由国际生物化学协会的专门机构审定后，向全世界推荐的。其中 20 世纪 60 年代以前发现的酶，它的名称多是过去长期沿用的俗名；20 世纪 60 年代后发现的酶，其名称则是按酶学委员会制定的命名规则拟定的。总之，按照国际系统命名法原则，每一种酶有一个习惯名称和系统名称。

例如，习惯名称：谷丙转氨酶

系统名称：L-丙氨酸：α-酮戊二酸氨基转移酶

酶催化的反应：L-丙氨酸＋α-酮戊二酸$\longrightarrow$丙酮酸＋谷氨酸

二、酶的分类及编号

国际酶学委员会制定了一套完整的酶的分类系统，根据酶所催化反应的类型，可将酶分为六大类，并以 4 个阿拉伯数字代表一种酶。

（1）氧化还原酶类　催化底物进行氧化还原反应的酶类，如乳酸脱氢酶、细胞色素氧化酶和多酚氧化酶等。

（2）转移酶类　催化底物分子之间进行某些基团（如乙酰基、甲基、氨基、磷酸基等）的转移或交换的酶类。如氨基转移酶、乙酰转移酶和己糖激酶等。

（3）水解酶类　催化底物进行水解反应的酶类，如蛋白酶、淀粉酶和脂肪酶等。

（4）裂解酶类（或称裂合酶类）　催化从底物分子中移去一个基团形成双键的反应或其逆反应的酶类，主要包括醛缩酶、水化酶、脱羧酶等。

（5）异构酶类　催化各种同分异构体之间相互转化的酶类，如葡萄糖磷酸异构酶、磷酸丙糖异构酶和磷酸甘油酸变化酶等。

（6）合成酶类　催化与 ATP 高能磷酸键断裂相偶联，由两种物质合成为一种物质的酶类。如丙酮酸羧化酶、天冬酰胺合成酶和氨酰 tRNA 连接酶等。

在每一大类酶中，又可以根据下面的原则，分为几个亚类。每一个亚类再分为几个亚亚类。然后再把属于这一亚亚类的酶按着顺序排好，这样就把已知的酶分门别类地排列成一个表，称为酶表。每一种酶在这个表中的位置可用一个统一的编号来表示，这种编号包括四个数字。第一位代表六大类反应类型；第二位亚类（作用的基团或键的特点）；第三位亚亚类（精确表示底物/产物的性质）；第四位在亚亚类中的序号，例如乳酸脱氢酶其编号（EC1.1.1.27）可做如下解释。

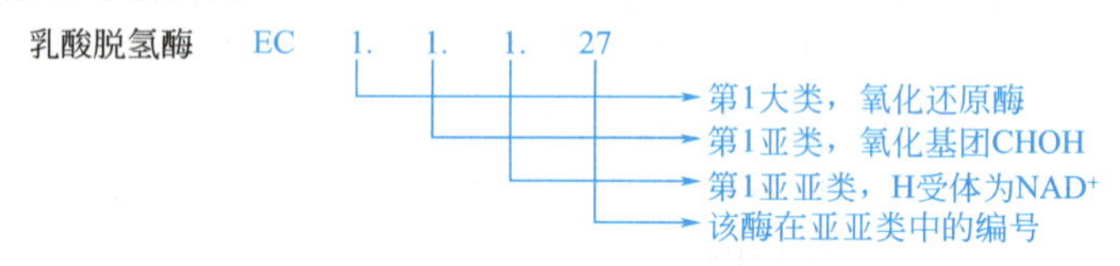

第三节 酶的化学本质、组成及催化特点

一、酶的化学本质

大多数酶是蛋白质，酶和其他蛋白质一样，主要由氨基酸组成，具有一级、二级、三级和四级结构。酶与一般蛋白质的差别是：酶是具有特殊催化功能的蛋白质。近年发现的核酶是一类特殊的 RNA，是唯一的非蛋白酶。然而由于目前发现的核酶及其所催化的反应类型有限，因此可以说大部分酶都是具有催化功能的蛋白质。

二、酶的组成

根据其组成情况，可将酶分为单纯酶和结合酶两大类。

单纯酶，酶的组成成分中只有蛋白质，其活性取决于其蛋白质结构。

结合酶，活性成分除了含有蛋白质外，还有一些小分子即辅助因子，两者结合起来才具有活性。结合酶的蛋白质部分称为酶蛋白，非蛋白质部分称为辅助因子（表 4-1）。酶蛋白与辅助因子各自单独存在时均无催化活性，只有这两部分结合起来组成复合物才能显示催化活性，此复合物称为全酶。在催化反应中，酶蛋白与辅助因子所起的作用不同，酶反应的专一性及高效性取决于酶蛋白，而辅助因子在酶促反应中通常担负电子、原子或某些化学基团的传递作用，决定反应的性质。

表 4-1 一些酶的辅助因子

类别	全酶	辅助因子	辅助因子的作用
含金属离子的辅助因子	酪氨酸酶、细胞色素氧化酶、抗坏血酸氧化酶	Cu^+ 或 Cu^{2+}	连接作用或传递电子
	羧肽酶、醇脱氢酶	Zn^{2+}	连接作用
	精氨酸酶、磷酸转移酶	Mn^{2+}	连接作用
	磷酸水解酶	Mg^{2+}	连接作用
含铁卟啉的辅助因子	过氧化氢酶、过氧化物酶	铁卟啉	传递电子
含维生素的辅助因子	脱氢酶	NAD^+（辅酶Ⅰ）	传递质子和电子
	转氨酶、氨基酸脱羧酶	磷酸吡哆醛	转移氨基
	α-酮酸脱羧酶	焦磷酸硫胺素	催化脱羧反应
	乙酰化酶	辅酶 A	转移酰基
	α-酮酸脱氢酶	二硫辛酸	氧化脱羧
	羧化酶	生物素	转移 CO_2

全酶（结合酶）	=	酶蛋白（蛋白质部分）	+	辅助因子（非蛋白质部分）

根据辅助因子与酶蛋白结合紧密程度分为辅酶和辅基。辅酶与酶蛋白结合疏松，能用透析、超滤等方法去除；辅基与酶蛋白集合紧密，不能用透析、超滤等方法去除。二者并无本质区别，常被称为辅酶。

一种酶蛋白必须与某种特定的辅助因子结合才能成为有催化活性的全酶，酶的辅助因子按化学本质可分为无机金属离子和小分子有机化合物两大类。

① 无机金属离子是最常见的辅助因子，如 Cu^{2+}、Zn^{2+}、Fe^{2+}、Mg^{2+}、Mn^{2+}、K^{+}、Na^{+}等。辅助因子的主要作用有：稳定酶分子特定活性构象；参与组成酶的活性中心，通过本身的氧化还原而传递电子；在酶与底物的连接中起桥梁作用；中和阴离子，降低反应中的静电斥力等。

② 小分子有机化合物，如维生素、含铁的卟啉化合物等，作为酶的辅助因子称为辅酶。辅酶参与酶的催化过程，在反应中传递电子、质子或一些基团。虽然酶的种类很多，但辅酶的种类却不多，几乎所有的 B 族维生素都参与辅酶的组成。

三、酶的催化特点

酶和一般的化学催化剂一样，只能催化热力学所允许进行的反应。酶在化学反应前后没有质和量的变化，只能降低反应的活化能，从而加速可逆反应的进程，同时酶又具有一般催化剂所没有的生物大分子特性。

1. 酶具有极高的催化效率

酶降低反应活化能的程度比一般催化剂大得多，故酶的催化效率极高。一般情况下，酶促反应的速率可比非酶催化的反应高 10^{8}～10^{20} 倍，比一般催化剂催化的反应高 10^{7}～10^{13} 倍。

2. 酶的催化具有高度的底物专一性

与一般催化剂不同，酶对其所催化的底物具有严格的选择性。即一种酶只能催化某一种或某一类化合物，或一定的化学键，催化一定的化学反应并生成一定的产物。酶的这种选择性称为酶的特异性或专一性。酶对其底物的专一性，通常可分为如下三种类型。

（1）绝对专一性　一种酶只能作用于一种化合物产生一定的化学反应，例如，脲酶只能催化尿素水解，而对尿素的各种衍生物，如甲基尿素不起作用。

$$O{=}C\begin{matrix}\diagup NH_2\\ \diagdown NH_2\end{matrix} + H_2O \xrightarrow{\text{脲酶}} 2NH_3 + CO_2$$

尿素

（2）相对专一性　一种酶只能作用于一类化合物，或一种化学键，催化一类化学反应。如脂肪酶能催化各种脂类酯键的水解；磷酸酶能催化许多磷酸酯的水解。

（3）立体异构专一性　酶只能作用于立体异构体中的一种。如 L-氨基酸氧化酶只能催化 L-氨基酸的氧化而不能催化 D-氨基酸的氧化；乳酸脱氢酶的底物只能是 L-乳酸，而不能作用于 D-乳酸。

3. 酶催化作用的可调节性

酶在生物体内的催化活性具有可调节性。有机体内的新陈代谢活动都是井然有序地进行的，一旦这种有序性受到破坏，就会造成代谢紊乱，导致疾病甚至死亡的发生，因此生物体需要通过多种机制和形式，根据实际需要对酶活性进行调节和控制，以保证代谢活动不断地有条不紊地进行。如别构调节酶受别构剂的调节，有的酶可受共价修饰的调节，酶原的激活调节，激素和神经体液等通过第二信使对酶活力进行调节，以及诱导剂或阻抑剂对细胞内酶含量（改变酶合成与分解速率）的调节等，这些调控保证酶在体内新陈代谢中发挥其恰如其分的催化作用，使生命活动中的种种化学反应都能够协调一致地进行。

4. 酶活性的高度不稳定性

酶是生物大分子，容易受到一些因素的影响而丧失其生物活性，凡能使生物大分子变性的因素，如强酸、强碱、有机溶剂、重金属盐、高温、紫外线、剧烈振荡等都能使酶失去催化活性。因此，酶促反应要求常温、常压、接近中性的酸碱环境等比较温和的反应条件。

第四节 酶的结构与功能

微课扫一扫

一、酶的活性中心

酶分子中氨基酸残基侧链由不同的化学基团组成，其中与酶活性密切相关的基团称为必需基团。这些基团在空间结构上彼此靠近，组成具有特定空间结构的区域，能与底物特异结合并将底物转化为产物，这一区域称为酶的活性中心或称活性部位。活性中心内的必需基团有两类：酶分子中与底物结合的基团称为结合部位；促使底物发生化学变化并使之转化为产物的基团称为催化部位。结合部位决定酶的专一性，催化部位决定酶所催化反应的性质。活性中心位于酶分子的表面，为裂缝或凹陷。构成酶活性中心的常见基团一般是咪唑基、—OH、—SH、—COOH 等。

酶分子中还存在着一些必需基团，虽然不参与组成活性中心，但可以与其他分子发生某种程度的结合，从而引起酶分子空间构象的变化，对酶起激活或抑制作用，这些基团称为酶的调控部位。调控部位的作用是调节酶促反应的速率和方向。

二、酶原与酶原的激活

有些酶在细胞内合成或初分泌时不具有生物活性，只是酶的无活性前体，此前体物质称为酶原。在一定条件下，酶原可以转变为有催化活性的酶，这一转化的过程称为酶原的激活。酶原的激活过程实质上是酶的活性中心形成或暴露的过程。在这一过程中，酶蛋白肽链受某种因素作用，水解掉一个或多个小分子肽段，致使空间构象发生改变，形成或暴露了酶的活性中心，从而成为有催化活性的酶。

有些酶以酶原的形式分泌，在特定部位和特定条件才被激活，并使酶在特定的部位和环境中发挥作用，保证体内代谢正常进行，这具有重要的生理意义。如消化系统中的几种蛋白酶以酶原的形式分泌出来，避免了细胞的自身消化；血液中的凝血因子在血液循环中以酶原的形式存在，能防止血液在血管内凝固。有的酶原可以视为酶的储存形式，在需要时，酶原适时地转变成有活性的酶，发挥催化作用。如胰腺细胞分泌的胰蛋白酶原随胰液进入小肠后，在肠激酶催化下，从肽链的 N 端水解掉一个 6 肽，引起蛋白质分子一级结构改变，空间构象也随之改变，形成酶的活性中心，从而成为有催化活性的胰蛋白酶。消化管内蛋白酶原的激活具有级联反应性质。胰蛋白酶除了自身激活外（图 4-1），还能进一步激活肠道中的其他蛋白酶原，如胰凝乳蛋白酶原、弹性蛋白酶原等，形成一种逐级放大的连锁反应，从而加速对食物的消化过程。

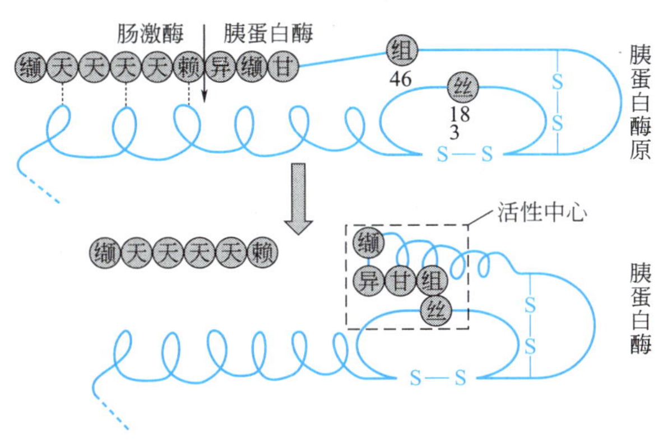

图 4-1 胰蛋白酶原的激活过程

三、别构酶与同工酶

① 别构酶又称为变构酶，是一类重要的调节酶。生物体内一些代谢物可与某些酶分子活性中心以外的部位可逆地结合，使酶构象改变，从而改变酶的催化活性，此种调节方式称酶的别构（变构）调节。具有别构作用的酶称为别构酶。凡能使酶分子发生这种构象变化的物质称为别构效应物，通常为体内正常小分子代谢物或辅助因子。别构效应使酶的活性增强的物质称为别构激活剂，反之称为别构抑制剂。别构酶促反应的初速率与底物浓度的关系不服从米氏方程，而是呈现 S 形曲线。

酶的变构作用在生物界普遍存在，这对物质代谢的调控和生理功能的变化是十分重要的，能使生物得以更好地适应环境。

② 同工酶是长期进化过程中基因分化的产物。同工酶是指能催化相同的化学反应，而酶蛋白本身的分子结构、理化性质乃至免疫学性质不同的一组酶。同工酶存在于同一种属或同一个体的不同组织或同一细胞的不同亚细胞结构中，在代谢调节中起着重要作用，为诊断不同器官的疾病提供了理论依据。

现已发现一百多种酶具有同工酶，同工酶就是同一种酶的不同分子形式，即这种酶在分子组成和结构上存在的差异使得它们的理化性质、免疫学性质也有所不同，但能催化相同的化学反应。其中乳酸脱氢酶是研究得最多的同工酶。现已发现百余种酶属于同工酶。乳酸脱氢酶（LDH）是最早发现的同工酶。LDH 是四聚体，由两种不同的亚基构成，即骨骼肌型（M 型）和心肌型（H 型）。两种亚基以不同的比例组成五种同工酶（图 4-2），即 LDH_1（H_4）、LDH_2（H_3M）、LDH_3（H_2M_2）、LDH_4（HM_3）、LDH_5（M_4）。由于分子结构上的差异，五种同工酶泳动的方向相同，但具有不同的泳动速度，且从 $LDH_1 \rightarrow LDH_5$ 依次递减。LDH 同工酶在不同组织器官中的百分比不同（表 4-2），这使不同的组织与细胞具有不同的特点。

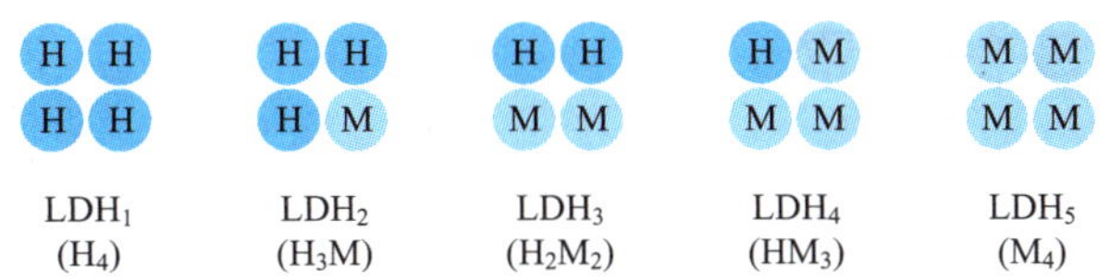

图 4-2 乳酸脱氢酶同工酶的组成

同工酶的测定已应用于临床实践。当某组织发生疾病时，可能释放出某种特殊的同工酶。同工酶谱的改变有助于疾病的鉴别和诊断。例如，心肌梗死的患者，LDH_1 释放入血，血清 LDH_1 活性高于正常。各种原因引起肝细胞受损的患者血清 LDH_5 活性升高。

表 4-2 人体主要组织器官中 LDH 同工酶的百分比

组织器官	LDH_1	LDH_2	LDH_3	LDH_4	LDH_5
心肌	67	29	4	<1	<1
肾	52	28	16	4	<1
肝	2	4	11	27	56
肺	10	20	30	25	15
骨骼肌	4	7	21	27	41
血清	27	38	22	9	4

动画扫一扫

第五节 酶的作用机制

一、酶与底物分子的结合

酶催化作用的本质是酶（E）的活性中心与底物（S）通过短程非共价力（如氢键、离子键等）的作用，生成不稳定的中间产物（E—S），结果使底物的价键状态发生形变或极化，分解为产物（P）并放出酶。

$$E+S \rightleftharpoons E-S \longrightarrow P+E$$

酶的活性中心具有一定的大小和一定的几何形状，这样便于与底物结合，那么酶究竟如何与底物结合呢？这与酶的专一性直接相关。关于这个问题有两个假说。

（1）锁与钥匙学说　E. Fischer 在 1890 年提出，底物分子或底物分子的一部分像钥匙那样，专一地楔入到酶的活性中心部位，也就是说底物分子进行化学反应的部位与酶分子上有催化效能的必需基团间具有紧密互补的关系。

这个学说强调指出只有固定的底物才能楔入与它互补的酶表面，用这个学说可以较好地解释酶的立体异构专一性。

有一些问题用锁与钥匙学说不能解释：如果酶的活性中心是锁和钥匙学说中的锁，那么，那种结构不可能既适合于可逆反应的底物，又适合于可逆反应的产物，而且也不能解释酶的专一性中的所有现象。这样后人便提出了诱导契合假说。

（2）诱导契合假说　由 Koshland 于 1964 年提出，当酶与底物分子接近时，酶蛋白受底物分子的诱导，其构象发生有利于底物结构的变化，酶与底物在此基础上互补契合，进行反应。近年来 X 射线衍射分析的实验结果支持这一假说，证明了酶与底物结合时，确有显著的构象变化。因此，人们认为这一假说比较满意地说明了酶的专一性。

二、影响催化效率的因素

1. 底物与酶的“靠近”及“定向”

由于化学反应速率与反应物浓度成正比，若在反应系统的某一局部区域底物浓度增加，则反应速率也随之加快。提高反应速率的最主要方法是使底物分子进入活性中心区域，亦即大大提高活性区域的底物浓度。曾测到过某底物在溶液中的浓度为 0.001mol/L，而在酶活性中心的浓度达 100mol/L，比溶液中的浓度高 10 万倍！因此可以想象，在酶的活性中心区域反应速率必定是极高的。

当底物未与酶结合时，活性中心的催化基团还未能与底物十分靠近，但由于酶活性中心的结构有一种可适应性，即当专一性底物与活性中心结合时，酶蛋白发生一定的构象变化，使反应所需要的酶中的催化基团与结合基团正确地排列并定位，以便能与底物契合，使底物分子可以“靠近”及“定向”于酶，这也就是前面提到的诱导契合。这样活性中心局部的底物浓度才能大大提高。酶构象发生的这种改变是反应速率增加的一种很重要的原因。反应后，释放出产物，酶的构象再逆转，回到它的初始状态。对溶菌酶和羧肽酶的 X 射线衍射分析的实验结果证实了以上的看法。“靠近”及“定向”可能使反应速率增长 10^8 倍，这与许多酶的催化效率的计算是很相近的。

2. 使底物分子中的敏感键发生“变形”

酶使底物分子中的敏感键发生“变形”，从而促使底物中的敏感键更易于破裂。前面曾经提到，当酶遇到它的专一性底物时，发生构象变化以利于催化。事实上，不仅酶构象受底物作用而变化，底物分子也常常受酶作用而变化。酶中的某些基团或离子可以使底物分子内敏感键中的某些基团的电子云密度增高或降低，产生“电子张力”，使敏感键的一端更加敏感，更易于发生反应。有时甚至使底物分子发生形变，这样就使酶-底物复合物易于形成。而且往往是酶构象发生变化的同时，底物分子也发生形变，从而形成一个互相契合的酶-底物复合物。羧肽酶 A 的 X 射线衍射分析结果就为这种“电子张力”理论提供了证据。

3. 共价催化

还有一些酶以另一种方式来提高催化反应的速率，即共价催化。这种方式是底物与酶形成一个反应活性很高的共价中间物，这个中间物易变成过渡状态，因此反应的活化能大大降低，底物可以越过较低的“能阈”而形成产物。例如，丝氨酸类酶与酰基形成酰基酶；半胱氨酸类酶活性中心的半胱氨酸巯基与底物酰基形成含共价硫酯键的中间物。

4. 酸碱催化

有两种酸碱催化剂：一种是狭义的酸碱催化剂，即 H^+ 与 OH^-，由于酶反应的最适 pH 值一般接近于中性，因此 H^+ 与 OH^- 的催化在酶反应中的重要性是比较有限的。另一种是广义的酸碱催化剂，指的是质子供体及质子受体的催化，它们在酶反应中十分重要，发生在细胞内的许多种类型的有机反应都是受广义的酸碱催化的，例如将水加到羰基上、羧酸酯及磷酸酯的水解、各种分子重排以及许多取代反应等。

酶蛋白中含有几种可以起广义酸碱催化作用的功能基，如氨基、羧基、巯基、酚羟基及咪唑基等。其中组氨酸的咪唑基值得特别注意，因为它既是一个很强的亲核基团，又是一个有效的广义酸碱功能基。影响酸碱催化反应速率的因素有两个。

① 酸碱的强度。在以上功能基中，组氨酸的咪唑基的解离数为 6.0，这意味着由咪唑基上解离下来的质子的浓度与水中的 H^+ 浓度相近，因此它在接近于生物体液 pH 值的条件下(即在中性条件下)，有一半以酸的形式存在，另一半以碱的形式存在。也就是说咪唑基既可以作为质子供体，又可作为质子的受体在酶促反应中发挥催化作用。因此，咪唑基是酶催化作用中最有效最活泼的一个催化功能基。

② 功能基供出质子或接受质子的速率方面咪唑基也是特别突出，它供出或接受质子的速率十分迅速，其半衰期小于 10^{-10}s，而且供出或接受质子的速率几乎相等。

由于咪唑基有如此优点，所以虽然组氨酸在大多数蛋白质中含量很少，却很重要。推测在生物进化过程中，它很可能不是作为一般的结构蛋白成分，而是被选择作为酶分子中的催化结构而存在下来的。

广义的酸碱催化与共价催化可使酶促反应速率大大提高，但是比起前面第二和第三种方式来，它们使酶促反应速率增长较小。尽管如此，还必须看到它们在提高酶促反应速率中起的重要作用，尤其是广义酸碱催化还有独到之处：它为在近于中性的 pH 值下进行催化创造了有利条件。因为在这种接近中性 pH 值的条件下，H^+ 与 OH^- 的浓度太低，不足以起到催化剂的作用。

5. 酶活性中心的疏水性

某些酶的活性中心穴内相对地说是非极性的，因此酶的催化基团被低价电环境所包围，在某些情况下，还可能排除高极性的水分子。这样，底物分子的敏感键和酶的催化基团之间就会有很大的反应力，这有助于加速酶反应的速率。酶的活性中心的这种性质是使某些酶催化总速率加快的一个原因。

上述各因素都能使酶具有较高的催化效率，但并非每一种因素在每种酶的反应中都同时起相同的作用，不同的酶起主要作用的因素不同。

第六节 酶促反应的速率和影响反应速率的因素

酶促反应动力学主要研究酶催化反应的速率及各种因素对酶促反应速率的影响，是酶化学的重要内容。

一、酶促反应速率的测定

研究反应动力学，就要测反应速率。与一般化学反应相同，测定酶促反应速率通常有两种方法：一是测量单位时间内底物的消耗量；二是测量单位时间内产物的生成量。如图 4-3 所示，纵坐标为产物生成量，横坐标为反应时间，曲线的斜率即为不同时间的反应速率。由图 4-3 可知，反应速率在初期基本保持恒定，随时间的延长，曲线的斜率逐渐减小，反应速率逐渐降低。其原因可能是：随着反应的进行，底物浓度降低；产物对酶的抑制；产物浓度的增加使逆反应速率加快等。因此测定酶促反应速率，总是测定酶促反应的初速率，也就是反应初期各种干扰尚未起作用，时间进程曲线为直线时的反应速率，这样便于研究处理。下述各种因素对酶促反应速率的影响也都是指初速率。

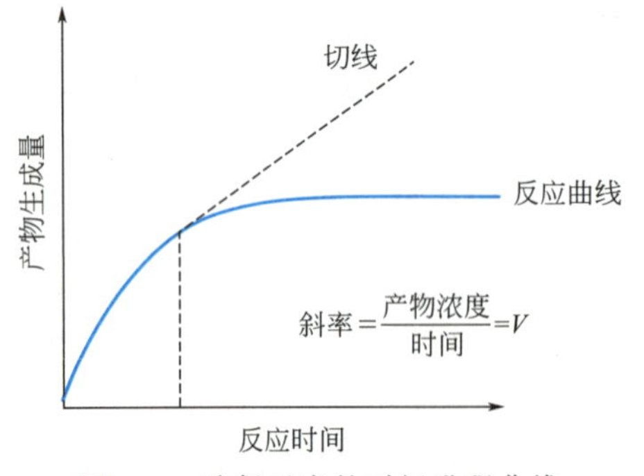

图 4-3 酶促反应的时间进程曲线

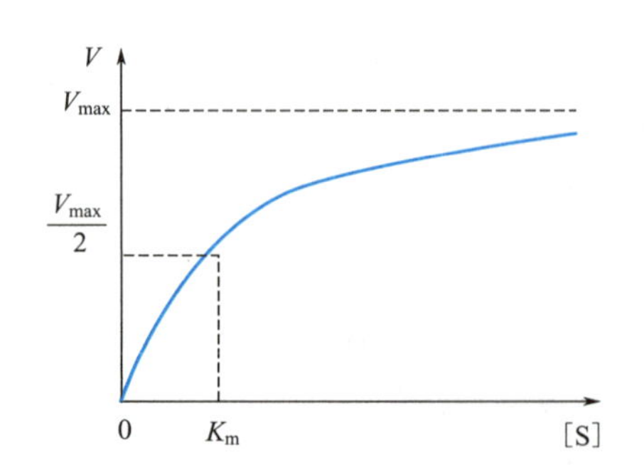

图 4-4 底物浓度对酶促反应速率的影响

二、影响酶促反应速率的因素

影响酶促反应速率的因素主要包括底物浓度、pH 值、温度、酶浓度、激活剂、抑制剂等。

1. 底物浓度对酶促反应速率的影响

当酶浓度及其他条件不变时，酶促反应速率 V 和底物浓度［S］之间的关系如图 4-4 所示，底物浓度较低时，反应速率随底物浓度的增加而增大，两者成正比。随着底物浓度的增加，反应速率的增加幅度逐渐降低，二者不再成正比。当底物浓度增加到一定极限时，反应速率达到一个极大值，即最大反应速率 V_{max}，此时继续增加底物浓度，反应速率不再增加。

1913 年，德国化学家 Michaelis 和 Menten 根据中间产物学说对酶促反应的动力学进行了研究，推导出了表示整个反应中底物浓度［S］和反应速率（V）关系的著名公式，称为米-曼氏方程。

$$V=\frac{V_{max}[S]}{K_m+[S]}$$

式中，V_{max} 为最大反应速率，是底物浓度最大时，酶全部与底物结合时的反应速率；K_m 为米氏常数，是研究酶促反应动力学最重要的常数。

K_m 值的意义有以下几个方面。

① K_m 值等于酶促反应速率为最大反应速率一半时的底物浓度。当 $V=\frac{1}{2}V_{max}$时，代入米氏方程，则 $\frac{1}{2}V_{max}=\frac{V_{max}[S]}{K_m+[S]}$，即 $K_m=[S]$，单位是 mol/L。

② K_m 值可近似表示酶对底物的亲和程度。K_m 值越小，表示酶与底物之间的亲和力越大，也就是说不需要很高的底物浓度，V 就能达到最大速率的一半，即酶的催化活性高；K_m 值越大，表示酶与底物之间的亲和力越小，即酶的催化活性低。

③ K_m 值只与酶的结构、底物和反应环境（如温度、pH、离子强度）有关而与酶的浓度无关。因此，可以通过 K_m 值来鉴别酶的种类。但是它会随着反应条件（温度、pH 等）的改变而改变。

2. pH 值对酶促反应速率的影响

每种酶只能在一定的 pH 范围内才有催化能力，超出这个 pH 范围，酶将失去催化能力。同时，在此范围内，酶的活性也随着环境 pH 值的改变而改变。如图 4-5 所示，在某一 pH 值时，酶具有最大的催化活性，通常称此 pH 为酶的最适 pH 值。

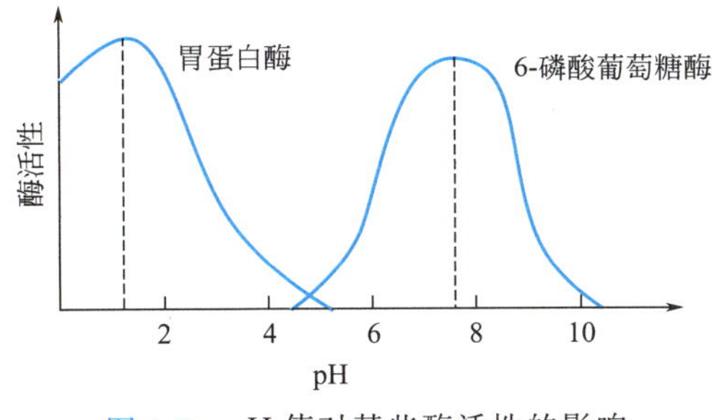

图 4-5 pH 值对某些酶活性的影响

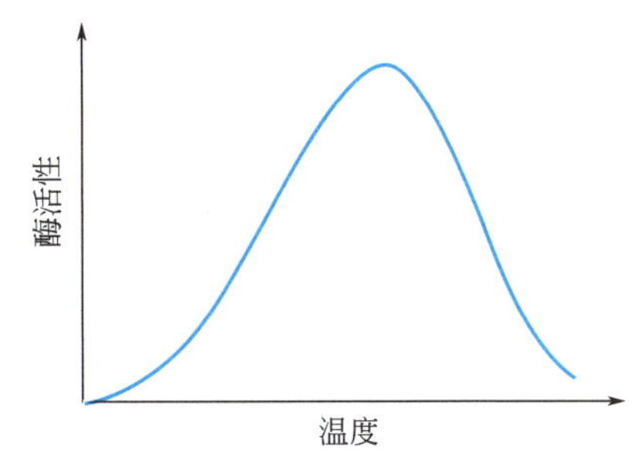

图 4-6 温度对酶促反应速率的影响

各种酶的最适 pH 值各不相同，多数酶的最适 pH 值在 4～8。但也有例外，如胃蛋白酶的最适 pH 值为 1.8，胰蛋白酶的最适 pH 值为 7.7，肝精氨酸酶的最适 pH 值为 9.8。

由于 pH 值对酶的活性有明显影响，所以在测定酶的活性时，应选用适宜的缓冲液以保持酶活性的稳定。

3. 温度对酶促反应速率的影响

温度对酶促反应速率的影响有两个方面：一方面是温度升高，酶促反应速率加快；另一方面，温度升高，酶的结构将发生变化或变性，导致酶的活性降低甚至丧失。因此大多数酶促反应都有一个最适温度。如图 4-6 所示，在最适温度条件下，酶的活性最高，反应速率最大。动物酶的最适温度一般在 35～40℃，植物酶的最适温度一般在 40～50℃。掌握温度对酶的影响规律具有实际应用的意义。如低温保存菌种和农作物的种子就是利用低温能降低酶的活性，降低细胞的代谢速率；而高温杀菌则是利用高温会使酶蛋白变性失活，导致细菌死亡的特性。

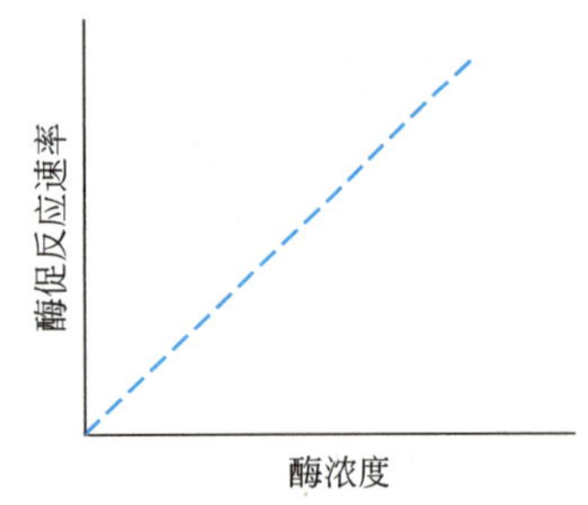

图 4-7　酶浓度对酶促反应速率的影响

4. 酶浓度对酶促反应速率的影响

在一定条件下酶促反应的速率与酶的浓度成正比。因为酶催化反应时，首先要与底物形成一中间产物，即酶-底物复合物。当底物浓度大大超过酶浓度时，反应达到最大速率。如果此时增加酶的浓度可增加反应速率，酶促反应速率与酶浓度成正比关系。图 4-7 表示酶促反应速率与酶浓度成直线关系。

5. 激活剂对酶促反应速率的影响

激活剂是使酶由无活性变为有活性或使酶活性增加的物质，大部分为无机离子或简单有机物。激活剂的作用是相对的，一种酶的激活剂对另一种酶可能是抑制剂，而且激活剂的浓度不同对酶活性的影响也不同。

6. 抑制剂对酶促反应速率的影响

凡是能使酶的催化活性下降而不引起酶蛋白变性的物质统称为酶的抑制剂。抑制剂对酶的作用称为抑制作用。根据抑制剂与酶结合的特点，可将抑制作用分为以下两类。

（1）不可逆抑制作用　抑制剂与酶反应中心的活性基团以共价形式结合，引起酶的永久性失活，不能用透析、超滤等方法予以除去。如某些重金属离子（Pb^{2+}、Hg^{2+} 等）、有机砷化合物等可与酶分子的巯基进行不可逆结合，使酶失活，导致中毒。而二巯基丙醇或二巯基丁二酸钠等含多个巯基的化合物在体内达到一定浓度后，可与这些毒剂结合，使酶恢复活性，所以可用这些化合物给上述原因的中毒者解毒。

$(Cl)_2As-CH=CHCl + E(SH)_2 \longrightarrow E(S)_2As-CH=CHCl + 2HCl$

路易士气　　巯基酶　　失活的酶　　盐酸

$E(S)_2As-CH=CHCl + CH_2SH-CHSH-CH_2OH \longrightarrow E(SH)_2 + (CH_2-S)(CH-S)As-CH=CHCl\ (CH_2-OH)$

失活的酶　　BAL　　巯基酶　　BAL与砷剂化合物

又如胆碱酯酶催化乙酰胆碱水解为乙酰和胆碱。农药敌百虫、敌敌畏、1059 等有机磷化合物能特异性地和胆碱酯酶等羟基酶活性中心丝氨酸残基的羟基结合，使酶失活，从而造成体内乙酰胆碱的堆积，迷走神经兴奋，表现出一系列中毒症状（如恶心、呕吐、多汗、肌肉震颤、瞳孔缩小）。

临床上可用药物解磷定（PAM）解除有机磷化合物对羟基酶的抑制作用。解磷定通过抢夺失活的胆碱酯酶上的磷酰基，释放出羟基酶，恢复酶的活性。

（2）可逆性抑制作用

① 竞争性抑制作用　某些化合物，特别是那些在结构上与天然底物相似的化合物可以与酶的活性中心可逆地结合，因此在反应中抑制剂可与底物竞争同一部位。在酶促反应中酶与底物形成酶-底物复合物 ES，抑制剂则与酶结合形成酶-抑制剂复合物。

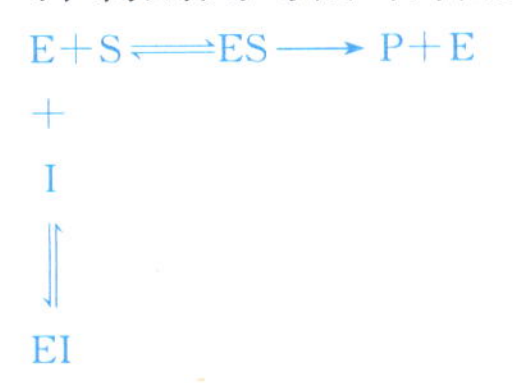

微课扫一扫

式中，I 为抑制剂；EI 为酶-抑制剂复合物；P 为产物。

但是酶-抑制剂复合物不能再与底物生成 EIS，但 EI 的形成是可逆的，并且底物和抑制剂不断竞争酶分子上的活性中心。这种情况称为竞争性抑制作用。竞争性抑制作用可以通过增加底物浓度基本消除。竞争性抑制作用的典型例子为琥珀酸脱氢酶。当有适当的氢受体（A）时，此酶催化下列反应：

$$HOOC-CH_2-CH_2-COOH + A \longrightarrow HOOC-CH=CH-COOH\ (反式) + AH_2$$

琥珀酸 + 受体 ⟶ 反丁烯二酸 + 还原性受体

许多结构与琥珀酸结构相似的化合物都能与琥珀酸脱氢酶结合，但不发生脱氢反应。这些化合物阻塞了酶的活性中心，因而抑制正常反应的进行。抑制琥珀酸脱氢酶的化合物有乙二酸、丙二酸、戊二酸等，其中抑制作用最强的是丙二酸，当抑制剂和底物的浓度比为 1∶50时，酶活性被抑制 50%。

$HOOC-COOH$　乙二酸

$HOOC-CH_2-COOH$　丙二酸

$HOOC-CH_2-CH_2-CH_2-COOH$　戊二酸

动画扫一扫

竞争性抑制作用可以从抑制剂浓度［I］影响 V 和［S］之间的关系来了解。米氏方程可以写成下式：

$$V=\frac{V_{\max}[S]}{[S]+K_m}$$

可以用和推导米氏方程类似的方法推导出一个有抑制剂浓度［I］和抑制剂-酶复合物解离常数 K_i 的方程：

$$V=\frac{V_{\max}[S]}{[S]+K_m(1+[I]/K_i)}$$

取上式的倒数并重排，即得：

$$\frac{1}{V}=\frac{K_m}{V_{\max}}\left(1+\frac{[I]}{K_i}\right)\frac{1}{[S]}+\frac{1}{V_{\max}}$$

以 $1/V$ 对 $1/[S]$ 作图，所得直线即竞争性抑制作用曲线，其在纵坐标上的截距为

$1/V_{max}$，与无抑制剂时的反应相同，即 V_{max} 不变，但直线的斜率变成 $K_m/V_{max}(1+[I]/K_i)$，与无抑制剂时的反应相比变小，即 K_m 值增大。换句话说，就是当有竞争性抑制剂存在时通过增加底物浓度，可以基本消除竞争性抑制作用，保持最大反应速率不变。因此用作图法可区别无抑制剂、有竞争性抑制剂或有非竞争性抑制剂存在时的反应。

② 非竞争性抑制作用　有些化合物既能与酶结合，也能与酶-底物复合物结合，称为非竞争性抑制剂，用下列反应表示其过程：

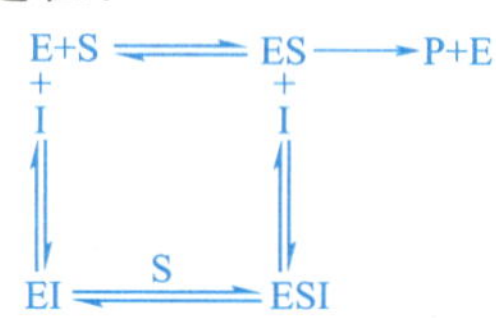

非竞争性抑制与竞争性抑制作用不同之处在于非竞争性抑制剂能与 ES 结合，而 S 又能与 EI 结合，都形成 ESI。高浓度的底物不能使这种类型的抑制作用完全逆转，因为底物并不能阻止抑制剂与酶结合。这是由于抑制剂和酶的结合部位与酶的活性部位不同，EI 的形成发生在酶分子的不被底物作用的一个部位。此类抑制剂不改变酶的 K_m 值，但 V_{max} 减小。

许多酶能被重金属离子如 Ag^+、Hg^{2+} 或 Pb^{2+} 等抑制，都是非竞争性抑制的例子。例如，脲酶对这些离子极为敏感，微量重金属离子即起抑制作用。

重金属离子与酶的巯基（—SH）形成硫醇盐：

$$E—SH+Ag^+ \longrightarrow E—S—Ag+H^+$$

因为巯基对酶的活性是必需的，故形成硫醇盐后即失去酶的活性。由于硫醇盐的形成具有可逆性，这种抑制作用可以通过加适当的巯基化合物（如半胱氨酸、谷胱甘肽等）的办法去掉重金属而得到解除。通常用碘代乙酰胺检查酶分子的巯基：

$$RSH+ICH_2CONH_2 \longrightarrow RSCH_2CONH_2+HI$$

各种有机汞化合物（如对氯汞苯甲酸）、各种砷化合物及 *N*-乙基顺丁烯二酰亚胺也可以和巯基进行反应，抑制酶的作用。

竞争性抑制、非竞争性抑制及无抑制酶促反应的比较见图 4-8。这三种类型的区别列于表 4-3。

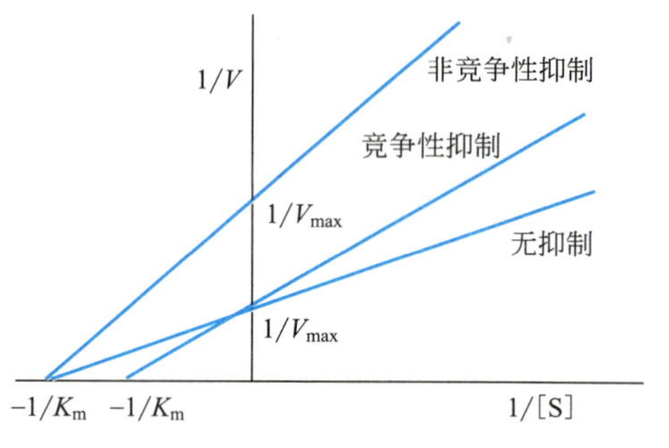

图 4-8　竞争性抑制、非竞争性抑制及无抑制酶促反应的比较

表 4-3　各种抑制作用的比较

K_m	抑制类型	方程式	V_{max}
—	无抑制	$V=\dfrac{V_{max}[S]}{[S]+K_m}$	—
增加	竞争性抑制	$V=\dfrac{V_{max}[S]}{[S]+K_m(1+[I]/K_i)}$	不变
不变	非竞争性抑制	$V=\dfrac{V_{max}[S]}{([S]+K_m)(1+[I]/K_i)}$	减小

③ 反竞争性抑制作用　有些抑制剂不能与游离酶在活性中心结合，只能与酶-底物复合物（ES）结合形成 ESI，因为底物与酶的结合导致酶构象改变而显现出抑制剂的结合部位，因此抑制剂不与底物分子竞争酶分子的活性中心，但形成的 ESI 不能转变出产物。反竞争性抑制作用可用下式表示：

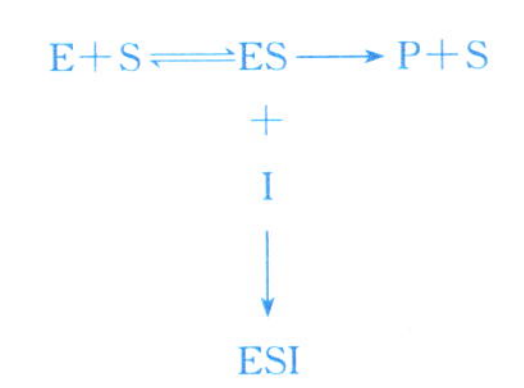

这种情况恰恰与竞争性抑制作用相反，故称反竞争性抑制作用。例如氰化物对芳香硫酸酯酶的抑制作用即是此类抑制作用。反竞争性抑制作用在单底物酶反应中比较少见。

第七节 酶的分离纯化与活力测定

一、酶分离提纯

1. 酶的分离纯化基本步骤

酶的种类很多，来源、用途也各不相同，因此对酶产品纯度的要求也不尽相同。工业上用酶一般无需高度纯化，有的只需粗制品，如制备洗涤剂所用的蛋白酶，只需经过简单的分离提取即可。食品工业上用的酶，则要经过适当的分离纯化，以确保卫生安全。医药上用的酶，特别是注射用的酶及分析测试用的酶，则必须经过高度的分离纯化。酶的分离纯化一般包括以下基本步骤。

① 将原料用适当的方法破碎，使酶蛋白质游离出来，动物组织可采用研磨、超声波、匀浆等方法处理，植物组织在研磨时则需加石英或用纤维素酶处理。

② 选择适当的溶剂（水、稀盐、稀酸或稀碱等），将所需的酶从原料中引入溶液，再用盐析法、等电点沉淀法、有机溶剂分步沉淀法、超滤浓缩等方法进行分离浓缩。

③ 最后选择适当的方法如离子交换色谱法、电泳法、结晶法等制得高纯度的酶制剂。

2. 酶分离提纯的一般原则

研究酶的结构、性质、动力学、结构与功能的关系，以及酶作为药物或生化试剂等实际应用均需高度纯化的酶制剂。已知的大多数酶都是蛋白质，因此适用于蛋白质分离纯化的方法原则上也适用于酶的分离纯化。在酶的分离纯化过程中，一定要注意避免变性因素导致酶活力的丢失。生物细胞内产生的酶，按其作用的部位可分为胞外酶和胞内酶两大类。胞外酶是由细胞产生分泌到胞外发挥作用的酶，这类酶大多是水解酶类，如胃蛋白酶、淀粉酶等。胞外酶的制备不需破碎细胞。胞内酶是在细胞内合成后不分泌到胞外，在细胞内起催化作用的酶，胞内酶的数量较多，其分离纯化需要先破碎细胞，再用缓冲液把酶抽提出来，得到酶的粗提液之后，其分离纯化与蛋白质的分离纯化十分相似，一般包括盐析、等电点沉淀、色谱和电泳等方法。酶是生物活性物质，在提纯时必须考虑尽量减少酶活力的损失，因此全部操作需在低温下进行。一般在 0～5℃进行，用有机溶剂分级分离时必须在－20～－15℃下进行。为防止重金属使酶失活，有时需加入少量的 EDTA 螯合剂；为防止酶蛋白-SH 被氧化失活，需要在抽提溶剂中加入少量巯基乙醇。在整个分离提纯过程中不能过度搅拌，以免产生大量泡沫，使酶变性。

在分离提纯过程中，必须经常测定酶的比活力，以指导提纯工作正确进行。若要得到纯度更高的制品，还需进一步提纯，常用的方法有磷酸钙凝胶吸附、离子交换纤维素（如 DEAE-纤维素、CM-纤维素）分离、葡聚糖凝胶色谱、离子交换-葡聚糖凝胶色谱、凝胶电泳分离及亲和色谱分离等。

二、酶的保存

很多酶离开了天然环境就容易失活，所以酶的保存要考虑影响酶活性的各种因素，原则上应使其尽量接近天然环境，以减少酶活性的损失。通常制备好的较纯的酶都不太稳定，特别是在溶液中，酶更容易失活。所以一般要放入冰箱在4℃或4℃以下保存，同时可在酶溶液中加入某些保护剂，如加入巯基乙醇、半胱氨酸等可防止酶蛋白的巯基氧化；加入硫酸铵则有利于保存要求高离子强度极性环境的酶蛋白。把酶制成干粉也可延长保存时间。

三、酶活力测定与酶活力单位

酶活力也称为酶活性，是指酶催化一定化学反应的能力。检查酶的含量及存在，不能直接用重量或体积来表示，常用它催化某一特定反应的能力来表示，即用酶的活力来表示。酶活力的高低是研究酶的特性、生产及应用酶制剂的一项不可缺少的指标。

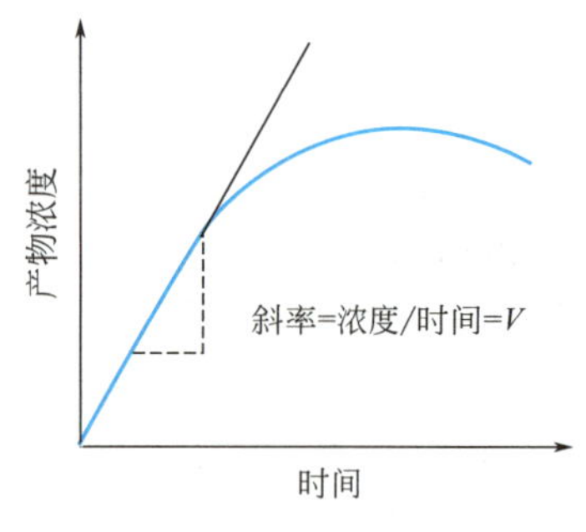

图 4-9　酶反应的速率曲线

1. 酶活力与酶反应速率

酶活力的大小可以用在一定条件下它所催化的某一化学反应的反应速率来表示，即酶催化的反应速率越快，酶的活力就越高；速率越慢，酶活力就越低。所以测定酶活力（实质上就是测定酶的量）就是测定酶促反应的速率（用V表示）。酶促反应速率可用单位时间内、单位体积中底物的减少量或产物的增加量来表示，所以反应速率的单位是：底物浓度/单位时间。将产物浓度对反应时间作图，反应速率即图4-9中曲线的斜率。从图4-9中可知，反应速率只在最初一段时间内保持恒定，随着反应时间的延长，酶反应速率下降。引起下降的原因很多，如底物浓度的降低，酶在一定的pH及温度下部分失活；产物对酶的抑制、产物浓度增加而加速了逆反应的进行等。因此，研究酶反应速率应以酶促反应的初速率为准，这时上述各种干扰因素尚未起作用，速率基本保持恒定不变。

测定产物增加量或底物减少量的方法很多。常用的方法有化学滴定、比色、比旋光度、气体测压、测定紫外吸收、电化学法、荧光测定以及同位素技术等。选择哪一种方法，要根据底物或产物的物理化学性质而定。在简单的酶反应中，底物的减少与产物增加的速率是相等的，但一般以测定产物为好，因为实验设计规定的底物浓度往往是过量的，反应时底物减少的量只占总量的一个极小部分，所以不易准确；而产物则从无到有，只要方法足够灵敏，就可以准确测定。

2. 酶活力单位（U）

酶的活力大小也就是酶量的大小，用酶的活力单位来度量。1961年国际酶学会议规定：1个酶活力单位是指在特定条件下1min内能转化1μmol底物的酶量，或是转化底物中1μmol的有关基团的酶量。特定条件是指：温度选定为25℃，其他条件（如pH值及底物浓度）均采用最适条件。这是一个统一的标准，但使用起来不如习惯方法方便。

被人们普遍采纳的习惯用法较方便，如α-淀粉酶，可用每小时催化1g可溶性淀粉液化所需要的酶量来表示，也可以用每小时催化1ml 2%可溶性淀粉液化所需要的酶量作为1个酶单位。不过这些表示法都不够严格，同一种酶有好几种不同的单位，也不便于对酶活力进行比较。

3. 酶的比活力

比活力的大小，也就是酶含量的大小，即每毫克酶蛋白所具有的酶活力，一般用单位/毫克蛋白质（U/mg 蛋白质）来表示。有时也用每克酶制剂或每毫升酶制剂含有多少个活力单位来表示（U/g 或 U/ml）。它是酶学研究及生产中经常使用的数据，可以用来比较每单位质量酶蛋白的催化能力。对同一种酶来说，比活力愈高，酶愈纯。

4. 酶的转换数（K_{cat}）

转换数为每秒钟每个酶分子转换底物的物质的量（μmol）。它相当于产物-酶中间产物（ES）形成后，酶将底物转换为产物的速率。

第八节 酶工程简介

酶工程是指酶的生产、制备和应用，主要研究酶的生产、纯化、固定化技术、酶分子结构的修饰和改造以及在工农业、医药卫生和理论研究等方面的应用。酶工程一般分为化学酶工程和生物酶工程。

一、化学酶工程

化学酶工程包括以下几种。

（1）自然酶　是指由生物材料中分离出来的酶，主要靠微生物发酵生产，应用于工业和医学。

（2）化学修饰酶　是通过对酶分子实行“手术”以达到改构和改性的目的，又称“生物分子工程”，主要用于基础酶学研究和疾病治疗。

（3）固定化酶　是将酶分子通过吸附、交联、包埋及共价键结合等方法束缚于某种特定支持物上而发挥酶的作用。这种酶在反应体系中以固相形式存在，所以称为固定化酶或固相酶。它具有能反复使用、产物易纯化、可用微电脑控制、易于实现自动化连续化生产等优点，所以在化学工业、食品工业、医药工业和环境保护方面得到广泛的应用。

（4）人工合成酶　是根据酶的催化原理，模拟酶的催化功能，用化学方法合成出来的具有专一性的催化剂。

二、生物酶工程

生物酶工程亦称高级酶工程，是在化学酶工程的基础上发展起来的，是酶学和 DNA 重组技术相结合的产物。它主要包括三个方面：

① 用 DNA 重组技术大量地生产酶（克隆酶），目前已克隆成功治疗血栓塞病的尿激酶原等一百多种酶的基因，其中一些已获得高效的表达；

② 采用基因定点突变的方法对酶基因进行修饰或改造，获取遗传修饰酶（突变酶），筛选出优质酶，满足人类的需要，这是近几年的研究热点；

③ 设计新的酶基因，合成自然界没有过的、性能稳定、催化效率更高的新酶。

三、酶工程的应用

酶作为一种生物催化剂，已广泛地应用于轻工业的各个生产领域。近几十年来，随着酶工程不断的技术性突破，在工业、农业、医药卫生、能源开发及环境工程等方面的应用越来越广泛。

1. 食品加工中的应用

酶在食品工业中最大的用途是淀粉加工，其次是乳品加工、果汁加工、烘烤食品及啤酒发酵。与之有关的各种酶如淀粉酶、葡萄糖异构酶、乳糖酶、凝乳酶、蛋白酶等占酶制剂市场的一半以上。

目前，帮助和促进食物消化的酶成为食品市场发展的主要方向，包括促进蛋白质消化的酶（菠萝蛋白酶、胃蛋白酶、胰蛋白酶等），促进纤维素消化的酶（纤维素酶、聚糖酶等），促进乳糖消化的酶（乳糖酶）和促进脂肪消化的酶（脂肪酶、酯酶）等。

2. 轻化工业中的应用

酶工程在轻化工业中的用途主要包括：洗涤剂制造（增强去垢能力）、毛皮工业、明胶制造、胶原纤维制造（黏结剂）牙膏和化妆品的生产、造纸、感光材料生产、废水废物处理和饲料加工等。

3. 医药上的应用

重组 DNA 技术促进了各种有医疗价值的酶的大规模生产。用于临床的各类酶品种逐渐增加。酶除了用作常规治疗外，还可作为医学工程的某些组成部分而发挥医疗作用。如在体外循环装置中，利用酶清除血液废物，防止血栓形成和体内酶控药物释放系统等。另外，酶作为临床体外检测试剂，可以快速、灵敏、准确地测定体内某些代谢产物，也将是酶在医疗上的一个重要的应用。

4. 能源开发上的应用

在全世界开发新型能源的大趋势下，利用微生物或酶工程技术从生物体中生产燃料也是人们正在探寻的一条新路。例如，利用植物、农作物、林业产物废物中的纤维素、半纤维素、木质素、淀粉等原料，制造氢、甲烷等气体燃料以及乙醇和甲醇等液体燃料。另外，在石油资源的开发中，利用微生物作为石油勘探、二次采油、石油精炼等手段也是近年来国内外普遍关注的课题。

5. 环境工程上的应用

在科学技术高度发展的同时，环境净化尤其是工业废水和生活污水的净化，作为保护自然的一项措施，具有十分重要的意义。

在现有的废水净化方法中，生物净化常常是成本最低而最可行的。微生物的新陈代谢过程，可以利用废水中的某些有机物质作为所需的营养来源。因此利用微生物体中酶的作用，可以将废水中的有机物质转变成可利用的小分子物质，同时达到净化废水的目的。人们利用基因工程技术创造高效菌种，并利用固定化活微生物细胞等方法，在废水处理及环境保护工作中取得了显著的成效。

另外，生物传感器的出现为环境监测的连续化和自动化提供了可能，降低了环境监测的成本，加强了环境监督的力度。

本章小结

酶是对其特异底物起催化作用的蛋白质和核酸，以前者为主。单纯酶仅由单一蛋白质组成，结合酶除含蛋白质（酶蛋白）外，还含有非蛋白质的辅助因子，二者组成的完整分子

（全酶）才具有催化作用。

根据所催化反应的类型，酶可分为六大类，分别是氧化还原酶类、转移酶类、水解酶类、裂合酶类、异构酶类和合成酶类。酶的国际单位是：在标准条件（25℃、最适 pH、底物过量）下，1min 催化 1μmol 底物转化成产物的酶的量，就是 1 个酶活力单位。

酶分子中的必需基团在空间上彼此靠近，组成具有特定空间的区域，能与底物特异结合并将底物转化为产物，这一区域称为酶的活性中心。酶促反应具有高效率、高度专一性、可调节性和高度不稳定性。酶与底物诱导契合形成酶-底物的中间产物，通过邻近效应与定向效应使底物易于转变，并通过酸碱催化、共价催化发挥高效催化作用。

酶促反应速率的影响因素主要有底物浓度、温度、pH、酶浓度、抑制剂和激活剂等。底物浓度对反应速率的影响可用米氏方程 $V=\frac{V_{max}[S]}{K_m+[S]}$ 表示，其中 K_m 称为米氏常数，具有重要意义。

酶的制备主要有两种方法，即直接提取法和微生物发酵生产法。酶分离和纯化的方法与蛋白质相似。

练习题

一、名词解释

1. 酶原　2. 酶活性中心　3. 同工酶　4. 酶

二、填空题

1. 测定酶活力的主要原则是在特定的条件下，测定酶促反应的________速率。
2. 全酶由酶蛋白和____________________组成。
3. 酶活性的调节包括调节酶的________以及调节酶的结构。
4. 丙二酸是琥珀酸脱氢酶的____________抑制剂。
5. 非竞争性抑制作用 K_m 不变，V_{max} ________。
6. 如果要求酶促反应 $V=0.9V_{max}$，则 [S] 应为 K_m 的________倍。

三、选择题

1. 有关同工酶的描述，其中不正确的是（　　）。

A. 来源可以不同　　B. 理化性质相同
C. 分子量可以不同　　D. 催化反应相同

2. 酶的竞争性抑制特点是（　　）。

A. 抑制剂与酶的活性中心结构相似
B. 抑制作用的强弱与抑制剂浓度的大小无关
C. 抑制作用不受底物浓度的影响
D. 抑制剂与酶作用的底物结构相似

3. K_m 是指（　　）。

A. 当反应速率为最大反应速率一半时的酶浓度
B. 当反应速率为最大反应速率一半时的底物浓度
C. 当反应速率为最大反应速率一半时的抑制剂浓度
D. 当反应速率为最大反应速率一半时的温度

4. 酶促反应速率为其最大反应速率的 80%时，K_m 等于（　　）。

A. [S]　　B. 0.5 [S]　　C. 0.25 [S]　　D. 0.4 [S]

5. 酶的竞争性抑制作用的动力学效应是（　　）。

A. V_{max}增加，K_m不变　　B. V_{max}不变，K_m减少

C. V_{max}降低，K_m不变　　D. V_{max}不变，K_m增加

6. 酶促反应的特点是（　　）。

A. 极高的催化效率　　B. 能触发所有化学反应的进行

C. 提高反应的活化能　　D. 反应前后酶的质量改变

7. 具有生物活性的全酶，无辅助因子时（　　）。

A. 有活性　　B. 无活性　　C. 无特异性　　D. 不易失活

8. 米氏常数K_m值（　　）。

A. 愈大，酶与底物亲和力愈高　　B. 愈小，酶与底物亲和力愈低

C. 愈小，酶与底物亲和力愈大　　D. 大小与酶的浓度有关

9. 酶催化作用对能量的影响在于（　　）。

A. 增加产物能量水平　　B. 降低反应的活化能

C. 降低反应物能量水平　　D. 降低反应的自由能

四、判断题

1. 酶影响它所催化的反应平衡。（　　）

2. 苹果酸脱氢酶属于第三大类酶。（　　）

五、简答题

1. 简述酶的竞争性抑制作用的特点。

2. 国际酶学委员会将酶分为哪些类型？

3. 简述米氏常数的物理意义。

4. 简述影响酶促反应速率的因素。

5. 简述酶作为生物催化剂的特点。

六、论述题

试述可逆性抑制作用的含义，其包括哪几种类型并说明它们各自的特点。

阅读材料

第一个证明酶是蛋白质的人

第一个证明酶是蛋白质的人是美国生物化学家 J. B. Sumner。17 岁时 J. B. Sumner 由于玩枪不慎失去左臂，但他不顾家人反对，努力学习化学。博士毕业后他成为康奈尔大学的助理教授。他不顾权威教授的反对，以顽强的毅力坚持自己确立的目标：纯化脲酶。1926 年他终于从南美热带植物刀豆中提纯出脲酶结晶，并发现纯化液的酶活力比原液高 700 倍，且脲酶结晶具有蛋白质的所有性质。3 年后 J. H. Northrop 证实了 J. B. Sumner 的发现，并结晶出许多酶。后来 W. M. Stanley 又用他们的方法，将病毒结晶出来。由于当时检测技术的限制，他们所得结晶的纯度无法确认。直到电泳和超离心发明后，他们的成果才得到承认。1946 年 J. B. Sumner 和 J. H. Northrop 及 W. M. Stanley 同时获得当年的诺贝尔化学奖。

第五章 核酸

学习目标

1. 掌握核酸的分类与组成成分；核苷酸的种类及其在核酸分子中的连接方式；DNA 的一级结构、二级结构（双螺旋结构）特点、碱基配对原则；RNA 的种类及结构特点；核酸的变性与复性、高色效应、变性温度。
2. 掌握核酸的理化性质——紫外吸收与两性电离；T_m 与碱基含量的关系、DNA 和 RNA 结构与功能的关系；分子杂交的基本概念。
3. 了解稀有碱基、DNA 与 RNA 三级结构；核酸的研究方法；核酸的研究与生物技术的关系。

第一节 概 述

核酸与蛋白质一样，是生物体内重要的生物大分子，具有复杂的结构和极其重要的生物学功能，是生物遗传繁殖的物质基础。

（1）分类 天然存在的核酸有两大类，一类是脱氧核糖核酸（deoxyribonucleic acid，DNA)，另一类是核糖核酸（ribonucleic acid ，RNA)。它们都是由四种不同的单核苷酸为基本单位构成的多聚核苷酸链。DNA 是遗传信息的载体，与生物的繁殖、遗传及变异有密切的关系；RNA 的功能主要是参与体内蛋白质生物合成过程，根据其结构与功能的不同，RNA 又可分为信使 RNA（mRNA)、核蛋白体 RNA（rRNA）和转运 RNA（tRNA）三种。

（2）分布 大多数生物细胞都同时含有上述两类核酸，DNA 主要存在于细胞核内，线粒体内也含有少量 DNA；RNA 主要分布在细胞质、细胞核和线粒体内；对于病毒来说，只能含有 RNA 或 DNA 中的一种，据此可将病毒分为 RNA 病毒和 DNA 病毒两类。

第二节 核酸的化学组成

一、核酸的元素组成

组成核酸的主要元素有碳、氢、氧、氮、磷等，其中磷的含量在各种核酸中变化范围不大，大约占整个核酸质量的9%～10%。因此，在核酸的定量分析时，可通过含磷量的测定来估算生物样品中核酸的含量。

二、核酸的基本组成单位——核苷酸

实验证明，采用不同的水解方法（酶解或酸解、碱解）可将核酸降解成核苷酸，核苷酸可再分解生成核苷和磷酸，而核苷可进一步分解生成戊糖和碱基。

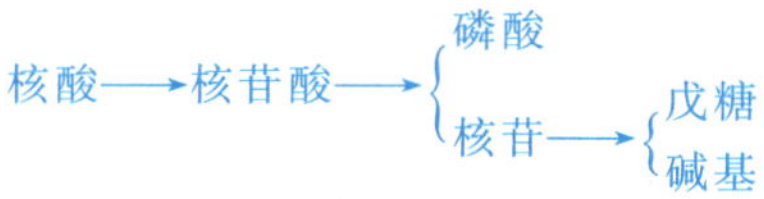

核酸 → 核苷酸 → {磷酸；核苷 → {戊糖；碱基}}

由此可见，核酸的基本组成单位是核苷酸，基本组成成分是磷酸、戊糖和碱基。

1. 碱基

核酸中的碱基有两类，即嘌呤碱和嘧啶碱。它们均为含氮的杂环化合物，具有弱碱性，又称含氮碱。DNA分子和RNA分子中，都含有嘌呤和嘧啶两类碱基。

（1）嘌呤碱　核酸分子中常见的嘌呤碱有两种，即腺嘌呤（A）和鸟嘌呤（G）。RNA和DNA分子中均含有这两种碱基（图5-1）。

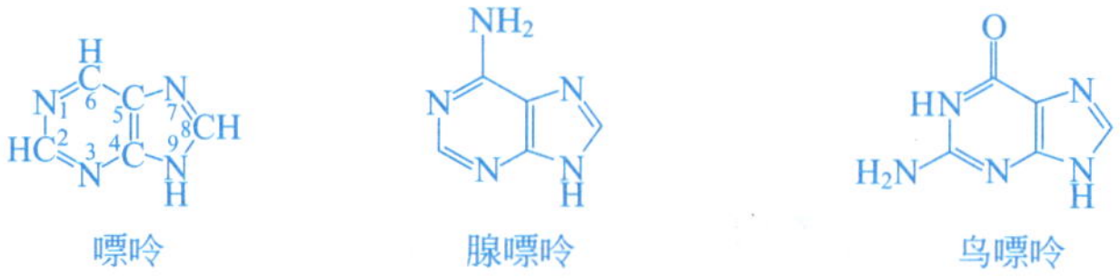

嘌呤　腺嘌呤　鸟嘌呤

图5-1　嘌呤碱的结构

（2）嘧啶碱　核酸中的嘧啶碱主要有三种，即胞嘧啶（C）、尿嘧啶（U）和胸腺嘧啶（T）。RNA分子中含胞嘧啶和尿嘧啶，DNA分子中含胞嘧啶和胸腺嘧啶（图5-2）。

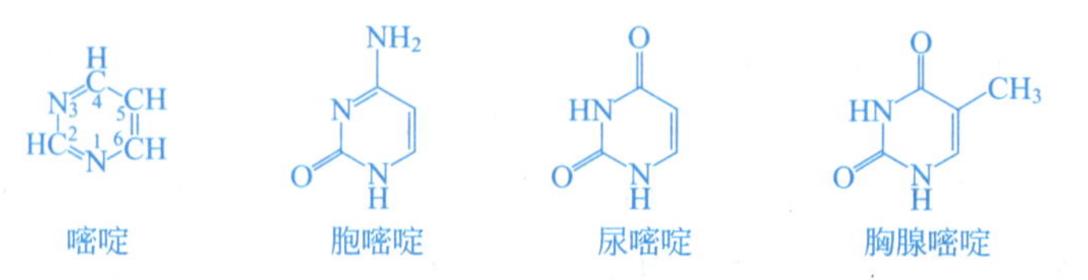

图5-2　嘧啶碱的结构

（3）稀有碱基　除以上5种基本碱基外，核酸分子中还有一些含量较少的其他碱基，称为稀有碱基，如5-甲基胞嘧啶、次黄嘌呤、二氢尿嘧啶等（图5-3）。

2. 戊糖

核酸中的戊糖包括核糖和脱氧核糖两种。RNA分子中含D-核糖，DNA分子中含D-2-脱氧核糖。戊糖分子中的碳原子位置用1′至5′标记以示与碱基（嘌呤或嘧啶环）中碳原子

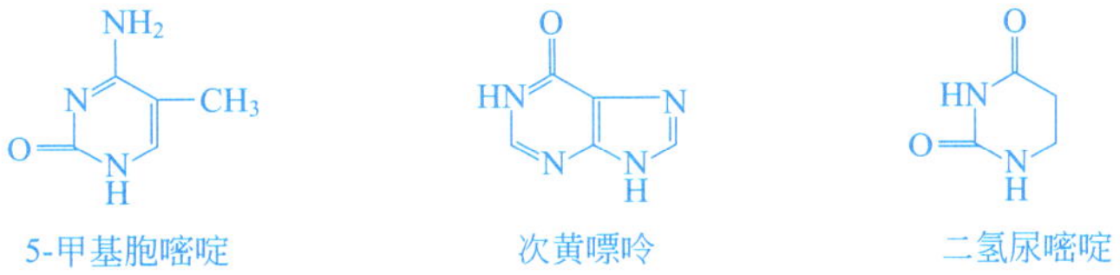

5-甲基胞嘧啶　　次黄嘌呤　　二氢尿嘧啶

图 5-3　稀有碱基的结构

的区别（图 5-4）。

3. 磷酸

RNA 和 DNA 中都含有磷酸。磷酸可与戊糖以酯键结合，形成磷酸酯；两分子磷酸结合，形成焦磷酸；磷酸脱去氢氧基以后称为磷酰基（图 5-5）。

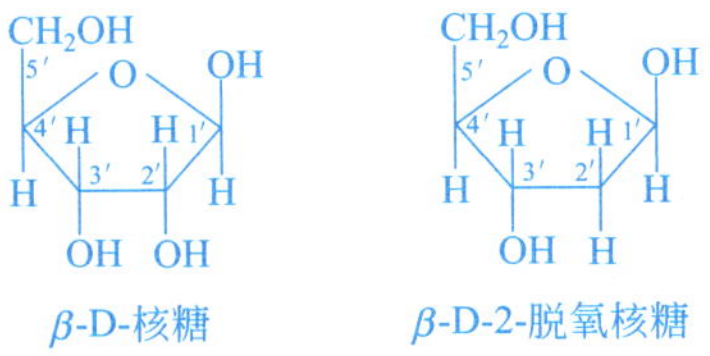

β-D-核糖　　β-D-2-脱氧核糖

图 5-4　核糖和脱氧核糖的结构

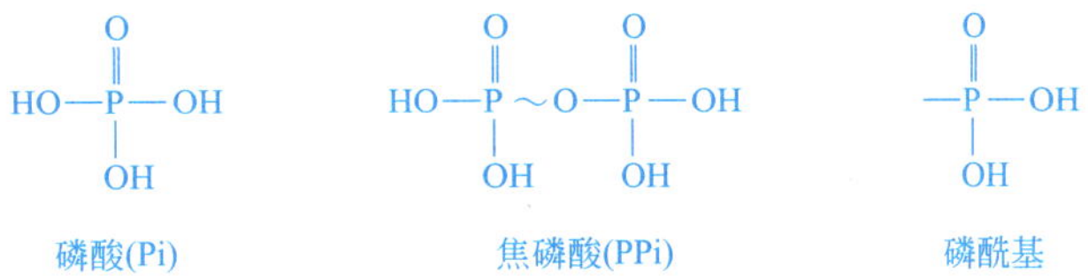

磷酸(Pi)　　焦磷酸(PPi)　　磷酰基

图 5-5　磷酸、焦磷酸和磷酰基的结构

综上所述，RNA 和 DNA 的组成既有相同的成分，也有不同的成分，两者的异同点如表 5-1 所示。

表 5-1　RNA 和 DNA 的组成成分比较

<table>
<tr><th colspan="2">类别
组成</th><th>RNA</th><th>DNA</th></tr>
<tr><td colspan="2">磷酸</td><td>磷酸</td><td>磷酸</td></tr>
<tr><td colspan="2">戊糖</td><td>β-D-核糖</td><td>β-D-2-脱氧核糖</td></tr>
<tr><td rowspan="2">碱基</td><td>嘌呤</td><td>腺嘌呤(A)
鸟嘌呤(G)</td><td>腺嘌呤(A)
鸟嘌呤(G)</td></tr>
<tr><td>嘧啶</td><td>胞嘧啶(C)
尿嘧啶(U)</td><td>胞嘧啶(C)
胸腺嘧啶(T)</td></tr>
</table>

4. 核苷

戊糖和碱基缩合后形成的糖苷称为核苷。其连接方式是戊糖第 1 位碳原子（C-1′）上的羟基与嘌呤碱第 9 位氮原子（N-9）或嘧啶碱第 1 位氮原子（N-1）上的氢脱水形成 N—C 核苷键。核糖与碱基形成的核苷有四种（图 5-6）。

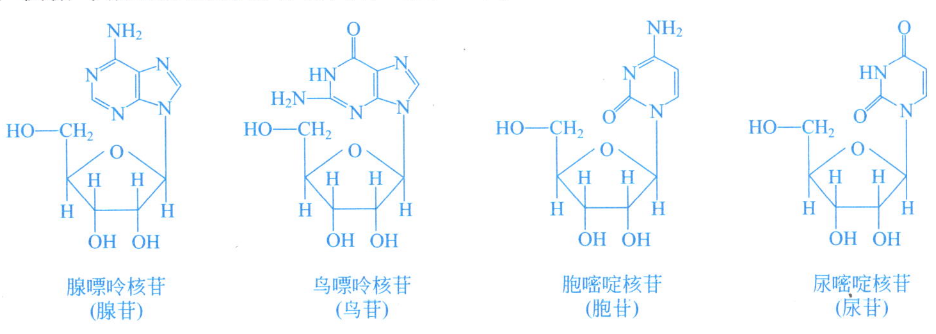

图 5-6　核苷的结构

由脱氧核糖与碱基缩合后形成的糖苷称为脱氧核苷，也有下列四种（图 5-7）。

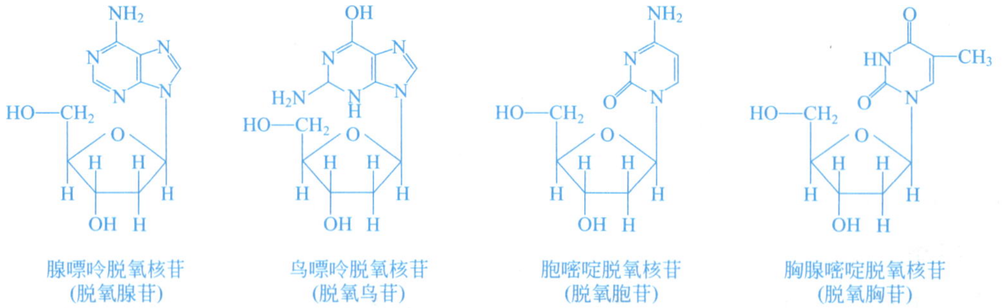

腺嘌呤脱氧核苷
(脱氧腺苷)
鸟嘌呤脱氧核苷
(脱氧鸟苷)
胞嘧啶脱氧核苷
(脱氧胞苷)
胸腺嘧啶脱氧核苷
(脱氧胸苷)

图 5-7 脱氧核苷的结构

5. 核苷酸

核苷酸是由核苷中戊糖的羟基和磷酸脱水缩合而成的磷酸酯。由核糖核苷生成的磷酸酯称为核糖核苷酸，由脱氧核糖核苷生成的磷酸酯称为脱氧核糖核苷酸。核糖核苷的戊糖环上的 2′、3′、5′位各有一个自由羟基，这些羟基均可与磷酸生成酯，故可形成 3 种核苷酸。脱氧核糖核苷只在脱氧核糖环上的 3′、5′位有自由羟基，故只能形成两种脱氧核苷酸。在生物

腺苷酸(AMP)
鸟苷酸(GMP)
胞苷酸(CMP)
尿苷酸(UMP)
脱氧腺苷酸(dAMP)
脱氧鸟苷酸(dGMP)
脱氧胞苷酸(dCMP)
脱氧胸苷酸(dTMP)

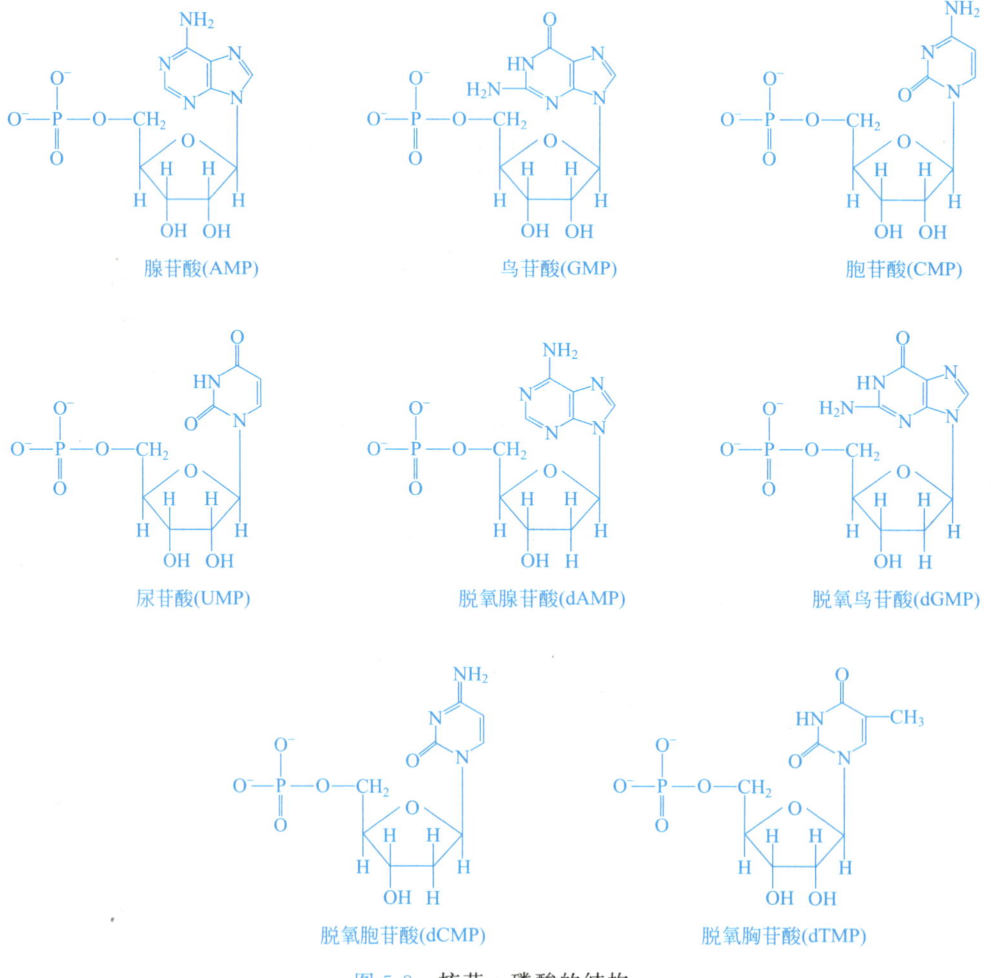

图 5-8 核苷一磷酸的结构

体内的核苷酸多是 5′-核苷一磷酸（结构见图 5-8），一般其代号可略去 5′。常见的核苷酸及其缩写符号见表 5-2。

表 5-2 常见的核苷酸及其缩写符号

符号	名称	符号	名称
核糖核苷酸(NMP)		脱氧核糖核苷酸(dNMP)	
AMP	腺苷酸(腺苷一磷酸)	dAMP	脱氧腺苷酸(脱氧腺苷一磷酸)
GMP	鸟苷酸(鸟苷一磷酸)	dGMP	脱氧鸟苷酸(脱氧鸟苷一磷酸)
CMP	胞苷酸(胞苷一磷酸)	dCMP	脱氧胞苷酸(脱氧胞苷一磷酸)
UMP	尿苷酸(尿苷一磷酸)	dTMP	脱氧胸苷酸(脱氧胸苷一磷酸)

其中 AMP、GMP、CMP 和 UMP 是构成 RNA 的基本单位；dAMP、dGMP、dCMP 和 dTMP 是构成 DNA 的基本单位。

三、细胞中的游离核苷酸及其衍生物

1. 多磷酸核苷酸

核苷一磷酸（NMP 或 dNMP）还可以进一步磷酸化而生成核苷二磷酸（NDP 或 dNDP）和核苷三磷酸（NTP 或 dNTP），例如，腺苷一磷酸（AMP）再结合一分子磷酸，可生成腺苷二磷酸（ADP），腺苷二磷酸再结合一分子磷酸可生成腺苷三磷酸（ATP）。

在 ADP 和 ATP 分子中，磷酸和磷酸之间以焦磷酸键相连。当焦磷酸键水解时，可释放出大量的能量供机体利用。这种由于水解而释放很高能量的焦磷酸键称为高能磷酸键，简称高能键，用“～”表示。ADP 的高能键很少被利用，它主要是接受能量转化为 ATP。ATP 在细胞的能量代谢过程中起着非常重要的作用，但它不是储能物质，而是能量的携带者和传递者（图 5-9）。

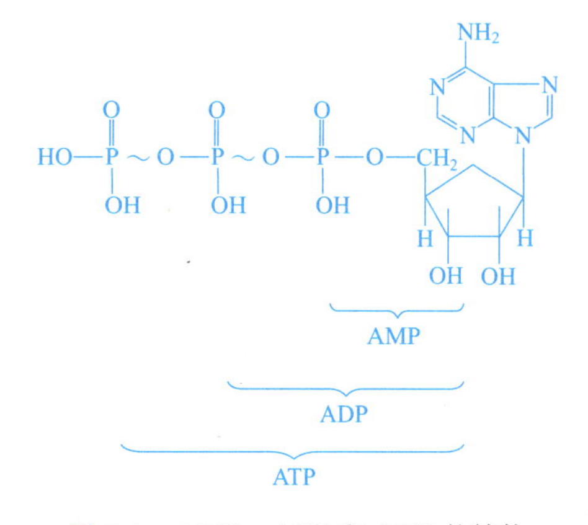

图 5-9 AMP、ADP 和 ATP 的结构

除了 ATP 以外，生物体内还有一些多磷酸核苷具有重要的生理作用，如 UTP 还参与体内糖原的合成，CTP 参与磷脂的生物合成，GTP 参与核苷酸和蛋白质的生物合成等。

2. 环化核苷酸

在动植物及微生物细胞中，还普遍存在一类环化核苷酸，其中比较重要的有两种，即 3′,5′-环腺苷酸（cAMP）和 3′,5′-环鸟苷酸（cGMP）（图 5-10）。

环化核苷酸游离存在于组织细胞中，浓度很低，虽不是核酸的组成成分，在细胞中含量很少，但有重要的生理功能。现已证明，二者均可作为激素的第二信使，在细胞的代谢调节中有重要作用。

3. 辅酶类核苷酸

一些核苷酸或其衍生物还是重要的辅酶或辅基的组成成分，如辅酶 NAD^+（烟酰胺腺嘌呤二核苷酸，辅酶Ⅰ）、$NADP^+$（烟酰胺腺嘌呤二核苷酸磷酸，辅酶Ⅱ）、FMN（黄素单核苷酸）及 FAD（黄素腺嘌呤二核苷酸）等，它们的结构与功能详见第四章。

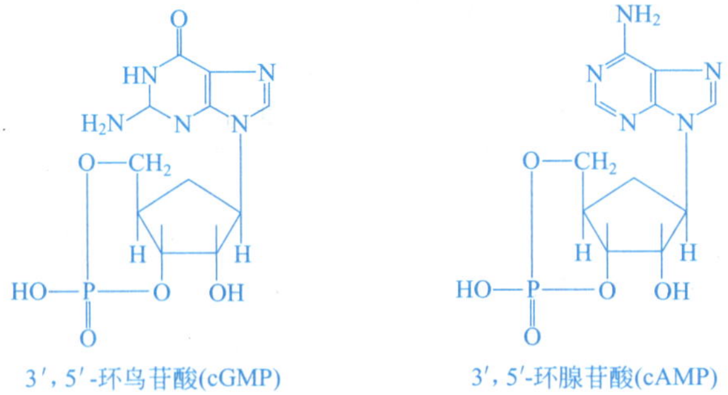

3′, 5′-环鸟苷酸(cGMP)　　3′, 5′-环腺苷酸(cAMP)

图 5-10　环化核苷酸结构

第三节　核酸的分子结构

核酸是由许多核苷酸按一定顺序连接起来的多核苷酸链，它和蛋白质一样具有一级结构和空间结构（构象）。

一、DNA 的分子结构

1. DNA 的一级结构

DNA 的一级结构是指构成 DNA 的各个单核苷酸的数目和排列顺序。DNA 分子的连接方式是：DNA 链中一个脱氧核苷酸的 3′-羟基和下一个脱氧核苷酸的 5′-磷酸脱水以酯键相连。因此核酸中各核苷酸间的连接键是 3′,5′-磷酸二酯键。由按一定顺序排列的核苷酸分子中的磷酸和戊糖构成了核酸大分子的主链；而代表其生物学特性的碱基则可看成是有次序连接在主链上的侧链基团。每个多核苷酸链都有一个带有游离羟基的 3′末端和一个带有游离磷酰基的 5′末端（图 5-11）。

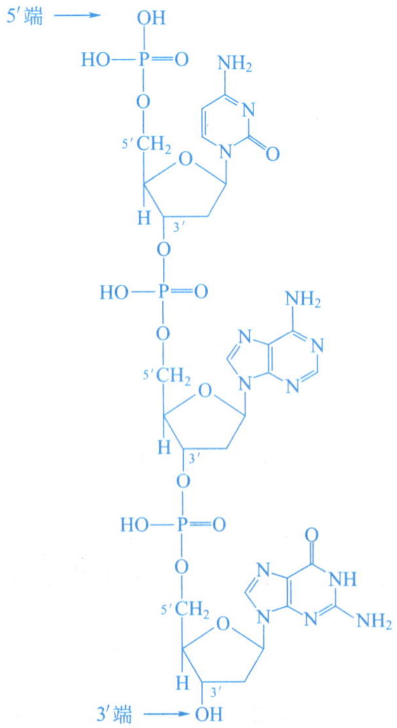

图 5-11　DNA 分子中核苷酸的连接方式

DNA 是由数量极其庞大的四种脱氧核糖核苷酸，通过 3′,5′-磷酸二酯键彼此连接起来的直线形或环形分子。脱氧核糖核苷酸的种类虽不多，但因核苷酸的数目、比例和序列的不同构成了多种结构不同的 DNA。DNA 分子的一级结构相当复杂，为了书写的方便，一般采用几种不同的简化表示方法，而用碱基序列表示核酸的一级结构是最常见也是最简单的表示方法。DNA 单链的结构从繁到简的表示方法如图 5-12 所示。DNA 和 RNA 链都具有方向性，不管是书写还是读向一般都是从 5′末端到 3′末端（图 5-12）。

DNA 分子中核苷酸的排列顺序隐藏着遗传信息，故测定和分析 DNA 一级结构中脱氧核苷酸或碱基的排列顺序，对阐明 DNA 的结构和功能具有十分重大的意义（具体内容见本章后附的阅读材料）。

人类基因组计划（Human Genome Project，HGP）

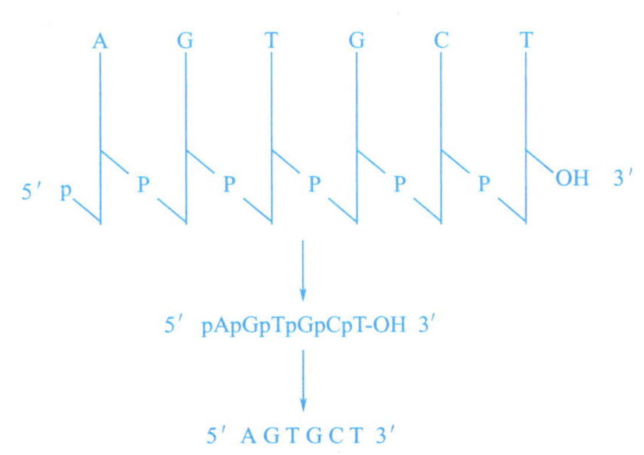

图 5-12 DNA 一级结构的几种书写方式

由美国科学家在 1985 年率先提出，1990 年正式启动。美、英、德、法、日先后参加了此项工作，1999 年我国成为 HGP 的第六个成员国。HGP 旨在阐明人类基因组 DNA 所具有的全部脱氧核苷酸序列，发现所有的人类基因并确定其在染色体上的位置，破译人类的全部遗传信息，使得人类第一次在分子水平上全面地认识自我。

HGP 是人类文明史上最伟大的科学创举之一，HGP 与曼哈顿原子弹计划和阿波罗计划并称为三大科学计划。2000 年 6 月 26 日，参加人类基因组工程的上述 6 国科学家共同宣布，人类基因组草图的绘制工作已经完成；至 2003 年 4 月，已完成人类 30 亿碱基 DNA 的序列测定。在这项伟大计划的实施并取得巨大成就的过程中，中国科学家功不可没。

2. DNA 的二级结构

DNA 是由许多脱氧核糖核苷酸组成的线形双螺旋大分子，主要存在于细胞核的染色质中，少量存在于线粒体中。组成 DNA 的脱氧核糖核苷酸，主要有 dAMP、dGMP、dCMP、dTMP 四种。DNA 在碱基组成上具有以下规律。

所有 DNA 分子中腺嘌呤与胸腺嘧啶的物质的量相等，即 A＝T；鸟嘌呤与胞嘧啶的物质的量相等，即 G＝C；由此可见，嘌呤和嘧啶的物质的量相等，即 A＋G＝C＋T。这一规律的发现为 DNA 双螺旋结构模型的建立提供了重要依据。

DNA 的碱基组成具有种属特异性，但不具有组织特异性。这一规律为研究 DNA 的生物学功能提供了重要依据。

（1）DNA 双螺旋结构模型　1953 年，沃森（J. Watson）和克里克（F. Crick）根据当时的科学研究成果，提出了著名的 DNA 右手双螺旋结构模型（图 5-13），确立了 DNA 的二级结构。这一模型的提出，为 DNA 功能的研究奠定了科学基础，推动了生命科学与现代分子生物学的发展，为揭示生物界遗传性状世代相传的奥秘做出了巨大贡献。

（2）DNA 双螺旋结构模型的要点

① DNA 分子由两条平行的多核苷酸链围绕同一中心轴向右盘旋形成双螺旋结构，且两条链的走向相反，一条为 5′→3′，另一条是 3′→5′，称为反向平行。

② 在两条链中，磷酸与脱氧核糖位于螺旋的外侧，碱基位于螺旋内侧，螺旋表面形成大沟与小沟［图 5-13(a)］，它们与 DNA 和蛋白质之间的相互识别有关。

③ 双螺旋的直径为 2nm，碱基平面与螺旋的纵轴垂直。同一条链中相邻两个碱基之间的距离为 0.34nm，每一螺距为 3.4nm［图 5-13(a)］，含 10 个核苷酸残基。

④ DNA 分子两条链通过碱基对之间形成的氢键连接在一起。一条链的腺嘌呤与另一条链的胸腺嘧啶配对，形成两个氢键；而鸟嘌呤与胞嘧啶配对形成三个氢键（图 5-14）。这种 A 与 T、G 与 C 配对的规律称为碱基配对规律。碱基对中的两个碱基彼此称为互补碱基，

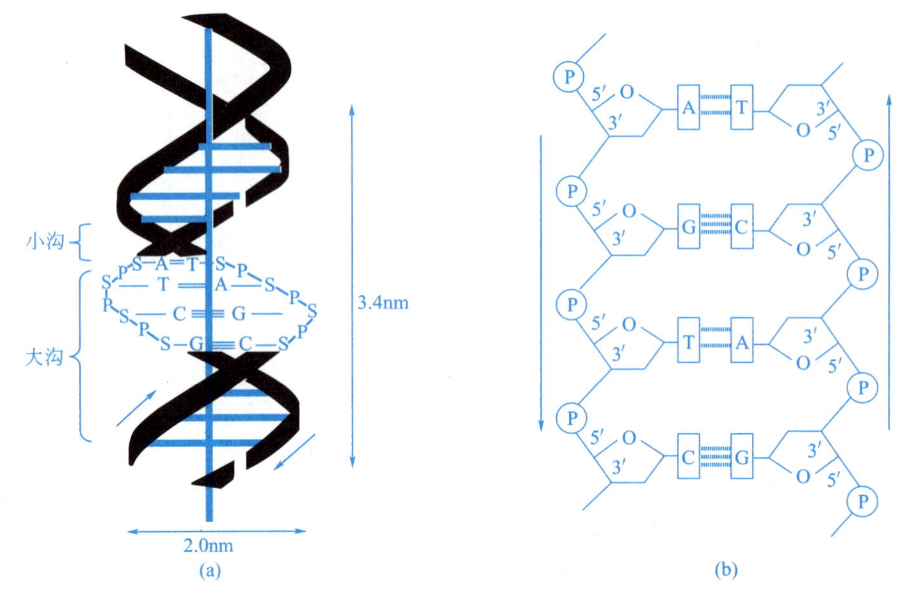

图 5-13　DNA 的双螺旋结构模型

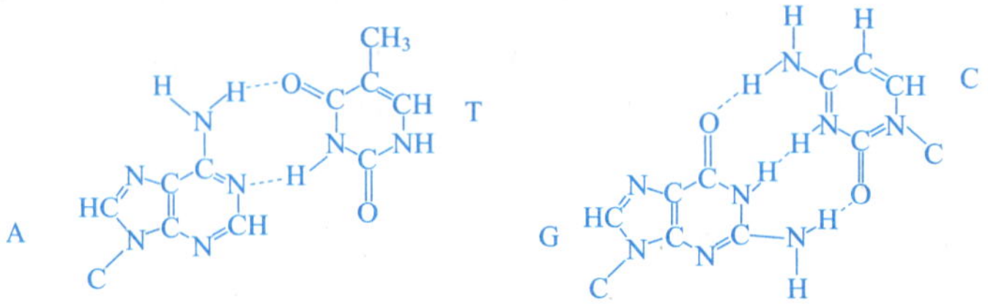

图 5-14　碱基配对与氢键

而对应的两条链彼此称为互补链［图 5-13(b)］。

DNA 双螺旋结构的横向稳定性依赖两条链间的氢键维系，纵向稳定性则依靠碱基平面间的疏水性堆砌力。

沃森和克里克的 DNA 双螺旋结构模型最主要的特点是碱基互补配对。碱基配对规律具有十分重要的生物学意义。它是 DNA 的复制、RNA 的转录和反转录的分子基础，与生物遗传特性的传递与表达具有十分密切的关系。

（3）双螺旋结构的其他类型　沃森和克里克所描述的 DNA 双螺旋结构称 B-DNA。它是 DNA 在正常状态下的一种形式，B-DNA 在环境改变后可转变为 A-DNA。另有一些人工合成的 DNA，主链呈锯齿形向左盘绕而成，称为 Z-DNA。

3. DNA 的三级结构

DNA 分子在细胞内并非以线性双螺旋形式存在，而是在双螺旋结构基础上进一步扭曲螺旋形成 DNA 的三级结构。如细菌质粒、某些病毒及线粒体的环状 DNA 分子，多扭曲成麻花状的超螺旋结构，这些更为复杂的结构即 DNA 的三级结构（图 5-15）。

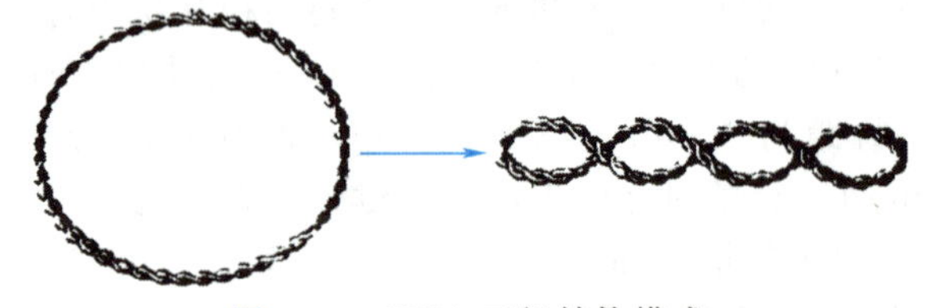

图 5-15　DNA 三级结构模式

在真核细胞中，线状的双螺旋DNA分子先与组蛋白结合，盘绕形成核小体。核小体包括核心颗粒和连接区两部分，具有双螺旋结构的DNA双链盘绕组蛋白八聚体（含组蛋白H_2A、H_2B、H_3、H_4各2分子）形成核小体的核心颗粒，核心颗粒之间再由DNA和组蛋白H_1构成的连接区相连（见图5-16）。许多核小体连成串珠状，再经过反复盘旋折叠，最后形成染色质。人体每个细胞中长约1.7nm的DNA双螺旋链，最终压缩了8400多倍，分布于各染色单体中，46个染色单体总长仅200μm左右，储存于细胞核中。

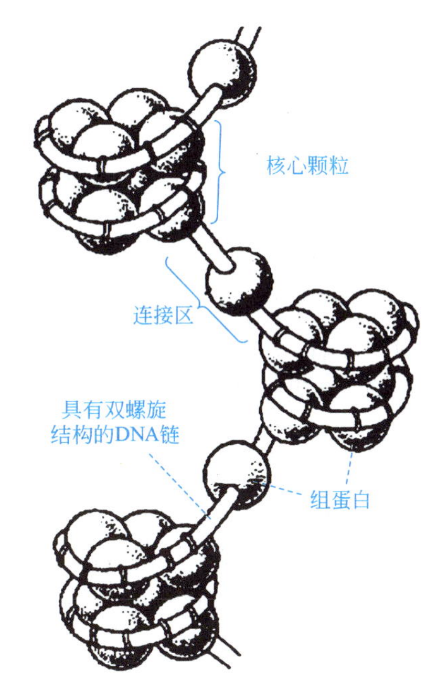

图5-16 核小体结构示意图

核酸疫苗又称为基因疫苗，是指将含有编码蛋白基因序列的质粒载体，经肌内注射或微弹轰击等方法导入宿主体内，通过宿主细胞表达抗原蛋白，诱导宿主细胞产生对该抗原蛋白的免疫应答，以达到预防和治疗疾病的目的。核酸疫苗的研究亦成为疫苗研究领域的热点之一，其研究方向与世界卫生组织儿童疫苗计划的长远目标（用一种疫苗预防多种疾病）相吻合，因此具有巨大的潜力和应用前景。

二、RNA的分子结构

RNA种类较多，主要包括转运RNA、核糖体RNA和信使RNA三类。它们的碱基组成、分子大小、生物学功能以及在细胞中的分布都有所不同，因此结构也比较复杂。

RNA的一级结构也是以3′,5′-磷酸二酯键连接成的多核苷酸长链，其简化表示方法与DNA相同。

RNA的二级结构与DNA不同。研究证明，大多数天然RNA分子是一条单链，但链中的许多区域可自身发生回折，也可以形成局部的碱基配对，由A与U、G与C之间的配对所形成的氢键连接起来，构成双螺旋区；不能配对的碱基则形成环状突起（图5-17）。约有40%～70%核苷酸参与了双螺旋的形成。所以RNA分子通常以一条单链形式存在，经卷曲盘绕可形成局部双螺旋结构，即RNA的二级结构（图5-18）。

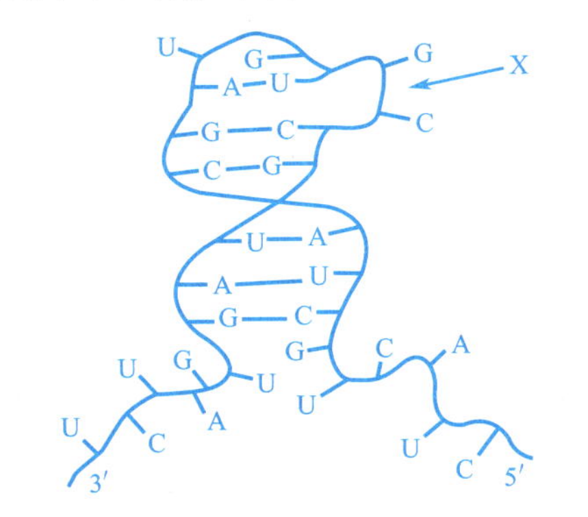

图5-17 RNA的双螺旋区（X是环状突起）

图5-18 RNA的二级结构

1. 转运RNA（tRNA）的分子结构

tRNA主要生理功能是在蛋白质生物合成中转运氨基酸。细胞内每种氨基酸都有其相应的一种或几种 tRNA，因此 tRNA 的种类很多，在细菌中有 30～40 种 tRNA，在动物和植物中有 50～100 种 tRNA。tRNA 约占 RNA 总量的 15%。

tRNA 结构中有些区段经过自身回折形成双螺旋区，从而形成三叶草式的二级结构（图 5-19），具有以下特征。

① 分子中由 A-U、C-G 碱基对组成的双螺旋区叫做臂，不能配对的部分叫做环，大多数 tRNA 都由 4 个臂和 4 个环组成。

② 三叶草式结构的叶柄叫氨基酸臂，含有 5～7 个碱基对，3′端均为—CCA—OH 序列，其功能是结合氨基酸。

③ 左臂连接一个二氢尿嘧啶环（DHU 环），由 8～12 个核苷酸构成，此环的特征是含有 2 个二氢尿嘧啶。

④ 位于氨基酸臂对面的环叫反密码环。由 7 个核苷酸组成，环中部由 3 个核苷酸组成反密码子。在蛋白质生物合成时，tRNA 通过反密码子识别 mRNA 上相应的遗传密码。

⑤ 右侧有一个 TψC 环（含有 TψC 序列，ψ 代表假尿苷）和一个可变环或称附加叉。TψC 序列对于 tRNA 与核蛋白体的结合有重要作用。tRNA 通过二级结构的折叠，形成倒 L 形的三级结构（图 5-20）。

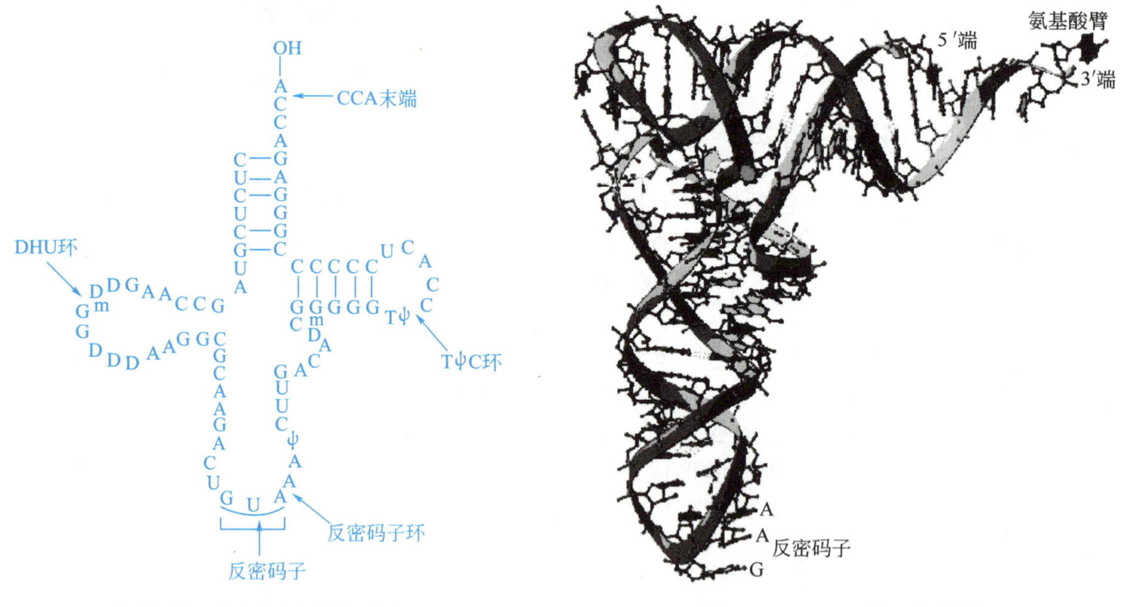

图 5-19 tRNA 的二级结构

图 5-20 tRNA 的三级结构

2. 核糖体 RNA（rRNA）的分子结构

细胞中的 rRNA 含量最多。约占细胞总 RNA 的 8%，是一类代谢稳定、分子量最大的 RNA。它们与多种蛋白质一起构成核蛋白体，是蛋白质合成的场所。不同 rRNA 的碱基比例和碱基序列各不同，分子结构基本上都是由部分双螺旋和部分单链突环相间排列而成的（图 5-21）。

3. 信使 RNA（mRNA）的分子结构

mRNA 在细胞中含量较少，占 RNA 总量的 3%～5%，但种类较多，是合成蛋白质的模板。真核细胞 mRNA 的结构有明显的特征：在其 5′端有一个特殊的“帽状结构”（图 5-22），即 5′m7G-5′ppp5′-Nmp…；3′端有一个多聚 A 的“尾状结构”，即 3′-polyA。

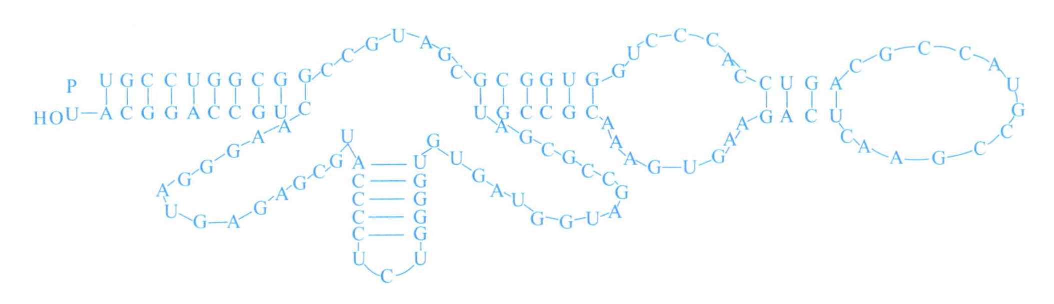

图 5-21 大肠杆菌 5S rRNA 的结构

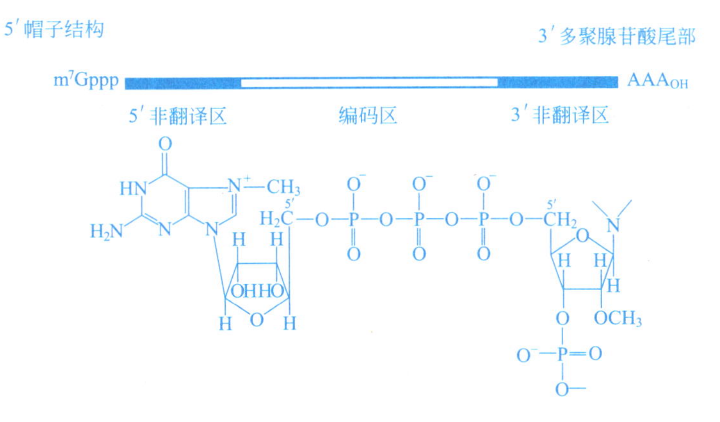

图 5-22 真核细胞 mRNA 5′端帽状结构

第四节 核酸的性质

一、核酸的一般性质

核酸是两性电解质，含有酸性的磷酰基和碱性的碱基。因磷酰基的酸性较强，所以核酸分子通常表现为较强的酸性。核酸和蛋白质一样具有等电点，因此，在一定 pH 条件下，可用电泳法和离子交换法分离纯化核酸。在碱性条件下，RNA 不稳定，可在室温下水解。利用此性质可以测定 RNA 的碱基组成，也可以清除 DNA 溶液中混杂的 RNA。DNA 分子细长，其在溶液中的黏度较高，RNA 分子比 DNA 短，在溶液中的黏度低于 DNA。

二、核酸的紫外吸收

核酸中的嘌呤和嘧啶碱基具有共轭双键，因此核酸具有紫外吸收性质，其最大吸收峰在 260nm 附近（图 5-23）。核酸的紫外吸收值比其各核苷酸成分的吸收值之和少 30%～40%，这是由于核酸有规律的双螺旋结构中碱基紧密堆积在一起造成的。当核酸变性或降解时，其碱基暴露，紫外吸收值增高。因此，根据核酸紫外吸收值的变化，可判断其变性或水解程度。

三、核酸的变性和复性

核酸的变性是指在某些理化因素作用下，核酸分子中碱基对之间的氢键断裂，使核酸双

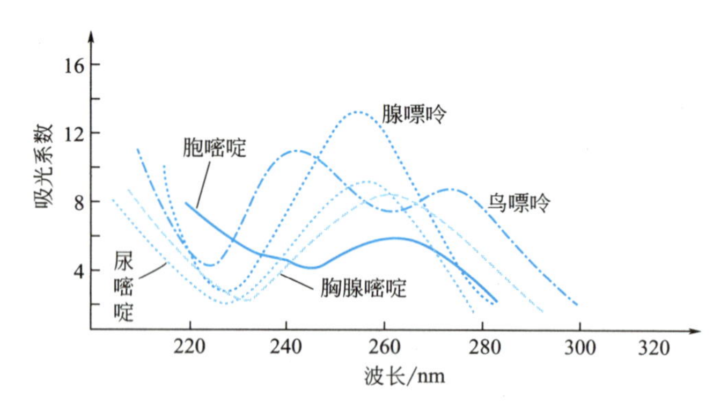

图 5-23 DNA 分子中各种碱基的紫外吸收光谱

链结构解开变成单链的过程。由于并不涉及核苷酸间磷酸二酯键的断裂，因此，变性作用并不引起核酸一级结构的改变。

DNA 双螺旋结构的稳定性主要依赖疏水性堆砌力和氢键，这两种次级键的断裂可导致双螺旋结构的破坏。DNA 变性是指在某些理化因素作用下，维系 DNA 双螺旋结构的次级键发生断裂，双螺旋结构被解开变成单链的过程。导致 DNA 变性的因素很多，如加热、pH 的改变、有机溶剂、尿素等。

DNA 变性后，因双链解开，碱基暴露，所以在 260nm 处的紫外吸收值明显增强，这种现象称为增色效应（又称高色效应）。由温度升高而引起的 DNA 变性称为 DNA 的热变性。DNA 热变性主要是由于加热引起双螺旋结构解离，所以又称 DNA 的解链或熔解作用。实验表明，DNA 的加热变性一般在较窄的温度范围内发生，通常将 DNA 加热变性时紫外吸光度达到最大值 50%时的温度，或熔解曲线中点所对应的温度，称解链温度或熔解温度，用 T_m 表示（图 5-24 ）。T_m 是 DNA 双链解开 50%时的环境温度，T_m 值大小与其碱基组成有关。G-C 碱基对的含量越多 T_m 值越高，反之越低。这是因为 G-C 碱基对之间有 3 个氢键，而 A-T 碱基对之间只有 2 个氢键，所以 G-C 碱基对含量较多的 DNA 分子更为稳定。

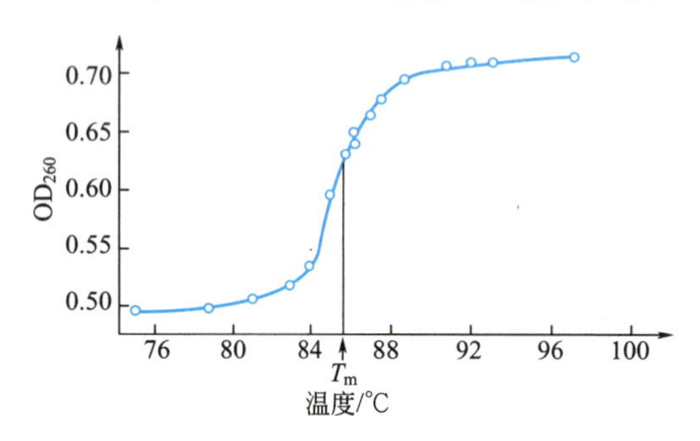

图 5-24 DNA 解链曲线

变性 DNA 在适宜条件下，两条彼此分开的互补链可重新恢复成双螺旋结构，这个过程称 DNA 的复性。热变性的 DNA 经缓慢冷却可复性，这一过程称为退火。DNA 复性后，不仅其生物活性和理化性质得以恢复，而且其紫外吸收值也随之变小，这种现象叫减色效应（又称低色效应）。

PCR 技术（聚合酶链式反应技术）就是利用 DNA 变性复性原理发展的一门技术。PCR 是 20 世纪 80 年代中期发展起来的一种在体外扩增特异 DNA 片段的技术。人们只需在试管内进行 DNA 复制，就可在短时间内将微量目的基因扩增 100 万倍以上。PCR 技术具有快速、灵敏、操作简便等优点，目前该技术在分子克隆、遗传病的基因诊断、法医学、考古学等方面得到了广泛的应用。

四、核酸的杂交

DNA 的变性和复性可作为分子杂交的基础。DNA 热变性后变成单链，然后让他与其他不同来源的单链 DNA 或 RNA 一起作退火处理，若它们之间碱基互补，则可形成 DNA-DNA 或 DNA-RNA 双链分子，这种过程称为分子杂交，所形成的 DNA-DNA、DNA-RNA 分子称杂交分子（图 5-25）。目前，分子杂交技术已广泛应用于基因结构和基因定位的研究，也应用于遗传性疾病的诊断等。

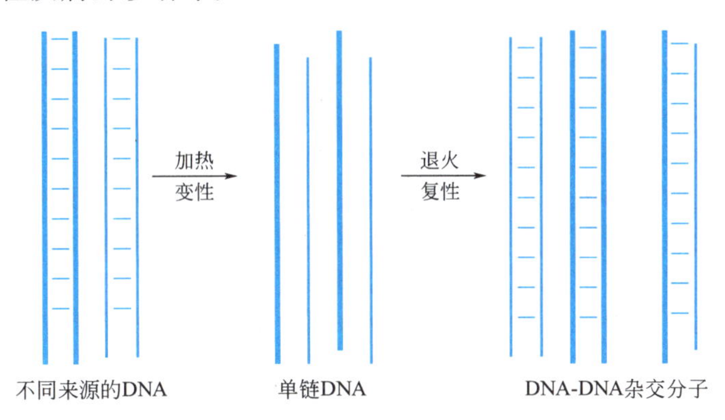

图 5-25　DNA 的变性、复性与杂交

核酸分子杂交技术是生命科学研究领域中应用最为广泛的技术之一，可用于遗传病的基因诊断、法医学上的性别分析和亲子鉴定，常用的杂交方法有 Southern 印迹法、Northern 印迹法和原位杂交（in situ hybridization）等，在人类学研究中具有极其重要的应用价值。

五、核酸的研究与生物技术的关系

核酸的理论研究在许多方面的突破都与分子生物学技术的产生和发展息息相关。随着分子生物学技术的广泛应用，核酸的研究已由定性跨越到定量阶段，大多已被广泛应用于生命科学各个学科。目前常用的分子生物学技术除上述核酸杂交技术外，还包括印迹技术、探针技术、PCR 技术（聚合酶链反应技术）、生物芯片技术、转基因技术、DNA 文库的构建、重组 DNA 技术、人类基因组计划等。目前，这些技术已被广泛应用于生命科学以及其他科学领域的研究中（具体内容见本章后附的阅读材料）。

基因转移技术的发展使得人类不仅可以在细胞水平进行基因转移，而且可以使目的基因整合进入受精卵细胞或胚胎干细胞中，然后将细胞导入动物子宫，使之发育成个体。这种个体能够把目的基因继续传给子代，该项技术被称为转基因技术。被导入的目的基因称为转基因，目的基因的受体动物称为转基因动物。目前已建立了转基因小鼠、转基因羊和转基因大鼠等多种动物模型。

第五节　核酸的研究方法

一、核酸的分离、提纯和定量测定

核酸的制备、定量测定及组分的分析是研究核酸的基础。

1. 核酸的提取和分离

提取核酸的一般原则是先破碎细胞，提取核蛋白使其与其他细胞成分分离，然后用蛋白质变性剂如苯酚或去垢剂等，亦可用蛋白酶处理除去蛋白质，将核酸和蛋白质分离，再用乙醇等将核酸沉淀。

核酸属于大分子化合物，具有复杂的空间三维结构，为了使得到的核酸保持天然状态，在提取分离时要注意避免强酸、强碱对核酸的降解，避免高温、机械剪切力对核酸空间结构的破坏，操作时在溶液中加入核酸酶抑制剂，整个过程要在低温（0℃左右）条件下进行，同时还要避免剧烈的搅拌。

（1）核蛋白的提取　核酸在自然的状态下往往以核蛋白的形式存在。根据 DNA 蛋白和 RNA 蛋白在不同浓度的氯化钠溶液中溶解度不同的特点，可将它们从细胞匀浆中提取出来并将两者分离。

（2）核蛋白中蛋白质的去除　提取到核蛋白后，还要除去其分子中的蛋白质成分，才能得到核酸。去除核蛋白中的蛋白质成分常用的方法有变性法和酶解法。在提取过程中，为了防止核酸酶对核酸的降解，常加入核酸酶的抑制剂。

（3）核酸的纯化　核蛋白中的蛋白质被除去后，得到的核酸需要进一步分离纯化。先用酒精沉淀核酸，得到核酸粗品，再将不同种类的核酸进行分离，如将线形 DNA 与环状 DNA 分离，将不同分子量的 DNA 分离。因核酸种类较多，同类核酸性质相似，纯化方法无通则可以遵循，应根据不同的核酸采用不同的纯化方法。常用的分离纯化方法有超速离心法、凝胶电泳法、纤维素色谱法、凝胶过滤法和超滤法等。

2. 核酸含量的测定

核酸含量的测定常用方法有定磷法、定糖法、紫外吸收法等。

（1）定磷法　核酸分子中磷的含量比较恒定，DNA 的平均含磷量为 9.9%，RNA 的平均含磷量为 9.4%。故可通过测定核酸样品的含磷量计算出核酸的含量。

用强酸将核酸样品分子中的有机磷转变为无机磷酸，无机磷酸与钼酸反应生成磷钼酸，磷钼酸在还原剂如维生素 C、氯化亚锡等的作用下，还原成钼蓝。

钼蓝于 660nm 处有最大吸收值，在一定浓度范围内，钼蓝溶液的颜色深浅和无机磷酸的含量成正比，可用比色法测定样品中的含磷量。最后，根据无机磷的含量推算出核酸的含量。

（2）定糖法　核酸中的戊糖在浓硫酸或浓盐酸的作用下可脱水生成醛类化合物，醛类化合物与某些成色剂缩合反应生成有色化合物，可用比色法或分光光度法测定其溶液的吸收值。在一定浓度范围内，溶液的吸收值与核酸的含量成正比。

（3）紫外吸收法　利用核酸组分嘌呤环、嘧啶环具有紫外吸收的特性测定核酸含量。用紫外吸收法时，通常规定在 260nm 波长处，测定样品 DNA 或 RNA 溶液的 A_{260} 值，即可计算出样品中核酸的含量。

二、核酸的超速离心

超速离心法是研究核酸的重要方法，常用的是密度梯度离心法，可用来测定核酸密度、(G+C) 含量及研究核酸的构象。

三、核酸的凝胶电泳

一般常用的电泳缓冲液 pH 偏碱或中性，核酸带负电荷，在电场中向正极移动，由于不同大小和构象的核酸分子的电荷密度大致相同，在自由电泳时，各核酸分子的迁移率区别很小，难以分开。以适当浓度的凝胶作为电泳支持介质，具有分子筛效应，使得分子大小和构象不同的核酸分子泳动率出现较大差异，达到分离的目的。凝胶电泳目前被认为是分离、鉴定和纯化核酸片段的较好方法。最常用的凝胶电泳有琼脂糖凝胶电泳和聚丙烯酰胺凝胶电泳，由于两者均兼有分子筛和电泳双重效果，所以分离效果较好。

四、核酸的核苷酸序列测定

核苷酸序列测定指的是通过化学方法测定 DNA 片段中的核苷酸排列顺序。DNA 核苷酸序列分析技术目前主要包括双脱氧法（又称酶法）和化学修饰法。

1. DNA 双脱氧法（酶法）测序

这是 1977 年由生物化学家桑格等人发明的一种简单快速的 DNA 序列分析法，利用 DNA 聚合酶和双脱氧链终止物测定 DNA 核苷酸序列。该法方便易行，现已有各种 DNA 自动化测序仪问世，其基本原理就是按双脱氧法设计的。

2. DNA 的化学法测序

化学法测序是由麦克塞姆和吉尔伯特发明的，所以又叫做麦克塞姆-吉尔伯特 DNA 序列分析法。其基本原理是：用化学试剂处理末端已被放射性同位素标记的 DNA 分子片段，造成碱基在特异性位点的切割，由此产生一组具有各种不同长度的 DNA 链的反应混合物，经凝胶电泳分离和放射自显影之后，便可根据 X 射线片所显现的相应谱带，直接读出待测 DNA 的核苷酸顺序。

3. RNA 的测序

DNA 快速测序获得成功后，同样原理也可应用于 RNA 中的核苷酸序列测定。RNA 测序方法主要有三种：一是用酶特异切断 RNA 链；二是用化学试剂裂解 RNA；三是逆转录生成 cDNA，然后可用 DNA 测序法测序。

本章小结

核酸是生物体内一类重要的生物大分子，是遗传信息的载体。核酸分为脱氧核糖核酸（DNA）和核糖核酸（RNA）两大类。DNA 主要分布在细胞核和线粒体中，是生命遗传繁殖的物质基础。RNA 主要存在于细胞质和细胞核中，参与细胞遗传信息的表达。

DNA 的基本组成单位是四种脱氧单核苷酸，它们分别由 A、G、C、T 四种碱基和 β-D-2-脱氧核糖及磷酸组成。RNA 的基本组成单位也是四种单核苷酸，它们分别由 A、G、U、T 四种碱基和 β-D-核糖及磷酸组成。

生物体内还存在一些非核酸组分的游离核苷酸及其衍生物，它们在体内物质代谢过程中具有重要作用。

核酸是由多个单核苷酸残基之间通过 $3',5'$-磷酸二酯键连接起来的多聚核苷酸链，具有 $5'$端和 $3'$端及 $5'\rightarrow3'$的方向性。

核酸的一级结构是指多聚核苷酸链中核苷酸残基的排列顺序，也称为碱基序列。DNA 的二级结构是双螺旋结构，两条链呈反向平行走向。DNA 双链中碱基配对具有一定的规律，称碱基配对规律。RNA 是单链分子，局部可通过碱基配对形成双螺旋区。RNA 种类较多，主要包括 mRNA、tRNA 和 rRNA 三类。

核酸是复杂的生物大分子，除具有大分子化合物性质外，还具有两性电离、吸收紫外光、变性和复性等性质。

目前核酸研究的常用方法有超速离心法、凝胶电泳和离子交换法等，可对核酸进行分离、提纯及定量测定。

有关核酸研究的分子生物学技术有分子杂交技术、印迹技术、探针技术、PCR技术、DNA测序技术、生物芯片技术、转基因技术等。

练习题

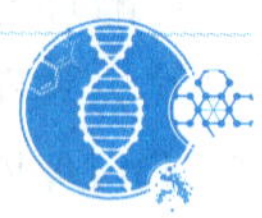

一、名词解释

1. 核酸分子杂交　2. 增色效应　3. T_m值　4. DNA的一级结构　5. 退火　6. 核酸的变性　7. 核酸的复性

二、填空题

1. 在典型的DNA双螺旋结构中，由磷酸戊糖构成的主链位于双螺旋的________，碱基________。

2. tRNA均具有________二级结构和________的共同三级结构。

3. 成熟的mRNA的结构特点是：________，________。

4. DNA双螺旋结构稳定的维系横向靠________维系，纵向则靠________维系。

5. 嘌呤和嘧啶环中均含有________，因此对________有较强吸收。

6. ________和核糖或脱氧核糖通过________键形成核苷。

7. 核酸完全的水解产物是________、________和________。其中________又可分为________碱和________碱。

8. 体内的嘌呤主要有________和________；嘧啶碱主要有________、________和________。某些RNA分子中还含有微量的其他碱基，称为________。

9. 写出下列核苷酸符号的中文名称：ATP ________，dCDP ________。

10. 在DNA分子中，一般来说G-C含量越多，T_m则越________。

三、选择题

1. 自然界游离核苷酸中，磷酸最常见是位于（　　）。

A. 戊糖的C-5′上　　B. 戊糖的C-2′上
C. 戊糖的C-3′上　　D. 戊糖的C-2′和C-5′上
E. 戊糖的C-2′和C-3′上

2. 可用于测量生物样品中核酸含量的元素是（　　）。

A. 碳　　B. 氢　　C. 氧
D. 磷　　E. 氮

3. 下列哪种碱基只存在于RNA而不存在于DNA（　　）。

A. 尿嘧啶　　B. 腺嘌呤　　C. 胞嘧啶
D. 鸟嘌呤　　E. 胸腺嘧啶

4. 核酸中核苷酸之间的连接方式是（　　）。

A. 2′,3′磷酸二酯键　　B. 糖苷键　　C. 2′,5′磷酸二酯键
D. 肽键　　E. 3′,5′磷酸二酯键

5. 核酸对紫外线的最大吸收峰在哪一波长附近？（　　）

A. 280nm　　B. 260nm　　C. 200nm
D. 340nm　　E. 220nm

6. 有关RNA的描写哪项是错误的？（　　）

A. mRNA分子中含有遗传密码　　B. tRNA是分子量最小的一种RNA
C. 胞浆中只有mRNA　　D. RNA可分为mRNA、tRNA、rRNA

E. 组成核糖体的主要是 rRNA

7. 大部分真核细胞 mRNA 的 3′-末端都具有（ ）。

A. 多聚 A　B. 多聚 U　C. 多聚 T

D. 多聚 C　E. 多聚 G

8. DNA 变性是指（ ）。

A. 分子中磷酸二酯键断裂　B. 多核苷酸链解聚

C. DNA 分子由超螺旋→双链双螺旋

D. 互补碱基之间氢键断裂　E. DNA 分子中碱基丢失

9. DNA T_m 值较高是由于下列哪组核苷酸含量较高所致？（ ）

A. G+A　B. C+G　C. A+T

D. C+T　E. A+C

10. 某 DNA 分子中腺嘌呤的含量为 15%，则胞嘧啶的含量应为（ ）。

A. 15%　B. 30%　C. 40%

D. 35%　E. 7%

11. 2009 年春夏之交，甲型 H1N1 流感病毒大流行引起世界各国的关注。甲学者将甲型 H1N1 流感病毒的遗传物质彻底水解后得到了 A、B、C、E 四种化合物，乙学者将 T2 噬菌体的遗传物质彻底水解后得到了 A、B、D、E 四种化合物。你认为 C、D 两种化合物分别指的是（ ）。

A. 尿嘧啶、胸腺嘧啶　B. 胸腺嘧啶、尿嘧啶

C. 核糖、脱氧核糖　D. 尿嘧啶、腺嘌呤

12. 已知某核酸的碱基构成是 A+G/T+C=1.5，则该核酸分子是（ ）。

A. 双链 DNA　B. 单链 DNA　C. 双链 RNA　D. 单链 RNA

13. 下列关于核酸的叙述中，正确的是（ ）。

A. DNA 和 RNA 中的五碳糖相同　B. 组成 DNA 与 ATP 的元素种类不同

C. T2 噬菌体的遗传信息储存在 RNA 中　D. 双链 DNA 分子中嘌呤数等于嘧啶数

14. 下列叙述正确的是（ ）。

A. DNA 是蛋白质合成的直接模板　B. 每种氨基酸仅有一种密码子编码

C. DNA 复制就是基因表达的过程　D. DNA 是主要的遗传物质

15. 下列关于遗传信息传递的叙述，错误的是（ ）。

A. 线粒体和叶绿体中遗传信息的传递遵循中心法则

B. DNA 中的遗传信息是通过转录传递给 mRNA 的

C. DNA 中的遗传信息可决定蛋白质中氨基酸的排列顺序

D. DNA 病毒中没有 RNA，其遗传信息的传递不遵循中心法则

16. 下列关于核酸的说法正确的是（ ）。

A. DNA 是所有生物的遗传物质，具有特异性和多样性

B. 用 DNA 杂交技术可以鉴定印度洋海啸事件中遇难者的身份

C. 当（A+T)/(G+C）的比值增大时，解链所需温度增加

D. tRNA 上决定一个氨基酸的三个相邻的碱基组成一个密码子

17. 在生物体内，主要的能源物质、储能物质、生命活动的主要承担者、遗传信息的携带者、生物膜骨架的成分依次为（ ）。

A. 糖类、脂肪、核酸、蛋白质、磷脂　B. 蛋白质、磷脂、核酸、脂肪、糖类

C. 蛋白质、糖类、核酸、磷脂、脂肪　D. 糖类、脂肪、蛋白质、核酸、磷脂

18. 关于核苷酸的叙述错误的是（ ）。

A. 细胞中游离的核苷酸均是5′-核苷酸　B. 核苷酸中的糖苷键均为C—N糖苷键
C. 核苷酸中的糖苷键均是β-糖苷键　D. 核苷酸是含碱基的磷酸酯
E. 碱基与糖环平面垂直
19. 对DNA双螺旋结构的描述错误的是（　　）。
A. 两条链反向平行旋转　B. 嘌呤与嘧啶碱基互补配对
C. 维持双螺旋结构稳定的主要力是氢键　D. DNA双螺旋结构具有多态性
E. 碱基堆积形成分子中心的疏水区
20. 对DNA超螺旋的叙述错误的是（　　）。
A. 在外加张力作用下，双螺旋DNA形成超螺旋
B. 双螺旋DNA处于拧紧状态时形成正超螺旋
C. 细胞所有天然存在的DNA超螺旋均是正超螺旋
D. 超螺旋DNA结构紧密有利于组装成染色体
E. 负超螺旋比正超螺旋容易解链
21. 关于tRNA的生理功能和结构错误的是（　　）。
A. 转运氨基酸，参与蛋白质合成　B. 氨酰-tRNA可调节某些氨基酸合成酶的活性
C. 5′端为pG，或pA，结构　D. tRNA三级结构为倒L型
22. 关于核酸变性的描述哪一个是错误的（　　）。
A. 紫外吸收值增加　B. 分子黏度变小
C. 共价键断裂，分子变成无规则线团
23. 双链DNA热变性后（　　）。
A. 黏度下降　B. 沉降系数下降　C. 浮力密度下降
D. 紫外吸收下降　E. 都不对
24. 艾滋病病毒HIV是一种什么病毒（　　）。
A. 双链DNA病毒　B. 单链DNA病毒
C. 双链RNA病毒　D. 单链RNA病毒
E. 不清楚

四、判断题

1. 杂交双链是指DNA双链分开后两股单链的重新结合。（　　）
2. tRNA的二级结构是倒L型。（　　）
3. DNA分子中的G和C的含量愈高，其熔点（T_m）值愈大。（　　）
4. 如果DNA一条链的碱基顺序是CTGGAC，则互补链的碱基序列为GACCTG。（　　）
5. 在tRNA分子中，除四种基本碱基（A、G、C、U）外，还含有稀有碱基。（　　）
6. DNA是遗传物质，而RNA则不是。（　　）
7. 生物体的不同组织中的DNA，其碱基组成也不同。（　　）
8. DNA的T_m值随（A+T）/(G+C）比值的增加而减少。（　　）
9. mRNA是细胞内种类最多、含量最丰富的RNA。（　　）

五、简答题

1. 简述DNA双螺旋结构模式的要点及其与DNA生物学功能的关系。
2. 何谓T_m？影响T_m大小的因素有哪些？
3. 什么是DNA变性？DNA变性后理化性有何变化？
4. 某双链DNA分子含有15.1%（摩尔分数）腺嘌呤，求其他碱基含量。
5. RNA的主要类型及功能。
6. DNA双螺旋结构有些什么基本特点？

7. 比较 tRNA、rRNA 和 mRNA 的结构和功能。

8. 核酸分子中单核苷酸间是通过什么键连接起来的？什么是碱基配对？

9. 简述 tRNA 二级结构的组成特点及其每一部分的功能。

六、论述题

1. 什么是核酸杂交？有何应用价值？

2. DNA 和 RNA 的结构和功能在化学组成、分子结构、细胞内分布和生理功能上的主要区别是什么？

阅读材料

核酸的研究与现代分子生物学技术

早在 1868 年，瑞士一位外科医生 F. Miescher 从外科绷带上脓细胞的核中分离出了一种有机物质，当时定名为“核素”。后来又发现它含磷很高，并且呈酸性，就改称为“核酸”。以后证明任何有机体，包括病毒、细菌、动物及植物，无一例外地都含有核酸。核酸在生物的个体发育、生长、繁殖和遗传变异等生命过程中起着极为重要的作用。迄今为止，人们对核酸的研究约有 140 年的历史，并取得了许多重大成果，尤其是现代分子生物学技术的发展与应用，使其在医学、药学等生命科学各个领域均发挥着日益重要的作用。

1. 探针技术

探针是指经过特殊标记的核酸片段，它具有特定的序列，能够与待测的核酸片段互补结合，因此可用于检测核酸样品中的特定基因。核酸探针既可以是人工合成的寡核苷酸片段，也可以是克隆的基因组 DNA、cDNA 全长或部分片段，还可以是 RNA 片段。常用以标记探针的物质有放射性核素、生物素或荧光染料等。

2. PCR 技术（聚合酶链反应技术）

PCR 技术是 20 世纪 80 年代中期发展起来的一种在体外扩增特异 DNA 片段的技术。人们只需在试管内进行 DNA 复制，就可在短时间内将微量目的基因扩增 100 万倍以上。PCR 技术具有快速、灵敏、操作简便等优点，目前该技术在分子克隆、遗传病的基因诊断、法医学、考古学等方面得到了广泛的应用。

3. 生物芯片技术

生物芯片技术是在 20 世纪末发展起来的一项新的规模化生物信息分析技术，是由包括分子生物学、生物信息学、物理学、化学及计算机技术等多门学科交叉形成的一项高新技术。生物芯片包括基因芯片和蛋白质芯片，这项技术目前已被应用于生命科学的众多领域，在基因表达检测、基因突变检测、基因诊断、功能基因组研究新基因的发现、蛋白质表达谱、蛋白质功能、蛋白质间的相互作用以及临床疾病的诊断和新药开发的筛选等方面均有重要作用。

4. 转基因技术

基因转移技术的发展使得人类不仅可以在细胞水平进行基因转移，而且可以使目的基因整合入受精卵细胞或胚胎干细胞，然后将细胞导入动物子宫，使之发育成个体。这种个体能够把目的基因继续传给子代，该项技术被称为转基因技术。被导入的目的基因称为转基因，目的基因的受体动物称为转基因动物。目前已建立了转基因小鼠、转基因羊和转基因大鼠等多种动物模型。

5. 重组 DNA 技术

重组 DNA 技术又称基因克隆技术，是现代分子生物技术发展中最重要的成就之一，也是基因工程的核心技术。重组 DNA 技术是人类根据需要选择目的基因（DNA 片段）在体外与基因运载体重组，转移至另一细胞或生物体内，以达到改良和创造新的物种和治疗人类疾病的目的。

6. 人类基因组（HGP）计划

人类基因组计划由美国科学家在 1985 年率先提出，1990 年正式启动。美国、英国、德国、法国、日本先后参加了此项工作，1999 年我国成为 HGP 的第六个成员国。

HGP 旨在阐明人类基因组 DNA 所具有的全部脱氧核苷酸序列，发现所有的人类基因并确定其在染色体上的位置，破译人类的全部遗传信息，使得人类第一次在分子水平上全面地认识自我。

人类基因组计划是人类文明史上最伟大的科学创举之一，HGP与曼哈顿原子弹计划和阿波罗计划并称为三大科学计划。2000年6月26日，参加人类基因组工程的上述6国科学家共同宣布，人类基因组草图的绘制工作已经完成；至2003年4月，已完成人类30亿碱基DNA的序列测定。在这项伟大计划的实施并取得巨大成就的过程中，中国科学家功不可没。

HGP的实施，揭开了生命科学新的一页，它可以造福于人类，但也面临着伦理的挑战。HGP的重要意义主要表现在以下几个方面：①HGP对人类疾病基因研究的贡献；②HGP对医学的贡献；③HGP对生物技术的贡献；④HGP对制药工业的贡献；⑤HGP对社会经济的重要影响；⑥HGP对生物进化研究的影响。

HGP面临的挑战：基因的隐私权问题；基因组图谱和信息的使用与人的社会权利问题；基因资源问题；基因知识的滥用问题等。

第六章 辅酶和维生素

学习目标

1. 掌握B族维生素和维生素C的生理功能和缺乏症。
2. 掌握维生素A、维生素D、维生素E、维生素K的生理功能和缺乏症。
3. 了解含铁酶类、含铜酶类、含锌酶类的生理功能和缺乏症。

生物的新陈代谢过程离不开酶的作用。从酶蛋白分子的组成来看，可将酶分为简单酶类和结合酶类。结合酶类中非蛋白部分称为辅酶或辅基、辅助因子，辅酶或辅基一般指绝大多数维生素类的小分子有机化合物，辅助因子一般指金属离子。维生素，意即维持生命之要素。它既非生物构成组织的主要原料，也非供能物质，只是以辅酶形式参与体内的化学反应、维持正常生命活动所必需的一类微量的小分子有机化合物，有些维生素还具有特殊的生物学功能。根据溶解性质的差异，维生素可分为脂溶性维生素和水溶性维生素两大类。脂溶性维生素主要有维生素A、维生素D、维生素E和维生素K四种；水溶性维生素包括维生素C和B族维生素。维生素由于在体内不能合成或者合成量不足，所以必须由食物供给。当机体缺乏某种维生素时，会发生代谢障碍，表现出不同的维生素缺乏症。金属离子也是结合酶类的重要组成成分，参与体内的各种催化作用。

第一节 水溶性维生素

水溶性维生素的化学组成除C、H、O外，还有S、N、Co等元素，均溶于水，多余的由尿排出。水溶性维生素是辅酶或辅基的组成部分，在物质的中间代谢中起重要作用，缺乏症出现较快。水溶性维生素包括维生素C和B族维生素，B族维生素主要有维生素 B_1、维生素 B_2、维生素 B_6、维生素PP、泛酸、生物素、叶酸和维生素 B_{12}。

一、维生素 B_1 和羧化辅酶

1. 化学结构和理化性质

维生素 B_1 由含硫的噻唑环和含氨基的嘧啶环结合而成，又称硫胺素。维生素 B_1 为白

色结晶或结晶性粉末，有微弱的特臭，味苦，易吸收水分。维生素 B_1 耐热、耐酸，对碱敏感，加热到 120℃也不被破坏，在酸性溶液中稳定，在碱性溶液中易分解变质。

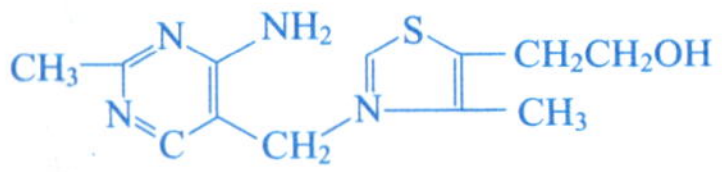

2. 生理功能和缺乏表现

维生素 B_1 在体内可转化成 TPP（焦磷酸硫胺素），TPP 是催化 α-酮酸（丙酮酸或 α-酮戊二酸）氧化脱羧反应的辅酶，又称为羧化辅酶，参与糖的中间代谢和氨基酸代谢，影响神经组织的功能，抑制胆碱酯酶活性。

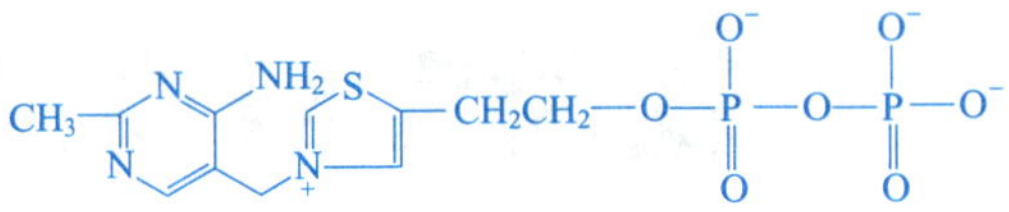

焦磷酸硫胺素（TPP）

当维生素 B_1 缺乏时，TPP 不能合成，糖类物质代谢的中间产物 α-酮酸不能氧化脱羧而堆积，这些酸性物质的堆积可刺激神经末梢，表现出健忘、忧郁、烦躁、易怒等神经炎症状，故维生素 B_1 又称为抗神经炎维生素。如果酮酸不能正常氧化脱羧，糖代谢受阻，能量供应不上，进而影响神经和心肌的代谢和机能，表现出心跳加快，下肢深重，手足麻木，并有像蚂蚁在上面爬行的感觉，临床上称为“脚气病”，所以维生素 B_1 又称为抗脚气病维生素。当维生素 B_1 缺乏时，胆碱酯酶的活性增高，乙酰胆碱分解加快，使乙酰胆碱含量下降，而影响神经传导功能，引起胃肠蠕动减慢，消化液分泌减少，表现出食欲不振、消化不良等症状。

3. 食物来源和膳食参考

维生素 B_1 主要存在于种子外皮和胚芽中。在米糠、麸皮、葵花籽、花生、黄豆、白菜、芹菜、瘦肉、酵母制品、动物内脏等中含量丰富。成人每天膳食参考需要量为 1.3～1.4mg/天。

二、维生素 B_2 和黄素辅酶

1. 化学结构和理化性质

维生素 B_2 是核糖醇和 6,7-二甲基异咯嗪的缩合物，呈橘黄色，又称核黄素。纯净的维生素 B_2 为晶体，味苦，微溶于水。维生素 B_2 在酸性或中性溶液中稳定，在碱中加热或光照条件下易分解。

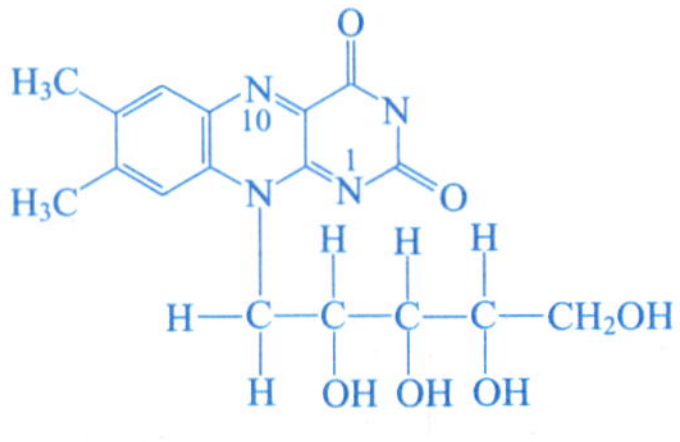

2. 生理功能和缺乏表现

维生素 B_2 在体内主要以黄素单核苷酸（FMN）和黄素腺嘌呤二核苷酸（FAD）两种形式存在（如图 6-1 所示），两者是生物体内黄素蛋白等氧化还原酶的辅酶，参与碳水化合物、蛋白质、核酸和脂肪的代谢，提高机体对蛋白质的利用率，参与细胞的生长代谢，保护皮肤毛囊黏膜及皮脂腺的功能。

当维生素 B_2 缺乏时，组织呼吸减弱，代谢强度降低，主要症状为口腔炎、眼睑炎、阴囊炎等各种黏膜和皮肤炎症，临床上称为“口腔生殖综合征”。

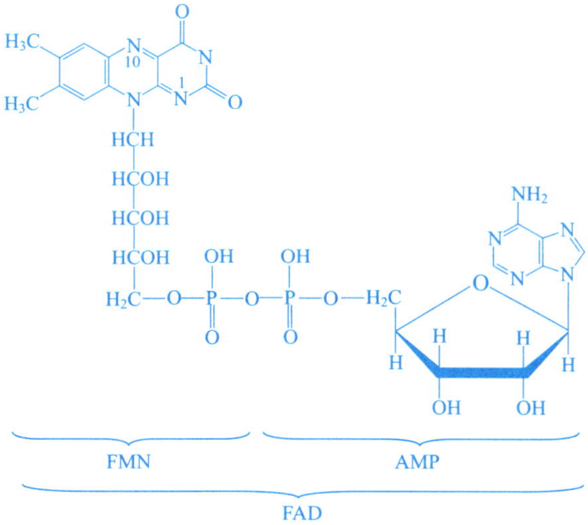

图 6-1 黄素单核苷酸与黄素腺嘌呤二核苷酸

3. 食物来源和膳食参考

维生素 B_2 广泛存在于动植物中。主要包括奶类、各种肉类、动物内脏、粮谷类、蔬菜和水果。成人每天膳食参考需要量为 1.2～1.4mg/天。

三、泛酸和辅酶

1. 化学结构和理化性质

维生素 B_3 由 α,γ-二羟基-β,β-二甲基丁酸与 β-丙氨酸通过酰胺键结合而成，因自然界广泛存在而故名泛酸或遍多酸。泛酸为淡黄色油状物，无臭味，但味道发苦。泛酸在中性溶液中相当稳定，酸性溶液中易分解。

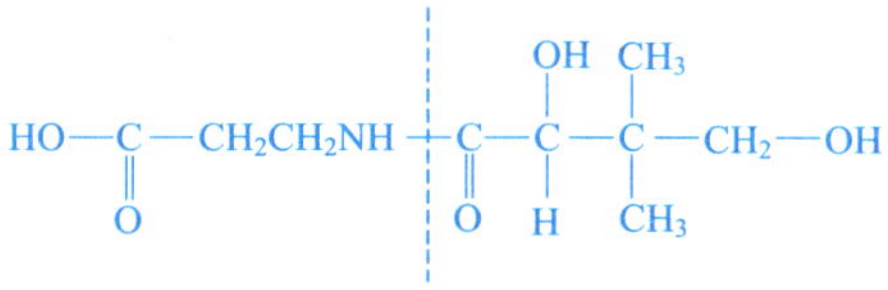

泛酸(遍多酸)

2. 生理功能和缺乏表现

泛酸在生物体内是作为辅酶 A（CoASH 或 CoA）和酰基载体蛋白（ ACP）的一部分，参与糖代谢、脂肪代谢和氨基酸代谢来发挥生理作用的。辅酶 A（CoASH）中的巯基可以与酰基结合，在三大营养物质代谢中，作为酰基的载体，起结合与活化酰基的作用。泛酸还可以通过促进氨基酸与血液中白蛋白的结合来刺激体内的抗体形成，提高对病原体的抵抗力。

由于含泛酸的食物广泛存在，所以自然缺乏泛酸的情形极少出现。但对动物来说，饲料单一时可引起缺乏。

四、维生素 B_5 和辅酶Ⅰ、辅酶Ⅱ

1. 化学结构和理化性质

维生素 B_5 是烟酸和烟酰胺两种化合物的总称，又称尼克酸。烟酸是无色针状晶体，味苦；烟酰胺是白色针状晶体。维生素 B_5 是性质最稳定的一种维生素，在酸、碱、氧、光、加热条件下不易破坏。

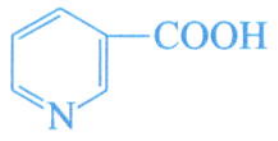

尼克酸 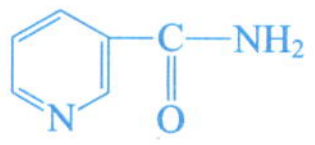　　尼克酰胺

2. 生理功能和缺乏表现

维生素 B_5 在体内有烟酰胺腺嘌呤二核苷酸（NAD^+，也称辅酶Ⅰ）和烟酰胺腺嘌呤二核苷酸磷酸（$NADP^+$，也称辅酶Ⅱ）两种活性形式（如图 6-2 所示）。辅酶Ⅰ和辅酶Ⅱ作为脱氢酶系的辅酶参与体内生物氧化过程，在生物氧化的呼吸链中起递氢者的作用。大剂量烟酸还具有扩张血管的作用及降低血浆胆固醇和脂肪的作用。

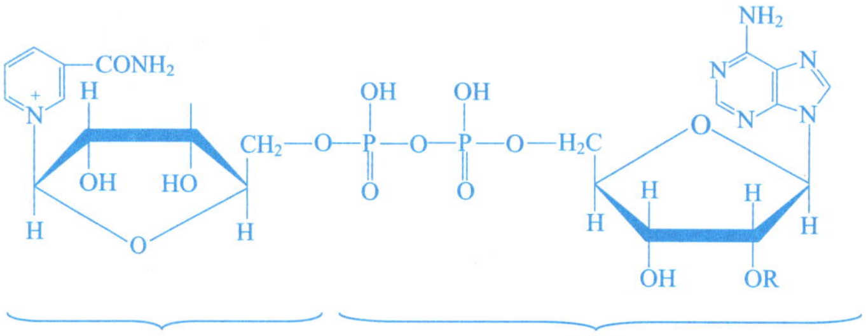

尼克酰胺核苷酸　　AMP

NAD^+(R=H)　　$NADP^+$($R=PO_3H_2$)

图 6-2　烟酰胺腺嘌呤二核苷酸（磷酸）

当维生素 B_5 缺乏时，典型症状为皮炎、腹泻和痴呆，即癞皮病，因此维生素 B_5 又称维生素 PP，PP 是防癞皮病的缩写。

3. 食物来源和膳食参考

维生素 B_5 广泛分布于动植物组织中，酵母、花生、豆类、谷类、肉类和动物肝脏中含量丰富。体内色氨酸能少量转变成维生素 B_5。成人每天需要量为 35mg/天。

五、维生素 B_6 和磷酸吡哆醛

1. 化学结构和理化性质

维生素 B_6 包括吡哆醇、吡哆醛和吡哆胺三种，均为吡啶的衍生物。维生素 B_6 是无色晶体，对酸和热稳定，在碱中和紫外线接触下易被破坏。

2. 生理功能和缺乏表现

维生素 B_6 在体内的活性形式是磷酸吡哆醛、磷酸吡哆胺。它们是氨基酸转氨酶、消旋酶、脱羧酶、脱水酶的辅酶，参与氨基酸的代谢，参与色氨酸转变成烟酸的反应，并对免疫系统和神经系统产生影响。维生素 B_6 还可促进谷氨酸脱羧生成具有抑制性神经递质的 γ-氨基丁酸。

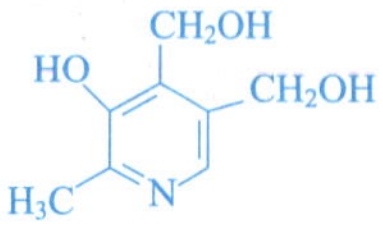

吡哆醇 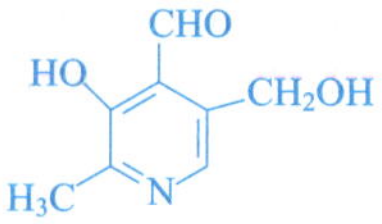　　吡哆醛 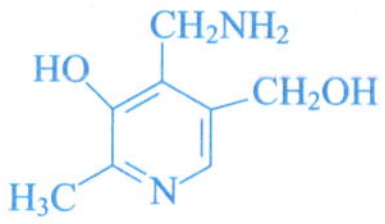　　吡哆胺

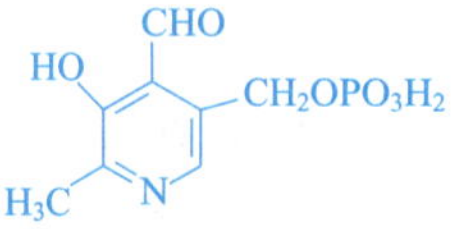

磷酸吡哆醛 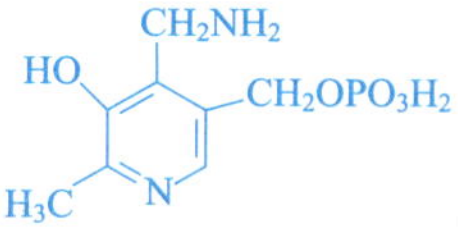　　磷酸吡哆胺

当维生素 B_6 缺乏时，可导致眼、口、鼻、口腔周围皮肤脂溢性皮炎，并可扩展到面部、前额、耳后、阴囊、会阴等处，还会产生抑郁、神志错乱等症状。

3. 食物来源和膳食参考

维生素 B_6 食物来源很广泛，含量最高的为白色肉类，其次为肝脏、豆类、蛋黄、绿叶蔬菜。肠道细菌可以合成维生素 B_6，严重的临床维生素 B_6 缺乏已罕见。

六、生物素

1. 化学结构和理化性质

生物素是由带有戊酸侧链的噻吩环和尿素结合成的双环化合物，又称维生素 B_7 或维生素 H。生物素为无色针状晶体，对热稳定，易被强酸、强碱和氧化剂破坏。

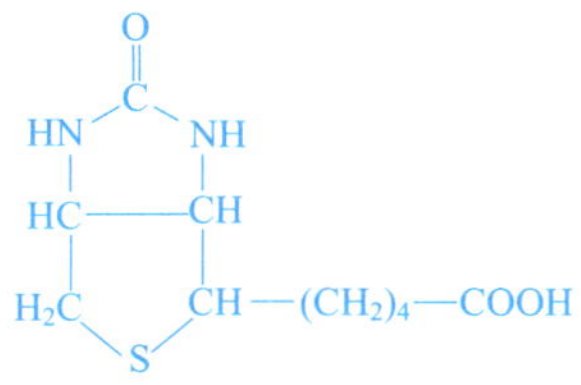

O
HN　C　NH
HC——CH
H_2C　CH—$(CH_2)_4$—COOH
S

生物素

2. 生理功能和缺乏表现

生物素是构成多种羧化酶的辅酶，起羧基传递的作用，催化底物发生羧化反应。

当生物素缺乏时，有抑郁、幻觉、肌肉疼痛、毛发脱落和皮炎等症状。但生物素缺乏不是由于食物中缺乏，而是由于利用障碍引起。鸡蛋中有不耐热的抗生物素蛋白，影响生物素的吸收。因此，常吃生鸡蛋会导致生物素缺乏。

3. 食物来源和膳食参考

生物素在动、植物体内广泛存在，以大豆、蔬菜、鲜奶、蛋黄、肝、肾中含量较多。肠道细菌也能合成生物素，一般情况下不会缺乏。

七、叶酸及叶酸辅酶

1. 化学结构和理化性质

叶酸由蝶啶、对氨基苯甲酸和谷氨酸三部分组成，最早从植物绿叶中提取而得名，又称为蝶酰谷氨酸或维生素 B_{11}。叶酸为黄色结晶，在碱性或中性环境中较稳定，遇酸、热不稳定，见光更易被破坏。

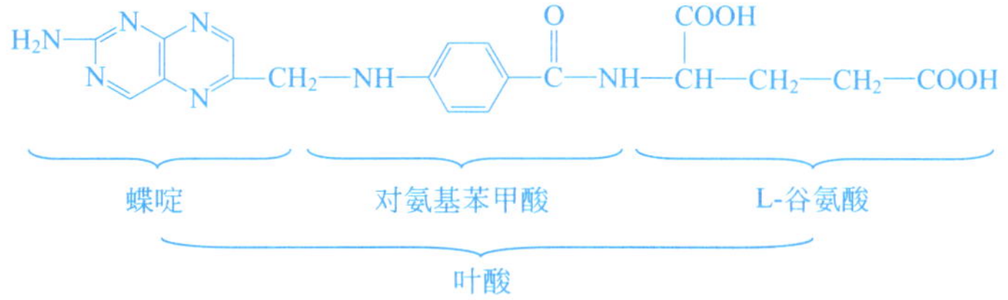

H_2N—(蝶啶环)—CH_2—NH—(苯环)—C(=O)—NH—CH(COOH)—CH_2—CH_2—COOH

蝶啶　对氨基苯甲酸　L-谷氨酸

叶酸

2. 生理功能和缺乏表现

叶酸在体内须转变成四氢叶酸才有生理活性。四氢叶酸是一碳单位转移酶的辅酶，起着一碳单位传递体的作用，参与嘌呤、嘧啶碱基的生物合成，参与血红蛋白和甲基化合物合成以及有关氨基酸之间的转化。

$$\text{叶酸(F)} + \text{NADPH}(\text{H}^+) \xrightarrow{\text{FH}_2\text{ 还原酶}} \text{FH}_2 + \text{NADP}^+$$

$$\text{FH}_2 + \text{NADPH}(\text{H}^+) \xrightarrow{\text{FH}_2\text{ 还原酶}} \text{FH}_4 + \text{NADP}^+$$

当叶酸缺乏时，首先影响细胞增殖快的组织，影响红细胞 DNA 的合成，导致骨髓中红细胞分裂增殖速率减慢，表现为巨幼红细胞性贫血。尤对怀孕早期来说，当叶酸缺乏时，会造成胎儿神经管畸形，有报道称中国为高发病区。

3. 食物来源和膳食参考

叶酸在绿叶蔬菜中广泛存在。成人每天叶酸膳食参考需要量为 400μg/天。

八、维生素 B_{12} 和辅酶 B_{12}

1. 化学结构和理化性质

维生素 B_{12} 一般指分子中含有一个氰基，且与钴离子相连的氰钴胺素，又称钴胺素。维生素 B_{12} 为深红色针状结晶，对热稳定，易被强酸、强碱、氧化剂和光照所破坏。

2. 生理功能和缺乏表现

维生素 B_{12} 在体内主要以甲基 B_{12} 和辅酶 B_{12} 的形式存在，参与同型半胱氨酸转变为蛋氨酸、甲基丙二酸-琥珀酸异构化过程、一碳单位代谢。

当维生素 B_{12} 缺乏时，可引起高同型半胱氨酸血症，也可引起斑性、弥漫性的神经脱髓鞘，出现精神抑郁、记忆力下降、四肢震颤等神经症状，还会使红细胞中 DNA 合成障碍，产生巨幼红细胞性贫血。

3. 食物来源和膳食参考

维生素 B_{12} 主要来源于肝脏、肉类等动物性食品，它在体内经肝肠循环可重复利用，一般不易缺乏。

九、硫辛酸

1. 化学结构

硫辛酸为 6,8-二硫辛酸。

2. 生理功能和缺乏表现

硫辛酸是 α-酮酸氧化脱羧酶系的辅酶，通过参与 α-酮酸的氧化脱羧作用而促进葡萄糖的代谢，达到稳定血糖的作用。硫辛酸具有较强的抗氧化作用，可以阻止自由氧对组织细胞的损害，延长细胞的寿命，达到延缓衰老的作用。

3. 食物来源和膳食参考

硫辛酸在肝、酵母中含量多。成人硫辛酸膳食参考 10～50mg/天，糖尿病患者需要量会多些。

十、维生素 C

1. 化学结构和理化性质

维生素 C 是含六碳的 α-酮酸内酯结构的多元醇类，天然维生素 C 为 L 型。维生素 C 为无色结晶，味酸。维生素 C 在酸性环境下稳定，易被热、光、碱和氧化剂破坏。

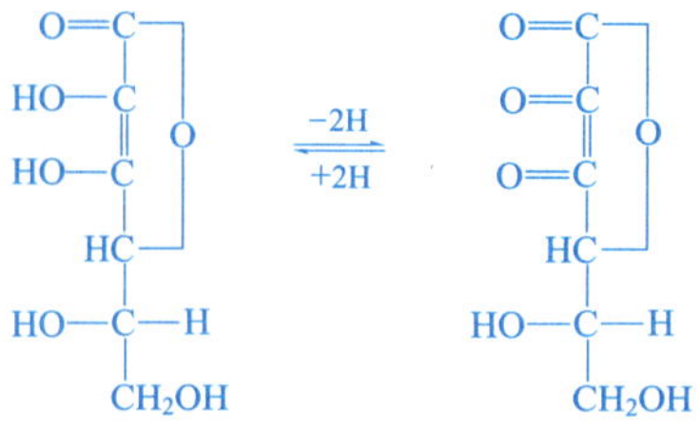

L-抗坏血酸 $\underset{+2H}{\overset{-2H}{\rightleftharpoons}}$ 脱氢抗坏血酸

2. 生理功能和缺乏表现

维生素 C 是重要的氢供体，可保护需巯基（—SH）的酶的活性，能促进有机药物或毒物的生物转化，增强机体解毒和抗病能力。维生素 C 可提高某些金属酶的活性，如脯氨酰羟化酶等，因而可促进胶原蛋白及黏多糖的合成，促进伤口愈合。维生素 C 还能降低血液中胆固醇，增强机体的免疫力，保护细胞和延缓衰老、抗癌作用，对缺铁性贫血和巨幼细胞性贫血的治疗也起辅助作用。

坏血病的故事

1519 年，葡萄牙航海家麦哲伦率领的远洋船队从南美洲东岸向太平洋进发。3 个月后，有的船员牙龈出血，有的船员流鼻血，有的船员浑身无力，待船到达目的地时，原来的 200 多人，活下来的只有 35 人，人们对此找不出原因。

1734 年，在开往格陵兰的海船上，有一个船员得了严重的坏血病，当时这种病无法医治，其他船员只好把他抛弃在一个荒岛上。待他苏醒过来，用野草充饥，几天后他的坏血病竟不治而愈。诸如此类的坏血病，曾夺去了几十万英国水手的生命。1747 年英国海军军医林德总结了前人的经验，建议海军和远程船队的船员在远航时要多吃些柠檬，他的建议被采纳，从此坏血病在远洋船队中消失了。

当维生素 C 缺乏时，脯氨酸不能进行羟化，胶原蛋白合成不足导致细胞间隙增大，毛细血管壁通透性和脆性增大，易破裂出血，严重时可致内脏出血，临床上称为坏血病。因维生素 C 能预防和治疗坏血病，故维生素 C 又称抗坏血酸。

3. 食物来源和膳食参考

维生素 C 广泛存在于新鲜的水果和蔬菜中，番茄、青椒、柑橘、柚子、草莓、苹果、沙棘、猕猴桃、鲜枣、山楂、白菜、土豆、辣椒、苦瓜、豆角、茼蒿中含量丰富。成人每天维生素 C 膳食参考需要量为 100mg/天。

第二节 脂溶性维生素

脂溶性维生素的化学组成仅含有 C、H、O 三种元素，溶于脂肪及脂溶剂，不溶于水，在食物中与脂类共同存在。脂溶性维生素在肠中吸收时随脂肪经淋巴系统吸收，从胆汁中排出。脂溶性维生素摄入后大部分储存在脂肪组织中，缺乏症出现缓慢。脂溶性维生素主要有维生素 A、维生素 D、维生素 E 和维生素 K 四种。

一、维生素 A 和胡萝卜素

1. 化学结构和理化性质

维生素 A 是多烯一元醇，包括维生素 A_1（视黄醇）和维生素 A_2（3-脱氢视黄醇）两种形式。维生素 A 为黄色油状液体，黏度较大。维生素 A 通常与脂肪酸形成酯存在于食物中。维生素 A 对光热不稳定，易被氧化破坏。

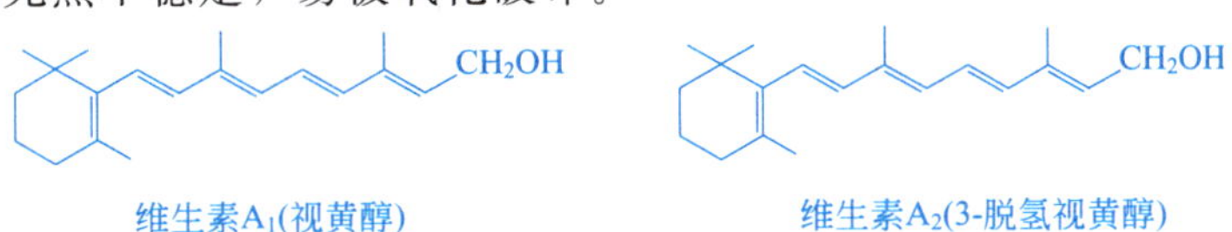

维生素 A_1(视黄醇)　　维生素 A_2(3-脱氢视黄醇)

2. 生理功能和缺乏表现

维生素 A 是视色素的组成成分，维持眼的暗视觉；维生素 A 能调节细胞的生长与分化；维生素 A 能保持上皮组织结构与功能健全；维生素 A 能促进骨骼和牙齿的发育；维生素 A 能提高免疫机能。

当维生素 A 缺乏时，人在暗光中的视力降低，严重时导致夜盲症。当维生素 A 缺乏时，伴随黏膜分泌作用的降低，会出现眼结膜、角膜干燥和发炎，造成眼干燥症，故维生素 A 又称抗干眼病维生素。当维生素 A 缺乏时，上皮组织分化不良，皮肤有干燥、粗糙、鳞片状变化。当维生素 A 缺乏时，还会使骨细胞功能失调，以及细胞免疫功能降低等。

3. 食物来源和膳食参考

维生素 A 主要来自动物食品，肝脏、鸡蛋、牛奶等中含量丰富。植物性食物如胡萝卜、黄玉米、红辣椒及植物绿叶等含有 β-胡萝卜素。β-胡萝卜素在肠壁内能转变为维生素 A，因此，β-胡萝卜素又称维生素 A 原。成人每天维生素 A 膳食参考需要量为 3000μg RE/天。

维生素 A 中毒

人体摄入过量的维生素 A 并引起中毒综合征，称维生素 A 中毒（vitamin A toxicity）。其实人们很早就知道北极熊的肝脏有毒，过量摄入会引起眩晕、头疼、呕吐等，但不知其所以然。后来才发现是因为北极熊肝中维生素 A 含量特别高，达到每克 1300～1800IU，过量食用后易产生维生素 A 中毒症。近年国内由于滥用维生素 A 浓缩剂，产生中毒症状者不断增多，主要是因为家长缺乏合理应用维生素 A 的知识，认为用量越多越好，医务人员亦缺乏警惕性，这些值得引起重视。

二、维生素 D

1. 化学结构和理化性质

维生素 D 是类固醇的衍生物，种类很多，其中以维生素 D_2（又称麦角钙化醇）和维生素 D_3（又称胆钙化醇）的生理活性较高。维生素 D 为无色针状晶体，不易被碱、热、氧化剂破坏，但光照和酸会促使其异构化。

2. 生理功能和缺乏表现

维生素 D 与甲状旁腺素协同行使调节体内钙和磷的平衡，促进小肠细胞中钙结合蛋白的合成，促进小肠对钙、磷的吸收，提高血浆钙、磷的含量，有利于新骨的生成与钙化。维生素 D 还具有免疫调节功能，可改变机体对感染的反应。

当维生素 D 缺乏时，钙、磷的吸收减少，骨的生成与钙化受阻，导致骨质软化、变形，儿童导致佝偻病，成人导致软骨病。因此，维生素 D 又称骨化醇、抗佝偻病维生素。

3. 食物来源和膳食参考

维生素 D 通常在瘦肉、奶、坚果食物中含量较低，含脂肪较多的鱼卵、动物肝脏、蛋黄、奶油、奶酪中含量丰富，鱼肝油中含量最丰富。虽然维生素 D 在食物中含量较低，但人体能通过接受日光照射来增加维生素 D 的供给。酵母的麦角固醇和人、脊椎动物皮肤的 7-脱氢胆固醇经紫外线照射，可分别生成维生素 D_2 和维生素 D_3。成人每天维生素 D 膳食参考需要量为 5μg/天。

三、维生素 E

1. 化学结构和理化性质

维生素 E 又称生育酚，按化学结构可分为生育酚和生育三烯酚，每类又可按甲基的数目和位置分为 α、β、γ、δ 四种。其中以 α-生育酚的活性最高。维生素 E 为淡黄色油状液体，对酸、热稳定，不耐碱，极易被氧化。

维生素E(α-生育酚)

2. 生理功能和缺乏表现

维生素 E 能促进动物的生殖功能；维生素 E 具有抗氧化作用，是动物和人体中天然和高效的抗氧化剂；维生素 E 能保护红细胞的完整性，防止红细胞因破裂而引起的溶血；维生素 E 能抗动脉粥样硬化；维生素 E 能提高免疫功能等。

当维生素 E 缺乏时，动物可表现出生殖障碍、不育、肌肉营养不良、神经系统功能异常、循环系统损害等症状。成人脂肪吸收不良可持续 5～10 年才出现轻微的维生素 E 缺乏症状，主要表现在中枢和外周神经系统。

3. 食物来源和膳食参考

维生素 E 只能在植物中合成。维生素 E 主要存在于植物油中，豆类及蔬菜中也含有维生素 E 。成人每天维生素 E 膳食参考需要量为 14mg α-TE/天（α-生育酚当量）。

四、维生素 K

1. 化学结构和理化性质

维生素 K 是指具有萘醌结构的一族同类物。天然的维生素 K 有两种，即来自绿叶蔬菜的维生素 K_1 和由微生物合成的维生素 K_2。天然的维生素 K 为黄色油状液体，对热稳定，但易被酸、碱、光和氧化剂破坏。

2. 生理功能和缺乏表现

维生素 K 是羧化酶的辅酶，能促进血液凝固，促进肝脏合成凝血酶原（凝血因子Ⅱ）和凝血因子Ⅶ、凝血因子Ⅸ和凝血因子Ⅹ，故维生素 K 又称凝血维生素。维生素 K 还参与体内的氧化还原作用，是呼吸链的一个组成部分，参与细胞色素传递电子并参与氧化磷酸化过程。

当维生素 K 缺乏时，血液中的几种凝血因子都减少，凝血时间延长，严重时发生胃、肠道及皮下出血。通常只有在长期服用抗生素或磺胺药物使肠道细菌生长被抑制或脂肪吸收受阻，或者食物中缺乏绿色蔬菜时，人体才会发生维生素 K 缺乏症；新生婴儿因肠道缺少细菌，也会有暂时性缺乏症。

3. 食物来源和膳食参考

各种绿叶蔬菜和动物肝脏中均含有丰富的维生素 K，绿茶、莴笋、甘蓝、菠菜、芦笋、燕麦、动物内脏等均是维生素 K 的良好食物来源。成人每天维生素 K 膳食参考需要量为 12μg/天。

勿让维生素变成“危身素”

维生素是维持人体生命活动必不可少的物质。许多人把维生素看做是一种补药，认为维生素多多益善，对身体没有坏处。其实不然，盲目乱用维生素，必然使维生素走向反面——危害健康。

比如，长期大量使用维生素 D 会引起低热、厌食、体重下降、心律失常、神经衰弱等症，大量使用维生素 C 可引起腹泻、胃酸过多、肾结石等。维生素 A、维生素 E、维生素 B_1、维生素 B_2 等使用过多也同样引起机体的负面作用。因此，要根据机体的具体情况，合理应用维生素，避免滥用，尤其不要把它作为补品而长期服用，使维生素变成“危身素”。

第三节 作为辅酶的金属离子

微量金属元素在生物体内主要是作为多种酶的特异催化剂和营养物质的调节剂。作为辅酶的金属离子占酶组分的 50%～70%，对正常生命活动起着重要的促进作用。

一、金属酶类与金属激活酶类

按照金属离子和酶蛋白结合的稳定程度，可分为金属酶和金属激活酶两类。在金属酶中，金属离子和酶蛋白牢固地结合在一起，金属离子通常为活性中心。在金属激活酶中，金属离子和酶蛋白松散地结合，但金属离子却是酶活性的激活剂。金属酶种类很多，参与金属酶组成的主要为过渡金属(Fe、Zn、Cu、Mn、Co、Mo、Ni 等)离子，其中以含锌、铁、铜的酶最多。

二、含铁酶类

1. 铁的分布和组成酶类

铁是人体必需微量元素，成人体内含铁 3～5g。铁是含血红素辅基的酶和铁硫酶的重要成分。

2. 生理功能和缺乏表现

铁是细胞色素酶、过氧化物酶的重要成分，参与组织呼吸，促进生物氧化还原反应。铁组成血红蛋白与肌红蛋白，参与氧的运输，体内 26%～36%的铁以运铁物质（运铁蛋白）和铁储备（铁蛋白）的形式存在，并及时运送到血红蛋白、肌红蛋白与各种酶系统中去。

当铁缺乏时，势必会影响血红蛋白的合成而引起缺铁性贫血（营养不良性贫血）。该病起病缓慢，轻者可无明显症状，仅表现为面色苍白、口腔黏膜和眼结膜苍白无血色。严重者有头昏、耳鸣、乏力、食欲低下、体重增长缓慢、记忆力减退、思想不集中。重度贫血者可有肝脾肿大，出现贫血性心脏病，红细胞数和血红蛋白均低于正常值。这是一种世界性的营养缺乏病，可发生在各个年龄段，尤以婴幼儿多发。据报道，发展中国家婴幼儿缺铁性贫血的患病率可达 25%～60%，我国儿童的患病率为 30%～40%，妇女和老人中也有不同程度的发生。

3. 食物来源和膳食参考

膳食中铁的良好来源为动物肝脏、动物全血、肉类、鱼类和某些蔬菜（白菜、油菜、雪里蕻、苋菜、韭菜等）。成人每天铁膳食参考需要量为12～18mg/天。

三、含铜酶类

1. 铜的分布和组成酶类

正常人体内含铜100～200mg，平均150mg左右，50%～70%的铜存在于肌肉及骨骼内；20%存在于肝，肝是重要的储铜库；5%～10%的铜分布于血液中；微量的铜以酶的形式存在于组织中。铜构成体内许多含铜的酶，包括细胞色素c氧化酶、丁酰辅酶A脱氢酶、赖氨酸氧化酶、酪氨酸氧化酶、尿酸氧化酶、抗坏血酸氧化酶、超氧化物歧化酶等。

2. 生理功能和缺乏表现

含铜酶大部分属氧化酶类，这些酶类参与儿茶酚胺类激素的代谢、黑色素的生成以及神经递质的代谢，因而对中枢神经系统的功能、智力及精神状态、防御功能及内分泌功能等均有重要影响。铜还能维持铁的正常代谢，有助于血红蛋白的合成和红细胞的成熟。铜与机体的免疫功能也有着密切的关系。

当铜缺乏时，主要为皮肤及毛发色素减少、苍白，出现皮肤苍白干厚及皮疹，特征性的毛发异常，头发卷曲，色淡质脆，易断，出现白细胞减少、中性粒细胞减少和对铁治疗无效的低色素性贫血，还有骨骼改变、自发性骨折与骨膜反应等。

3. 食物来源和膳食参考

牡蛎、蛤类、小虾及动物肝肾等富含铜。成人每天铜膳食参考需要量为5mg/天。

四、含锌酶类

1. 锌的分布和组成酶类

锌是人体必需的微量元素，人体内锌含量为1.4～2.3g，广泛分布于各组织器官中，其中骨骼与皮肤中较多。锌是机体内氧化还原酶类、转移酶类、水解酶类、裂解酶类、异构酶类与合成酶类等六大酶类200多种酶的组成部分。

2. 生理功能和缺乏表现

锌是机体内许多金属酶的组成部分，在参与蛋白质、脂肪、糖和核酸等代谢中有重要作用。锌是调节DNA复制、转译和转录的DNA聚合酶的必需组成部分，锌不仅对蛋白质和核酸的合成而且对细胞的生长、分裂和分化的各个过程都是必需的。锌可以通过参加构成一种含锌蛋白（唾液蛋白）对味觉与食欲起促进作用。锌参与维生素A还原酶和视黄醇结合蛋白的合成，促进视黄醛的合成与变构，促进肝中维生素A的动员。锌还能促进性器官与性机能的正常发育、保护皮肤健康、提高免疫功能。

当锌缺乏时，皮肤出现粗糙、干燥，性发育不良，T细胞功能受损，引起细胞免疫力降低。儿童缺锌会造成生长迟缓或停止，形成侏儒。孕妇缺锌容易造成婴儿畸形。

3. 食物来源和膳食参考

动物源性食品锌含量高，海产品是锌的良好来源，奶和蛋类次之，蔬菜、水果含锌量少。头发锌含量可以反映膳食锌的长期供应水平和人体锌的营养状况。成人每天锌膳食参考需要量为15mg/天。

本章小结

维生素是维持机体正常生命活动所必需的一类小分子有机化合物，需要量很小，但人和动物自身不能合成，必须从食物中摄取。绝大多数维生素是辅酶或辅基的组成成分，它们以辅酶的形式参与机体内的化学反应，在新陈代谢过程中起着非常重要的作用，有些维生素还具有特殊的生物学功能。根据溶解性质的不同，可分为脂溶性维生素和水溶性维生素两大类。脂溶性维生素主要有维生素 A 、维生素 D 、维生素 E 和维生素 K 四种；水溶性维生素包括维生素 C 和 B 族维生素。机体缺乏某种维生素时，代谢受阻，表现出维生素缺乏症。

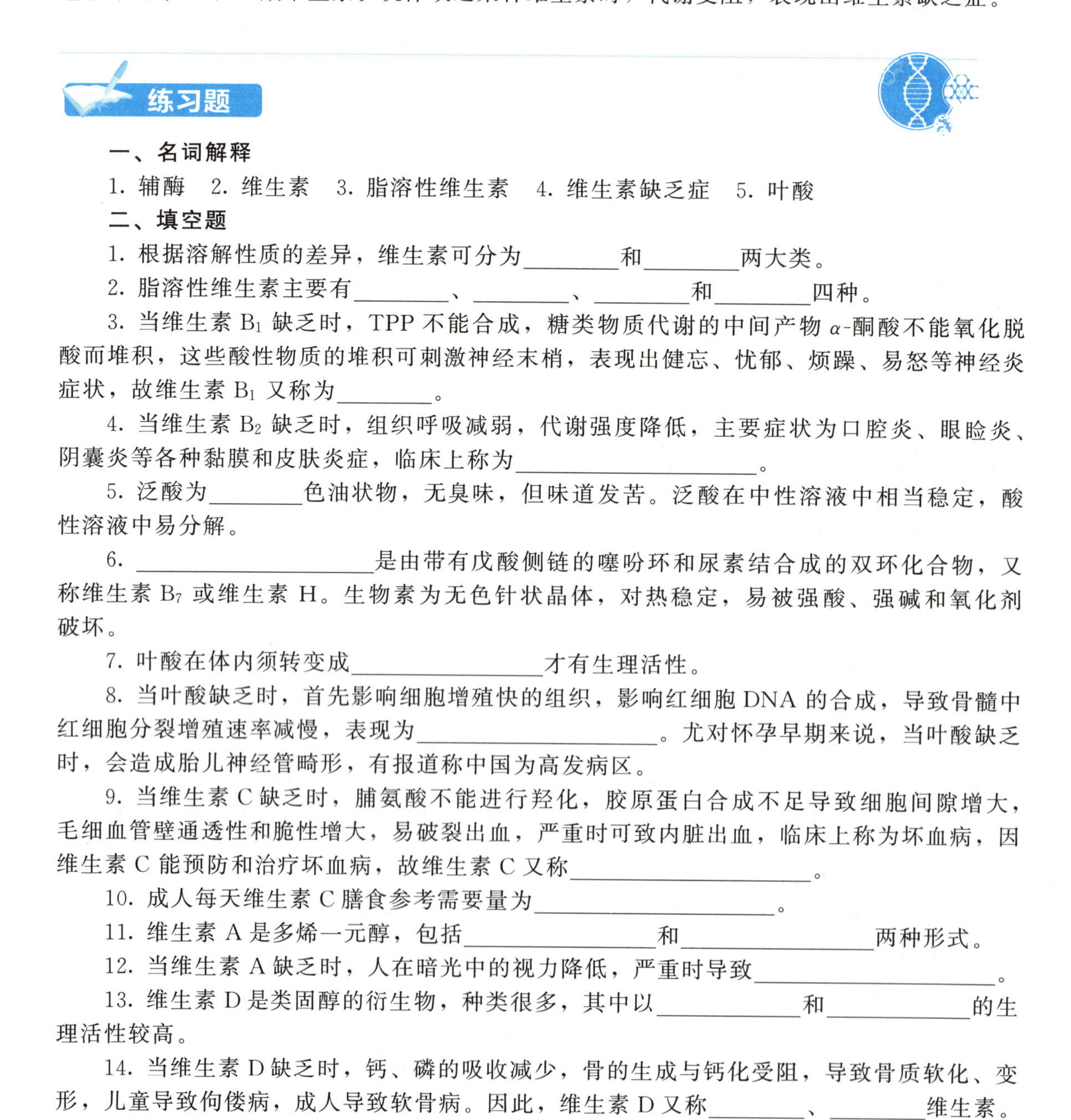

练习题

一、名词解释

1. 辅酶　2. 维生素　3. 脂溶性维生素　4. 维生素缺乏症　5. 叶酸

二、填空题

1. 根据溶解性质的差异，维生素可分为________和________两大类。

2. 脂溶性维生素主要有________、________、________和________四种。

3. 当维生素 B_1 缺乏时，TPP 不能合成，糖类物质代谢的中间产物 α-酮酸不能氧化脱酸而堆积，这些酸性物质的堆积可刺激神经末梢，表现出健忘、忧郁、烦躁、易怒等神经炎症状，故维生素 B_1 又称为________。

4. 当维生素 B_2 缺乏时，组织呼吸减弱，代谢强度降低，主要症状为口腔炎、眼睑炎、阴囊炎等各种黏膜和皮肤炎症，临床上称为____________________。

5. 泛酸为________色油状物，无臭味，但味道发苦。泛酸在中性溶液中相当稳定，酸性溶液中易分解。

6. ____________________是由带有戊酸侧链的噻吩环和尿素结合成的双环化合物，又称维生素 B_7 或维生素 H。生物素为无色针状晶体，对热稳定，易被强酸、强碱和氧化剂破坏。

7. 叶酸在体内须转变成________________才有生理活性。

8. 当叶酸缺乏时，首先影响细胞增殖快的组织，影响红细胞 DNA 的合成，导致骨髓中红细胞分裂增殖速率减慢，表现为____________________。尤对怀孕早期来说，当叶酸缺乏时，会造成胎儿神经管畸形，有报道称中国为高发病区。

9. 当维生素 C 缺乏时，脯氨酸不能进行羟化，胶原蛋白合成不足导致细胞间隙增大，毛细血管壁通透性和脆性增大，易破裂出血，严重时可致内脏出血，临床上称为坏血病，因维生素 C 能预防和治疗坏血病，故维生素 C 又称____________________。

10. 成人每天维生素 C 膳食参考需要量为____________________。

11. 维生素 A 是多烯一元醇，包括________________和________________两种形式。

12. 当维生素 A 缺乏时，人在暗光中的视力降低，严重时导致____________________。

13. 维生素 D 是类固醇的衍生物，种类很多，其中以____________和____________的生理活性较高。

14. 当维生素 D 缺乏时，钙、磷的吸收减少，骨的生成与钙化受阻，导致骨质软化、变形，儿童导致佝偻病，成人导致软骨病。因此，维生素 D 又称________、________维生素。

15. 成人每天维生素D膳食参考需要量为____________。

16. ________是所有α-生育酚生物活性化合物的总称，又称生育酚。维生素E为淡黄色油状液体，对酸、热稳定，不耐碱，极易被氧化。

三、选择题

1.（　）主要有维生素A、维生素D、维生素E和维生素K四种。

A. 维生素　B. 水溶性维生素　C. 脂溶性维生素　D. 不溶性维生素

2. 水溶性维生素包括（　）和维生素B族。

A. 维生素A　B. 维生素C　C. 维生素D　D. 维生素E

3.（　）族主要有维生素B_1、维生素B_2、维生素B_6、维生素PP、泛酸、生物素、叶酸和维生素B_{12}。

A. 维生素A　B. 维生素B　C. 维生素C　D. 维生素D

4. 维生素B_1在体内可转化成（　），它是催化α-酮酸（丙酮酸或α-酮戊二酸）氧化脱羧反应的辅酶，又称为羧化辅酶，参与糖的中间代谢和氨基酸代谢，影响神经组织的功能，抑制胆碱酯酶活性。

A. TPP　B. ATP　C. TPC　D. APP

5. 纯净的维生素B_2为晶体，味苦，（　）于水。

A. 极溶　B. 易溶　C. 微溶　D. 难溶

6.（　）在生物体内是作为辅酶A(CoA-SH或CoA）和酰基载体蛋白（ACP）的一部分，参与糖代谢、脂肪代谢和氨基酸代谢来发挥生理作用的。辅酶A(CoA-SH）中的巯基可以与酰基结合，在三大营养物质代谢中，作为酰基的载体，起结合与活化酰基的作用。

A. 烟酸　B. 叶酸　C. 泛酸　D. 生物素

7. 体内色氨酸能少量转变成（　）。

A. 维生素B_1　B. 维生素B_2　C. 维生素B_5　D. 维生素B_{12}

8.（　）食物来源很广泛，含量最高的为白色肉类，其次为肝脏、豆类、蛋黄、绿叶蔬菜。

A. 维生素B_1　B. 维生素B_2　C. 维生素B_6　D. 维生素B_{12}

9. 肠道细菌也能合成（　），一般情况下不会缺乏。

A. 烟酸　B. 叶酸　C. 泛酸　D. 生物素

10. 成人每天叶酸膳食参考需要量为（　）。

A. 200μg/d　B. 300μg/d　C. 400μg/d　D. 500μg/d

11.（　）一般指分子中含有一个氰基，且与钴离子相连的氰钴胺素，又称钴胺素。

A. 维生素B_1　B. 维生素B_2　C. 维生素B_5　D. 维生素B_{12}

12.（　）是α-酮酸氧化脱羧酶系的辅酶，通过参与α-酮酸的氧化脱羧作用而促进葡萄糖的代谢，达到稳定血糖的作用。

A. 烟酸　B. 叶酸　C. 泛酸　D. 硫辛酸

13.（　）是含六碳的α-酮酸内酯结构的多元醇类。

A. 维生素A　B. 维生素C　C. 维生素E　D. 维生素K

14. 维生素C为无色结晶，味（　）。

A. 酸　B. 甜　C. 苦　D. 咸

15. 维生素C广泛存在于新鲜的（　）中。

A. 肉类和奶类　B. 水果和蔬菜　C. 豆类和麦类　D. 植物油

16. 成人每天维生素C膳食参考需要量为（　）。

A. 100mg/d　B. 150mg/d　C. 200mg/d　D. 225mg/d

17. 脂溶性维生素摄入后大部分储存在脂肪组织中，缺乏症出现（　　）。

A. 极快　　B. 很快　　C. 快　　D. 缓慢

18. 维生素 A 为（　　）色油状液体，黏度较大。维生素 A 通常与脂肪酸形成酯存在于食物中。维生素 A 对光热不稳定，（　　）被氧化破坏。

A. 红　易　　B. 红　不易　　C. 黄　易　　D. 黄　不易

19. （　　）是视色素的组成成分，维持眼的暗视觉。

A. 维生素 A　　B. 维生素 C　　C. 维生素 D　　D. 维生素 E

20. （　　）又称抗干眼病维生素。

A. 维生素 A　　B. 维生素 C　　C. 维生素 D　　D. 维生素 E

21. 维生素 D 为无色针状晶体，不易被碱、热、氧化剂破坏，但光照和（　　）会促使其异构化。

A. 酸　　B. 碱　　C. 盐　　D. 醇

22. 当（　　）缺乏时，钙、磷的吸收减少，骨的生成与钙化受阻，导致骨质软化、变形，儿童导致佝偻病，成人导致软骨病。

A. 维生素 A　　B. 维生素 C　　C. 维生素 D　　D. 维生素 E

23. 成人每天维生素 D 膳食参考需要量为（　　）。

A. 5μg/d　　B. 10μg/d　　C. 15μg/d　　D. 20μg/d

24. 维生素 E 为（　　）油状液体，对酸、热稳定，不耐碱，极易被氧化。

A. 无色　　B. 淡黄色　　C. 棕色　　D. 红褐色

四、判断题

1. 生物的新陈代谢过程离不开酶的作用。（　　）

2. 金属离子不是结合酶类的重要组成成分，不参与体内的各种催化作用。（　　）

3. 维生素 B_1 耐热、耐酸，对碱敏感，加热到 120℃ 也不被破坏，在酸性溶液中稳定，在碱性溶液中易分解变质。（　　）

4. 维生素 B_2 在酸性或中性溶液中稳定，在碱中加热或光照条件下不易分解。（　　）

5. 成人每天膳食维生素 B_2 参考需要量为 2～4mg/d。（　　）

6. 由于含泛酸的食物广泛存在，所以自然缺乏泛酸的情形极少出现。（　　）

7. 维生素 B_5 是性质不稳定的一种维生素，在酸、碱、氧、光、加热条件下易破坏。（　　）

8. 维生素 B_6 是无色晶体，对酸和热稳定，在碱中和紫外线接触下易被破坏。（　　）

9. 肠道细菌可以合成维生素 B_6，严重的临床维生素 B_6 缺乏已罕见。（　　）

10. 常吃生鸡蛋会导致生物素缺乏。（　　）

11. 尤对怀孕早期来说，当叶酸缺乏时，会造成胎儿神经管畸形，有报道称中国为高发病区。（　　）

12. 维生素 C 广泛存在于新鲜的水果和蔬菜中，番茄、青椒、柑橘、柚子、草莓、苹果、沙棘、猕猴桃、鲜枣、山楂、白菜、土豆、辣椒、苦瓜、豆角、茼蒿中含量丰富。（　　）

13. 维生素 A 对光热不稳定，易被氧化破坏。（　　）

14. 维生素 E 为淡黄色油状液体，对酸、热稳定，不耐碱，不易被氧化。（　　）

15. 维生素 E 能在动、植物中合成。（　　）

五、简答题

1. 长期食用生鸡蛋清会引起哪种维生素缺乏？为什么？

2. NAD^+、$NADP^+$ 是何种维生素的衍生物？作为何种酶类的辅酶？在催化反应中起什么作用？

3. 维生素 B_6 是哪些化合物？有何生理功能？
4. 泛酸是哪种辅酶组成成分？此辅酶的作用如何？
5. 治疗恶性贫血病时，为什么使用维生素 B_{12} 针剂？
6. 高蛋白膳食者何种维生素的需要量增多？
7. 糖酵解过程中需要哪些维生素参与？
8. 试述患维生素缺乏症的主要原因。
9. 试述维生素与辅酶、辅基的关系。

六、论述题

1. 维生素 C 为何又称抗坏血酸？有何生理功能？
2. 叶酸和维生素 B_{12} 缺乏与巨幼红细胞性贫血的关系如何？
3. 试述维生素 A 缺乏时，为什么会患夜盲症。

阅读材料

中国维生素产业的发展历程和市场前景

我国维生素工业始于 20 世纪 50 年代末，当时主要以生产医药用原料为目的。到了 20 世纪 70 年代，多种 B 族维生素已能自行生产，维生素 C 两步法生产工艺的研究成功在国际上引起震动。进入 20 世纪 80 年代，我国已基本形成除维生素 H 以外的各种维生素生产体系，但中间体尚需依赖进口，产量和规模远不能满足市场需求。20 世纪 90 年代以来，我国各种维生素及中间体的生产技术相继有了突破性的进展，有效地促进了维生素的发展。当 2001 年维生素 H 在国内投产成功后，中国已成为全球极少数能够生产全部维生素品种的国家之一，同时也是全球最大的维生素出口国之一，相当一些产品的工艺及质量已列世界前茅。国内已经出现了一批较有实力的国际化维生素大型生产企业。昔日国际维生素巨头罗氏公司、巴斯夫公司、安迪苏公司“三足鼎立”的卖方局面已被打破，全球市场由于中国维生素产业的崛起正发生着迅速的变化。

2008 年全国维生素原料药总产量已达 28 万吨之多，且年出口量逐年增长。2004 年我国出口维生素 12 万吨，2006 年为 15 万吨。2008 年在全球金融危机导致的国际贸易下滑下，我国维生素类产品出口数量为 15.56 万吨，同比增长 9.8%，出口额为 21.44 亿美元，同比增长 78.34%，维生素产业呈现出健康发展态势，目前我国已成为世界维生素需求的重要卖方市场。

在国外，维生素是最主要的营养保健品，维生素对维持人体健康的作用已深入人心。近年来，随着中国政府全面推行食物营养强化工作，人民生活水平日益提高，自我保健意识不断增强，维生素保健品消费的全民意识已迅速扩大和增强，国内维生素的消费需求潜力巨大，市场前景十分广阔。一个占据世界人口 1/5 的巨大的维生素保健品市场正在快速形成。

案例
扫一扫

PPT
扫一扫

第七章 生物氧化

学习目标

1. 掌握 NADH 氧化呼吸链和 $FADH_2$ 氧化呼吸链中氢和电子的传递方式。
2. 掌握电子传递链的组成和功能；生物氧化的概念和特点。
3. 了解能量的生成、储存和转移过程。

生物体的生长、发育、繁殖等生命活动中既需要各种营养物质，又必须获得大量的能量，以满足生物体内各种复杂化学反应的需要。这些能量的来源主要依靠生物体对糖类、脂类和蛋白质等有机物质的氧化分解作用。

第一节 生物氧化概述

一、生物氧化的概念、特点

通常把糖类、脂类和蛋白质这些营养物质在生物体细胞内氧化分解成 H_2O 和 CO_2，并释放能量的过程称为生物氧化。生物氧化过程中释放出的能量使 ADP 磷酸生成 ATP 供生命活动之需，其余能量以热能形式用于维护体温。由于生物氧化是在组织细胞中进行的，又称组织呼吸或细胞呼吸。对真核生物来说，生物氧化在线粒体内进行，而原核生物则在细胞膜上进行。

生物氧化和有机物质的体外燃烧在化学本质上是相同的，都遵循氧化还原反应的一般规律，都是加氧、去氢、失去电子，最终的产物都是 CO_2 和 H_2O，并且有机物质在生物体内彻底氧化伴随的能量释放与在体外完全燃烧释放的能量总量相等。但是，生物氧化发生在生物体活细胞内，与体外燃烧相比，还具有如下特点：

第一，生物氧化是在活细胞内，在体温、常压、近于中性 pH 及有 H_2O 环境中进行的，是在一系列酶的作用下逐步进行的；第二，生物氧化产生的能量是逐步释放的，一部分以热能形式散发以维持体温，另一部分以化学能形式储存在一些特殊的高能化合物中供生命活动的需要；第三，生物氧化生成的 H_2O 是代谢物脱下的氢与氧结合产生，H_2O 也直接参与生物氧化反应，CO_2 由有机酸脱羧产生；第四，生物氧化的机制由细胞自动精细调控，既完全满足需要又不致浪费。

二、生物氧化酶类

生物氧化需要一系列酶的参与，与生物氧化有关的酶类被称为生物氧化酶类。生物氧化酶类主要有氧化酶和脱氢酶两类。

氧化酶为含铜或铁的蛋白质，能激活分子氧，促进氧对代谢物的直接氧化，只能以氧为受氢体，生成水。重要的有细胞色素氧化酶、过氧化物酶、过氧化氢酶等。

脱氢酶分为需氧脱氢酶和不需氧脱氢酶。需氧脱氢酶是均以 FMA 或 FAD 为辅酶，可激活代谢物分子中的氢、与分子氧结合，产生过氧化氢。在无分子氧时，可利用亚甲蓝为受氢体。不需氧脱氢酶一般在无氧或缺氧环境下促进代谢物氧化，大部分以 NAD^+ 或 $NADP^+$ 为辅酶，可激活代谢物分子中的氢，使脱出的氢转移给递氢体或非分子氧。

三、高能磷酸化合物

在生物氧化过程中，营养物质不断地氧化分解产生能量，而能量的储存、转运和利用，主要凭借磷酸基实现。这是生物代谢过程中的一个基本原理。在生物氧化过程中，磷酸键中储存大量的能量。在酶的作用下，凡是分子间通过脱磷酸化与磷酸化作用引起磷酸基的相互转移的同时总伴有能量的合成、分解和转运。凡是有磷酸键的形成总是吸能反应，凡是有磷酸键的分解总是放能反应。

机体内有许多磷酸化合物如 ATP（腺苷三磷酸）、3-磷酸甘油酸、氨甲酰磷酸、磷酸烯醇式丙酮酸、磷酸肌酸、磷酸精氨酸等，它们的磷酸基团水解时，都可释放出大量的能量，因此这类化合物又称为高能化合物。一般将水解时释放 20.9kJ/mol 以上能量的称为高能化合物。如 ATP 水解生成 ADP（腺苷二磷酸）时，可释放 30.5kJ/mol 的能量。高能磷酸化合物在生物机体的能量转换过程中起着重要作用。生物氧化过程产生的能量通常都是先储存在一些特殊的高能化合物中，主要是腺苷三磷酸，即 ATP，然后通过 ATP 再供给机体的需能反应，因此 ATP 相当于生物体内的能量“转运站”，又被称作是体内能量的“流通货币”。

第二节　电子传递链

生物氧化作用主要是通过脱氢反应来实现的。脱氢是氧化的一种方式，生物氧化中所生成的水是代谢物脱下的氢，经生物氧化作用和氧结合而成的。糖、蛋白质、脂肪的代谢物所含的氢，在一般情况下是非活性的，必须通过相应的脱氢酶将之激活后才能脱落。进入体内的氧也必须经过氧化酶激活后才能转变为活性很高的氧化剂。但激活的氧在一般情况下，还不能直接氧化由脱氢酶激活而脱落的氢，两者之间尚需特别的传递机制和体系才能结合生成水。

一、电子传递链的组成及功能

代谢物上的氢原子被脱氢酶激活脱落后，经过一系列的传递体，最后传递给被激活的氧分子而生成水的全部体系称为电子传递链或电子传递体系，又称呼吸链。

电子传递链主要由五类电子传递体组成，它们分别是：烟酰胺脱氢酶类、黄素脱氢酶类、铁硫蛋白类、辅酶Q类及细胞色素类。它们都是疏水性分子。除脂溶性辅酶Q外，其他组分都是结合蛋白质，通过其辅基的可逆氧化还原反应来传递电子。

1. 烟酰胺脱氢酶类

烟酰胺脱氢酶类以 NAD^+ 和 $NADP^+$ 为辅酶，辅酶 NAD^+ 或 $NADP^+$ 先和酶的活性中心结合，然后再脱下来。它与代谢物脱下的氢结合而还原成 NADH 或 NADPH。当有受氢体存在时，NADH 或 NADPH 上的氢可被脱下而氧化为 NAD^+ 或 $NADP^+$。NAD^+、$NADP^+$ 是递氢体。

2. 黄素脱氢酶类

黄素脱氢酶类是以 FMN 或 FAD 作为辅基。FMN 或 FAD 与酶蛋白结合是较牢固的。这些酶所催化的反应是将底物脱下的一对氢原子直接传递给 FMN 或 FAD 而形成 $FMNH_2$ 或 $FADH_2$。FMN、FAD 是递氢体。

3. 铁硫蛋白类

铁硫蛋白类的活性部分含有两个活泼的硫和两个铁原子。铁硫蛋白在线粒体内膜上与黄素酶或细胞色素形成复合物，它们的功能是以铁的可逆氧化还原反应传递电子，铁硫蛋白是单电子传递体。

4. 辅酶Q类

辅酶Q是一类脂溶性的化合物，因广泛存在于生物界，故又名泛醌。其分子中的苯醌结构能可逆地加氢和脱氢，故辅酶Q也属于递氢体。

5. 细胞色素类

细胞色素是一类以血红素（或铁卟啉）作为辅基的电子传递蛋白的总称，包括细胞色素 b、c_1、c、aa_3。细胞色素广泛参与氧化还原反应，因有颜色，故称为细胞色素。细胞色素作为电子载体传递电子的方式是通过其血红素辅基中铁原子的还原态（Fe^{2+}）和氧化态（Fe^{3+}）之间的可逆变化，细胞色素是单电子传递体。

具有线粒体的生物中，典型的电子传递链有两种，按接受底物上脱下的氢的初始受体不同，分为 NADH 氧化呼吸链和 $FADH_2$ 氧化呼吸链。

二、NADH 氧化呼吸链

糖、蛋白质、脂肪三大营养物质分解代谢中的脱氢氧化反应，绝大部分通过 NADH 呼吸链完成（图 7-1）。代谢物上的 2H 经以 NAD^+ 为辅酶的脱氢酶作用脱下 2H（$2H^+ + 2e$），交给 NAD^+ 使其还原成为 $NADH + H^+$，再经过 NADH 脱氢酶催化脱氢，脱下的 2H 由黄素酶的辅基 FMN 接受生成 $FMNH_2$，再由 FMN·2H 将氢传递给泛醌形成泛醌 2H，再往下传递时泛醌 2H 解离成 $2H^+$ 和 2e，$2H^+$ 游离于介质中，2e 则通过一系列细胞色素的传递，最后交给氧生成氧离子（O^{2-}），后者与介质中的 $2H^+$ 生成 H_2O。每 2H 通过此链氧化生成水时，所释放的能量可以生成 2.5 个 ATP。

三、$FADH_2$ 氧化呼吸链

$FADH_2$ 氧化呼吸链又称琥珀酸氧化呼吸链。琥珀酸在琥珀酸脱氢酶作用下脱氢生成延胡索酸，FAD 接受两个氢原子生成 $FADH_2$，然后再将氢传递给 CoQ，生成 $CoQH_2$，此后的传递和 NADH 氧化呼吸链相同（图 7-2）。代谢物脱下的 2H 经该呼吸链氧化放出的能量可生成 1.5 个 ATP。

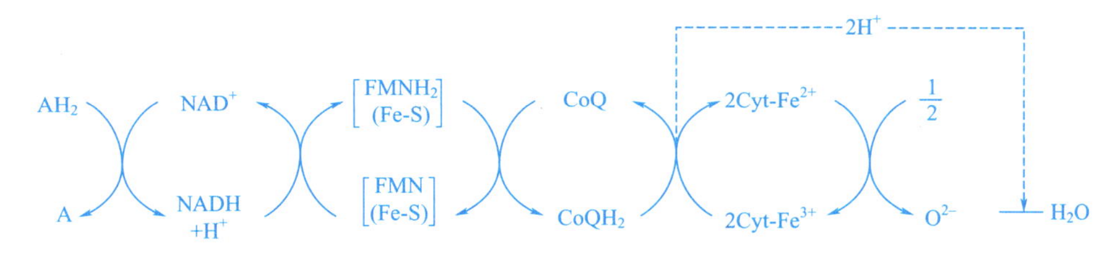

图 7-1 NADH 氧化呼吸链

AH_2—底物；(Fe-S)—铁硫蛋白；Cyt—细胞色素

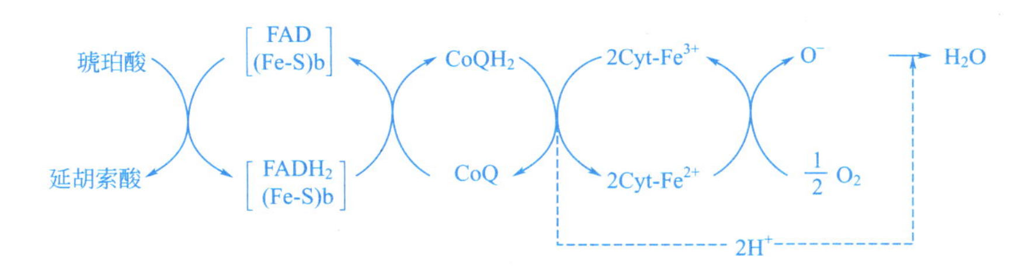

图 7-2 $FADH_2$ 氧化呼吸链

(Fe-S)—铁硫蛋白；b—琥珀酸脱氢酸复合体中的 Cytb

呼吸链中递氢体和递电子体的排列顺序主要是依据其氧化还原电位的大小。氧化还原电位越低，给出电子的倾向越大，其位置越靠近代谢物一端；而氧化还原电位越高，接受电子的倾向越大，其位置越接近氧分子一端。氧的氧化还原电位最高，接受电子的倾向最大，因此成为呼吸链的终端。所以，电子是从氧化还原电位低处向高处传递的。

四、电子传递抑制剂

能够阻断电子传递链中某一部位电子传递的物质称为电子传递抑制剂。利用某种特异的抑制剂选择性地阻断电子传递链中某个部位的电子传递，是研究电子传递链中电子传递体顺序的一种重要方法。已知的抑制剂有以下几种。

1. 鱼藤酮

鱼藤酮是一种极毒的植物物质，可用作杀虫剂。鱼藤酮可阻断电子从 NADH 向 CoQ 的传递，从而抑制 NADH 脱氢酶。与鱼藤酮抑制部位相同的抑制剂还有安密妥、粉蝶霉素 A 等。

2. 抗霉素 A

抗霉素 A 是由淡灰链霉菌分离出的抗生素，有抑制电子从细胞色素 b 到细胞色素 c_1 传递的作用。在典型的线粒体呼吸链中，细胞色素的排列顺序依次是 $b\rightarrow c_1\rightarrow c\rightarrow aa_3\rightarrow O_2$，其中仅最后一个 a_3 可被分子氧直接氧化，但目前还不能把 a 和 a_3 分开，故把 a 和 a_3 合称为细胞色素氧化酶。

3. 氰化物、硫化氢、一氧化碳和叠氮化物等

细胞色素 aa_3 中的铁原子形成 5 个配位键，还保留一个配位键，可以与 O_2、CO、CN^-、N^{3-}、H_2S 等结合形成复合物。细胞色素 aa_3 的正常功能是与 O_2 结合，但当有 CO、CN^-、N^{3-} 和 H_2S 存在时，它们就和 O_2 竞争与细胞色素 aa_3 结合，阻断电子由细胞色素 aa_3 向分子氧的传递，这就是氰化物等中毒的原理。因此这类化合物对需氧生物的毒性极高。

五、线粒体外 NADH 的氧化

线粒体内生成的 NADH 可直接进入 NADH 氧化呼吸链，但在细胞液中生成的 NADH 不能自由透过线粒体内膜，必须经过某种转运机制才能进入线粒体。转运机制主要有 α-磷酸甘油穿梭和苹果酸-天冬氨酸穿梭两种。

1. α-磷酸甘油穿梭

主要存在于脑和骨骼肌中。胞液中的 NADH 在 α-磷酸甘油脱氢酶（辅酶为 NAD^+）的催化下，使磷酸二羟丙酮还原为 α-磷酸甘油，后者通过线粒体内膜，并被内膜上的 α-磷酸甘油脱氢酶（以 FAD 为辅基）催化重新生成磷酸二羟丙酮和 $FADH_2$，后者进入琥珀酸氧化呼吸链生成水（图 7-3）。

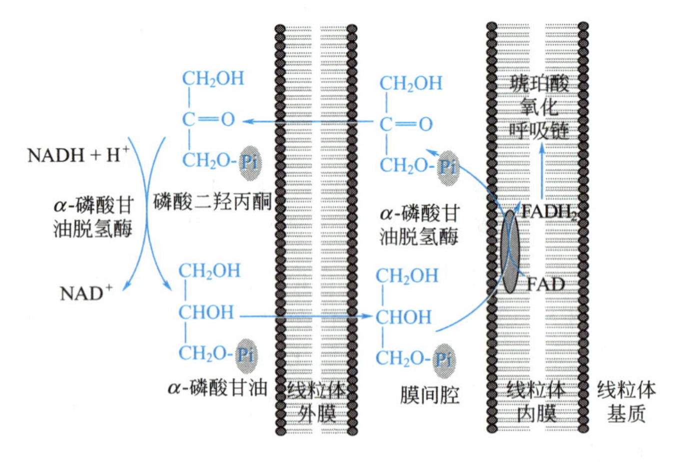

图 7-3 α-磷酸甘油穿梭

2. 苹果酸-天冬氨酸穿梭

主要存在于肝和心肌中。胞液中的 NADH 在苹果酸脱氢酶（辅酶为 NAD^+）催化下，使草酰乙酸还原为苹果酸，后者借助内膜上的 α-酮戊二酸载体进入线粒体，又在线粒体内苹果酸脱氢酶（辅酶为 NAD^+）的催化下重新生成草酰乙酸和 NADH。后者进入 NADH 氧化呼吸链，生成水。草酰乙酸经天冬氨酸转氨酶催化生成天冬氨酸，后者再经酸性氨基酸载体转运出线粒体再转变为草酰乙酸（图 7-4）。

六、ATP 的生成

生物氧化不仅消耗 O_2 产生 CO_2 和 H_2O，更重要的是有能量的释放。所释放的能量大约有 40%以化学能形式储存于 ATP 及其他高能化合物中，其中 ATP 是各种生命活动所需能源的直接供体，它在能量的储存、转换、利用等方面处于中心地位，可称为体内的能量“货币”。

高能化合物中含有高能键（水解时释放出的能量大于 21kJ/mol），包括高能磷酸酯键和高能硫酯键，如 $CH_3CO{\sim}ScoA$ 一般用“～”表示。ATP 是体内最重要的高能磷化合物，其分子中含 2 个高能磷酸酯键。

体内 ATP 的生成方式主要有底物水平磷酸化和氧化磷酸化，其中以氧化磷酸化为主。

1. 底物水平磷酸化

代谢物由于脱氢或脱水引起分子内部能量的重新分布，所形成的高能键直接转移给 ADP（或 GDP）生成 ATP（或 GTP）的过程，称为底物水平磷酸化。

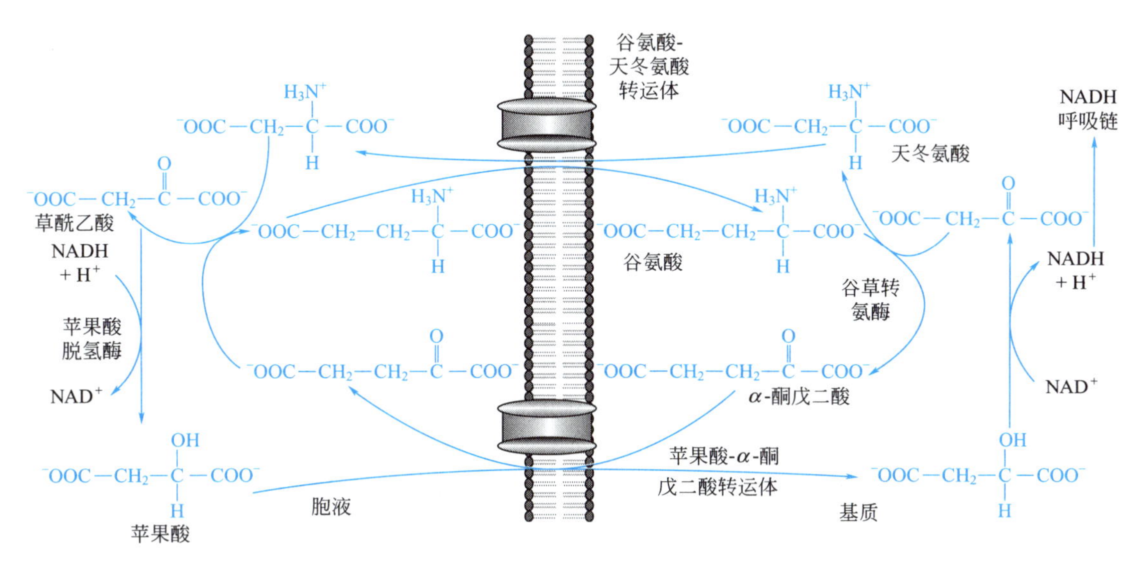

图 7-4 苹果酸-天冬氨酸穿梭

底物水平磷酸化与呼吸链无关，不是 ATP 的主要生成方式，主要存在于糖酵解以及三羧酸循环的三个反应中。

$$1,3\text{-二磷酸甘油酸}+ADP\xrightarrow{\text{磷酸甘油酸激酶}}3\text{-磷酸甘油酸}+ATP$$

$$\text{磷酸烯醇式丙酮酸}+ADP\xrightarrow{\text{丙酮酸激酶}}\text{丙酮酸}+ATP$$

$$\text{琥珀酰辅酶 A}+GDP+Pi\xrightarrow{\text{琥珀酰辅酶 A 合成酶}}\text{琥珀酸}+HSCoA+GTP$$

2. 氧化磷酸化

（1）氧化磷酸化的概念　在物质氧化分解代谢过程中，代谢物脱下的氢经呼吸链传递氧化生成 H_2O 的同时，偶联 ADP 的磷酸化生成 ATP，此过程称为氧化磷酸化。这种方式生成的 ATP 数量占体内生成 ATP 总数的 95%以上，故是维持生命活动所需能量的主要来源。

（2）P/O 比值　氧化磷酸化时每消耗 1mol 氧原子所消耗无机磷原子的物质的量即为 P/O 比值。氧原子的消耗与代谢物脱下的氢的氧化有关，无机磷原子的消耗与 ATP 的生成有关（$ADP+H_3PO_4 \longrightarrow ATP+H_2O$），因此，通过测定 P/O 比值可了解代谢物脱下的氢（2H）经呼吸链氧化为水时，产生多少 ATP。

实验研究证实：代谢物脱下的氢，经 NADH 氧化呼吸链氧化，P/O 比值约为 2.5；经琥珀酸氧化呼吸链氧化，P/O 比值约为 1.5。1 对氢原子（2H）氧化为水，需消耗 1 个氧原子，根据 P/O 比值可知，消耗的无机磷原子个数平均为 2.5（或 1.5），无机磷原子用于 ADP 磷酸化为 ATP，即平均生成 2.5（或 1.5）分子 ATP。

因此，1 对氢原子经 NADH 氧化呼吸链氧化可平均生成 2.5 分子 ATP，经琥珀酸氧化呼吸链氧化可平均生成 1.5 分子 ATP。

（3）氧化磷酸化的偶联部位　指氧化过程中释放的能量用于磷酸化过程的部位，即生成 ATP 的部位。

根据热力学公式，pH 7.0 时，自由能变化与还原电位之间的关系为：$\Delta G^{\ominus}=-nF\Delta E^{\ominus}$。从 NAD^+ 到 CoQ、CoQ 到 Cytc、$Cytaa_3$ 再到 O_2 电位差分别约为 0.36V、0.19V、0.58V，释放的自由能分别约为 69.5kJ/mol、36.7kJ/mol、112kJ/mol，而生成 ATP 需要 30.5kJ/mol 自由能，因此以上三个过程均能提供足够能量生成 ATP，是氧化磷酸化的偶联部位（图 7-5）。从复合体的角度看，这三个偶联部位分别位于复合体Ⅰ、Ⅲ、Ⅳ内。

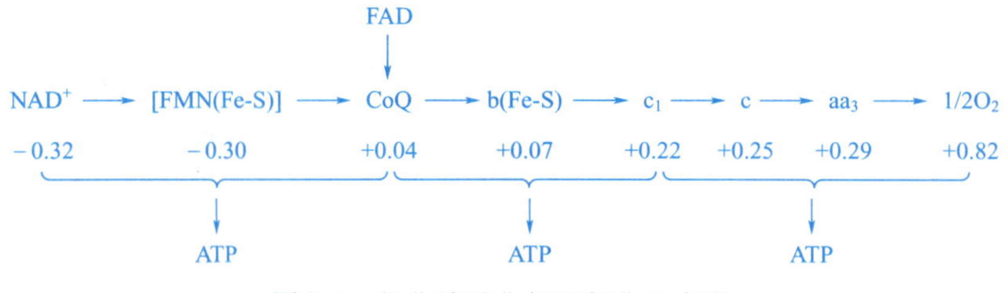

图 7-5 氧化磷酸化偶联部位示意图

3. 影响氧化磷酸化的因素

（1）ADP 的调节 正常机体氧化磷酸化的速率主要受 ADP 的调节。机体利用 ATP 增多时，ADP 浓度增高，转运入线粒体后使氧化磷酸化加快；反之，机体利用 ATP 减少时，ADP 浓度降低，使氧化磷酸化减慢。

（2）甲状腺激素的调节 甲状腺激素是调节氧化磷酸化的重要激素。目前认为，甲状腺激素能诱导细胞膜上 Na^+，K^+-ATP 酶生成，使 ATP 分解为 ADP 的速率加快，ADP 进入线粒体的数量增加，导致氧化磷酸化加强，促使物质氧化分解，机体耗氧量和产热量都增加。甲状腺功能亢进患者常出现基础代谢速率增高、怕热、易出汗等症状。

（3）抑制剂的调节 一些化合物对氧化磷酸化有抑制作用，根据其作用部位不同分为三类：呼吸链抑制剂、解偶联剂和 ATP 合酶抑制剂。

① 呼吸链抑制剂 此类抑制剂能阻断呼吸链中某些部位电子传递，使物质氧化过程中断，从而抑制氧化磷酸化。这类抑制剂可使细胞内呼吸停止，相关的细胞生命活动停止，从而引起机体迅速死亡。

目前已知的呼吸链抑制剂包括以下几种：a. 鱼藤酮、安密妥、杀粉蝶菌素 A 等。鱼藤酮可阻断电子从 NADH 向 CoQ 的传递，从而抑制 NADH 脱氢酶。b. 抗霉素 A 是由淡灰链霉菌分离出的抗生素，有抑制电子从细胞色素 b 到细胞色素 c_1 传递的作用。c. 氰化物、硫化氢、一氧化碳和叠氮化物等能和 O_2 竞争与细胞色素 aa_3 结合，阻断电子由细胞色素 aa_3 向分子氧的传递，这就是氰化物等中毒的原理。因此这类化合物对需氧生物的毒性极高。

② 解偶联剂 解偶联剂使氧化与磷酸化偶联过程脱离。它并不能阻断氢和电子在呼吸链中的传递，而是使 ADP 磷酸化成 ATP 受到抑制，结果是物质氧化释放的能量不能储存到 ATP 中去，而以热能形式释放，导致体温升高。常见的解偶联剂有 2,4-二硝基苯酚、缬氨霉素以及哺乳动物和人的棕色脂肪组织线粒体内膜中的解偶联蛋白等。某些新生儿缺乏棕色脂肪组织，不能维持正常体温而引起新生儿寒冷损伤综合征。感冒或患某些传染性疾病时体温升高，就是由于细菌或病毒产生的解偶联剂所致。

③ ATP 合酶抑制剂 此类抑制剂作用于 ATP 合酶，使 ADP 不能磷酸化为 ATP。例如，寡霉素通过与寡霉素敏感蛋白的结合，阻止 H^+ 从 F_0 通道向 F_1 回流，抑制了 ATP 合酶活性，阻断磷酸化过程，此时由于线粒体内膜两侧电化学梯度增高影响呼吸链质子泵的功能，继而也抑制电子传递，使氧化过程和磷酸化过程同时受到抑制。

本章小结

生物的一切活动都需要能量。能量来自体内糖、脂和蛋白质的氧化作用。糖、脂和蛋白质等代谢物在活细胞内进行的氧化作用被称为生物氧化。生物氧化的实质就是在体温、近于中性 pH 和酶的作用下，逐步将糖、脂和蛋白质等代谢物通过氧化作用分解为二氧化碳和水，并使氧化过程中释放出的能量以合成 ATP 的形式放出。生物氧化中放出的二氧化碳是通过某些中间代谢物有机酸的脱羧作用产生的。生物氧化中水的生成，实质上是代谢物氧化分解过程中产生的氢原子经一系列传递体的传递作用最终与激活的氧原子结合而生成的。由于参与传递氢原子和电子的传递体一个接一个地构成了链状反应，人们将这种形式的氧化作用称为电子传递链或呼吸链。典型的电子传递链主要有 NADH 呼吸链和 $FADH_2$ 呼吸链。呼吸链中氢的传递和电子的传递有着严格的顺序和方向。呼吸链是一个链式反应，易受到电子传递抑制剂的影响。

练习题

一、名词解释

1. 生物氧化　2. 高能键　3. 呼吸链（电子传递链）　4. 氧化磷酸化　5. 底物水平磷酸化　6. 解偶联剂　7. 高能化合物　8. 化学渗透学说

二、填空题

1. 原核生物中电子传递和氧化磷酸化是在________上进行的，真核生物的电子传递和氧化磷酸化是在________中进行。

2. 细胞色素是一类含有________的蛋白质，存在于________上，起着________的作用。

3. 细胞色素 c 是唯一能溶于水的细胞色素，它接受从________来的电子，并将电子传至________。

4. 复合体Ⅱ的主要成分是________。

5. 生物体内的物质合成中主要由________提供还原力。

6. 代谢物在细胞内的生物氧化与在体外燃烧的主要区别特点是________、________和________。

7. 在无氧条件下，呼吸链各 H 或电子传递体一般都处于________状态。

8. α-磷酸甘油与苹果酸分别经其穿梭后进入线粒体经呼吸链氧化，其 P/O 值分别为________和________。

9. 在呼吸链中，氢或电子从________氧化还原电势的载体依次向________氧化还原电势的载体传递。

10. 典型的呼吸链有________和________两种，这是根据接受代谢物脱下的氢的________不同而区别的。

11. 生物体内 CO_2 的生成不是碳与氧的直接结合，而是通过________。

12. 线粒体内膜外侧的 α-磷酸甘油脱氢酶的辅酶是________；而线粒体内膜内侧的 α-磷酸甘油脱氢酶的辅酶是________。

13. 参与物质氧化的酶一般有________、________和________等几类。

14. 呼吸链中可以移动的电子载体有________、________和________等几种。

15. 生物体中 ATP 的合成途径有三种，即________、________和________。

16. 线粒体内电子传递的氧化作用与 ATP 合成的磷酸化作用之间的偶联是通过形成________势能来实现的。

17. 生物氧化是代谢物发生氧化还原的过程，在此过程中需要有参与氧化还原反应的________、________和________等。

三、选择题

1. 下列化学物水解，哪一个释放的能量最少？（　　）

A. ATP　　B. ADP　　C. AMP　　D. PEP

2. 肌肉细胞中能量储存的主要形式是（　　）。

A. ATP　　B. ADP　　C. AMP　　D. 磷酸肌酸

3. 下列化合物不是呼吸链组分的是（　　）。

A. NAD^+　　B. FMN　　C. FAD　　D. $NADP^+$

4. 鱼藤酮是一种（　　）。

A. 解偶联剂　　B. 氧化磷酸化抑制剂

C. NADH-泛醌还原酶抑制剂　　D. 细胞色素还原酶抑制剂

5. 下列化合物中能够抑制泛醌到细胞色素 c 电子传递的是（　　）。

A. 鱼藤酮　　B. 安密妥　　C. 抗毒素 A　　D. 一氧化碳

6. 抗毒素 A 抑制呼吸链中的部位是（　　）。

A. NADH-泛醌还原酶　　B. 琥珀酸-泛醌还原酶

C. 细胞色素还原酶　　D. 细胞色素氧化酶

7. 氧化磷酸化发生的部位是（　　）。

A. 线粒体外膜　　B. 线粒体内膜

C. 线粒体基质　　D. 细胞质

8. 下列关于氧化磷酸化机理方面的叙述，错误的是（　　）。

A. 线粒体内膜外侧的 pH 比线粒体基质中的高

B. 线粒体内膜外侧的一面带正电荷

C. 电子并不排至内膜外侧　　D. 质子不能自由透过线粒体内膜

9. 下列物质中可以透过线粒体内膜的是（　　）。

A. H^+　　B. NADH

C. $FADH_2$　　D. 柠檬酸

10. 解偶联剂 2,4-二硝基苯酚的作用是（　　）。

A. 既抑制电子在呼吸链上的传递，又抑制 ATP 的生成

B. 不抑制电子在呼吸链上的传递，但抑制 ATP 的生成

C. 抑制电子在呼吸链上的传递，不抑制 ATP 的生成

D. 既不抑制电子在呼吸链上的传递，又不抑制 ATP 的生成

11. 下列关于底物水平磷酸化的说法正确的是（　　）。

A. 底物分子重排后形成高能磷酸键，经磷酸基团转移使 ADP 磷酸化为 ATP

B. 底物分子在激酶的催化下，由 ATP 提供磷酸基而被磷酸化的过程

C. 底物分子上的氢经呼吸链传递至氧生成水所释放能量使 ADP 磷酸化为 ATP

D. 在底物存在时，ATP 水解生成 ADP 和 Pi 的过程

12. 酵母在酒精发酵时，获得能量的方式是（　　）。

A. 氧化磷酸化　　B. 光合磷酸化

C. 底物水平磷酸化　　D. 电子传递磷酸化

13. 呼吸链氧化磷酸化进行的部位是在（　　）。

A. 线粒体外膜　　B. 线粒体内膜

C. 线粒体基质　　D. 细胞浆中

14. 下列化合物中不含有高能磷酸键的是（　　）。

A. ADP　　B. 1,3-二磷酸甘油

C. 6-磷酸葡萄糖　　D. 磷酸烯醇式丙酮酸

15. 离体的完整线粒体中，在有可氧化的底物存时下，加入哪一种物质可提高电子传递和氧气摄入量（　　）。

A. 更多的 TCA 循环的酶　　B. ADP

C. $FADH_2$　　D. NADH

16. 下列化合物中，除了哪一种以外都含有高能磷酸键（　　）。

A. NAD^+　　B. ADP　　C. NADPH　　D. FMN

17. 下列反应中哪一步伴随着底物水平的磷酸化反应（　　）。

A. 苹果酸→草酰乙酸　　B. 甘油酸-1,3-二磷酸→甘油酸-3-磷酸

C. 柠檬酸→α-酮戊二酸　　D. 琥珀酸→延胡索酸

18. 肌肉组织中肌肉收缩所需要的大部分能量以哪种形式储存（　　）。

A. ADP　　B. 磷酸烯醇式丙酮酸

C. ATP　　D. 磷酸肌酸

19. 活细胞不能利用下列哪些能源来维持它们的代谢？（　　）

A. ATP　　B. 糖　　C. 脂肪　　D. 周围的热能

20. 呼吸链的各细胞色素在电子传递中的排列顺序是（　　）。

A. $c_1 \rightarrow b \rightarrow c \rightarrow aa_3 \rightarrow O_2$　　B. $c \rightarrow c_1 \rightarrow b \rightarrow aa_3 \rightarrow O_2$

C. $c_1 \rightarrow c \rightarrow b \rightarrow aa_3 \rightarrow O_2$　　D. $b \rightarrow c_1 \rightarrow c \rightarrow aa_3 \rightarrow O_2$

四、判断题

1. 琥珀酸脱氢酶的辅基 FAD 与酶蛋白之间以共价键结合。（　　）
2. 生物氧化只有在氧气的存在下才能进行。（　　）
3. NADH 和 NADPH 都可以直接进入呼吸链。（　　）
4. 磷酸肌酸、磷酸精氨酸等是高能磷酸化合物的储存形式，可随时转化为 ATP 供机体利用。（　　）
5. 解偶联剂可抑制呼吸链的电子传递。（　　）
6. 电子通过呼吸链时，按照各组分氧还电势依次从还原端向氧化端传递。（　　）
7. NADPH / $NADP^+$ 的氧还势稍低于 NADH / NAD^+，更容易经呼吸链氧化。（　　）
8. ADP 的磷酸化作用对电子传递起限速作用。（　　）
9. ATP 虽然含有大量的自由能，但它并不是能量的储存形式。（　　）
10. 胞浆中形成 $NADH+H^+$ 经苹果酸穿梭后，每摩尔产生 ATP 是 2mol。（　　）
11. 呼吸链中的电子传递体中，CoQ 不是蛋白质而是脂质的组分。（　　）
12. 磷酸甘油酸激酶不是催化底物水平磷酸化反应的酶。（　　）
13. 线粒体内膜是氧化磷酸化发生的部位。（　　）
14. 酵母在酒精发酵时，获得能量的方式是电子传递磷酸化。（　　）
15. 底物分子重排后形成高能磷酸键，经磷酸基团转移使 ADP 磷酸化为 ATP。（　　）

五、简答题

1. 简述底物水平磷酸化和氧化磷酸化的区别。
2. 2,4-二硝基苯酚的氧化磷酸化解偶联机制是什么？
3. 常见的呼吸链电子传递抑制剂有哪些？它们的作用机制分别是什么？
4. 在体内 ATP 有哪些生理作用？

六、论述题

在磷酸戊糖途径中生成的 NADPH，如果不去参加合成代谢，那么它将如何进一步氧化？

阅读材料

生物质能

生物质能是自然界中有生命的植物提供的能量，这些植物以生物质作为媒介储存太阳能，属再生能源。据计算，生物质储存的能量比目前世界能源消费总量大 2 倍。人类历史上最早使用的能源是生物质能。

我国拥有丰富的生物质能资源，据测算，我国理论生物质能资源为 50 亿吨左右标准煤，是中国总能耗的 4 倍左右。在可收集的条件下，我国可利用的生物质能资源主要是传统生物质，包括农作物秸秆、薪柴、禽畜粪便、生活垃圾、工业有机废渣与废水等。农业产出物的 51% 转化为秸秆，年产约 6 亿吨，约 3 亿吨可作为燃料使用，折合 1.5 亿吨标准煤；林业废弃物年可获得量约 9 亿吨，约 3 亿吨可能源化利用，折合 2 亿吨标准煤。甜高粱、小桐子、黄连木、油桐等能源作物可种植面积达 2000 多万公顷，可满足年产量约 5000 万吨生物液体燃料的原料需求。畜禽养殖和工业有机废水理论上可年产沼气约 800 亿立方米。未来中国生物质能产业发展的重点是沼气及沼气发电、液体燃料、生物质固体成型燃料以及生物质发电。

生物质能研究与开发已经成为世界重大热门课题之一，受到世界各国政府与科学家的关注。许多国家都制定了相应的开发研究计划，如日本的阳光计划、印度的绿色能源工程、美国的能源农场和巴西的酒精能源计划等，其中生物质能源的开发利用占有相当的比例。国外的生物质能技术和装置多已达到商业化应用程度，实现了规模化产业经营，以美国、瑞典和奥地利三国为例，生物质转化为高品位能源利用已经具有相当可观的规模，分别占该国一次能源消耗的 4%、6% 和 10%。在美国，生物质能发电的总装机容量已经超过 10000MW，单机容量达到 10～25MW；美国纽约的斯塔藤垃圾处理站投资 2000 万美元，采用湿法处理垃圾，回收沼气。用于发电，同时生产肥料。巴西是乙醇燃料开发应用最有特色的国家，实施了世界上规模最大的乙醇开发计划，乙醇燃料已经占该国汽车燃料消费量的 50% 以上。美国开发出利用纤维素废料生产酒精的技术，建立了 1MW 的稻壳发电示范工程，年产酒精 2500 吨。2013 年，全球生物质能发电量为 413778.1 百万千瓦时，全球生物质能发电市场年收益为 286.818 亿美元。预计到 2022 年，全球生物质能发电量将达到 738350.3 百万千瓦时，全球生物质能发电市场年收益将增至 505.276 亿美元。

第八章 糖代谢

学习目标

1. 掌握糖酵解、三羧酸循环的概念、作用部位、反应过程、关键酶的调节和生物学意义。
2. 掌握糖异生和糖酵解的区别与联系。
3. 掌握磷酸戊糖途径的反应过程和生理意义。
4. 了解糖原合成与分解的过程。
5. 了解血糖的来源和去路，以及血糖的调节。

糖是一类化学本质为多羟基醛或多羟基酮及其衍生物的有机化合物。在人体内糖的主要形式是葡萄糖及糖原。葡萄糖是糖在血液中的运输形式，在机体糖代谢中占据主要地位；糖原是葡萄糖的多聚体，包括肝糖原和肌糖原等，是糖在体内的储存形式。葡萄糖与糖原都能在体内氧化提供能量。

食物中的糖是机体中糖的主要来源，被人体摄入经消化成单糖吸收后，经血液运输到各组织细胞进行合成代谢和分解代谢。机体内糖的代谢途径主要有葡萄糖的无氧酵解、有氧氧化、磷酸戊糖途径、糖原合成与糖原分解、糖异生以及其他己糖代谢等。

糖的消化和吸收的主要场所是小肠。食物中的糖主要是淀粉，另外包括一些双糖及单糖。多糖及双糖都必须经过酶的催化水解成单糖才能被吸收。

食物中的淀粉经唾液中的α-淀粉酶作用，催化淀粉中α-1,4-糖苷键的水解，产物是葡萄糖、麦芽糖、麦芽寡糖及糊精。由于食物在口腔中停留时间短，淀粉的主要消化部位在小肠。小肠中含有胰腺分泌的α-淀粉酶，催化淀粉水解成麦芽糖、麦芽三糖、α-糊精和少量葡萄糖。在小肠黏膜刷状缘上，含有α-糊精酶，此酶催化α-极限糊精的α-1,4-糖苷键及α-1,6-糖苷键水解，使α-糊精水解成葡萄糖；刷状缘上还有麦芽糖酶可将麦芽三糖及麦芽糖水解为葡萄糖。小肠黏膜还有蔗糖酶和乳糖酶，前者将蔗糖分解成葡萄糖和果糖，后者将乳糖分解成葡萄糖和半乳糖。

糖被消化成单糖后的主要吸收部位是小肠上段，己糖尤其是葡萄糖被小肠上皮细胞摄取是一个依赖 Na^+ 的耗能的主动摄取过程，有特定的载体参与。葡萄糖被吸收后，经血液运输到身体各组织细胞进行合成和分解代谢。当餐后血糖浓度升高时，部分糖可以在肝、肌肉等组织合成糖原储存；当血糖浓度下降时，肝糖原可分解为葡萄糖补充血糖以维持血糖浓度的相对恒定，肌糖原可以为肌肉的收缩提供能量。甘油、乳酸、丙酮酸及部分氨基酸等非糖物质可通过糖异生途径在肝、肾转化为葡萄糖，空腹和饥饿时主要依靠糖异生维持血糖水平。

第一节 糖酵解

糖酵解是指葡萄糖或糖原在无氧或缺氧的条件下分解成乳酸的过程。糖酵解过程可产生少量 ATP。糖酵解途径几乎是具有细胞结构的所有生物所共有的葡萄糖降解的途径，它最初是从研究酵母的酒精发酵发现的，故名糖酵解。

整个糖酵解过程是在 1940 年得到阐明的。为纪念在这方面贡献较大的 3 位生化学家，也称糖酵解过程为 Embden-Meyerhof-Parnas 途径（简称 EMP 途径）。糖酵解在细胞质中进行。它是动物、植物、微生物细胞中葡萄糖分解产生能量的共同代谢途径。

在好氧有机体中，丙酮酸进入线粒体先转变为乙酰辅酶 A，然后通过三羧酸循环生成 CO_2、NADH＋H^+ 与 $FADH_2$，后两者再经呼吸链氧化磷酸化而产生 H_2O 和 ATP。

若供氧不足，NADH 把丙酮酸还原成乳酸，称为乳酸发酵。发酵和酵解是两个不同的概念，发酵是厌氧有机体（酵母和其他微生物）把糖酵解产生的 NADH 上的氢，传递给丙酮酸，生成乳酸，则称乳酸发酵；若 NADPH 中的氢传递给丙酮酸脱羧生成的乙醛，乙醛生成乙醇，此过程是酒精发酵。

少数组织细胞即使在有 O_2 时，也是通过糖酵解获得能量并产生乳酸，如成熟的红细胞（不含线粒体）、视网膜等。

一、糖酵解（EMP）的反应过程

糖酵解是在胞液中进行的，共分为 4 个阶段，有 10 步反应。

葡萄糖 —第一阶段→ 1,6-二磷酸果糖 —第二阶段→ 磷酸丙糖 —第三阶段→ 丙酮酸 —第四阶段→ 乳酸

1. 己糖的磷酸化——耗能阶段

在这一阶段中，通过两次磷酸化反应，将葡萄糖活化为 1,6-二磷酸果糖。此阶段包括三步反应，共消耗 2 分子 ATP。

（1）葡萄糖磷酸化形成 6-磷酸葡萄糖　此反应基本不可逆，调节位点，消耗 1 分子 ATP 以 6-磷酸葡萄糖形式将葡萄糖限制在细胞胞液内。催化此反应的酶为己糖激酶。催化 ATP 分子的磷酸基（γ-磷酰基）转移到底物上的酶称激酶，一般需要 Mg^{2+} 或 Mn^{2+} 作为辅助因子，己糖激酶的专一性不强，可催化葡萄糖、果糖、甘露糖磷酸化。己糖激酶是酵解途径中第一个调节酶，被产物 6-磷酸葡萄糖强烈地别构抑制。

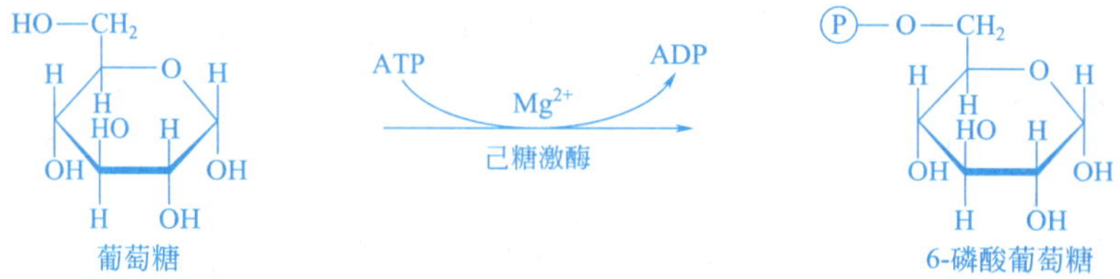

葡萄糖 —(ATP → ADP，Mg^{2+}，己糖激酶)→ 6-磷酸葡萄糖

（2）6-磷酸葡萄糖异构化形成 6-磷酸果糖　由于此反应的标准自由能变化很小，反应可逆，反应方向由底物与产物的含量水平控制。此反应由磷酸葡萄糖异构酶催化，生成 6-磷酸果糖，为后面形成三碳物做准备。

6-磷酸葡萄糖 ⇌(磷酸己糖异构酶) 6-磷酸果糖

（3）6-磷酸果糖磷酸化，生成1,6-二磷酸果糖　此反应在体内不可逆，调节位点，又消耗1分子ATP。催化此反应的酶为6-磷酸果糖激酶-1。作用机制与己糖激酶相同。6-磷酸果糖激酶-1既是糖酵解途径的限速酶，又是该途径的第二个调节酶。

6-磷酸果糖 →(ATP→ADP，Mg^{2+}，6-磷酸果糖激酶-1) 1,6-二磷酸果糖

2. 磷酸己糖的裂解——降解阶段

该阶段的反应是1,6-二磷酸果糖裂解为2分子磷酸丙糖以及磷酸丙糖的相互转化。在醛缩酶催化下，1分子1,6-二磷酸果糖裂解为1分子磷酸二羟丙酮和1分子3-磷酸甘油醛，反应可逆，且磷酸二羟丙酮和3-磷酸甘油醛是同分异构体，在磷酸丙糖异构酶催化下可相互转变。只有3-磷酸甘油醛能够进入糖酵解的后续反应，当3-磷酸甘油醛被不断消耗时，磷酸二羟丙酮则迅速转变为3-磷酸甘油醛参与代谢。因此，1分子1,6-二磷酸果糖相当于生成2分子3-磷酸甘油醛。

1,6-二磷酸果糖 ⇌(醛缩酶) 磷酸二羟丙酮（CH_2OⓅ—C=O—CH_2OH） + 3-磷酸甘油醛（CHO—CHOH—CH_2OⓅ）；磷酸二羟丙酮 ⇌(异构酶) 3-磷酸甘油醛

3. 丙酮酸和ATP的生成——产能阶段

该阶段包括5步反应。

（1）3-磷酸甘油醛氧化成1,3-二磷酸甘油酸　该反应可逆，由磷酸甘油醛脱氢酶催化。此反应既是氧化反应，又是磷酸化反应，反应生成1,3-二磷酸甘油酸。该物质是高能磷酸化合物。

3-磷酸甘油醛（CH_2O~Ⓟ—CHOH—CHO） ⇌(NAD^++Pi → NADH+H^+，3-磷酸甘油醛脱氢酶) 1,3-二磷酸甘油酸（COO~Ⓟ—CHOH—CH_2O—Ⓟ）

（2）1,3-二磷酸甘油酸转化成3-磷酸甘油酸和ATP　该反应可逆，由磷酸甘油酸激酶催化。这是糖酵解过程中的第一次底物水平磷酸化反应，也是糖酵解过程中第一次产生ATP的反应。一分子葡萄糖产生两分子三碳糖，共产生2分子ATP。这样可抵消葡萄糖在两次磷酸化时消耗的2分子ATP。

$$\begin{array}{c} COO\sim Ⓟ \\ | \\ CHOH \\ | \\ CH_2O—Ⓟ \end{array} \underset{\text{磷酸甘油酸激酶}}{\overset{ADP \quad Mg^{2+} \quad ATP}{\rightleftharpoons}} \begin{array}{c} COOH \\ | \\ CHOH \\ | \\ CH_2O—Ⓟ \end{array}$$

1,3-二磷酸甘油酸　　3-磷酸甘油酸

（3）3-磷酸甘油酸转化成2-磷酸甘油酸　磷酸甘油酸变位酶催化，磷酰基从C-3上移至C-2上。

$$\begin{array}{c} COOH \\ | \\ CHOH \\ | \\ CH_2O—Ⓟ \end{array} \overset{\text{磷酸甘油酸变位酶}}{\rightleftharpoons} \begin{array}{c} COOH \\ | \\ CHO—Ⓟ \\ | \\ CH_2OH \end{array}$$

3-磷酸甘油酸　　2-磷酸甘油酸

（4）2-磷酸甘油酸脱水生成磷酸烯醇式丙酮酸（PEP）　该反应由烯醇化酶催化，2-磷酸甘油酸脱水生成磷酸烯醇式丙酮酸，2-磷酸甘油酸中磷脂键是一个低能键，而磷酸烯醇式丙酮酸中的磷酰烯醇键是高能键，因此，这一步反应显著提高了磷酰基的转移势能。

$$\begin{array}{c} COOH \\ | \\ CH—O—Ⓟ \\ | \\ CH_2OH \end{array} \overset{\text{烯醇化酶}}{\rightleftharpoons} \begin{array}{c} COOH \\ | \\ C—O\sim Ⓟ \\ \| \\ CH_2 \end{array} + H_2O$$

2-磷酸甘油酸　　磷酸烯醇式丙酮酸

（5）磷酸烯醇式丙酮酸生成ATP和丙酮酸　该反应不可逆，调节位点。由丙酮酸激酶催化，丙酮酸激酶是酵解途径的第三个调节酶，这是酵解途径中的第二次底物水平磷酸化反应，磷酸烯醇式丙酮酸将磷酰基转移给ADP，生成ATP和丙酮酸。

$$\begin{array}{c} COOH \\ | \\ CO\sim Ⓟ \\ \| \\ CH_2 \end{array} \underset{\text{丙酮酸激酶}}{\overset{ADP \quad Mg^{2+} \quad ATP}{\longrightarrow}} \begin{array}{c} COOH \\ | \\ COH \\ \| \\ CH_2 \end{array} \longrightarrow \begin{array}{c} COOH \\ | \\ C=O \\ | \\ CH_3 \end{array}$$

磷酸烯醇式丙酮酸　　烯醇式丙酮酸　　丙酮酸

4. 丙酮酸还原为乳酸

丙酮酸在乳酸脱氢酶催化下，还原为乳酸。乳酸的生成使供氢体NADH＋H^+被氧化为NAD^+，维持糖酵解的持续进行。1分子葡萄糖经糖酵解产生2分子乳酸。

$$\begin{array}{c} COOH \\ | \\ C=O \\ | \\ CH_3 \end{array} \underset{\text{乳酸脱氢酶}}{\overset{NADH+H^+ \quad NAD^+}{\rightleftharpoons}} \begin{array}{c} COOH \\ | \\ CHOH \\ | \\ CH_3 \end{array}$$

丙酮酸　　乳酸

现将上述糖酵解全部反应汇总，见图8-1。

二、糖酵解的反应特点

（1）糖酵解全过程没有氧的参与　整个糖酵解反应过程在胞液中进行，反应中生成的NADH＋H^+只能将2H交给丙酮酸，使之还原为乳酸。乳酸是糖酵解的终产物。

（2）在糖酵解过程中糖没有完全被氧化，反应中能量释放较少　1分子葡萄糖可氧化为2分子丙酮酸，经2次底物水平磷酸化，可产生4分子ATP，减去葡萄糖活化时消耗的2分子ATP，净生成2分子ATP。如酵解过程从糖原开始，净生成3分子ATP。

（3）糖酵解中有3步不可逆的单向反应　己糖激酶（葡萄糖激酶）、6-磷酸果糖激酶-1和丙酮酸激酶是糖酵解过程中的关键酶，其中磷酸果糖激酶的催化活性最低，是最重要的限

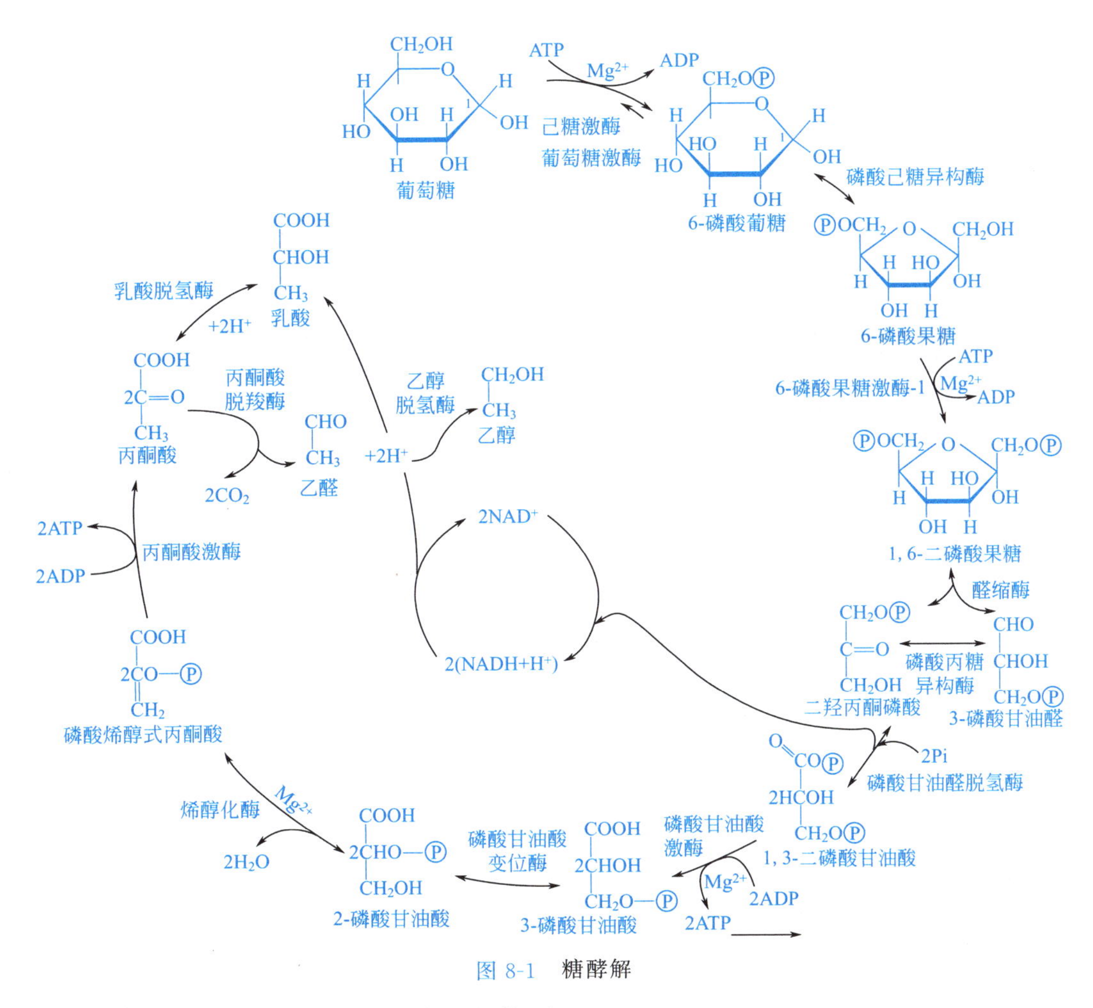

图 8-1　糖酵解

速酶，对糖酵解代谢的速率起着决定性的作用。

三、糖酵解途径的调节

整个糖酵解反应过程中，在生理条件下，人体内的各种代谢过程受到精细而又严格的调节，来保持内环境的稳定，适应机体生理活动的需要，这种调节作用是通过改变关键酶的活性来实现的。糖酵解过程有三步不可逆反应，分别由三个调节酶（别构酶）催化，这三个酶是糖酵解的限速酶，调节主要就发生在这三个部位。

（1）己糖激酶　该酶的别构抑制剂为 6-磷酸葡萄糖和 ATP；该酶的别构激活剂为 ADP。

（2）磷酸果糖激酶　6-磷酸果糖激酶-1 催化的反应是糖酵解的关键限速步骤。该酶的抑制剂为 ATP、柠檬酸、脂肪酸和 H^+。细胞内含有丰富的 ATP 时，此酶几乎无活性；高含量的柠檬酸是碳骨架过剩的信号；H^+ 可防止肌肉中形成过量乳酸而使血液酸中毒。该酶的激活剂为 AMP。

（3）丙酮酸激酶　该酶的抑制剂为乙酰 CoA、长链脂肪酸、Ala、ATP。该酶的激活剂为 1,6-二磷酸果糖。

四、糖酵解的生理意义

（1）在缺氧条件下，提供机体急需的能量　糖酵解所释放的能量虽然不多，但却是机体在缺氧情况下提供能量的重要方式，如剧烈运动，心脏疾患、呼吸受阻等。如果机体相对缺氧时间较长，可导致糖酵解产物乳酸的堆积，可能引起代谢性酸中毒。

（2）红细胞供能的主要方式 成熟红细胞没有线粒体（能量主要在线粒体内生成），不能进行有氧氧化，而以糖酵解为唯一的供能途径。人体红细胞每天利用的葡萄糖约为 25g，其中 90%～95%是通过糖酵解进行代谢的。

（3）某些组织生理情况下的供能途径 少数组织即使在氧供应充足的情况下，仍主要靠糖酵解供能，如视网膜、睾丸、肾髓质、白细胞及肿瘤细胞等。

五、丙酮酸的去路

1. 有氧条件下丙酮酸的去路

在有氧的条件下，糖酵解途径是单糖完全氧化分解成 CO_2 和 H_2O 的必要准备阶段。单糖经糖酵解途径初步分解成丙酮酸，有氧时丙酮酸进入线粒体，脱羧生成乙酰辅酶 A，通过三羧酸循环和呼吸链彻底氧化为 CO_2 和 H_2O，并且释放出较多的能量。

2. 无氧条件下丙酮酸的去路

（1）生成乳酸 在无氧的条件下，乳酸菌及剧烈运动的肌肉，因供氧不足，丙酮酸接受了 3-磷酸甘油醛脱氢酶产生的 NADH 上的氢，在乳酸脱氢酶催化下，生成乳酸，称为乳酸发酵。

$$\underset{\text{丙酮酸}}{\begin{matrix}COOH\\|\\C{=}O\\|\\CH_3\end{matrix}} \xrightleftharpoons[\text{乳酸脱氢酶}]{NADH+H^+ \quad NAD^+} \underset{\text{乳酸}}{\begin{matrix}COOH\\|\\CHOH\\|\\CH_3\end{matrix}}$$

（2）生成乙醇 在酵母菌中，经糖酵解产生的丙酮酸，可以经丙酮酸脱羧酶催化，脱羧生成乙醛，在醇脱氢酶催化下，乙醛被 NADH 还原成乙醇。

① 丙酮酸脱羧

$$\underset{\text{丙酮酸}}{CH_3COCOOH} \xrightarrow{\text{丙酮酸脱羧酶}} \underset{\text{乙醛}}{CH_3CHO} + CO_2$$

② 乙醛被还原为乙醇

$$\underset{\text{乙醛}}{CH_3CHO} + NADH + H^+ \xrightarrow{\text{乙醇脱氢酶}} \underset{\text{乙醇}}{CH_3CH_2OH} + NAD^+$$

在厌氧条件下能产生乙醇的微生物，如果有氧存在时，则会通过乙醛的氧化生成乙酸，可以通过这个反应来制醋。

3. 丙酮酸进行糖异生

详见本章第五节。

第二节 糖的有氧氧化

在有氧条件下，葡萄糖或糖原彻底氧化分解为 CO_2 和 H_2O 的过程，称为糖的有氧氧化。糖的有氧氧化过程可分为 3 个阶段：第一阶段，葡萄糖或糖原在胞浆中转变为丙酮酸；第二阶段，丙酮酸进入线粒体进行氧化脱羧，生成乙酰辅酶 A（乙酰 CoA）；第三阶段，乙酰 CoA 进入三羧酸循环。

三羧酸循环是乙酰 CoA 经一系列的氧化、脱羧反应，生成 CO_2、$NADH+H^+$、$FADH_2$，并产生 GTP 的过程。因为在这个循环中几个主要的中间代谢物是含有三个羧基的有机酸，所以叫做三羧酸循环；又由于其中第一个生成物是柠檬酸，因此又称为柠檬酸循环；或者以发现者 Hans Krebs 命名为 Krebs 循环。

一、糖的有氧氧化的过程

（一）葡萄糖或糖原分解生成丙酮酸

此阶段即酵解途径。与糖酵解不同的是，有氧条件下丙酮酸不再还原为乳酸，而是进入线粒体进一步氧化。此阶段中 3-磷酸甘油醛脱下的氢生成 $NADH+H^+$ 进入呼吸链，与氧结合生成 H_2O，并产生 ATP。

（二）丙酮酸氧化脱羧生成乙酰 CoA

胞浆内生成的丙酮酸首先经线粒体内膜上特异载体转运入线粒体，在丙酮酸脱氢酶复合体的催化下进行氧化脱羧，与辅酶 A（CoASH）结合生成乙酰 CoA，此反应不可逆，总反应如下：

$$\underset{\text{丙酮酸}}{CH_3\overset{O}{\overset{\|}{C}}COOH} \xrightarrow[\text{丙酮酸脱氢酶复合体}]{NAD^+ \quad HSCoA \quad NADH+H^+ \quad CO_2} \underset{\text{乙酰CoA}}{CH_3\overset{O}{\overset{\|}{C}} \sim SCoA}$$

丙酮酸脱氢酶复合体是一个相当庞大的多酶体系，由 3 种酶按一定比例组成，并有 6 种辅酶或辅基参与。

丙酮酸脱氢酶复合体
- 3 种酶
  - 丙酮酸脱羧酶（也叫丙酮酸脱氢酶）
  - 二氢硫辛酸转乙酰酶
  - 二氢硫锌酰胺脱氢酶
- 6 种辅助因子
  - 焦磷酸硫胺素（TPP）
  - 硫辛酸、CoASH
  - FAD、NAD^+、Mg^{2+}

Lester Reed 研究了丙酮酸脱氢酶复合体的组成和结构，在大肠杆菌（*E. coli*）中此酶的分子量约 4600000，由 60 条肽链组成多面体，直径约 30nm，可以在电子显微镜下观察到这种复合体。硫辛酸乙酰转移酶位于核心有 24 条肽链，丙酮酸脱羧酶也有 24 条肽链，二氢硫辛酸脱氢酶由 12 条肽链组成。这些肽链以非共价力结合在一起，在碱性条件时复合体可以解离成相应的亚基，在中性条件下 3 个酶又重新组合成复合体。所有的丙酮酸氧化脱羧的中间产物均紧密结合在复合体上。1 分子丙酮酸转变为 1 分子乙酰 CoA，生成 1 分子 $NADH+H^+$，放出 1 分子 CO_2。所生成的乙酰 CoA 随即可进入三羧酸循环被彻底氧化，此反应在真核细胞的线粒体基质中进行，这是连接糖酵解与三羧酸循环的中心环节。乙酰 CoA 可进入多种代谢途径代谢，$NADH+H^+$ 则进入呼吸链继续氧化。丙酮酸脱氢酶复合体中的多种辅助因子大多是由 B 族维生素参与构成的，一旦这些维生素缺乏，势必导致糖代谢障碍，如缺乏维生素 B_1，可引起“脚气病”；缺乏维生素 B_2，常可引起口角炎、舌炎等。

（三）乙酰 CoA 进入三羧酸循环（TCA）

1. 三羧酸的循环过程

在有氧条件下，乙酰 CoA 进入三羧酸循环后，经过两次脱羧反应生成 2 分子 CO_2；分别发生 4 次氧化脱氢反应，生成 $3NADH+H^+$ 和 $1FADH_2$；发生一次底物水平磷酸化，生成 1 分子 GTP。

（1）乙酰 CoA 与草酰乙酸缩合生成柠檬酸

$$\underset{\text{乙酰CoA}}{\begin{matrix}CH_3\\|\\CO\sim SCoA\end{matrix}} + \underset{\text{草酰乙酸}}{\begin{matrix}CH_2COOH\\|\\C=O\\|\\COOH\end{matrix}} + H_2O \xrightarrow{\text{柠檬酸合成酶}} \underset{\text{柠檬酸}}{\begin{matrix}CH_2COOH\\|\\HOC-COOH\\|\\CH_2COOH\end{matrix}} + CoASH$$

在柠檬酸合成酶的催化下，乙酰 CoA 与草酰乙酸缩合生成柠檬酸-CoA，然后高能硫酯键水解形成 1 分子柠檬酸并释放 CoASH。这是三羧酸循环途径的关键酶、限速酶。柠檬酸合成酶受 ATP、NADH、琥珀酰 CoA 及脂酰 CoA 抑制，受乙酰 CoA、草酰乙酸激活。

（2）柠檬酸异构化生成异柠檬酸　柠檬酸先脱水生成顺乌头酸，然后再加水生成异柠檬酸，反应由顺乌头酸酶催化。

$$\underset{\text{柠檬酸}}{\begin{matrix}CH_2COOH\\|\\HOC-COOH\\|\\CH_2COOH\end{matrix}} \xrightleftharpoons{\text{顺乌头酸酶}} \underset{\text{顺乌头酸}}{\begin{matrix}CH-COOH\\\|\\C-COOH\\|\\CH_2COOH\end{matrix}} + H_2O$$

$$\underset{\text{顺乌头酸}}{\begin{matrix}CH-COOH\\\|\\C-COOH\\|\\CH_2COOH\end{matrix}} + H_2O \xrightleftharpoons{\text{顺乌头酸酶}} \underset{\text{异柠檬酸}}{\begin{matrix}HOCH-COOH\\|\\HC-COOH\\|\\CH_2COOH\end{matrix}}$$

（3）异柠檬酸氧化脱羧生成 α-酮戊二酸　在异柠檬酸脱氢酶的催化下，异柠檬酸被氧化脱氢，生成草酰琥珀酸中间产物，是三羧酸循环的第一次氧化还原反应。中间物草酰琥珀酸是一个不稳定的 α-酮酸，迅速脱羧生成 α-酮戊二酸。异柠檬酸脱氢酶是 TCA 循环的第二个调节酶，产生能量过多时被抑制。生理条件下不可逆，是限速步骤。

$$\underset{\text{异柠檬酸}}{\begin{matrix}HOCH-COOH\\|\\HC-COOH\\|\\CH_2COOH\end{matrix}} + NAD^+ \xrightleftharpoons{\text{异柠檬酸脱氢酶}} \underset{\text{草酰琥珀酸}}{\begin{matrix}O=C-COOH\\|\\HC-COOH\\|\\CH_2COOH\end{matrix}} + NADH+H^+$$

$$\underset{\text{草酰琥珀酸}}{\begin{matrix}O=C-COOH\\|\\HC-COOH\\|\\CH_2COOH\end{matrix}} \xrightarrow[Mn^{2+}]{\text{异柠檬酸脱氢酶}} \underset{\alpha\text{-酮戊二酸}}{\begin{matrix}O=C-COOH\\|\\CH_2\\|\\CH_2COOH\end{matrix}} + CO_2$$

（4）α-酮戊二酸氧化脱羧生成琥珀酰 CoA　这是三羧酸循环中第二个氧化脱羧反应，由 α-酮戊二酸脱氢酶系催化，该步反应释放出大量能量，为不可逆反应，产生 1 分子 $NADH+H^+$ 和 1 分子 CO_2。α-酮戊二酸脱氢酶系是三羧酸循环的第三个调节酶，该步反应为不可逆反应，为限速步骤，该酶受 NADH 和琥珀酰 CoA 抑制。

$$\underset{\alpha\text{-酮戊二酸}}{\begin{matrix}O=C-COOH\\|\\CH_2\\|\\CH_2COOH\end{matrix}} + NAD^+ + CoASH \xrightarrow[FAD,\ Mg^{2+}]{\alpha\text{-酮戊二酸脱氢酶复合体，TPP}} \underset{\text{琥珀酰辅酶A}}{\begin{matrix}O\\\|\\CH_2-C\sim SCoA\\|\\CH_2COOH\end{matrix}} + CO_2 + NADH + H^+$$

（5）琥珀酰 CoA 生成琥珀酸　琥珀酰 CoA 含有一个高能硫酯键，是高能化合物，在琥珀酸硫激酶催化下，高能硫酯键水解释放的能量使 GDP 磷酸化生成 GTP，同时生成琥珀酸。GTP 很容易将磷酸基团转移给 ADP 形成 ATP。

这是三羧酸循环中唯一的底物水平磷酸化直接产生高能磷酸化合物的反应。

$$\underset{\text{琥珀酰辅酶A}}{\begin{matrix} CH_2-\overset{\overset{O}{\|}}{C}\sim SCoA \\ | \\ CH_2COOH \end{matrix}} + H_3PO_4 + GDP \xrightleftharpoons[Mg^{2+}]{\text{琥珀酰CoA合成酶}} \underset{\text{琥珀酸}}{\begin{matrix} CH_2COOH \\ | \\ CH_2COOH \end{matrix}} + GTP + CoASH$$

$$GTP + ADP \longrightarrow GDP + ATP$$

（6）琥珀酸氧化生成延胡索酸　在琥珀酸脱氢酶的催化下，琥珀酸被氧化脱氢生成延胡索酸，酶的辅基 FAD 是受氢体，这是三羧酸循环中的第三次氧化还原反应。

$$\underset{\text{琥珀酸}}{\begin{matrix} CH_2COOH \\ | \\ CH_2COOH \end{matrix}} + FAD \xrightleftharpoons{\text{琥珀酸脱氢酶}} \underset{\text{延胡索酸}}{\begin{matrix} CHCOOH \\ \| \\ CHCOOH \end{matrix}} + FADH_2$$

（7）延胡索酸加水生成苹果酸　在延胡索酸酶的催化下，延胡索酸水化生成苹果酸。

$$\underset{\text{延胡索酸}}{\begin{matrix} CHCOOH \\ \| \\ CHCOOH \end{matrix}} + H_2O \xrightleftharpoons{\text{延胡索酸酶}} \underset{\text{苹果酸}}{\begin{matrix} CH_2COOH \\ | \\ CHOH \\ | \\ COOH \end{matrix}}$$

（8）苹果酸氧化生成草酰乙酸　在苹果酸脱氢酶的催化下，苹果酸氧化脱氢生成草酰乙酸，NAD^+ 是受氢体。这是三羧酸循环中的第四次氧化还原反应，也是循环的最后一步反应。

$$\underset{\text{苹果酸}}{\begin{matrix} CH_2COOH \\ | \\ CHOH \\ | \\ COOH \end{matrix}} + NAD^+ \xrightleftharpoons{\text{苹果酸脱氢酶}} \underset{\text{草酰乙酸}}{\begin{matrix} CH_2COOH \\ | \\ C=O \\ | \\ COOH \end{matrix}} + NADH + H^+$$

三羧酸循环总反应式如下所示：

$$CH_3CO\sim SCoA + 3NAD^+ + FAD + GDP + Pi + 2H_2O \longrightarrow 3NADH + 3H^+ + FADH_2 + GTP + 2CO_2 + CoASH$$

现将上述三羧酸循环各步反应汇总，如图 8-2 所示。

2. 三羧酸循环的特点

（1）是在有氧条件下进行的连续循环的酶促反应过程　由草酰乙酸与乙酰 CoA 缩合成柠檬酸开始，以草酰乙酸的再生结束。循环 1 周，实际氧化了 1 分子乙酰 CoA。通过 2 次脱羧，生成 2 分子 CO_2，4 次脱下来的氢经呼吸链传递，与氧结合生成水并释放出能量。

（2）机体主要的产能方式　1 次三羧酸循环有 4 次脱氢反应，其中 3 次以 NAD^+ 为受氢体（每分子 $NADH+H^+$ 经呼吸链氧化可产生 2.5 分子 ATP），1 次以 FAD 为受氢体（1 分子 $FADH_2$ 经呼吸链氧化可产生 1.5 分子 ATP），可产生 9 分子 ATP，再加上底物水平磷酸化生成的 1 个 GTP，共产生 10 分子 ATP。

（3）单向反应体系　其中柠檬酸合成酶、异柠檬酸脱氢酶、α-酮戊二酸脱氢酶系是限速酶，催化单向不可逆反应。因此，三羧酸循环是不可逆转的。

（4）循环的中间物必须不断补充　尽管三羧酸循环 1 次只消耗 1 分子乙酰基，其中间产物可循环使用并无量的变化，然而由于体内各代谢途径相互交汇和转化，中间产物常可移出循环而参加其他代谢，如草酰乙酸可转变为天冬氨酸而参与蛋白质的合成，琥珀酰 CoA 可

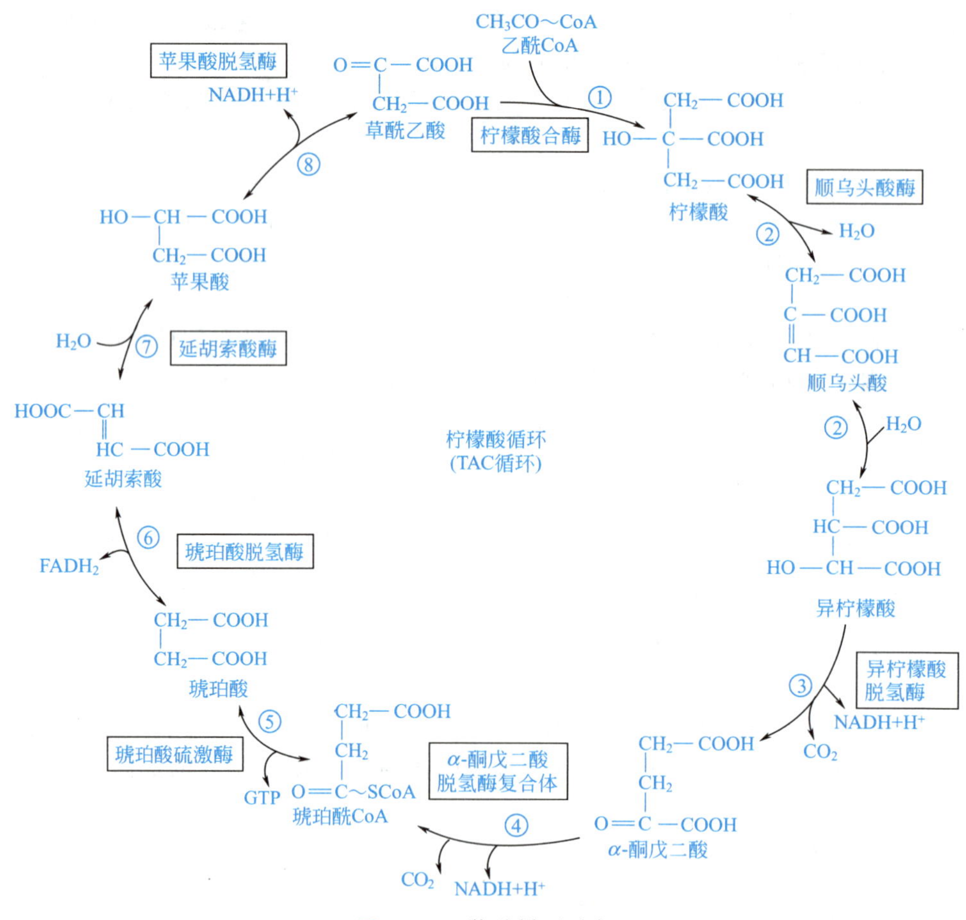

图 8-2 三羧酸循环示意

参与血红素合成等。为维持三羧酸循环中间产物的一定浓度，保证三羧酸循环的正常运转，必须不断补充消耗的中间产物。

3. 三羧酸循环的生物学意义

生物界中的动物、植物及微生物都普遍存在三羧酸循环途径，所以三羧酸循环具有普遍的生物学意义。

① 三羧酸循环是糖、脂肪和蛋白质彻底氧化分解的共同途径：糖、脂肪和蛋白质在体内代谢都可生成乙酰辅酶 A，然后经三羧酸循环彻底氧化。

② 三羧酸循环是糖、脂和蛋白质三大类物质代谢与转化的枢纽。一方面此循环的中间产物如草酰乙酸、α-酮戊二酸、乙酰 CoA 等是合成糖、氨基酸、脂肪等的原料；另一方面该循环是糖、蛋白质和脂肪彻底氧化分解的共同途径。蛋白质水解的产物如谷氨酸、天冬氨酸、丙氨酸等脱氨后或转氨后的碳架要通过三羧酸循环才能被彻底氧化；脂肪分解后的产物脂肪酸经 β-氧化后生成乙酰 CoA 以及甘油，也要经过三羧酸循环而被彻底氧化。因此三羧酸循环是联系三大类物质代谢的枢纽。在植物体内，三羧酸循环中间产物如柠檬酸、苹果酸等既是生物氧化基质，也是一定生长发育时期特定器官中的积累物质，如柠檬、苹果分别富含柠檬酸和苹果酸。

③ 三羧酸循环提供合成某些物质的原料。

4. TCA 循环的回补反应

三羧酸循环的中间物是许多生物合成的前体，如草酰乙酸和 α-酮戊二酸可用于合成天冬氨酸和谷氨酸，卟啉的碳原子来自琥珀酰辅酶 A。这样会降低草酰乙酸的浓度，抑制三羧酸循环。所以必须补充草酰乙酸。

用发酵法生产柠檬酸、L-谷氨酸时也要把 TCA 循环的途径切断或阻塞，这样微生物也会启用 TCA 循环的回补途径，以维持草酰乙酸的浓度。

（1）丙酮酸的羧化　丙酮酸在线粒体中的丙酮酸羧化酶催化下生成草酰乙酸，反应需生物素为辅酶。丙酮酸羧化酶是一个调节酶，它可被高浓度的乙酰 CoA 激活，是动物中最重要的回补反应，保证了三羧酸循环的进行。

$$\underset{\text{丙酮酸}}{\begin{array}{l}COOH\\ |\\ CO\\ |\\ CH_3\end{array}} + CO_2 + ATP + H_2O \xrightarrow[\text{生物素}]{\text{丙酮酸羧化酶}} \underset{\text{草酰乙酸}}{\begin{array}{l}COOH\\ |\\ CO\\ |\\ CH_2\\ |\\ COOH\end{array}} + ADP + Pi + 2H^+$$

（2）磷酸烯醇式丙酮酸的羧化　磷酸烯醇式丙酮酸（PEP）在磷酸烯醇式丙酮酸羧代酶作用下生成草酰乙酸。反应在胞液中进行，生成的草酰乙酸需转变成苹果酸后经穿梭进入线粒体，然后再脱氢生成草酰乙酸。

$$\underset{\text{磷酸烯醇式丙酮酸}}{\begin{array}{l}COOH\\ |\\ C-O\sim Ⓟ\\ \|\\ CH_2\end{array}} + GDP + CO_2 \xrightarrow{\text{磷酸烯醇式丙酮酸羧化酶}} \underset{\text{草酰乙酸}}{\begin{array}{l}COOH\\ |\\ CO\\ |\\ CH_2\\ |\\ COOH\end{array}} + GTP$$

（3）天冬氨酸和谷氨酸的转氨作用　天冬氨酸和谷氨酸经转氨作用，可形成草酰乙酸和 α-酮戊二酸。异亮氨酸、缬氨酸和苏氨酸、甲硫氨酸也可形成琥珀酰 CoA。

（4）苹果酸脱氢生成草酰乙酸　在动物、植物和微生物中，还存在由苹果酸酶催化丙酮酸羧化生成苹果酸，再在苹果酸脱氢酶（以 NADPH 为辅酶）的作用下，苹果酸脱氢生成草酰乙酸。

$$\begin{array}{l}COOH\\ |\\ CO\\ |\\ CH_3\end{array} + CO_2 + NADPH \xrightarrow{\text{苹果酸酶}} \begin{array}{l}COOH\\ |\\ CH_2\\ |\\ CHOH\\ |\\ COOH\end{array} + NADP^+$$

$$\begin{array}{l}COOH\\ |\\ CH_2\\ |\\ CHOH\\ |\\ COOH\end{array} + NAD^+ \xrightarrow{\text{苹果酸脱氢酶}} \begin{array}{l}COOH\\ |\\ CO\\ |\\ CH_2\\ |\\ COOH\end{array} + NADH + H^+$$

（5）乙醛酸循环　三羧酸循环是所有生物共有的有氧化谢途径，某些植物和微生物除进行三羧酸循环外，还有一个乙醛酸循环（图 8-3），作为三羧酸循环的补充。

乙醛酸循环是通过一分子乙酰 CoA 和草酰乙酸缩合成柠檬酸，经顺乌头酸酶催化，生成异柠檬酸，由异柠檬酸裂解酶裂解成乙醛酸和琥珀酸。琥珀酸经脱氢、水化、脱氢生成草酰乙酸，补偿开始消耗掉的草酰乙酸。

乙醛酸与另一分子乙酰 CoA 在苹果酸合成酶的催化下，合成苹果酸，苹果酸脱氢生成草酰乙酸。

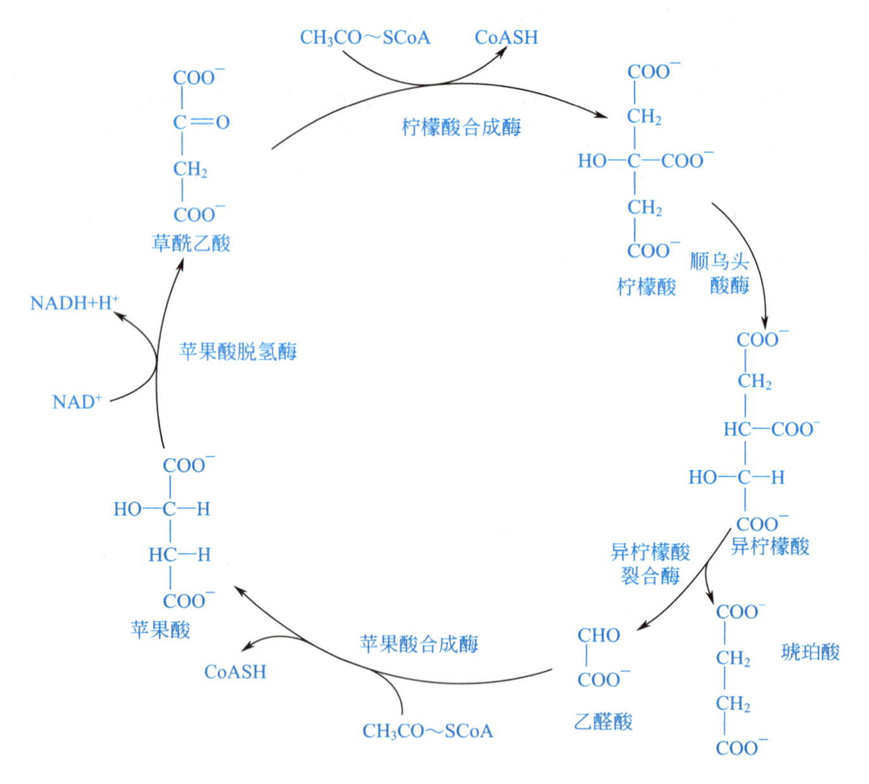

图 8-3 乙醛酸循环的反应过程

过量的草酰乙酸可以糖异生成葡萄糖，因此，乙醛酸循环可以使脂肪酸的降解产物乙酰CoA经草酰乙酸转化成葡萄糖，供给种子萌发时对糖的需要。

植物中，乙醛酸循环只存在于种子苗期，而生长后期则无乙醛酸循环。哺乳动物及人体中，不存在乙醛酸循环，因此，乙酰CoA不能在体内生成糖和氨基酸。

乙醛酸循环总反应：

$$2CH_3CO \sim SCoA + NAD^+ + 2H_2O \longrightarrow \text{琥珀酸} + 2CoASH + NADH + 2H^+$$

二、糖的有氧氧化的生理意义

有氧氧化的主要生理意义是为机体提供能量。生理条件下，机体绝大多数组织细胞通过有氧氧化获取能量。1分子葡萄糖彻底氧化为CO_2和H_2O，净产生32或30分子ATP，是糖酵解产能的16或15倍（表8-1）。产能的变化是由第一阶段胞液中产生的2对氢（受体为NAD^+），在不同组织中进入线粒体的穿梭方式不同造成的（详见第七章）。

表 8-1 葡萄糖有氧氧化生成的ATP数量

	反应	受氢体	ATP
第一阶段	葡萄糖→6-磷酸葡萄糖		−1
	6-磷酸果糖→1,6-二磷酸果糖		−1
	2×3-磷酸甘油醛→2×1,3-二磷酸甘油酸	NAD^+	2×2.5 或 2×1.5①
	2×1,3-二磷酸甘油酸→2×3-磷酸甘油酸		2×1
	2×磷酸烯醇式丙酮酸→2×丙酮酸		2×1
第二阶段	2×丙酮酸→2×乙酰CoA	NAD^+	2×2.5

续表

	反应	受氢体	ATP
第三阶段	2×异柠檬酸→2×α-酮戊二酸	NAD^+	2×2.5
	2×α-酮戊二酸→2×琥珀酰 CoA	NAD^+	2×2.5
	2×琥珀酰 CoA→2×琥珀酸		2×1
	2×琥珀酸→2×延胡索酸	FAD	2×1.5
	2×苹果酸→2×草酰乙酸	NAD^+	2×2.5
净生成 ATP			32(或 30)

① $NADH+H^+$ 进入线粒体方式不同产生的 ATP 数量亦不同。经苹果酸-天冬氨酸穿梭，1 分子 $NADH+H^+$ 产生 2.5 分子 ATP；若经 α-磷酸甘油穿梭，1 分子 $NADH+H^+$ 产生 1.5 分子 ATP。

第三节　磷酸戊糖途径

糖的无氧酵解和有氧氧化过程是生物体内糖分解代谢的主要途径，但并非唯一途径。经研究发现，在糖酵解的过程中加入抑制剂，如碘乙酸或氟化钠后，糖酵解过程被抑制，但葡萄糖仍有一定的消耗，说明葡萄糖还有其他分解代谢途径。1954 年 Racker、1955 年 Gunsalus 等人发现了磷酸戊糖途径，又称磷酸己糖支路（HMP）。

磷酸戊糖途径的主要特点是葡萄糖直接氧化脱氢和脱羧，不必经过糖酵解和三羧酸循环，脱氢酶的辅酶不是 NAD^+ 而是 $NADP^+$，产生的 NADPH 作为还原力以供生物合成用，而不是传递给 O_2，无 ATP 的产生与消耗。

一、磷酸戊糖途径的过程

磷酸戊糖途径在胞液中进行，整个途径可分为氧化阶段和非氧化阶段：氧化阶段从 6-磷酸葡萄糖氧化开始，直接氧化脱氢脱羧形成 5-磷酸核糖；非氧化阶段是磷酸戊糖分子在转酮酶和转醛酶的催化下互变异构及重排，产生 6-磷酸果糖和 3-磷酸甘油醛。此阶段产生中间产物有三碳糖（C_3）、四碳糖（C_4）、五碳糖（C_5）、六碳糖（C_6）和七碳糖（C_7）。

1. 不可逆的氧化脱羧阶段

第一阶段包括三种酶催化的 3 步反应，即脱氢、水解和脱氢脱羧反应，是不可逆的氧化阶段，由 $NADP^+$ 作为氢的受体，脱去 1 分子 CO_2，生成五碳糖。

（1）6-磷酸葡萄糖的脱氢反应　在 6-磷酸葡萄糖脱氢酶作用下，以 $NADP^+$ 为辅酶，催化 6-磷酸葡萄糖脱氢，生成 6-磷酸葡萄糖酸-δ-内酯及 NADPH。

6-磷酸葡萄糖 $+NADP^+$ —6-磷酸葡萄糖脱氢酶→ 6-磷酸葡萄糖酸-δ-内酯 $+NADPH+H^+$

（2）6-磷酸葡萄糖酸-δ-内酯的水解反应　在 6-磷酸葡萄糖酸-δ-内酯酶催化下，6-磷酸葡萄糖酸-δ-内酯水解，生成 6-磷酸葡萄糖酸。

6-磷酸葡萄糖酸-δ-内酯 $+H_2O$ ⇌（6-磷酸葡萄糖酸-δ-内酯酶）6-磷酸葡萄糖酸

（3）6-磷酸葡萄糖酸的脱氢脱羧反应　在6-磷酸葡萄糖酸脱氢酶作用下，以辅酶 $NADP^+$ 为氢受体，催化6-磷酸葡萄糖酸氧化脱羧，生成5-磷酸核酮糖和另一分子NADPH。

6-磷酸葡萄糖酸 $+NADP^+$ ⇌（6-磷酸葡萄糖酸脱氢酶）5-磷酸核酮糖 $+CO_2+NADPH+H^+$

2. 可逆的非氧化分子重排阶段

第二阶段是可逆的非氧化阶段，包括异构化、转酮反应和转醛反应，使糖分子重新组合。

（1）磷酸戊糖的异构化反应　磷酸核糖异构酶催化5-磷酸核酮糖转变为5-磷酸核糖。而磷酸戊酮糖表异构酶催化5-磷酸核酮糖转变为5-磷酸木酮糖。

5-磷酸木酮糖 ⇌（表异构酶）5-磷酸核酮糖 ⇌（异构酶）5-磷酸核糖

（2）转酮反应　转酮酶催化5-磷酸木酮糖上的乙酮醇基（羟乙酰基）转移到5-磷酸核糖的第一个碳原子上，生成3-磷酸甘油醛和7-磷酸景天庚酮糖。在此，转酮酶转移一个二碳单位，二碳单位的供体是酮糖，而受体是醛糖。转酮酶以硫胺素焦磷酸（TPP）为辅酶，其作用机理与丙酮酸脱氢酶系中TPP类似。

5-磷酸木酮糖 + 5-磷酸核糖 →（转酮酶）3-磷酸甘油醛 + 7-磷酸景天庚酮糖

（3）转醛反应　转醛酶催化7-磷酸景天庚酮糖上的二羟丙酮基转移给3-磷酸甘油醛，生成4-磷酸赤藓糖和6-磷酸果糖。转醛酶转移一个三碳单位。

7-磷酸景天庚酮糖 + 3-磷酸甘油醛 $\xrightleftharpoons{\text{转醛酶}}$ 4-磷酸赤藓糖 + 6-磷酸果糖

（4）转酮反应　转酮酶催化5-磷酸木酮糖上的乙酮醇基（羟乙酰基）转移到4-磷酸赤藓糖的第一个碳原子上，生成3-磷酸甘油醛和6-磷酸果糖。转酮酶转移的二碳单位供体是酮糖，受体是醛糖。

5-磷酸木酮糖 + 4-磷酸赤藓糖 $\xrightleftharpoons{\text{转酮酶}}$ 3-磷酸甘油醛 + 6-磷酸果糖

现将上述磷酸戊糖途径反应过程汇总，如图8-4所示。

磷酸戊糖途径总反应式如下所示：

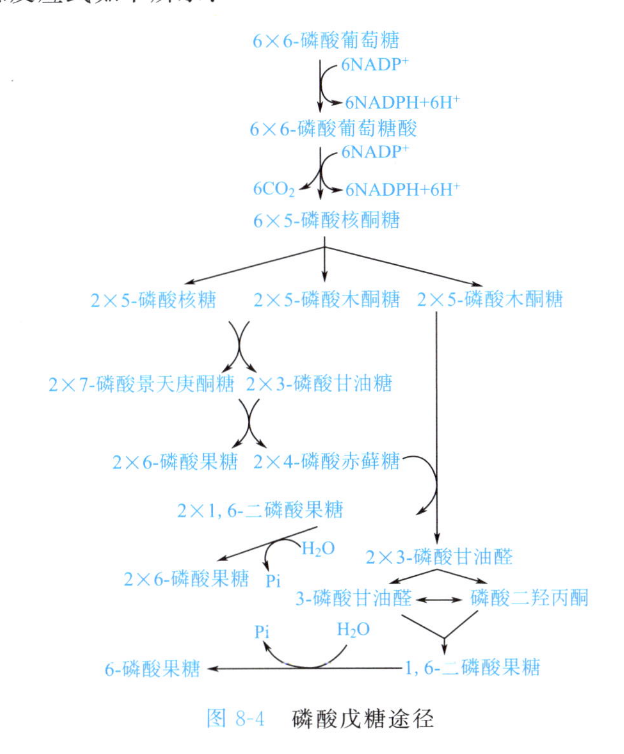

图8-4　磷酸戊糖途径

$$6G\text{-}6\text{-}P+12NADP^{+}+7H_2O \longrightarrow 5G\text{-}6\text{-}P+6CO_2+12NADPH+12H^{+}+Pi$$

二、磷酸戊糖途径的生物学意义

磷酸戊糖途径是生物中普遍存在的一种糖代谢途径，具有多种生物学意义。

① 产生大量的NADPH，为细胞的各种合成反应提供氢。

$NADPH+H^{+}$作为氢和电子供体，是脂肪酸和胆固醇的合成，非光合细胞中硝酸盐、亚硝酸盐的还原，氨的同化，以及丙酮酸羧化还原成苹果酸等反应所必需的。

② 磷酸戊糖途径的中间产物为许多化合物的合成提供原料。

如5-磷酸核糖是合成核苷酸的原料，也是NAD^{+}、$NADP^{+}$、FAD等的组分；4-磷酸赤藓糖可与糖酵解产生的中间产物磷酸烯醇式丙酮酸合成莽草酸，最后合成芳香族氨基酸。此外，核酸的降解产物核糖也需由磷酸戊糖途径进一步分解。所以磷酸戊糖途径与核酸及蛋白质的代谢联系密切。

③ 磷酸戊糖途径与光合作用有密切关系。

在磷酸戊糖途径的非氧化重排阶段中，一系列中间产物三碳糖、四碳糖、五碳糖、七碳糖及酶类与光合作用中开尔文循环的大多数中间产物和酶相同。

④ 磷酸戊糖途径与糖的有氧、无氧分解是相互联系的。

磷酸戊糖途径中间产物3-磷酸甘油醛是3种代谢途径的枢纽点（图8-5）。如果磷酸戊糖途径受阻，3-磷酸甘油醛则进入无氧或有氧分解途径；反之，如果用碘乙酸抑制3-磷酸甘油醛脱氢酶，使糖酵解和三羧酸循环不能进行，3-磷酸甘油醛则进入磷酸戊糖途径。磷酸戊糖途径在整个代谢过程中没有氧的参与，但可使葡萄糖降解，这在种子萌发的初期作用很大。植物染病或受伤时，磷酸戊糖途径增强，所以该途径与植物的抗病能力有一定关系。糖分解途径的多样性，是物质代谢上所表现出的生物对环境的适应性。

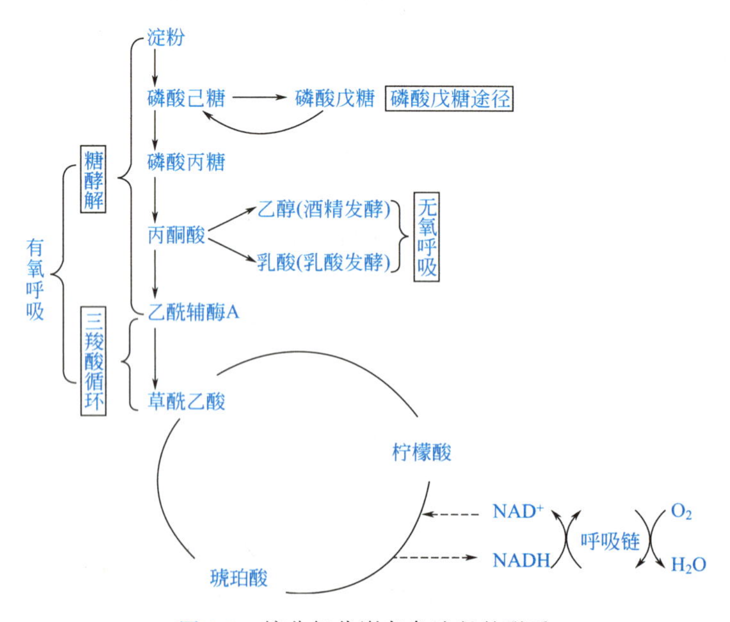

图8-5 糖分解代谢各条途径的联系

通常，磷酸戊糖途径在机体内可与三羧酸循环同时进行，但在不同生物及不同组织器官中所占比例不同。如在植物中，有时可占50%以上，在动物及多种微生物中约有30%的葡萄糖经此途径氧化。

第四节　糖原的代谢

糖原是由若干葡萄糖单位组成的具有分支的大分子多糖，是体内糖的储存形式。糖原分子中的葡萄糖单位主要以 α-1,4-糖苷键相连形成直链，部分以 α-1,6-糖苷键相连构成支链。一条糖链有 1 个还原端、1 个非还原端，每形成 1 个分支即多出 1 个非还原端，糖原的合成与分解都由非还原端开始。

糖原主要储存于肝脏和肌肉组织，分别称为肝糖原和肌糖原。肝糖原能直接分解为葡萄糖以维持血糖浓度，约占肝重的 6%～8%，肌糖原约占肌肉总量的 1%～2%，但肌糖原不能直接补充血糖，主要为肌肉的收缩提供能量。

一、糖原合成

1. 概念

由单糖（如葡萄糖）合成糖原的过程称为糖原合成。肝糖原可以由任何单糖（如葡萄糖、果糖、半乳糖等）为原料进行合成，而肌糖原只能以葡萄糖为原料。糖原合成在胞液进行，消耗 ATP 和 UTP。

2. 反应过程

（1）葡萄糖的磷酸化　此反应是由己糖激酶（或葡萄糖激酶）催化的不可逆反应，由 ATP 供能，葡萄糖转变成 6-磷酸葡萄糖。

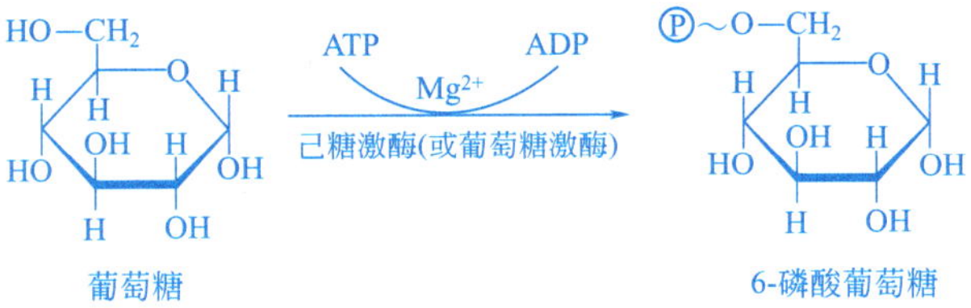

葡萄糖 —— ATP → ADP，Mg^{2+}，己糖激酶(或葡萄糖激酶) ——→ 6-磷酸葡萄糖

（2）1-磷酸葡萄糖的生成　在磷酸葡萄糖变位酶的催化下，6-磷酸葡萄糖转变为 1-磷酸葡萄糖。

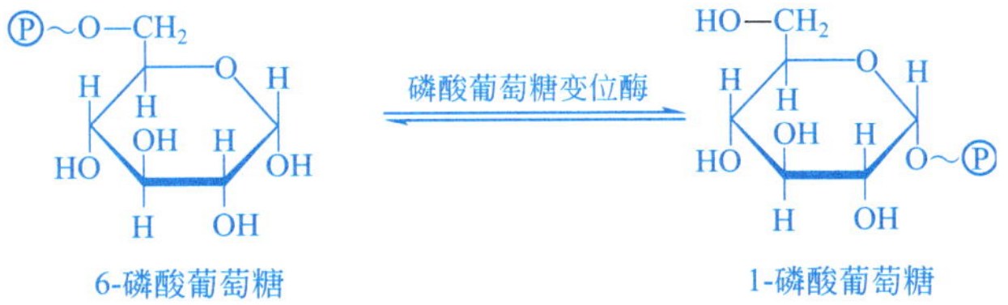

6-磷酸葡萄糖 ⇌（磷酸葡萄糖变位酶）1-磷酸葡萄糖

（3）尿苷二磷酸葡萄糖（UDPG）的生成　在 UDPG 焦磷酸化酶的作用下，1-磷酸葡萄糖与 UTP 作用，生成 UDPG，释放出焦磷酸。

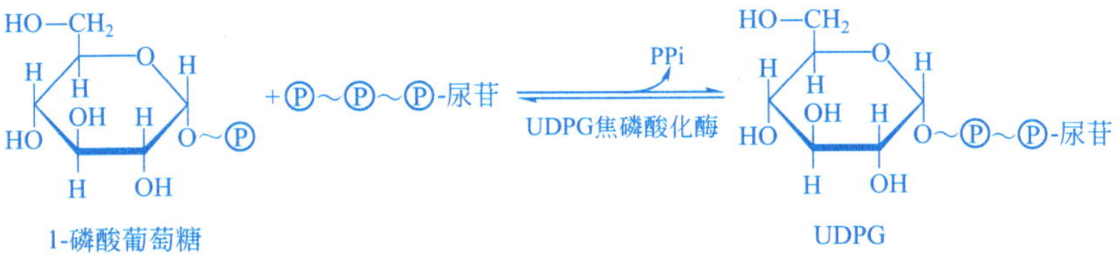

1-磷酸葡萄糖 + Ⓟ~Ⓟ~Ⓟ-尿苷 ⇌（UDPG焦磷酸化酶，PPi）UDPG

（4）糖原的合成　UDPG 中的葡萄糖单位在糖原合成酶作用下，转移到原有的糖原引

物上，在非还原端以α-1,4-糖苷键连接，每次反应糖原引物便增加1个葡萄糖单位。

$$\text{UDPG}+\text{糖原}(G_n)\xrightarrow{\text{糖原合成酶}}\text{UDP}+\text{糖原}(G_{n+1})$$

3. 反应特点

① 糖原合成酶催化的糖原合成反应不能从头开始　糖原合成过程中必须有1个多聚葡萄糖的引物，在其非还原端每次增加1个葡萄糖单位。

② 糖原合成酶只能催化糖原碳链的延长　糖原合成酶不能催化形成分支，当糖链长度达11个葡萄糖残基时，分支酶就将7个葡萄糖残基的糖链转移到另一糖链上，以α-1,6-糖苷键相连，形成糖原分支。

③ 糖原合成酶是糖原合成的关键酶　其活性受胰岛素的调控。

④ UDPG是体内葡萄糖的供体　UDPG中的葡萄糖是活性葡萄糖；糖原引物每增加1分子葡萄糖，需要消耗2个高能磷酸键。

二、糖原分解

1. 概念

肝糖原分解为葡萄糖以补充血糖的过程，称为糖原分解。肌糖原不能分解为葡萄糖补充血糖，而是经糖酵解生成乳酸，再经糖异生转变为葡萄糖。

2. 反应过程

（1）1-磷酸葡萄糖的生成　在磷酸化酶的作用下，糖原分子非还原端的α-1,4-糖苷键水解，逐个生成1-磷酸葡萄糖。

$$\text{糖原}(G_n)+\text{Pi}\xrightarrow{\text{磷酸化酶}}\text{糖原}(G_{n-1})+\text{1-磷酸葡萄糖}$$

（2）6-磷酸葡萄糖的生成　在变位酶的作用下，1-磷酸葡萄糖转变为6-磷酸葡萄糖。

$$\text{1-磷酸葡萄糖}\xrightleftharpoons{\text{磷酸葡萄糖变位酶}}\text{6-磷酸葡萄糖}$$

（3）葡萄糖的生成　在6-磷酸葡萄糖酶的作用下，6-磷酸葡萄糖水解为葡萄糖。

$$\text{6-磷酸葡萄糖}+H_2O\xrightarrow{\text{葡萄糖-6-磷酸酶}}\text{葡萄糖}+\text{Pi(磷酸)}$$

3. 反应特点

① 磷酸化酶催化糖原水解，只能作用于α-1,4-糖苷键，而对α-1,6-糖苷键无作用，当催化至距α-1,6-糖苷键4个葡萄糖单位时就不再起作用，而是由脱支酶继续催化糖原水解。

② 脱支酶将3个葡萄糖基转移到邻近糖链的末端，仍以α-1,4-糖苷键连接，剩下1个以α-1,6-糖苷键连接的葡萄糖基被脱支酶水解成游离的葡萄糖。磷酸化酶与脱支酶交替作用，完成糖原的分解过程。

③ 磷酸化酶是糖原分解的限速酶。

④ 6-磷酸葡萄糖酶只存在于肝和肾，肌肉组织中没有该酶，因此肌糖原不能分解为葡萄糖，而只有肝、肾组织中的糖原才能直接分解为葡萄糖用以补充血糖。

第五节　糖的异生作用

由非糖物质转变为葡萄糖或糖原的过程，称为糖的异生作用。能进行糖异生的非糖物质主要有丙酮酸、乳酸、甘油及生糖氨基酸等。肝脏是进行糖异生的主要器官，在长期饥饿或酸中毒时，肾脏的糖异生作用可大大加强。

植物可利用光、CO_2 和 H_2O 合成糖；动物可以通过糖的异生作用将上述非糖物质转化成糖。

一、生化反应过程

由丙酮酸异生成糖，并非全靠糖酵解的逆反应，因为糖酵解过程中有三个限速酶（丙酮酸激酶、磷酸果糖激酶和己糖激酶）催化的反应是不可逆的。因此，丙酮酸在异生为糖的过程中，就要绕过这三个不可逆反应（能障）。

1. 丙酮酸激酶所催化的反应

由丙酮酸激酶催化的反应，可由下列两个酶催化的反应代替。

（1）丙酮酸羧化酶　该酶分布在线粒体中，是一种大的变构蛋白，为四聚体，分子量为660000，需要乙酰辅酶A作为活化剂，以生物素为辅酶。在胞浆中由乳酸或磷酸烯醇式丙酮酸形成的丙酮酸必须先进入到线粒体中。丙酮酸转变为草酰乙酸反应如下：

$$\underset{\text{丙酮酸}}{\begin{array}{l}COOH\\ |\\ C{=}O\\ |\\ CH_3\end{array}} + CO_2 + ATP \xrightarrow{\text{丙酮酸羧化酶}} \underset{\text{草酰乙酸}}{\begin{array}{l}COOH\\ |\\ C{=}O\\ |\\ CH_2\\ |\\ COOH\end{array}} + ADP + Pi$$

（2）磷酸烯醇式丙酮酸（PEP）羧激酶　该酶存在于胞浆中，磷酸化的同时脱去 CO_2，形成磷酸烯醇式丙酮酸：

$$\underset{\text{草酰乙酸}}{\begin{array}{l}COOH\\ |\\ C{=}O\\ |\\ CH_2\\ |\\ COOH\end{array}} + GTP \xrightarrow{\text{磷酸烯醇式丙酮酸羧激酶}} \underset{\text{磷酸烯醇式丙酮酸}}{\begin{array}{l}COOH\\ |\\ C{-}O{\sim}Ⓟ\\ \|\\ CH_2\end{array}} + GDP + CO_2$$

由丙酮酸转变为磷酸烯醇式丙酮酸的总反应为：

$$\begin{array}{l}COOH\\ |\\ C{=}O\\ |\\ CH_3\end{array} + ATP + GTP \rightleftharpoons \begin{array}{l}COOH\\ |\\ C{-}O{\sim}Ⓟ\\ \|\\ CH_2\end{array} + ADP + GDP + Pi$$

此过程需要消耗2分子ATP。

2. 磷酸果糖激酶所催化的反应

磷酸果糖激酶所催化的反应也是不可逆的，由1,6-二磷酸果糖磷酸酯酶催化，将1,6-二磷酸果糖水解脱去一个磷酸基，生成6-磷酸果糖。

$$\text{1,6-二磷酸果糖} + H_2O \xrightarrow{\text{1,6-二磷酸果糖磷酸酯酶}} \text{6-磷酸果糖} + H_3PO_4$$

3. 己糖激酶所催化的反应

己糖激酶所催化的反应也是不可逆的，由6-磷酸葡萄糖磷酸酯酶催化，把6-磷酸葡萄糖转变为葡萄糖。

$$\text{6-磷酸葡萄糖} + H_2O \xrightarrow{\text{6-磷酸葡萄糖磷酸酯酶}} \text{葡萄糖} + H_3PO_4$$

二、糖异生的调控

在细胞生理浓度下，糖异生和糖酵解两条途径的各种酶并非同时具有高活性，它们之间的作用是相互配合的，有许多别构酶的效应物，在保持相反途径的协调作用中起着重要的作用。

① 高浓度的6-磷酸葡萄糖活化6-磷酸葡萄糖磷酸酯酶，抑制己糖激酶，促进了糖的异生。

② 糖异生和糖酵解的调控点是6-磷酸果糖与1,6-二磷酸果糖的转化。糖异生的关键调控酶是1,6-二磷酸酯酶，而糖酵解的关键酶是磷酸果糖激酶。ATP刺激激酶的活性，抑制酯酶；柠檬酸则相反，提高酯酶的活性。所以当柠檬酸积累时，促进糖异生过程。

③ 丙酮酸到磷酸烯醇式丙酮酸的转化在糖异生途径中由丙酮酸羧化酶调节，在酵解中被丙酮酸激酶催化。乙酰辅酶A促进丙酮酸羧化酶的活性，抑制丙酮酸脱羧酶的活性。因此当线粒体中乙酰辅酶A的浓度超过燃料要求时，促进糖的异生，合成葡萄糖。丙酮酸是糖异生合成葡萄糖的原料，但对丙酮酸激酶有抑制作用，所以也促进糖异生过程的发生。

三、糖异生的重要意义

糖异生作用是生物合成葡萄糖的一个重要途径。生物通过此过程可将酵解产生的乳酸，脂肪分解产生的甘油与脂肪酸及生糖氨基酸等中间产物重新转化成糖。在种子萌发时，储藏性的脂肪与蛋白质可以经过糖异生作用转变成碳水化合物，一般以蔗糖为主，因为蔗糖可以运输，也可供种子萌发及幼苗生长的需要。葡萄糖异生作用虽不是植物的普遍特征，但在很多幼苗的代谢中却占优势。油料作物种子萌发时，由脂肪异生成糖的反应尤其强烈。

另外，人和动物的红细胞及大脑是以葡萄糖为主要能量，成人每天需160g葡萄糖，而其中120g葡萄糖用于脑代谢。

糖异生主要在肝脏中进行，肾上腺皮质中也有此作用，脑和肌肉细胞中很少。因此，在血中葡萄糖浓度降低时首先是脑受到伤害。

第六节 血　糖

血浆中的葡萄糖称为血糖。正常情况下，人体血糖含量相对稳定，维持在3.89～6.11mmol/L（葡萄糖氧化酶法）。全身各组织细胞均从血液中获得葡萄糖，尤其是脑组织和红细胞，它们几乎没有糖原储存，必须随时由血液提供。血糖降低，势必会影响脑组织的生理功能，严重时可引起脑功能障碍，出现昏迷，严重时可致死亡。

一、血糖的来源和去路

1. 血糖的来源

（1）食物中糖类的消化吸收　这是血糖最基本的来源。食物中糖类在消化道酶的作用下水解为葡萄糖等单糖，由肠黏膜吸收后经门静脉入肝，部分以肝糖原形式储存，部分进入血液循环运送至其他组织储存或利用。

（2）肝糖原的分解　这是空腹时血糖的重要来源。空腹时，血糖浓度降低，肝糖原分解为葡萄糖释放入血，以补充血糖。

（3）糖异生作用　这是饥饿时血糖的主要来源。长期饥饿时，肝糖原已不足以维持血糖浓度，此时大量非糖物质经糖异生作用转变为葡萄糖，维持血糖的正常水平。

2. 血糖的去路

（1）氧化分解供能　这是血糖最主要的去路。血糖进入组织细胞后，氧化分解供能，以供机体生理需要。

（2）合成糖原储存　血糖可进入肝、肌肉等组织，合成肝糖原、肌糖原储存。

（3）转变为其他物质　血糖还可转变为脂肪、某些非必需氨基酸和其他糖及其衍生物（如核糖等）。

（4）随尿排出　这是糖的非正常去路。当血糖超过肾小管最大重吸收能力时，则糖从尿液中排出，出现糖尿。

二、血糖浓度的调节

1. 器官水平的调节

肝脏是体内调节血糖浓度的主要器官。肝脏通过肝糖原的合成、分解和糖异生作用维持血糖浓度的恒定。当进食后血糖浓度增高时，肝糖原合成增加，从而使血糖水平不致过度升高；空腹时肝糖原分解加强，用以补充血糖浓度，饥饿或禁食情况下，肝的糖异生作用加强，以维持血糖浓度，从而保证脑组织和红细胞等对葡萄糖的需要。

2. 激素水平的调节

调节血糖浓度的激素有两大类：一类是降低血糖的激素，即胰岛素；另一类是升高血糖的激素，有肾上腺素、胰高血糖素、肾上腺糖皮质激素和生长素等。这两类激素的作用相互对立、相互制约，通过调节糖氧化分解、糖原合成和分解、糖异生等途径中的关键酶或限速酶的活性或含量来调节血糖的浓度。其作用如表 8-2 所示。

表 8-2　激素对血糖水平的调节

激素类型	激素名称	调节血糖机理
降低血糖的激素	胰岛素	1. 促进肌肉、脂肪组织细胞膜对葡萄糖的通透性，利于葡萄糖进入细胞内进行各种代谢 2. 加速糖原合成，抑制糖原分解 3. 促进葡萄糖的有氧氧化 4. 抑制肝内糖异生 5. 抑制激素敏感脂肪酶，减少脂肪动员
升高血糖的激素	胰高血糖素	1. 促进肝糖原分解 2. 抑制糖酵解，促进糖异生 3. 激活激素敏感脂肪酶，加速脂肪动员
	糖皮质激素	1. 促进肝外蛋白质分解，产生的氨基酸转移到肝进行糖异生 2. 协助促进脂肪动员
	肾上腺素	1. 加速肝糖原分解 2. 促进肌糖原酵解成乳酸，转入肝异生成糖
	生长素	1. 抑制葡萄糖进入细胞 2. 促进糖异生

三、糖耐量及耐糖曲线

1. 耐糖现象

正常人体内存在一整套精细的调节糖代谢的机制，在一次性食入大量葡萄糖之后，其血糖浓度也仅暂时升高，约过 2h 左右即可恢复正常水平，血糖水平不会出现大的波动和持续升高。人体对摄入的葡萄糖具有很大耐受能力的这种现象称为葡萄糖耐量或耐糖现象。

2. 耐糖曲线

医学上对病人做糖耐量试验可以帮助诊断某些与糖代谢障碍相关的疾病。常用的试验方法是测试受试者清晨空腹血糖的浓度，然后一次性进食 100g 葡萄糖（或按照每千克体重 1.5～1.75g），进食后，每隔半小时或者 1h 测血糖一次，测至 3～4h 为止。以时间为横坐标，血糖浓度为纵坐标绘成的曲线称为耐糖曲线。

正常人的耐糖曲线特点是：食入糖后血糖迅速升高，约 1h 可达 8.33mmol/L(1.5mg/ml)，然后血糖又迅速降低，在 2～3h 即降至正常水平，而糖尿病和艾迪生病患者的耐糖曲线跟正常人有很大差别，见图 8-6。

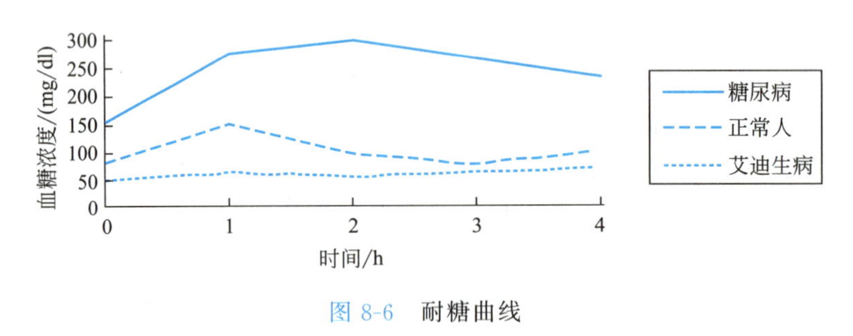

图 8-6 耐糖曲线

四、高血糖与低血糖

临床上因糖代谢障碍可发生血糖水平紊乱，常见有以下两种类型。

（1）高血糖　临床上将空腹血糖高于 7.22～7.28mmol/L 称为高血糖。当血糖浓度高于 8.89～10.00mmol/L 时，即超过了肾小管的重吸收能力，则可出现糖尿，这一血糖水平称为肾糖阈。持续性高血糖和糖尿，特别是空腹血糖和糖耐量曲线高于正常范围，主要见于糖尿病。

（2）低血糖　空腹血糖浓度低于 3.33～3.89mmol/L 时称为低血糖。低血糖影响脑组织的正常功能，因为脑细胞所需的能量主要来自葡萄糖的氧化。当血糖水平过低时，就会影响脑细胞的功能，从而出现头晕、倦怠无力、心悸，严重时出现昏迷，称为低血糖休克。如不及时给病人静脉补充葡萄糖，可导致死亡。

微课扫一扫

本章小结

糖是有机体重要的能源和碳源。糖代谢包括糖的合成与糖的分解两方面。在生物体内，糖（主要是葡萄糖）的分解代谢是生命活动所需能量（如 ATP）的来源。生物体从碳水化合物中获得能量大致分成三个阶段：在第一阶段，大分子糖变成小分子糖，如淀粉、糖原等变成葡萄糖；在第二阶段，葡萄糖通过糖酵解途径降解为丙酮酸，丙酮酸再转变为活化的酰基载体——乙酰辅酶 A；在第三阶段，乙酰辅酶 A 通过三羧酸循环途径彻底氧化成 CO_2，当电子传递给最终的电子受体 O_2 时生成 ATP。这是动物、植物和微生物获得能量以维持生存的共同途径，也是糖分解的一条主要途径。除此之外，还包括一些重要的中间代谢途径。如磷酸戊糖途径、乙醛酸途径等。糖的分解途径是生物技术专业学习的主要内容，发酵工程产品的很多发酵机理都与糖的分解代谢有关，糖代谢的机理和调控对掌握发酵机理和发酵过程的调控是有好处的。糖代谢中最重要的途径是 EMP 途径、TCA 循环和 HMP 途径和糖异生作用。

糖酵解途径中，葡萄糖在一系列酶的催化下，经 10 步反应降解为 2 分子丙酮酸，同时产生 2 分子 $NADH_2$ 和 2 分子 ATP。主要步骤为：①葡萄糖磷酸化形成二磷酸果糖；②二磷酸果糖分解成为磷酸甘油醛和磷酸二羟丙酮，二者可以互变；③磷酸甘油醛脱去 2H 及磷酸变成丙酮酸，脱去的 2H 被 NAD^+ 所接受，形成 $NADH_2$。在有氧条件下，丙酮酸进入线粒体氧化脱羧转变为乙酰辅酶 A，同时产生 1 分子 $NADH_2$。乙酰辅酶 A 进入三羧酸循环，最后氧化为 CO_2 和 H_2O。在厌氧条件下，丙酮酸可生成乳酸和乙醇。同时 NAD^+ 得到再生，使糖酵解过程持续进行。

三羧酸循环在线粒体基质中，丙酮酸氧化脱羧生成的乙酰辅酶 A，再与草酰乙酸缩合成柠檬酸，进入三羧酸循环。柠檬酸经脱水加水转变成异柠檬酸，异柠檬酸经连续两次脱羧和脱氢生成琥珀酰 CoA；琥珀酰 CoA 发生底物水平磷酸化产生 1 分子 GTP 和琥珀酸；琥珀酸再脱氢、加水及再脱氢作用依次变成延胡索酸，苹果酸及循环开始的草酰乙酸。三羧酸循环每循环一次放出 2 分子 CO_2，产生 3 分子 $NADH+H^+$ 和 1 分子 $FADH_2$。

磷酸戊糖途径在胞质中，在磷酸戊糖途径中磷酸葡萄糖经氧化阶段和非氧化阶段被氧化分解为 CO_2，同时产生 $NADPH+H^+$。其主要过程是 6-磷酸葡萄糖脱氧生成 6-磷酸葡萄糖酸，再脱氢，脱羧生成 5-磷酸核酮糖。6 分子 5-磷酸核酮糖经转酮反应和转醛反应生成 5 分子 6-磷酸葡萄糖。中间产物 3-磷酸甘油醛，6-磷酸果糖与糖酵解相衔接；5-磷酸核糖是合成核酸的原料，4-磷酸赤藓糖参与芳香族氨基酸的合成；$NADPH^++H^+$ 提供各种合成代谢所需要的还原力。

糖原是体内糖的储存形式。肝和肌肉是储存糖原的主要组织。由葡萄糖经 UDPG 合成糖原是肝糖原和肌糖原合成的主要途径。糖原分解习惯上指肝糖原分解成为葡萄糖补充血糖，肌糖原由于缺乏 6-磷酸葡萄糖酶不能补充血糖。糖原合成与分解的关键酶分别是糖原合成酶及磷酸化酶。

糖异生作用是指非糖物质如丙酮酸、草酰乙酸和乳酸等在一系列酶的作用下合成糖的过程，称为糖异生作用。糖异生作用不是糖酵解的逆反应，因为要克服糖酵解的三个不可逆反应，且反应过程是在线粒体和细胞液中进行的。2 分子乳酸经糖异生转变为 1 分子葡萄糖需消耗 4 分子 ATP 和 2 分子 GTP。

糖代谢中有很多变构酶可以调节代谢的速度。酵解途径中的调控酶是己糖激酶、6-磷酸果糖激酶和丙酮酸激酶，其中 6-磷酸果糖激酶是关键反应的限速酶；三羧酸反应的调控酶是柠檬酸合成酶、柠檬酸脱氢酶和 α-酮戊二酸脱氢酶，柠檬酸合成酶是关键的限速酶；糖异生作用的调控酶有丙酮酸羧激酶、二磷酸果糖磷酸酯酶、磷酸葡萄糖磷酸酯酶；磷酸戊糖途径的调控酶是 6-磷酸葡萄糖脱氢酶。它们受可逆共价修饰、变构调控及能荷的调控。

血糖是指血浆中的葡萄糖，其正常水平相对恒定，维持在 3.89～6.11mmol/L，血糖水平主要受多种激素的调控。调节血糖浓度的激素有两大类，一类是降低血糖的激素，即胰岛素；另一类是升高血糖的激素，有肾上腺素、胰高血糖素、肾上腺糖皮质激素和生长素等。当人体糖代谢发生障碍时可引起血糖水平紊乱，常见的临床症状有高血糖和低血糖。糖尿病是最常见的糖代谢紊乱疾病。

练习题

一、名词解释

1. 糖异生 2. 乳酸循环 3. 发酵 4. 变构调节 5. 糖酵解途径 6. 糖的有氧氧化

7. 磷酸戊糖途径

二、填空题

1. α-淀粉酶和β-淀粉酶只能水解淀粉的________键，所以不能够使支链淀粉完全水解。
2. 1分子葡萄糖转化为2分子乳酸净生成________________分子ATP。
3. 糖酵解过程中有3个不可逆的酶促反应，这些酶是________、________和________。
4. 糖酵解抑制剂碘乙酸主要作用于________酶。
5. 调节三羧酸循环最主要的酶是________、________、________。
6. 2分子乳酸异生为葡萄糖要消耗________ ATP。
7. 丙酮酸还原为乳酸，反应中的NADH来自于________的氧化。
8. 延胡索酸在________________酶作用下，可生成苹果酸，该酶属于EC分类中的________酶类。
9. 磷酸戊糖途径可分为________阶段，分别称为________和________，其中两种脱氢酶是________和________，它们的辅酶是________。
10. 糖酵解在细胞的________中进行，该途径是将________转变为________，同时生成________和________的一系列酶促反应。
11. TCA循环中有两次脱羧反应，分别是由________和________催化。
12. 乙醛酸循环中不同于TCA循环的两个关键酶是________和________。
13. 在糖酵解中提供高能磷酸基团，使ADP磷酸化成ATP的高能化合物是__________和________。
14. 糖异生的主要原料为____________、____________和____________。
15. α-酮戊二酸脱氢酶系包括3种酶，它们是________、________、________。
16. 合成糖原的前体分子是________，糖原分解的产物是________。
17. 植物中淀粉彻底水解为葡萄糖需要多种酶协同作用，它们是________，________，________。
18. 糖类除了作为能源之外，它还与生物大分子间________有关，也是合成________，________，________等的碳骨架的共体。

三、选择题

1. 由己糖激酶催化的反应的逆反应所需要的酶是（　　）。

A. 果糖二磷酸酶　　B. 葡萄糖-6-磷酸酶
C. 磷酸果糖激酶　　D. 磷酸化酶

2. 正常情况下，肝获得能量的主要途径（　　）。

A. 葡萄糖进行糖酵解氧化　　B. 脂肪酸氧化
C. 葡萄糖的有氧氧化　　D. 磷酸戊糖途径
E. 以上都是

3. 糖的有氧氧化的最终产物是（　　）。

A. CO_2+H_2O+ATP　　B. 乳酸
C. 丙酮酸　　D. 乙酰CoA

4. 在原核生物中，1mol葡萄糖经糖有氧氧化可产生ATP（　　）。

A. 12mol　　B. 24mol　　C. 36mol　　D. 32mol

5. 不能经糖异生合成葡萄糖的物质是（　　）。

A. α-磷酸甘油　　B. 丙酮酸　　C. 乳酸
D. 乙酰CoA　　E. 生糖氨基酸

6. 丙酮酸激酶是何途径的关键酶（　　）。

A. 磷酸戊糖途径　　B. 糖异生
C. 糖的有氧氧化　　D. 糖原合成与分解
E. 糖酵解

7. 丙酮酸羧化酶是那一个途径的关键酶（　　）。
A. 糖异生　　B. 磷酸戊糖途径
C. 胆固醇合成　　D. 血红素合成
E. 脂肪酸合成

8. 动物饥饿后摄食，其肝细胞主要糖代谢途径（　　）。
A. 糖异生　　B. 糖有氧氧化　　C. 糖酵解
D. 糖原分解　　E. 磷酸戊糖途径

9. 下列各中间产物中，那一个是磷酸戊糖途径所特有的？（　　）
A. 丙酮酸　　B. 3-磷酸甘油醛　　C. 6-磷酸果糖
D. 1,3-二磷酸甘油酸　　E. 6-磷酸葡萄糖酸

10. 糖蛋白中蛋白质与糖分子结合的键称（　　）。
A. 二硫键　　B. 肽键　　C. 脂键
D. 糖肽键　　E. 糖苷键

11. 三碳糖、六碳糖与七碳糖之间相互转变的糖代谢途径是（　　）。
A. 糖异生　　B. 糖酵解　　C. 三羧酸循环
D. 磷酸戊糖途径　　E. 糖的有氧氧化

12. 关于三羧酸循环那个是错误的？（　　）
A. 是糖、脂肪及蛋白质分解的最终途径　　B. 受 ATP/ADP 比值的调节
C. NADH 可抑制柠檬酸合酶　　D. NADH 氧化需要线粒体穿梭系统

13. 三羧酸循环中哪一个化合物前后各放出一个分子 CO_2？（　　）
A. 柠檬酸　　B. 乙酰 CoA　　C. 琥珀酸　　D. α-酮戊二酸

14. 磷酸果糖激酶所催化的反应产物是（　　）。
A. F-1-P　　B. F-6-P　　C. F-D-P　　D. G-6-P

15. 醛缩酶的产物是（　　）。
A. G-6-P　　B. F-6-P　　C. F-D-P　　D. 1,3-二磷酸甘油酸

16. TCA 循环中发生底物水平磷酸化的化合物是（　　）。
A. α-酮戊二酸　　B. 琥珀酰　　C. 琥珀酸 CoA　　D. 苹果酸

17. 丙酮酸脱氢酶系催化的反应不涉及下述哪种物质？（　　）
A. 乙酰 CoA　　B. 硫辛酸　　C. TPP
D. 生物素　　E. NAD^+

18. 三羧酸循环的限速酶是（　　）。
A. 丙酮酸脱氢酶　　B. 顺乌头酸酶
C. 琥珀酸脱氢酶　　D. 延胡索酸酶
E. 异柠檬酸脱氢酶

19. 生物素是哪个酶的辅酶？（　　）
A. 丙酮酸脱氢酶　　B. 丙酮酸羧化酶
C. 烯醇化酶　　D. 醛缩酶　　E. 磷酸烯醇式丙酮酸羧激酶

20. 三羧酸循环中催化琥珀酸形成延胡索酸的酶是琥珀酸脱氢酶，此酶的辅因子是（　　）。
A. NAD^+　　B. CoASH　　C. FAD

D. TPP E. $NADP^+$

21. 下面哪种酶在糖酵解和糖异生中都起作用？（ ）

A. 丙酮酸激酶 B. 丙酮酸羧化酶

C. 3-磷酸甘油醛脱氢酶 D. 己糖激酶

E. 果糖1,6-二磷酸酯酶

22. 原核生物中，有氧条件下，利用1mol葡萄糖生成的净ATP物质的量与在无氧条件下利用1mol生成的净ATP物质的量最近比值是（ ）。

A. 2∶1 B. 9∶1 C. 18∶1

D. 19∶1 E. 25∶1

23. 催化直链淀粉转化为支链淀粉的酶是（ ）。

A. R-酶 B. D-酶 C. Q-酶

D. α-1,6-糖苷酶 E. 淀粉磷酸化酶

24. 糖酵解时哪一对代谢物提供P使ADP生成ATP？（ ）

A. 3-磷酸甘油醛及磷酸烯醇式丙酮酸 B. 1,3-二磷酸甘油酸及磷酸烯醇式丙酮酸

C. 1-磷酸葡萄糖及1,6-二磷酸果糖 D. 6-磷酸葡萄糖及2-磷酸甘油酸

25. 在有氧条件下，线粒体内下述反应中能产生$FADH_2$步骤是（ ）。

A. 琥珀酸→延胡索酸 B. 异柠檬酸→α-酮戊二酸

C. α-戊二酸→琥珀酰CoA D. 苹果酸→草酰乙酸

26. 丙二酸能阻断糖的有氧氧化，因为它（ ）。

A. 抑制柠檬酸合成酶 B. 抑制琥珀酸脱氢酶

C. 阻断电子传递 D. 抑制丙酮酸脱氢酶

27. 由葡萄糖合成糖原时，每增加一个葡萄糖单位消耗高能磷酸键数为（ ）。

A. 1 B. 2 C. 3

D. 4 E. 5

四、判断题

1. α-淀粉酶和β-淀粉酶的区别在于α-淀粉酶水解α-1,4糖苷键，β-淀粉酶水解β-1,4糖苷键。（ ）

2. ATP是果糖磷酸激酶的变构抑制剂。（ ）

3. 沿糖酵解途径简单逆行，可从丙酮酸等小分子前体物质合成葡萄糖。（ ）

4. 所有来自磷酸戊糖途径的还原能都是在该循环的前三步反应中产生的。（ ）

5. 发酵可以在活细胞外进行。（ ）

6. 催化ATP分子中的磷酰基转移到受体上的酶称为激酶。（ ）

7. 柠檬酸循环是分解与合成的两用途径。（ ）

8. 在糖类物质代谢中最重要的糖核苷酸是CDPG。（ ）

9. 淀粉，糖原，纤维素的生物合成均需要“引物”存在。（ ）

10. 联系糖原异生作用与三羧酸循环的酶是丙酮酸羧化酶。（ ）

11. 糖异生作用的关键反应是草酰乙酸形成磷酸烯醇式丙酮酸的反应。（ ）

12. 糖酵解过程在有氧无氧条件下都能进行。（ ）

13. 在缺氧条件下，丙酮酸还原为乳酸的意义是使NAD^+再生。（ ）

14. 在高等植物中淀粉磷酸化酶既可催化α-1,4糖苷键的形成，又可催化α-1,4糖苷键的分解。（ ）

15. TCA中底物水平磷酸化直接生成的是ATP。（ ）

16. 三羧酸循环的中间产物可以形成谷氨酸。（ ）

五、简答题

1. 糖类物质在生物体内起什么作用?
2. 为什么说三羧酸循环是糖、脂和蛋白质三大物质代谢的共通路?
3. 糖代谢和脂代谢是通过哪些反应联系起来的?
4. 什么是乙醛酸循环?有何意义?
5. 磷酸戊糖途径有什么生理意义?

阅读材料

蚕豆病

蚕豆病是一种先天性(遗传性)红细胞6-磷酸葡萄糖脱氢酶(G6PD)缺陷的疾病,主要是因进食干、鲜蚕豆、蚕豆制品或吸入蚕豆花粉,服用具有氧化作用的药物而引起的急性血管内溶血。由于致病基因位于X染色体,所以患者男性多于女性,发病男女比率约为9∶1,发病年龄多在9岁以下。

蚕豆病起病急,大多在进食新鲜蚕豆后1~2天内发生溶血,最短者只有2h,最长者可相隔9天。其临床表现有全身不适、疲倦乏力、畏寒、发热、头晕、头痛、厌食、恶心、呕吐、腹痛等症状。最重者会出现面色极度苍白、全身衰竭、血压下降、神志迟钝或烦躁不安,少尿或闭尿等急性循环衰竭和急性肾衰竭。如果不及时纠正贫血、缺氧和电解质平衡失调,可以致死。

在我国G6PD缺乏症基因发生频率呈现"南高北低"的趋势,以广东、四川、广西、湖南、江西为最多。由于G6PD缺乏属遗传性,所以40%以上的病例有家族史。

目前,蚕豆病尚无根治方法,一旦发病,只能对症治疗,严重者还会留下永久性的后遗症甚至死亡。因此对于有"蚕豆病"病史或家族史的患者,建议日常生活中做好预防,控制诱因,预防溶血性贫血的发生。

第九章 脂类代谢

学习目标

1. 掌握脂肪动员；脂肪酸β-氧化过程；酮体的生成与利用；甘油磷脂的组成与分类；血浆脂蛋白的分类、组成及功能。
2. 掌握脂类在体内的分布及生理功能；脂肪酸与甘油三酯的合成代谢；饱和脂肪酸彻底氧化为 CO_2 和水的同时所产生的 ATP 数量的计算；载脂蛋白及血浆脂蛋白的代谢；胆固醇在体内的转化。
3. 了解脂肪酸合成的过程与脂肪酸分解过程的主要区别。
4. 了解甘油磷脂以及胆固醇生物合成的基本途径。

脂类是脂肪和类脂的总称，是生物体内一类不溶于水而较易溶于有机溶剂的重要有机化合物。脂肪是由 1 分子甘油和 3 分子脂肪酸通过酯键相连形成的酯类化合物，因此在化学中称三脂酰甘油，而医学上常称为甘油三酯。脂肪又被称为储存脂，主要分布于皮下、大网膜、肠系膜和内脏周围等脂肪组织，是体内储存能量的一种方式。人体内脂肪含量受营养状况和活动量的影响而变动较大，故储存脂又称可变脂。脂肪的主要功能是储能供能，此外还有保持体温和对内脏与肌肉的缓冲保护作用。类脂主要包括磷脂、糖脂、胆固醇和胆固醇酯等。类脂约占体重的 5%，其含量基本不受营养状况及机体活动的影响，故又称固定脂或基本脂。类脂的主要功能是构成生物膜的基本成分，此外，类脂还可转变成其他具有重要生物学功能的物质，参与细胞内的多种生理活动。

1. 脂肪的生理功能

（1）储能和功能　脂肪在体内最重要的生理功能是储能和供能。1g 脂肪在体内完全氧化时可释放出 38kJ（9.3kcal）能量，比 1g 糖或蛋白质所放出的能量多 1 倍以上。体内可储存大量的脂肪，当机体需要时，可及时动员出来分解供给机体能量。空腹时，机体 50% 以上的能源来自脂肪氧化。因此，脂肪是机体饥饿或禁食时能量的主要来源。

（2）保持体温和保护内脏　分布在人体皮下的脂肪组织不易导热，可防止热量散失而保持体温。内脏周围的脂肪组织还能缓冲外界的机械冲击，使内脏器官免受损失。

（3）供给必需脂肪酸　多数不饱和脂肪酸在体内能够合成，但亚油酸（18∶2，$\Delta^{9,12}$）、亚麻酸（18∶3，$\Delta^{9,12,15}$）和花生四烯酸（20∶4，$\Delta^{5,8,11,14}$）不能在体内合成，必须从食物中摄取，故将此类脂肪酸称为人体营养必需脂肪酸（essential fatty acid，EFA）。花生四烯酸可在体内转变生成前列腺素、白三烯和血栓素等多种具有生物活性的物质。

2. 类脂的功能

（1）维持生物膜的结构和功能　类脂是生物膜的重要组分，其所具有的亲水头部和疏水尾部构成生物膜脂质双分子层结构的基本骨架，不仅构成了镶嵌膜蛋白的基质，也为细胞提供了通透性屏障，从而维持细胞正常结构与功能。

（2）作为第二信使参与代谢调节　细胞膜上的磷脂可作为第二信使参与代谢调节。

（3）转变为多种重要的活性物质　胆固醇在体内可转变为胆汁酸、维生素 D_3 和类固醇激素等具有重要生理功能的物质。

第一节　脂肪的降解

一、脂肪的酶促降解——脂肪动员

储存在脂肪组织中的甘油三酯在脂肪酶的作用下逐步水解生成甘油和脂肪酸，并释放入血以供其他组织细胞氧化利用的过程，称为脂肪动员。

在催化甘油三酯分解为甘油和脂肪酸的反应中，甘油三酯脂肪酶的活性最低，是脂肪动员的限速酶。由于该酶受到多种激素的调节，故又称为激素敏感性脂肪酶（HSL）。肾上腺素、胰高血糖素、促肾上腺皮质激素等可以使该酶活性升高，从而促进甘油三酯分解而被称为脂解激素。与之相反，胰岛素能抑制该酶活性，减少脂肪动员，被称为抗脂解激素。禁食、饥饿或交感神经兴奋时，脂解激素分泌增加，脂解作用增加；饱食后抗脂解激素分泌增加，脂解作用减弱。

在人和动物的消化道内存在着脂肪酶，它把食物中的脂肪水解成甘油和脂肪酸的过程称为脂肪的消化。油料作物种子发芽时，储藏在种子内的脂肪在脂肪酶的作用下也发生上述水解。

二、甘油的降解与转化

脂肪水解生成的甘油，可进一步氧化分解。其过程是：甘油在甘油磷酸激酶的作用下，利用 ATP 供给的磷酸根生成 α-磷酸甘油，经磷酸甘油脱氢酶的作用，生成磷酸二羟丙酮。磷酸二羟丙酮是糖酵解途径的一个中间产物，可沿酵解途径生成丙酮酸，丙酮酸氧化脱羧进入三羧酸循环，彻底氧化成 CO_2 和 H_2O，同时释放能量。因机体内各物质之间可以相互转化，由甘油降解成的磷酸二羟丙酮也可在肝脏中沿糖酵解逆途径异生成葡萄糖或糖原。

肝、肾及小肠黏膜细胞富含甘油激酶，而肌肉和脂肪细胞中这种酶活性很低，利用甘油的能力较弱。脂肪组织中产生的甘油主要经血入肝再进行氧化分解。

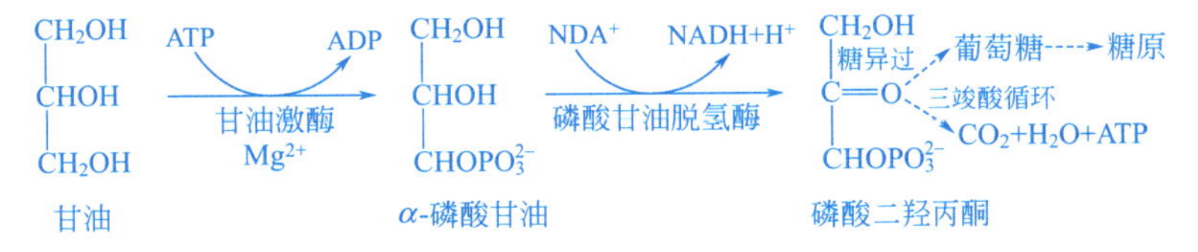

三、脂肪酸的氧化分解

微课扫一扫

脂肪酸在供氧充足的情况下，可氧化分解为 CO_2 和 H_2O 并释放大量能量，因此，脂肪酸是机体主要能量来源之一。肝和肌肉是体内进行脂肪酸氧化最活跃的器官、组织。

生物体内的脂肪酸有饱和脂肪酸和不饱和脂肪酸之分，它们有着不同的氧化分解方式。下面仅介绍饱和脂肪酸的 β-氧化作用，它是生物体普遍存在的最主要的方式。

（一）β-氧化作用的概念

β-氧化作用是指脂肪酸降解时从 α-碳原子与 β-碳原子之间断裂，同时 β-碳原子被氧化成羧基，从而生成乙酰 CoA 和比原来少两个碳原子的脂酰 CoA 的过程。

脂肪酸的 β-氧化作用主要发生在线粒体中，植物和微生物体中的乙醛酸循环体，也能进行脂肪酸的 β-氧化。

（二）脂肪酸通过 β-氧化作用彻底分解的过程

脂肪酸通过 β-氧化作用可降解生成乙酰 CoA，然后乙酰 CoA 进入三羧酸循环彻底氧化成 CO_2 和 H_2O，并产生大量能量。其过程可分为四个阶段。

1. 脂肪酸的活化

脂肪酸的化学性质较稳定，氧化分解前需先转变成活泼的脂酰 CoA，此过程称为活化。脂肪酸的活化在线粒体外的胞液中进行。即脂肪酸在脂酰 CoA 合成酶的催化下，与辅酶 A 结合生成含高能硫酯键的脂酰 CoA。每活化 1mol 脂肪酸需消耗 2mol ATP。

$$R-\overset{\overset{O}{\|}}{C}-O^- + ATP + CoASH \xrightleftharpoons[Mg^{2+}]{\text{脂酰CoA合成酶}} R-\overset{\overset{O}{\|}}{C}-SCoA + PPi + AMP$$

2. 脂酰 CoA 进入线粒体

脂酰 CoA 氧化分解的酶都存在于线粒体基质内。活化的脂酰 CoA 自身不能穿过线粒体内膜进入线粒体内，需靠一定载体来运载，这种载体就是肉毒碱。其转运过程是：在线粒体内膜的外侧，在肉毒碱脂酰转移酶Ⅰ的催化下，脂酰 CoA 与肉毒碱形成脂酰肉毒碱，脂酰肉毒碱转到线粒体内膜的内侧，再经肉毒碱脂酰转移酶Ⅱ催化，将脂酰基运至线粒体基质中（图 9-1）。脂胱 CoA 进入线粒体是脂肪酸 β-氧化的主要限速步骤，肉毒碱脂酰转移酶Ⅰ是脂肪酸 β-氧化的限速酶。

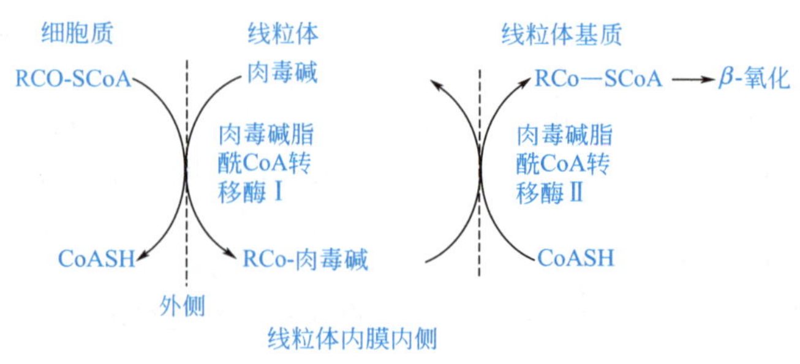

图 9-1 脂酰 CoA 进入线粒体示意

3. 脂酰 CoA 的 β-氧化

脂酰 CoA 进入线粒体基质后，通过 β-氧化作用逐步降解为乙酰 CoA。脂酰 CoA 每进行

一次 β-氧化要经过脱氢、加水、再脱氢、硫解四步反应，从而生成 1 分子乙酰 CoA 和比原脂酰 CoA 少两个碳原子的脂酰 CoA。具体反应如下。

（1）脱氢　进入线粒体的脂酰 CoA，经脂酰 CoA 脱氢酶催化，其 α-碳原子和 β-碳原子各脱去一个氢原子，生成反式的 α,β-烯脂酰 CoA。这一反应需要 FAD 作为氢的受体。

$$R-CH_2-\overset{\beta}{C}H_2-\overset{\alpha}{C}H_2-\overset{O}{\overset{\|}{C}}-SCoA \xrightarrow{FAD \quad FADH_2} R-CH_2-\underset{H}{\underset{|}{C}}=\overset{H}{\overset{|}{C}}-\overset{O}{\overset{\|}{C}}-SCoA$$

脂酰CoA　　　反-α,β 烯脂酰CoA

（2）水化　在烯脂酰 CoA 水化酶的催化下，反式烯脂酰 CoA 的双键上加 1 分子水形成 L(＋)β-羟脂酰 CoA。

$$R-CH_2-\underset{H}{\underset{|}{C}}=\overset{H}{\overset{|}{C}}-\overset{O}{\overset{\|}{C}}-SCoA \underset{-H_2O}{\overset{+H_2O}{\rightleftharpoons}} R-\underset{H}{\underset{|}{\overset{HO}{\overset{|}{C}}}}-\underset{H}{\underset{|}{\overset{H}{\overset{|}{C}}}}-\overset{O}{\overset{\|}{C}}-SCoA$$

反-α,β 烯脂酰CoA　　　L(+) β-羟脂酰CoA

（3）再脱氢　经 L(＋)β-羟脂酰 CoA 脱氢酶［L(＋)β-hydroxyac-yl CoA ehydrogenase］催化，在 L(＋)β-羟脂酰 CoA 的 C-3 的羟基上脱氢氧化成 β-酮脂酰 CoA。此酶以 NAD^+ 为辅酶。该酶虽然对底物链长短无专一性，但有明显的立体特异性，只对 L 型异构体的底物有活性。不能作用于 D 型底物。

$$R-\underset{H}{\underset{|}{\overset{HO}{\overset{|}{C}}}}-\underset{H}{\underset{|}{\overset{H}{\overset{|}{C}}}}-\overset{O}{\overset{\|}{C}}-SCoA \xrightleftharpoons{NAD^+ \quad NADH+H^+} R-\overset{O}{\overset{\|}{C}}-CH_2-\overset{O}{\overset{|}{C}}-SCoA$$

L(+) β-羟脂酰-SCoA　　　β-酮脂酰CoA

（4）硫解　β-酮脂酰 CoA 在硫解酶作用下，由 1 分子 CoASH 参与，α-与 β-碳原子间断裂，切去两个碳原子，生成 1 分子乙酰 CoA 和比原来短两个碳原子的脂酰 CoA。

$$R-\overset{O}{\overset{\|}{C}}-CH_2-\underset{O}{\underset{\|}{C}}-SCoA + CoASH \rightleftharpoons R-\overset{O}{\overset{\|}{C}}-SCoA + H_3C-\overset{O}{\overset{\|}{C}}-SCoA$$

β-酮脂酰CoA　　　乙酰CoA

短两个碳原子的脂酰 CoA 再经脱氢、加水、再脱氢、硫解四步反应进行又一次的 β-氧化，生成 1 分子乙酰 CoA 和再短两个碳原子的脂酰 CoA。因自然界脂肪酸碳原子数大多为偶数，所以长链脂酰 CoA 如此重复进行 β-氧化，最终可降解为多个乙酰 CoA。

4. 乙酰 CoA 的彻底氧化

在生物体内，脂肪酸通过 β-氧化作用产生的乙酰 CoA 可进入三羧酸循环，彻底氧化成 CO_2 和 H_2O，并产生能量。

（三）脂肪酸 β-氧化分解过程中能量的生成

脂肪酸氧化是生物体能量的重要来源。脂肪酸含碳原子数不同，氧化分解所产生的能量也不一样。对于一个碳原子数为 $2n$ 的脂肪酸来说，经 β-氧化作用彻底分解成 CO_2 和 H_2O，则需 1 次活化（消耗 2 个高能键，相当于消耗 2 分子 ATP），1 次转运（没有能量的生成与消耗），$n-1$ 次 β-氧化（两处脱氢，氢受体为 FAD 和 NAD^+，进入呼吸链可分别产生 1.5mol ATP 和 2.5mol ATP），产生 n 个乙酰 CoA，每分子乙酰 CoA 又进入三羧酶循环产生 10 分子

ATP。所以一个饱和脂肪酸（C_{2n}）通过β-氧化分解生成的 ATP 的量，可用如下通式来表示：

$$-2+0+(n-1)\times(1.5+2.5)+n\times10$$

以软脂酸（$C_{16:0}$）为例，其β-氧化的总反应为：

$$CH_3(CH_2)_{14}COSCoA+7NAD^++7FAD+7CoASH+7H_2 \longrightarrow 8CH_3COSCoA+7FADH_2+7NADH+7H^+$$

7 分子 $FADH_2$ 提供 7×1.5=10.5 分子 ATP；

7 分子 $NADH+H^+$ 提供 7×2.5=17.5 分子 ATP；

8 分子乙酰 CoA 完全氧化提供 8×10=80 分子 ATP。

因此 1mol 软脂酸完全氧化生成 CO_2 和 H_2O 的过程中，共产生 108mol ATP，减去软脂酸活化过程消耗的 2mol ATP，所以 1mol 软脂酸完全氧化可净生成 106mol ATP。

（四）脂肪酸的其他氧化分解方式

脂肪酸的氧化分解除主要进行β-氧化作用外，还有α-氧化和ω-氧化两种方式。

α-氧化：在肝、脑的内质网、微粒体或线粒体内，有加单氧酶体系，使长链脂肪酸氧化成α-羟脂肪酸。再继续氧化，使其脱去 1 分子 CO_2（C 原子系α位上的 C 原子），并生成比原来少 1 个 C 原子的脂肪酸，此反应需 O_2、Fe^{3+}、抗坏血酸或四氢蝶呤啶参与，由于氧化作用发生在α位上，一次脱去 1 个 C 原子，故称此氧化作用为α-氧化。

ω-氧化：因为在肝、肾的内质网、微粒体或线粒体内，存在着一种酶系，能催化长链脂肪酸末端（即ω-碳原子）的氧化，使之成为ω-羟脂肪酸，再进一步氧化成α,ω-二羟酸，此过程需 NADPH、O_2 和细胞色素参与。当形成二羟酸后，即移至线粒体内，从它的任意末端继续β-氧化，后分解生成琥珀酰 CoA 进入三羧酸循环。

（五）酮体的生成和利用

微课扫一扫

脂肪酸在肝细胞中通过β-氧化可生成大量的乙酰 CoA，除少量进入三羧酸循环为肝组织本身提供所需的能量外，大部分乙酰 CoA 则转变成特有的中间代谢产物，即酮体。所以，酮体是脂肪酸在肝脏进行正常分解代谢所生成的特殊中间产物，包括乙酰乙酸（约占 30%），β-羟丁酸（约占 70%）和极少量的丙酮。肝脏中具有活性较强的合成酮体的酶系，但氧化酮体的酶类活性却很低，所以，肝脏可生成酮体，而不能氧化酮体，但生成的酮体可进入血液循环被运到肝外组织进一步氧化分解供能。因此，酮体代谢的特点是“肝内生成，肝外利用”。

1. 酮体的生成过程

酮体是在肝细胞线粒体中生成的，其生成原料是脂肪酸β-氧化生成的乙酰 CoA。首先是二分子乙酰 CoA 在硫解酶作用下脱去一分子辅酶 A，生成乙酰 CoA。在 3-羟-3-甲基戊二酰 CoA（HMG-CoA）合成酶催化下，乙酰 CoA 再与一分子乙酰 CoA 反应，生成 HMG-CoA，并释放出一分子辅酶 A。这一步反应是酮体生成的限速步骤。HMG-CoA 合成酶是酮体生成的限速酶。

HMG-CoA 裂解酶催化 HMG-CoA 生成乙酰乙酸和乙酰 CoA，后者可再用于酮体的合成。线粒体中的β-羟丁酸脱氢酶催化乙酰乙酸加氢还原（$NADH+H^+$ 作供氢体），生成β-羟丁酸，此还原速率决定于线粒体中 $[NADH+H^+]/[NAD^+]$ 的值，少量乙酰乙酸可自行脱羧生成丙酮（图 9-2）。

2. 酮体的利用过程

骨骼肌、心肌和肾脏中有琥珀酰 CoA 转硫酶，在琥珀酰 CoA 存在时，此酶催化乙酰乙酸

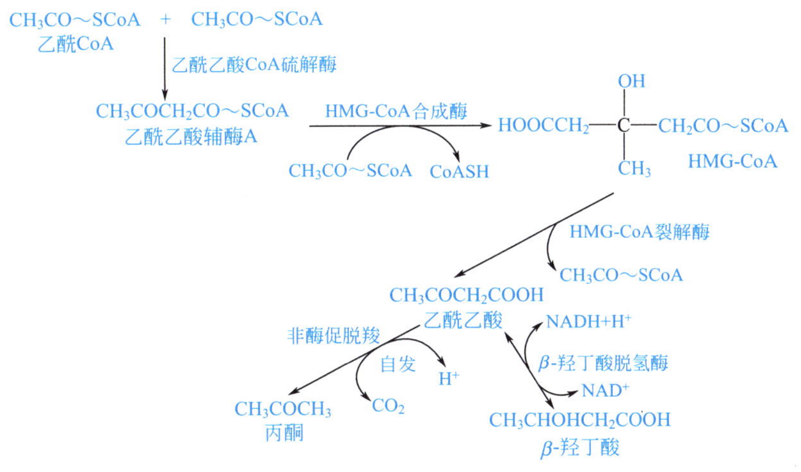

图 9-2 酮体的生成

活化生成乙酰 CoA。心肌、肾脏和脑中还有硫激酶，在有 ATP 和辅酶 A 存在时，此酶催化乙酰乙酸活化成乙酰 CoA。经上述两种酶催化生成的乙酰 CoA 在硫解酶作用下，分解成两分子乙酰 CoA，后者主要进入三羧酸循环氧化分解。丙酮除随尿排出外，有一部分直接从肺呼出，代谢上不占重要地位。由于肝细胞中缺少琥珀酰 CoA 转硫酶和乙酰乙酸硫激酶，所以肝细胞不能利用酮体。

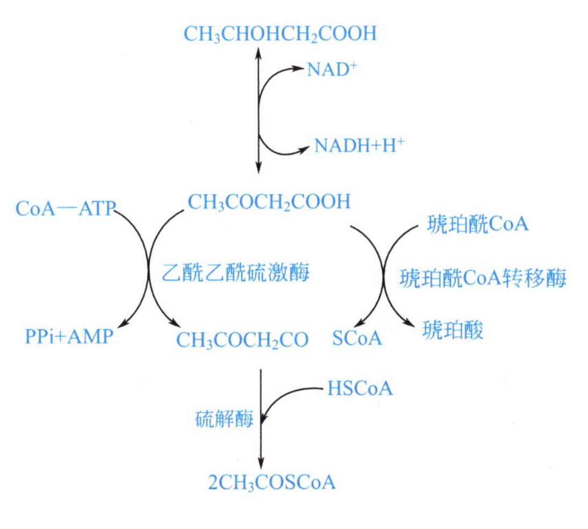

图 9-3 酮体的氧化

肝外组织利用乙酰乙酸和 β-羟丁酸的过程可用图 9-3 表示。

3. 酮体生成的生理意义

酮体是肝脏输出能源的一种形式。酮体易溶于水，分子小，容易通过血脑屏障及肌肉毛细血管壁，是肌肉尤其是脑组织能量的重要来源。正常情况下，由于脂肪酸碳链长，不易通过血脑屏障，脑组织主要利用血糖供能。肝外组织利用酮体氧化供能，可减少对葡萄糖的需求，以保证脑组织、红细胞等对葡萄糖的需要。当饥饿或糖供应不足时，酮体替代葡萄糖成为脑组织的能源，以保证脑组织的正常功能。正常人血液中酮体含量极少，但在某些生理情况下（如饥饿、禁食）或病理情况下（如糖尿病等），糖的来源或氧化供能障碍，脂肪动员增强，脂肪酸就成了人体的主要供能物质。若肝中合成酮体的量超过肝外组织利用酮体的能力，二者之间失去平衡，血中酮体浓度就会过高，导致酮血症和酮尿症。乙酰乙酸和 β-羟丁酸都是酸性物质，因此酮体在体内大量堆积还可能引起酸中毒。

第二节 脂肪的生物合成

甘油三酯的合成主要肝、脂肪组成及小肠的细胞液中进行，其中以肝的合成能力最强。其合成过程包括 α-磷酸甘油的生成、脂肪酸的合成和甘油三酯的合成三步。

一、α-磷酸甘油的生物合成

脂肪合成所需要的α-磷酸甘油主要来自两个途径。

（1）由糖代谢提供　糖代谢的中间产物磷酸二羟丙酮经α-磷酸甘油脱氢酶催化，还原生成α-磷酸甘油。

$$\underset{\text{磷酸二羟丙酮}}{\begin{array}{l}CH_2OH\\|\\C{=}O\\|\\CH_2OPO_3\end{array}} \xrightleftharpoons[]{NADH+H^+ \quad NAD^+} \underset{\alpha\text{-磷酸甘油}}{\begin{array}{l}CH_2OH\\|\\CHOH\\|\\CH_2OPO_3\end{array}}$$

（2）由脂肪分解代谢所产生　脂肪降解所产生的甘油，可在甘油激酶的作用下，与ATP作用生成α-磷酸甘油。

$$\underset{\text{甘油}}{\begin{array}{l}CH_2OH\\|\\CHOH\\|\\CH_2OH\end{array}} + ATP \xrightleftharpoons[\text{甘油激酶}]{Mg^{2+}} \underset{\alpha\text{-磷酸甘油}}{\begin{array}{l}CH_2OH\\|\\CHOH\\|\\CH_2OPO_3\end{array}} + ADP$$

二、脂肪酸的生物合成

在肝、肾、脑、肺、乳腺及脂肪组织的细胞液中，均含有脂肪酸合成酶系，其中以肝的活性最高。

（一）饱和脂肪酸的合成

脂肪酸的合成在胞液中进行。合成原料是乙酰CoA，乙酰CoA由线粒体中的丙酮酸氧化脱羧、氨基酸氧化降解，脂肪酸β-氧化生成。脂肪酸的合成是以其中1分子乙酰CoA作为引物，以其他乙酰CoA作为碳源供体，通过丙二酸单酰CoA的形式，在脂肪酸合成酶系的催化下，经缩合、还原、脱水、再还原反应步骤来完成的。脂肪酸合成酶系是一个多酶复合体，它包括6种酶和一个酰基载体蛋白（用ACP-SH表示）。

1. 合成前的准备

（1）乙酰CoA的转运（柠檬酸-丙酮酸循环）　在线粒体中形成的乙酰CoA不能直接透过线粒体膜到胞液中，而是先与草酰乙酸缩合成柠檬酸，柠檬酸透过线粒体膜后，再裂解成草酰乙酸和乙酰CoA。从而将乙酰CoA从线粒体转移到胞液中。

（2）供体的准备（丙二酸单酰ACP的形成）　作为碳源供体的乙酰CoA先在乙酰CoA羧化酶催化下，利用ATP供给的能量，与CO_2缩合成丙二酸单酰CoA。

$$\underset{\text{乙酰CoA}}{CH_3COSCoA+CO_2+H_2O} \xrightarrow[ATP \to ADP+Pi]{\text{丙二酸单酰转移酶}} \underset{\text{丙二酸单酰CoA}}{\begin{array}{l}COOH\\|\\CH_2\\|\\COSCoA\end{array}}$$

乙酰CoA羧化酶是脂肪酸合成酶系的关键酶，其辅基为生物素，它是CO_2的中间载体。丙二酸单酰CoA再与酰基载体蛋白反应，生成丙二酸单酰ACP。

$$\underset{\text{丙二酸单酰CoA}}{\begin{array}{l}COOSCoA\\|\\CH_2COOH\end{array}} + ACP\text{-}SH \xrightarrow{\text{丙二酸单酰转移酶}} \underset{\text{丙二酸单酰ACP}}{\begin{array}{l}COOSACP\\|\\CH_2COOH\end{array}} + CoASH$$

（3）引物的准备 作为引物的 1 分子乙酰 CoA 需先与酰基载体蛋白反应，生成乙酰 ACP。

$$\underset{\text{乙酰CoA}}{CH_3\overset{O}{\overset{\|}{C}}-S-CoA} + ACP\text{-}SH \rightleftharpoons \underset{\text{乙酰ACP}}{CH_3\overset{O}{\overset{\|}{C}}-S-ACP} + CoASH$$

乙酰 ACP 中的乙酰基随即转移到 β-酮脂酰 ACP 合成酶的巯基（—SH）上，形成乙酰-S-合成酶。

$$CH_3-\overset{O}{\overset{\|}{C}}-S-ACP + \text{合成酶}-SH \rightleftharpoons CH_3-\overset{O}{\overset{\|}{C}}-S-\text{合成酶} + ACP-SH$$

2. 开始合成

（1）缩合反应 在缩合酶（β-酮脂酰 ACP 合成酶）催化下，乙酰-S-合成酶与丙二酸单酰 ACP 进行缩合，生成乙酰 ACP，同时放出 CO_2。

$$\text{合成酶}-S-\overset{CH_3}{\overset{|}{C}}=O + HOOCCH_2\overset{O}{\overset{\|}{C}}-SACP \xrightarrow{CO_2\ \ SH\text{-合成酶}} \underset{\text{乙酰ACP}}{CH_3\overset{O}{\overset{\|}{C}}CH_2\overset{O}{\overset{\|}{C}}-SACP}$$

（2）还原反应 在 β-酮脂酰 ACP 还原酶催化下，乙酰 ACP 被 $NADPH+H^+$ 还原，生成 D-β-羟丁酰 ACP。

$$\underset{\text{乙酰乙酰ACP}}{CH_3\overset{O}{\overset{\|}{C}}CH_2\overset{O}{\overset{\|}{C}}-SACP} + NADPH+H^+ \xrightarrow{\beta\text{-酮脂酰ACP还原酶}} \underset{\text{D-}\beta\text{-羟乙酰ACP}}{CH_3\overset{OH}{\overset{|}{C}}HCH_2\overset{O}{\overset{\|}{C}}-SACP} + NADP^+$$

（3）脱水反应 在 β-羟脂酰 ACP 脱水酶催化下，D-β-羟丁酰 ACP 脱水，生成 α,β-反式烯丁酰 ACP。

$$\underset{\text{D-}\beta\text{-羟丁酰ACP}}{CH_3\overset{OH}{\overset{|}{C}}HCH_2\overset{O}{\overset{\|}{C}}-SACP} \xrightarrow{\beta\text{-羟脂酰ACP脱水酶}} \underset{\text{巴豆酰ACP}(\alpha,\beta\text{-反式烯丁酰ACP})}{\underset{CH_3}{\overset{H}{C}}=\underset{H}{C}-\overset{O}{\overset{\|}{C}}-SACP} + H_2O$$

（4）再还原 在烯脂酰 ACP 还原酶催化下，α,β-反式烯丁酰 ACP 被 $NADPH+H^+$ 还原为丁酰 ACP。

$$\underset{\text{巴豆酰ACP}(\alpha,\beta\text{-反式烯丁酰ACP})}{\underset{CH_3}{\overset{H}{C}}=\underset{H}{C}-\overset{O}{\overset{\|}{C}}-SACP} + NADPH + H^+ \xrightarrow{\text{烯脂酰ACP还原酶}} \underset{\text{丁酰ACP}}{CH_3CH_2CH_2\overset{O}{\overset{\|}{C}}-SACP} + NADP^+$$

产生的丁酰 ACP 是脂肪酸合成的第一轮产物，通过这一轮反应，使碳链延长了两个碳原子。在下一轮循环中，以前一轮的产物丁酰 ACP 作为受体，把丁酰基先转移到 β-酮脂酰 ACP 合成酶上，形成丁酰-S-合成酶，再经缩合、还原、脱水，再还原等反应过程，使碳链又延长两个碳原子。如此重复进行 7 次可合成 16 个碳的软脂酰 ACP。

多数生物脂肪酸从头合成只能形成软脂酸，而不能形成比它多两个碳原子的硬脂酸。原因是 β-酮脂酰 ACP 合成酶对链长有专一性，它接受十四碳酰基的能力很强，但不能接受十六碳酰基。可能酶与饱和脂酰基的结合位点只适合于一定的链长范围。

由乙酰 CoA 合成软脂酸的总反应见下式：

$$8\text{乙酰}CoA+14NADPH+14H^+ +7ATP \longrightarrow \text{软脂酸}+8CoASH+14NADP^+ +7ADP+7Pi+6H_2O$$

脂肪酸生物合成的反应程序见图 9-4。

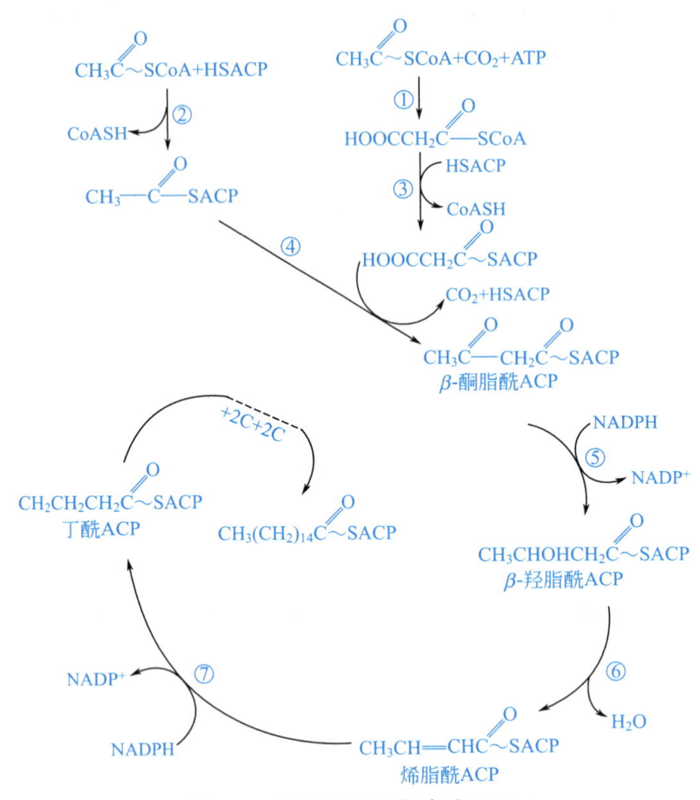

图 9-4 脂肪酸的生物合成过程

①乙酰 CoA 羧化酶；②乙酰 CoA-ACP 转酰酶；③丙二酸单酰 CoA-ACP 转移酶；④β-酮脂酰 ACP 合成酶；⑤β-酮脂酰 ACP 还原酶；⑥β-羟脂酰 ACP 脱水酶；⑦烯脂酰 ACP 还原酶

3. 脂肪酸碳链的延长

上述脂肪酸合成系统只能合成 C_{16} 以下的脂肪酸。对于碳链长度在 C_{16} 以上的饱和脂肪酸的合成，则是在延长系统的催化下，以软脂酸为基础，进一步延长碳链形成的。脂肪酸合成所需的 $NADPH+H^+$ 主要由糖磷酸戊糖途径提供。

4. 脂肪酸合成与β-氧化过程的不同

第一，脂肪酸氧化是在线粒体内进行的，而脂肪酸合成主要是在胞浆中进行的。

第二，脂肪酸每经一次 β-氧化，脱下来 1 分子乙酰 CoA，虽然脂肪酸合成是以乙酰 CoA 为原料，但是每次结合上去的却不是乙酰 CoA，而是丙二酸单酰 CoA。

第三，参与脂肪酸氧化的酶都是单体酶，而催化脂肪酸合成的是脂肪酸合成酶复合体系。

第四，在脂肪酸氧化过程中，脂酰基的载体为辅酶 A，而在脂肪酸合成过程中，脂酰基载体是 HSACP。

第五，在脂肪酸氧化过程中，氢的受体为 FAD 和 NAD^+，而脂肪酸合成过程中氢的供体为 $NADPH+H^+$。

（二）不饱和脂肪酸的合成

在生物细胞内除饱和脂肪酸外，还含有多种不饱和脂肪酸，如油酸、亚油酸、亚麻酸等，它们的合成途径有两条。

（1）氧化脱氢途径　在所有真核生物中，不饱和脂肪酸的合成是通过氧化脱氢进行的。催化这个反应的酶称为脱饱和酶。它在 O_2 和 NADPH＋H^+ 参与下，将长链饱和脂肪酸转化为相应的不饱和脂肪酸。

（2）厌氧途径　许多微生物在厌氧条件下，通过厌氧途径生成含一个双键的不饱和脂肪酸。先由脂肪合成酶催化形成含 C_{10} 的 β-羟癸酰 ACP，然后在不同的脱水酶作用下，发生不同的脱水反应，如果在 β、γ 碳之间脱水，则生成 3,4-癸烯酰 ACP，以后碳链继续延长，生成不同长度的单烯酰 ACP。

三、甘油三酯的生物合成

人体中肝、脂肪组织和小肠是合成甘油三酯的主要场所，其以 3-磷酸甘油为原料，在细胞内质网中的脂酰转移酶催化下，加上 2 分子脂酰 CoA 合成磷脂酸，后者脱磷酸生成甘油二酯，再与 1 分子脂酰 CoA 合成甘油三酯。

由脂酰辅酶 A 和 3-磷酸甘油合成三酰甘油分以下几个步骤。

1. 单脂酰甘油磷酸的合成

在甘油磷酸脂酰转移酶催化下，脂酰辅酶 A 与 3-磷酸甘油反应生成单脂酰甘油磷酸，又称为溶血磷脂酸。

3-磷酸甘油 + R—CO—S—CoA →（甘油磷酸脂酰转移酶）→ 溶血磷脂酸 + CoASH

2. 形成磷脂酸

溶血磷脂酸在甘油磷酸脂酰转移酶的催化下，再与第二个脂酰 CoA 反应形成磷脂酸。它是合成三酰甘油和一些磷脂的重要前体。

溶血磷脂酸 + R′—CO—S—CoA →（甘油磷酸脂酰转移酶）→ 磷脂酸 + CoASH

磷脂酸的合成还有另一起始物，其反应包括如下步骤：

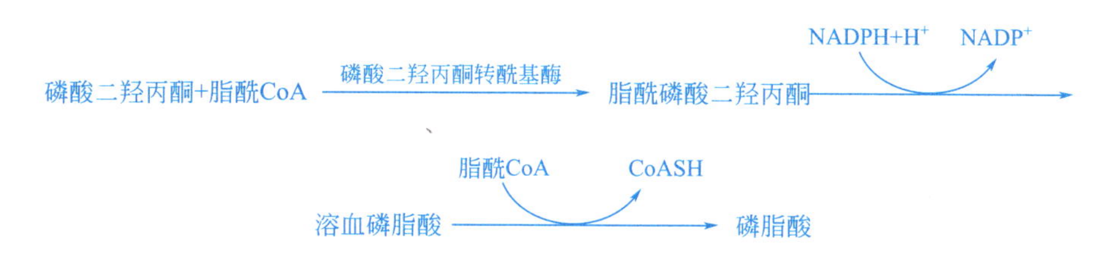

形成磷脂酸的脂酰 CoA 大多为 C_{16} 和 C_{18} 的，但在磷脂酸中 C-1 上结合的脂肪酸多为饱和脂肪酸，而 C-2 上结合的脂肪酸多为不饱和脂肪酸。

3. 磷脂酸的水解

磷脂酸被磷酸酶水解形成甘油二酯：

$$\text{磷脂酸}\ \xrightarrow[\text{磷脂酸磷酸酶}]{H_2O\ \ \ \ Pi}\ \text{甘油二酯}$$

$$R'-\overset{O}{\overset{\|}{C}}-O-CH(CH_2-O-\overset{O}{\overset{\|}{C}}-R)(CH_2-O-\overset{O}{\overset{\|}{P}}(O^-)-O^-) \longrightarrow R'-\overset{O}{\overset{\|}{C}}-O-CH(CH_2-O-\overset{O}{\overset{\|}{C}}-R)(CH_2OH)$$

磷脂酸　　　　甘油二酯

4. 甘油三酯的形成

甘油二酯在甘油二酯转酰基酶催化下与第三个脂酰 CoA 反应形成甘油三酯：

$$R'-\overset{O}{\overset{\|}{C}}-O-CH(CH_2-O-\overset{O}{\overset{\|}{C}}-R)(CH_2OH)\ \xrightarrow[\text{甘油二酯转酰基酶}]{R''-\overset{O}{\overset{\|}{C}}-SCoA\ \ \ CoASH}\ R'-\overset{O}{\overset{\|}{C}}-O-CH(CH_2-O-\overset{O}{\overset{\|}{C}}-R)(CH_2-O-\overset{O}{\overset{\|}{C}}-R'')$$

甘油二酯　　　　甘油三酯

第三节 磷脂的代谢

磷脂兼有疏水和亲水基团，可同时与极性和非极性物质结合，在水和非极性溶剂中都有很大的溶解度，所以它们非常适于作为水溶性物质和非极性脂类之间的结构桥梁，是构成生物膜及血浆脂蛋白的重要组分。

含磷酸的脂类称磷脂，可分为两类：由甘油构成的磷脂称甘油磷脂，由鞘氨醇构成的称鞘磷脂。本节主要讨论甘油磷脂的代谢。

甘油磷脂由 1 分子甘油与 2 分子脂肪酸和 1 分子磷酸组成，2 位上常连的脂肪酸是花生四烯酸，由于与磷酸相连的取代基团不同，又可分为磷脂酰胆碱（卵磷脂）和磷脂酰乙醇胺（脑磷脂）。

一、甘油磷脂的合成代谢

1. 合成部位

全身各组织均能合成，以肝、肾等组织最为活跃，合成部位是细胞的内质网。

2. 原料

甘油磷脂合成所需的原料主要有甘油二酯、胆碱、乙醇胺、丝氨酸、肌醇、磷酸盐等，此外还需 ATP、CTP 参与，其中 CTP 在磷脂的合成中具有非常重要的作用。甘油二酯来自磷脂酸，磷脂酸是最简单的甘油磷脂。胆碱、乙醇胺可由丝氨酸在体内转变生成，也可从食物中获取。

3. 合成过程

（1）甘油二酯的合成　上述原料中的甘油二酯来自磷脂酸，后者是体内合成甘油三酯和甘油磷脂的中间物质。

$$\begin{matrix} CH_2OCOR \\ | \\ CHOCOR' \\ | \\ CH_2O-PO_3^{2-} \\ \text{磷脂酸} \end{matrix} \xrightarrow[H_2O]{\text{磷脂酸磷酸酯}} \begin{matrix} CH_2OCOR \\ | \\ CHOCOR' \\ | \\ CH_2OH \\ \text{甘油二酯} \end{matrix} + H_3PO_4$$

（2）胆碱和乙醇胺的生成与活化　如图 9-5 所示。

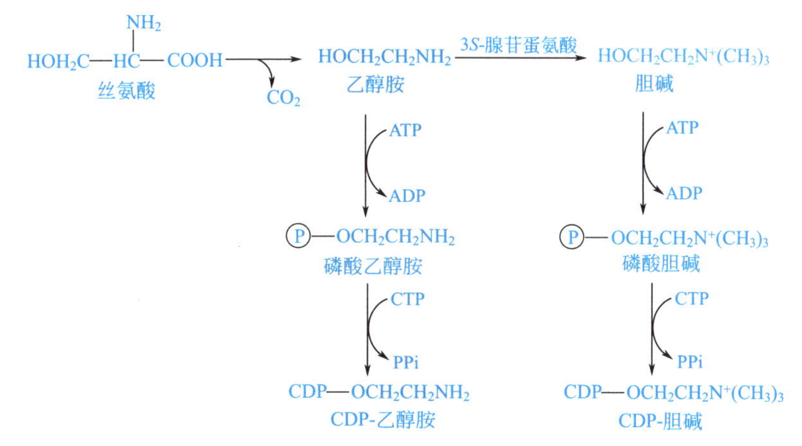

图 9-5　CDP-乙醇胺和 CDP-胆碱的生成

（3）磷脂酰乙醇胺和磷脂酰胆碱的合成　如图 9-6 所示。

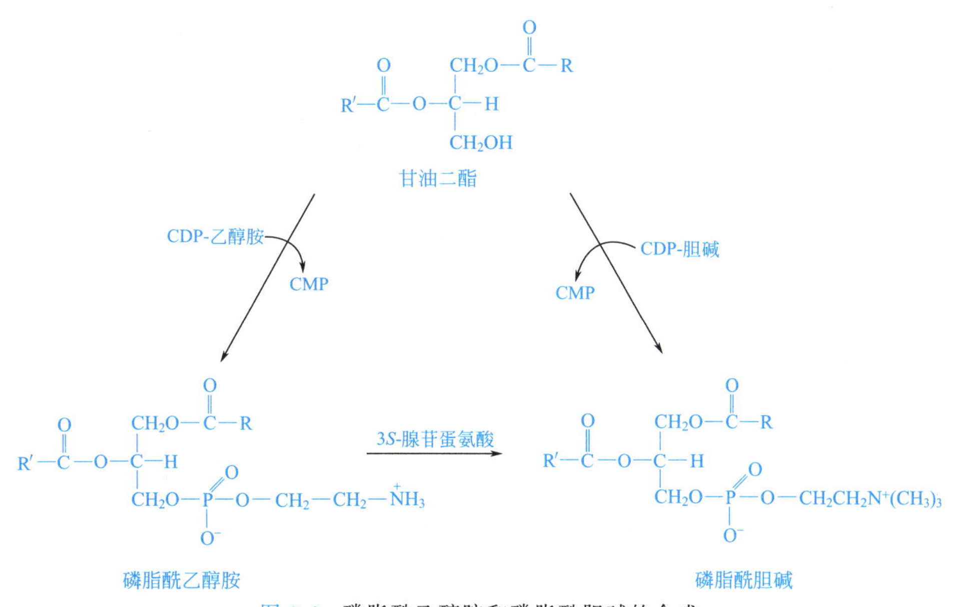

图 9-6　磷脂酰乙醇胺和磷脂酰胆碱的合成

二、甘油磷脂的降解

主要是体内磷脂酶催化的水解过程。其中磷脂酶 A_2 能使甘油磷脂分子中第 2 位酯键水解，产物为溶血磷脂酰胆碱及不饱和脂肪酸，此脂肪酸多为花生四烯酸，Ca^{2+} 为此酶的激活剂。此溶血磷脂酰胆碱是一类较强的表面活性物质，能使细胞膜破坏引起溶血或细胞坏死。某些毒蛇的蛇毒中含有磷脂酶 A_2，因此被毒蛇咬伤后可发生溶血。

第四节 胆固醇的代谢

机体内胆固醇来源于食物及自身合成。成年人除脑组织外各种组织都能合成胆固醇，其中肝脏和肠黏膜是合成的主要场所。体内胆固醇70%～80%由肝脏合成，10%由小肠合成。其他组织如肾上腺皮质、脾脏、卵巢、睾丸及胎盘乃至动脉管壁，也可合成胆固醇。胆固醇的合成主要在细胞的胞浆和内质网中进行。胆固醇可以在肠黏膜、肝、红细胞及肾上腺皮质等组织中酯化成胆固醇酯。胆固醇和胆固醇酯的结构见图9-7。

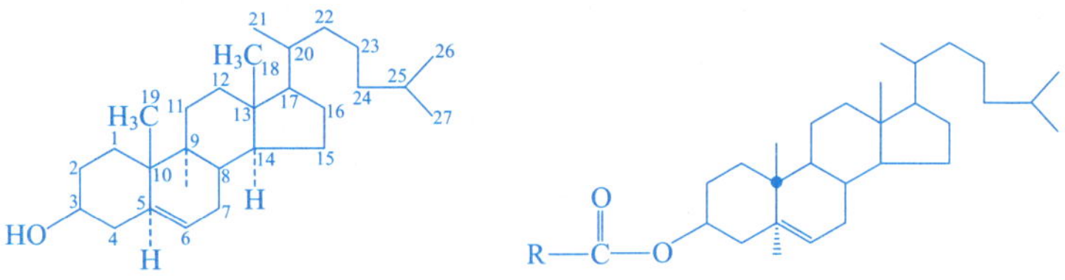

(a) 胆固醇　　(b) 胆固醇酯

图9-7　胆固醇和胆固醇酯的结构

一、胆固醇的合成

1. 合成原料

除成年动物脑组织及成熟红细胞外，几乎全身各组织均可合成胆固醇。肝是合成胆固醇的主要场所，其次是小肠。胆固醇的合成主要在细胞的胞液及滑面内质网中进行。乙酰CoA是合成胆固醇的原料，因为乙酰CoA是在线粒体中产生的，与前述脂肪酸合成相似，它须通过柠檬酸-丙酮酸循环进入胞液，另外，反应还需大量的$NADPH+H^+$及ATP。合成1分子胆固醇需18分子乙酰CoA、36分子ATP及16分子$NADPH+H^+$。乙酰CoA及ATP多来自线粒体中糖的有氧氧化，而NADPH则主要来自胞液中糖的磷酸戊糖途径。

2. 合成过程

胆固醇的合成一般分为以下三个阶段（见图9-8）。

（1）甲羟戊酸（MVA）的合成　首先在胞液中合成HMG-CoA，与酮体生成HMG-CoA的生成过程相同。但在线粒体中，HMG-CoA在HMG-CoA裂解酶催化下生成酮体，而在胞液中生成的HMG-CoA则在内质网HMG-CoA还原酶的催化下，由$NADPH+H^+$供氢，还原生成MVA。HMG-CoA还原酶是合成胆固醇的限速酶。

（2）鲨烯的合成　MVA由ATP供能，在一系列酶催化下，生成C_{30}的鲨烯。

（3）胆固醇的合成　鲨烯经多步反应，脱去3个甲基生成C_{27}的胆固醇。

3. 胆固醇合成的调节

HMG-CoA还原酶是胆固醇合成的限速酶。各种影响胆固醇合成的因素，主要是通过调节此酶的活性来实现的。

（1）饥饿与饱食　饥饿与禁食可抑制肝脏合成胆固醇，而对肝外组织的影响不大。饥饿与禁食除了使HMG-CoA还原酶的合成减少及降低其活性外，胆固醇合成的原料乙酰CoA、ATP、$NADPH+H^+$的不足也是胆固醇合成减少的重要原因。相反，摄取高糖、高脂饮食后，肝脏HMG-CoA还原酶的活性增加，胆固醇的合成增加。

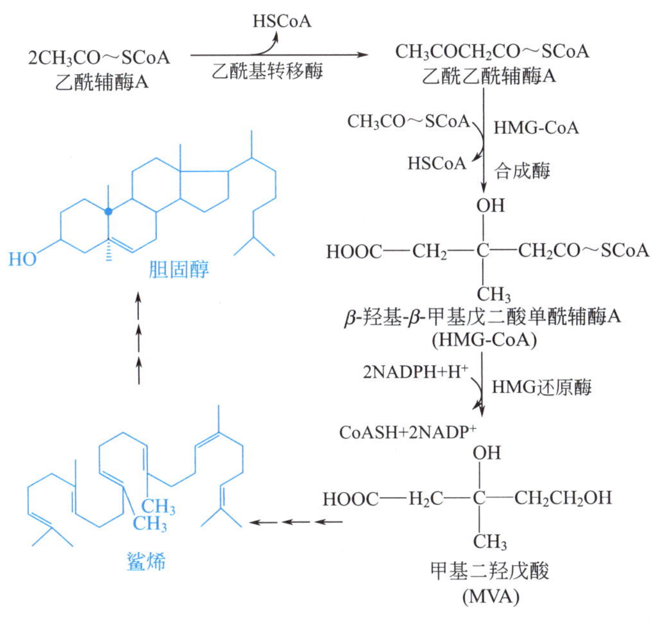

图 9-8 胆固醇的合成过程

（2）胆固醇的调节 外源性或内源性胆固醇均可反馈性抑制 HMG-CoA 还原酶的合成而减少体内胆固醇的合成，这种负反馈调节主要发生在肝脏，小肠则不受此种反馈调节。

（3）激素的调节 胰岛素与甲状腺素能诱导 HMG-CoA 还原酶的合成及增强该酶的活性，从而增加胆固醇的合成。胰高血糖素及皮质醇的作用则与之相反。

二、胆固醇的酯化

细胞内及血浆中的游离胆固醇均可被酯化形成胆固醇酯，胆固醇酯是胆固醇转运的主要形式。细胞内游离胆固醇在脂酰辅酶 A 胆固醇脂酰转移酶（ACAT）的作用下生成胆固醇酯和辅酶 A。血浆中的游离胆固醇在卵磷脂胆固醇脂酰转移酶（LCAT）的作用下生成胆固醇酯和溶血卵磷脂。LCAT 由干细胞合成并分泌入血，在维持血浆中胆固醇与胆固醇酯的比例中起重要作用。肝功能受损导致 LCAT 合成量减少，导致血浆胆固醇酯含量下降。

细胞内：

$$\text{脂酰 CoA}+\text{胆固醇}\xrightarrow{\text{ACAT}}\text{HSCoA}+\text{胆固醇酯}$$

血浆中：

$$\text{卵磷脂}+\text{胆固醇}\xrightarrow{\text{LCAT}}\text{溶血卵磷脂}+\text{胆固醇酯}$$

三、胆固醇在体内的代谢转变与排泄

胆固醇与一般的脂质不同，它不能被彻底氧化为 CO_2 和 H_2O，但侧链经过多步反应可以转化为许多具有特殊生物活性的物质。如胆汁酸、固醇类激素以及维生素 D_3 等。

（1）转化为胆汁酸 胆固醇在肝脏转化为胆汁酸是胆固醇在体内代谢的主要去路。胆汁酸随胆汁排入肠道，促进脂类及脂溶性维生素的吸收。

（2）转化为固醇类激素 胆固醇是肾上腺皮质、睾丸、卵巢等合成类固醇激素的原料。这类激素包括糖皮质激素及性激素。类固醇激素在调节水盐代谢、促进性器官的发育及维持副性征等方面具有重要作用。

（3）转化为维生素 D_3　皮肤中的胆固醇经酶促氧化为 7-脱氢胆固醇，后者再经紫外光照射转变为维生素 D_3。维生素 D_3 分别在肝、肾羟化后形成具有生理活性的 1,25-二羟维生素 D_3，参与调节体内的钙磷代谢。

（4）胆固醇的排泄　体内大部分胆固醇在肝脏转变为胆汁酸，随胆汁经胆道系统排入小肠，其中大部分又被肠黏膜重吸收，经门静脉返回肝脏，再排泄至肠道，即所谓胆汁酸的“肝肠循环”。此外，也有一部分胆固醇直接随胆汁或通过肠黏膜排入肠道。进入肠道的胆固醇，一部分被重吸收，另一部分被肠道细菌还原，转变成类固醇，随粪便排出体外。

第五节 血脂与血浆脂蛋白代谢

一、血脂

血浆中所含的脂类称为血脂，主要包括甘油三酯、磷脂、胆固醇和胆固醇酯以及游离脂肪酸等。血脂的来源有两个方面：一是外源性，从食物摄取的脂类经消化吸收进入血液；二是内源性，由肝、脂肪组织等合成后释放入血。血脂含量波动范围较大，受膳食、年龄、性别、职业以及代谢等多种因素的影响，反映了血脂来源与去路之间的动态平衡及机体的功能状态。血脂含量的测定，可以反映体内脂类代谢的状况，临床上用作高脂血症、动脉硬化及冠心病等疾病的辅助诊断。正常人空腹血脂的组成与含量见表 9-1。

表 9-1　正常人空腹血脂的组成与含量

组成	含量/(mg/ml)	含量/(mmol/L)	空腹时主要来源
总脂	4～7(5)	—	—
甘油三酯	0.1～1.5(1)	0.11～1.69(1.13)	肝
总胆固醇	1～2.5(2)	2.59～6.47(5.17)	肝
胆固醇酯	0.7～2(1.45)	1.81～5.47(3.75)	肝
游离胆固醇	0.4～0.7(0.55)	1.03～1.81(1.42)	肝
总磷脂	1.5～2.5(2)	48.4～80.7(64.6)	肝
卵磷脂	0.5～2(1)	16.1～64.6(32.3)	肝
神经磷脂	0.5～1.3(1.7)	16.1～42.0(22.6)	肝
脑磷脂	0.15～0.35(0.2)	4.8～13.0(6.4)	肝
游离脂肪酸	0.05～0.2(0.15)	—	脂肪组织

注：括号内数据为均值。

二、血浆脂蛋白的分类、组成及结构

脂类难溶于水，不能直接溶解在血液中被转运，也不能直接进入细胞组织中，故无论是外源性或是内源性脂类在血浆中可与载脂蛋白结合形成脂蛋白。因此，脂蛋白是脂类在血浆中的运输形式。而游离脂肪酸则与血浆中的白蛋白结合运输，后者不属于脂蛋白的范畴。

1. 血浆脂蛋白的分类

（1）超速离心法（密度分离法）　根据血浆脂蛋白的密度不同，可将其分为 4 类：乳糜微粒（CM）、极低密度脂蛋白（VLDL）、低密度脂蛋白（LDL）、高密度脂蛋白（HDL）。

（2）电泳分离法　根据血浆脂蛋白的电泳迁移率不同，可将其分为：α-脂蛋白（α-LP）、

前 β-脂蛋白（preβ-LP）、β-脂蛋白（β-LP）、乳糜微粒（CM）四类（图 9-9）。

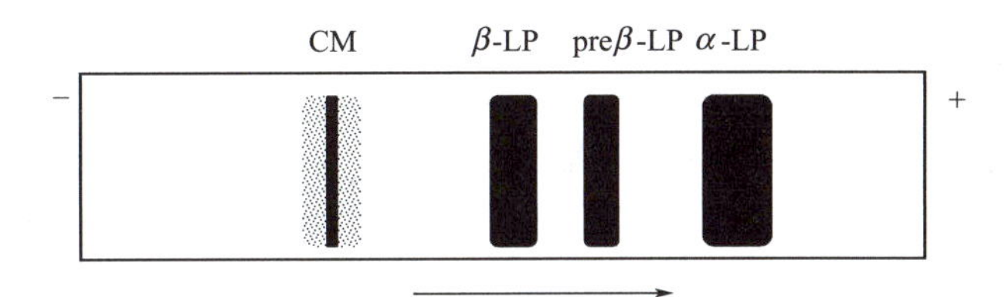

图 9-9　血浆脂蛋白琼脂糖凝胶电泳图谱示意

上述两种分类法各脂蛋白间的对应关系如下：

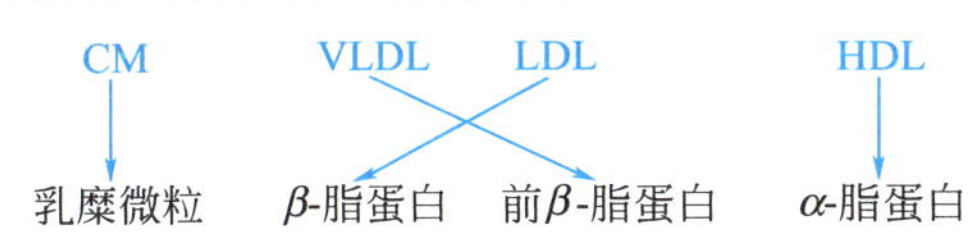

2. 血浆脂蛋白组成

血浆脂蛋白主要由载脂蛋白、甘油三酯、磷脂、胆固醇及其酯组成。游离脂肪酸与白蛋白结合而运输不属于血浆脂蛋白之列。CM 体积最大，含甘油三酯最多，蛋白质最少，故密度最小。VLDL 含甘油三酯亦多，但其蛋白质含量高于 CM。LDL 含胆固醇及胆固醇酯最多。HDL 含蛋白质量最多。各种脂蛋白的组成、来源及功能见表 9-2。

表 9-2　血浆脂蛋白的分类、组成、来源及功能

分类	超速离心法	CM	VLDL	LDL	HDL
	电泳法	CM	前 β-LP	β-LP	α-LP
物理特征	密度/(g/ml)	<0.95	0.95～1.006	1.006～1.063	1.063～1.210
	颗粒直径/nm	80～500	25～80	20～25	5～17
组成/%	蛋白质	0.5～2	5～10	20～25	50
	脂类	98～99	90～95	75～80	50
	甘油三酯	80～95	50～70	10	5
	磷脂	5～7	15	20	25
	总胆固醇	1～4	15	45～50	20
	游离胆固醇	1～2	5～7	8	5
	胆固醇酯	3	10～12	40～42	15～17
主要的载脂蛋白		AⅠ、B48、CⅠ、CⅡ、CⅢ	B100、E、CⅠ、CⅡ、CⅢ	B100	AⅠ、AⅡ、D
合成部位		小肠	肝	血浆	肝、小肠
功能		转运外源性甘油三酯	转运内源性甘油三酯	从肝向肝外组织转运胆固醇	从肝外组织向肝转运胆固醇

3. 脂蛋白的结构

血浆各种脂蛋白具有大致相似的基本结构。疏水性较强的甘油三酯及胆固醇酯位于脂蛋白的内核，而载脂蛋白、磷脂及游离胆固醇等双性分子则以单分子层覆盖于脂蛋白表面，其非极性向朝内，与内部疏水性内核相连，其极性基团朝外，脂蛋白分子呈球状。CM 及 VLDL 主要以甘油三酯为内核，LDL 及 HDL 则主要以胆固醇酯为内核。因脂蛋白分子朝向表面的极性基团亲水，故增加了脂蛋白颗粒的亲水性，使其能均匀分散在血液中。从 CM

到 HDL，直径越来越小，故外层所占比例增加，所以 HDL 含载脂蛋白和磷脂最高。

4. 载脂蛋白

脂蛋白中的蛋白质部分称载脂蛋白，主要有 apoA、apoB、apoC、apoD、apoE 五类。不同脂蛋白含不同的载脂蛋白。载脂蛋白是双性分子，疏水性氨基酸组成非极性面，亲水性氨基酸为极性面，以其非极性面与疏水性的脂类核心相连，使脂蛋白的结构更稳定。

5. 脂蛋白代谢

微课扫一扫

（1）乳糜微粒　主要功能是转运外源性甘油三酯及胆固醇。空腹血中不含 CM。外源性甘油三酯消化吸收后，在小肠黏膜细胞内再合成甘油三酯、胆固醇，与载脂蛋白形成 CM，经淋巴入血运送到肝外组织中，在脂蛋白脂肪酶作用下，甘油三酯被水解，产物被肝外组织利用，CM 残粒被肝摄取利用。

（2）极低密度脂蛋白　VLDL 是运输内源性甘油三酯的主要形式。肝细胞及小肠黏膜细胞自身合成的甘油三酯与载脂蛋白，胆固醇等形成 VLDL，分泌入血，在肝外组织脂肪酶作用下水解利用，水解过程中 VLDL 与 HDL 相互交换，VLDL 变成 IDL 被肝摄取代谢，未被摄取的 IDL 继续变为 LDL。

（3）低密度脂蛋白　人血浆中的 LDL 是由 VLDL 转变而来的，它是转运肝合成的内源性胆固醇的主要形式。肝是降解 LDL 的主要器官，肝及其他组织细胞膜表面存在 LDL 受体，可摄取 LDL，其中的胆固醇酯水解为游离胆固醇及脂肪酸，水解的游离胆固醇可抑制细胞本身胆固醇合成，减少细胞对 LDL 的进一步摄取，且促使游离胆固醇酯化在胞液中储存，此反应是在内质网脂酰 CoA 胆固醇脂酰转移酶（ACAT）催化下进行的。除 LDL 受体途径外，血浆中的 LDL 还可被单核吞噬细胞系统清除。

（4）高密度脂蛋白　主要作用是逆向转运胆固醇，将胆固醇从肝外组织转运到肝代谢。新生 HDL 释放入血后经系列转化，将体内胆固醇及其酯不断从 CM、VLDL 转入 HDL，这其中起主要作用的是血浆卵磷脂胆固醇脂酰转移酶（LCAT），最后新生 HDL 变为成熟 HDL，成熟 HDL 与肝细胞膜 HDL 受体结合被摄取，其中的胆固醇合成胆汁酸或通过胆汁排出体外，如此可将外周组织中衰老细胞膜中的胆固醇转运至肝代谢并排出体外。

6. 高脂蛋白血症

血脂水平的变化可反映脂类代谢的情况，脂类代谢异常通常表现为高脂血症。高脂血症是指血脂水平高于正常参考范围的上限，主要表现为甘油三酯、胆固醇含量升高。由于血脂在血浆中以血浆脂蛋白的形式运输，所以高脂血症实际上也可以认为是高脂蛋白血症。血脂或血浆脂蛋白的正常参考范围因地区、膳食、年龄、劳动状况、职业及测定方法等不同而有所差异。

1970 年 WHO 建议将高脂蛋白血症分为六型（Ⅰ型、Ⅱa 型、Ⅱb 型、Ⅲ型、Ⅳ型和Ⅴ型），详见本章阅读材料。

本章小结

脂类是脂肪和类脂的总称，它们不易溶于水而易溶于非极性有机溶剂。本章以脂肪为代表讲解脂类的代谢。

脂肪的代谢包括脂肪的降解和脂肪的生物合成两个“相反”的过程。

脂肪在脂肪酶作用下水解成甘油和脂肪酸，甘油氧化分解为磷酸二羟丙酮，后者进入糖酵解过程，而脂肪酸在体内主要以β-氧化方式进行分解。

脂肪酸的氧化是从羧基端的β-C原子开始的，而且氧化反应主要发生在β-C原子上，所以将这种氧化方式称为脂肪酸的β-氧化。脂肪酸的β-氧化是在线粒体基质中进行的，包括四步基本反应，即脱氢（氧化）、水合、再脱氢（再氧化）、硫解。脂肪酸β-氧化生成的乙酰CoA可进入三羧循环彻底氧化，也可转变为其他物质。

酮体是脂肪酸在肝脏进行正常分解代谢所生成的特殊中间产物，包括乙酰乙酸，β-羟丁酸和极少量的丙酮。肝脏中具有活性较强的合成酮体的酶系，但氧化酮体的酶类活性却很低，所以，肝脏可生成酮体，而不能氧化酮体，但生成的酮体可进入血液循环被运到肝外组织进一步氧化分解供能。因此，酮体代谢的特点是“肝内生成，肝外利用”。

脂肪合成的原料是α-磷酸甘油和脂酰CoA，α-磷酸甘油由磷酸二羟丙酮或甘油转化而来，脂酰CoA是由脂肪酸合成系统生成的脂酰ACP转化过来的。

长链饱和脂肪酸是由胞液中的多酶复合体系合成的。整个过程需酰基载体蛋白（ACP-SH）作为酰基载体，合成包括四步基本反应，即缩合、还原（加氢）、脱水、再还原（再加氢）。脂肪酸的生物合成需还原型NADPH作为供氢体，NADPH可由磷酸戊糖途径和乙酰CoA由线粒体转运到胞液时的丙酮酸-柠檬酸循环过程提供。胞液中的多酶复合体系合成的最终产物是软脂酸，线粒体和微粒体上有脂肪酸加工酶系，可利用软脂酸为原料加工成为其他饱和和不饱和的脂肪酸。

含磷酸的脂类称磷脂，可分为两类：由甘油构成的磷脂称甘油磷脂，由鞘氨醇构成的称鞘磷脂。

甘油磷脂主要有两种，即磷脂酰胆碱（卵磷脂）和磷脂酰乙醇胺（脑磷脂）。

胆固醇包括游离胆固醇和结合胆固醇两种，结合胆固醇又称胆固醇酯。胆固醇除了参与构成生物膜等功能之外，还能在体内转化为胆汁酸、固醇类激素和维生素D_3等重要生理活性物质。

血浆脂蛋白是脂类在血浆中的运输形式，它由脂类与载脂蛋白组成。用电泳法可将其分为α-脂蛋白、前β-脂蛋白、β-脂蛋白和乳糜微粒四类，用超速离心法可将其分为乳糜微粒（CM）、极低密度脂蛋白（VLDL）、低密度脂蛋白（LDL）和高密度脂蛋白（HDL）四类。

一、名词解释

1. β-氧化作用　2. 氧化磷酸化

二、填空题

1. 必需脂肪酸包括亚油酸、________以及花生四烯酸。
2. 酮体是乙酰乙酸、β-羟丁酸和________三种化合物的总称。
3. 脂酰CoA进入线粒体的关键酶是____________。
4. 脂酰甘油是由________和甘油组成的一类化合物。
5. 脂类的物理性质共性是__________。

三、选择题

1. 合成脂肪酸时，其中作为所需供氢体是（　　）。

A. $FMNH_2$　　B. $NADPH+H^+$　　C. $FADH_2$　　D. $NADH+H^+$

2. 肝脏动用脂肪产生大量乙酰CoA，主要转变为（　　）。

A. 葡萄糖　B. 酮体　C. 胆固醇　D. 草酰乙酸

3. 生成磷酸甘油的前体是（　　）。

A. 丙酮酸　B. 乙醛　C. 磷酸二羟丙酮　D. 乙酰 CoA

4. 长链脂肪酸穿过线粒体内膜时，运输载体为（　　）。

A. 苹果酸　B. 肉毒碱　C. α-磷酸甘油　D. 白蛋白

5. 酮体生成的关键酶是（　　）。

A. 乙酰基转移酶　B. HMG-CoA 合成酶

C. HMG-CoA 还原酶　D. HMG-CoA 裂解酶

6. 脂肪酸在肝脏进行 β-氧化时，不生成（　　）。

A. $NADH+H^+$　B. $FADH_2$　C. H_2O　D. 乙酰 CoA

7. 下列物质的合成过程中需要 CTP 参与的是（　　）。

A. 脂肪　B. 磷脂　C. 蛋白质　D. 酮体

8. 与脂肪酸 β-氧化无关的酶是（　　）。

A. 脂酰 CoA 脱氢酶　B. 羧化酶

C. β-羟脂酰 CoA 脱氢酶　D. 烯脂酰 CoA 水合酶

9. 在大多数生物体内，下列转变不能进行的是（　　）。

A. 糖→氨基酸　B. 脂肪酸→氨基酸

C. 氨基酸→脂肪酸　D. 糖→脂肪酸

10. 乙酰 CoA 羧化酶的别构激活剂是（　　）。

A. 柠檬酸　B. 草酰乙酸　C. α-酮戊二酸　D. 苹果酸

11. 生物体彻底氧化软脂酸（C_{16}酸）时，可净产生的 ATP（　　）。

A. 32mol　B. 2mol　C. 106mol　D. 96mol

12. 酮体不包括（　　）。

A. 丙酮　B. 乙酰 CoA　C. 乙酰乙酸　D. β-羟丁酸

四、简答题

简述在脂肪酸合成中，乙酰 CoA 羧化酶的作用。

五、论述题

试述脂肪酸 β-氧化降解的基本过程及生理意义。

阅读材料

脂蛋白代谢紊乱与动脉粥样硬化

脂蛋白代谢紊乱主要表现为高脂蛋白血症，它是指血浆中 CM、VLDL、LDL、HDL 等脂蛋白有一种或几种浓度过高的现象。1970 年世界卫生组织以临床表型为基础，根据血浆（血清）外观、血 TC、TG 浓度以及血清脂蛋白含量，将高脂蛋白血症分为Ⅰ型、Ⅱa 型、Ⅱb 型、Ⅲ型、Ⅳ型、Ⅴ型六型，这种分型有助于临床选择治疗对策。高脂蛋白血症有原发性和继发性两大类，原发性是遗传缺陷所致，如家族性高胆固醇血症。继发性是继发于许多疾病所致，如糖尿病、肾病及肾病综合征、甲状腺机能低下症和 Cushing 症候群等疾患均可继发引起高脂蛋白血症。

高脂蛋白血症在动脉粥样硬化斑块形成中起着极其重要的作用。目前引起人们关注的致动脉粥样硬化的脂蛋白主要有脂蛋白残粒、变性 LDL、B 型 LDL 和 Lp(a)。脂蛋白代谢过程中产生的 CM 残粒和 VLDL 残粒会转变成富含胆固醇酯和 apoE 的颗粒沉积于血管壁；Ⅲ型高脂血症中出现的异常脂蛋白残粒即 β-VLDL 以及变性 LDL 都会经清道夫受体介导摄取进入巨噬细胞，使之转变为泡沫细胞，促进动脉粥样硬化斑块的形成；B 型 LDL 为小而密 LDL，不易通过 LDL 受体介导途径从循环中清除，易被氧化并被巨噬细胞摄取，促进动脉粥样硬化的发生；血液中 Lp(a) 浓度在 30mg/L 以上是促成 AS 的危险因素，Lp(a) 会在血管内皮细胞存留，促进泡沫细胞脂肪斑块形成及平滑肌细胞增生，它还会发生自身氧化，氧化 Lp(a) 与 oxLDL 同样可被清道夫受体识别结合，诱导刺激单核细胞分化为巨噬细胞并进一步泡沫化，Lp(a) 是公认的致动脉粥样硬化的独立危险因素。

抗动脉粥样硬化的脂蛋白有 HDL，血 HDL 水平与动脉粥样硬化性心脑血管疾病的发病率呈负相关。HDL 的抗动脉粥样硬化作用主要表现为促进细胞胆固醇外流，使胆固醇酯逆转运至含 apoB 的脂蛋白，再运至肝脏，最后使胆固醇通过转变成胆汁酸从胆道排出，维持血中胆固醇的正常水平，HDL 还能抑制 LDL 氧化、中和修饰 LDL 配基活性以及抑制内皮细胞黏附分子的表达等，在巨噬细胞的抗泡沫化和脱泡沫化中有重要的作用。

高胰岛素血症、高 TG 血症、低 HDL-C 和高血压等四要素同时出现称为代谢综合征，也称为高脂血症并发症。代谢综合征的个体特征是腹部肥胖、动脉粥样硬化性血脂异常（TG 升高、小而密 LDL 颗粒增多、HDL-C 降低）、高血压、胰岛素抵抗（伴有或不伴有葡萄糖不耐受）以及血栓形成和炎症状态，这些因素相互作用、相互促进，可加快动脉粥样硬化的形成。代谢综合征应作为降低冠心病危险性治疗的二级目标处理。

高脂蛋白血症是致动脉粥样硬化的主要危险因素之一。降低血清胆固醇、甘油三酯、LDL 浓度和升高血清 HDL 浓度是防治动脉粥样硬化性心脑血管疾病的重要措施。国内专家于 1997 年制定了我国“血脂异常防治建议”，其中对血脂危险水平划分标准、我国高脂血症开始治疗标准和治疗目标值的划分有明确的界定；1989 年制订的“国家胆固醇教育计划”（NCEP）以及成人治疗计划（ATP），其目的是提高全社会对高胆固醇血症是冠心病的主要危险因素的认识，2001 年实施的 ATPⅢ计划，LDL-C 最适值降至 2.6mmol/L 以下，HDL-C 升至 1.0mmol/L 以上，加大对 LDL-C 的降低力度，预防和减少动脉粥样硬化疾病的发生，从降低人群血清总胆固醇水平和 LDL-C 水平入手达到降低冠心病发病率与死亡率的目的。

高脂蛋白血症的治疗方案包括非药物治疗和药物治疗两方面。非药物治疗即合理饮食，加强体育锻炼，包括减少热量摄入，减少胆固醇的摄入，增加不饱和脂肪酸和富含纤维性食物摄入量，增加运动量，减少肥胖，特别是缩小肥胖者腰围，以达到降低血总胆固醇和 LDL-C 的水平；必要时才考虑药物治疗，目前推荐 HMG-CoA 还原酶抑制剂为治疗药物，主张联合应用降脂药以降低病人血清 LDL-C 达到目标值为目的。动脉粥样硬化可始发于胎儿，随着肥胖儿童逐渐增多，对儿童血脂的定期监测应引起足够的重视，预防动脉粥样硬化应从娃娃抓起。

第十章 蛋白质降解和氨基酸代谢

学习目标

1. 掌握氨基酸的脱氨基作用。
2. 掌握尿素形成的鸟氨酸循环。
3. 掌握氨基酸的脱羧基作用。
4. 掌握谷氨酸生物合成的途径及其生产菌的生化特点。
5. 了解蛋白质酶促降解的蛋白酶和肽酶。
6. 了解氨基酸代谢产物的出路。

在生物体的新陈代谢中，蛋白质的代谢占有十分重要的地位。人和动物需要不断从食物中摄入蛋白质，才能使体内的蛋白质得到不断的更新，但食物中的蛋白质必须先水解为氨基酸才能被生物体利用；蛋白质与非蛋白质之间的相互转化，也需要经过氨基酸才能实现，因此，氨基酸代谢是蛋白质分解代谢的中心内容。

第一节 蛋白质的营养作用

一、蛋白质的生理功能

（1）构成组织细胞的基本组成成分　蛋白质是组织细胞的主要结构成分之一，参与各种生物膜（细胞膜、细胞器膜和核膜）的形成。

（2）参与组织细胞的更新和修补　蛋白质在维持组织细胞的生长、更新和修补中发挥着重要作用。机体只有不断从膳食中摄取足够量的蛋白质，才能满足自身需要。

（3）参与物质代谢及生理功能的调控　蛋白质以酶、蛋白类激素等形式参与生理活动及物质代谢的调控。

（4）氧化供能　蛋白质是三大功能营养物质之一，每克蛋白质在体内氧化分解可产生17.19kJ 的能量。成人每日约有 18%的能量从蛋白质获得。

（5）其他功能　蛋白质还参与体内血液转运、血液凝血、免疫、肌肉收缩等几乎所有的生命活动。

二、蛋白质的生理需要量

1. 氮平衡

正常情况下，体内蛋白质的合成与分解处于动态平衡中，故每日氮的摄入量与排出量也维持着动态平衡，这种动态平衡就称为氮平衡。氮平衡可反映体内蛋白质的代谢概况。

（1）氮的总平衡　每日摄入氮量与排出氮量相等，表示体内蛋白质的合成量与分解量相等，称为氮总平衡。此种情况见于正常成年人。

（2）氮的正平衡　每日摄入氮量大于排出氮量，表明体内蛋白质的合成量大于分解量，称为氮的正平衡。此种情况见于儿童、孕妇及恢复期病人。

（3）氮的负平衡　每日摄入氮量小于排出氮量，表明体内蛋白质的合成量小于分解量，称为氮的负平衡。此种情况见于长期饥饿、营养不良和消耗性疾病患者。

2. 生理需要量

根据氮平衡实验，健康成年人在不进食蛋白质的情况下，每日最低也要分解约 20g 蛋白质。由于食物蛋白质与人体蛋白质组成的差异，不可能全部被人体利用，加上消化道中蛋白质难以全部消化吸收，故成年人每日至少需要补充 30～50g 蛋白质。为了长期保持总氮平衡，还须在此基础上适当增加蛋白质的摄入量。我国营养学会推荐成年人每日蛋白质的需要量为 80g。

三、蛋白质的营养价值及互补作用

评定食物蛋白质的营养价值包括以下三个方面因素：①食物蛋白质的含量；②食物中蛋白质的消化率；③食物中蛋白质的利用率，也称蛋白质的生理价值或生物价。

天然蛋白质是由 20 种氨基酸组成的，其中有 8 种体内不能合成，必须由食物蛋白质供给，这些氨基酸称为营养必需氨基酸，包括缬氨酸、异亮氨酸、亮氨酸、苏氨酸、甲硫氨酸、赖氨酸、苯丙氨酸和色氨酸。其余 12 种氨基酸体内可以合成，不一定需要由食物供应，称为非必需氨基酸。其中酪氨酸和半胱氨酸必须以必需氨基酸为原料来合成，故被称为半必需氨基酸。因此，食物蛋白质中必需氨基酸的含量、种类和比例是决定其营养价值高低的主要因素。将几种营养价值较低的食物蛋白质混合食用，以提高其营养价值的作用称为食物蛋白质的互补作用。例如，谷类蛋白质含赖氨酸较少而色氨酸含量相对较多，有些豆类蛋白质含赖氨酸较多而色氨酸较少。因此，二者混合食用可使蛋白质的营养价值得到提高。

第二节 蛋白质的消化吸收与腐败

一、蛋白质的消化吸收

（1）蛋白质的消化　胃蛋白酶水解食物蛋白质为多肽，再在小肠中完全水解为氨基酸。

（2）氨基酸的吸收　主要在小肠进行，是一种主动转运过程，需由特殊载体携带。除此之外，也可经 γ-谷氨酰循环进行。

食物蛋白质经消化吸收的氨基酸（外源性氨基酸）与体内组织蛋白质降解产生的氨基酸及体内合成的非必需氨基酸（内源性氨基酸）混合在一起，分布在细胞液中进入血液循环及全身各组织，这两种来源的氨基酸（外源性和内源性）混合在一起，存在于细胞内液和细胞外液中，共同组成氨基酸代谢库。

二、蛋白质的腐败作用

未被吸收的氨基酸和小肽及未被消化的蛋白质，在大肠下部受肠道细菌的作用，发生化学变化的过程称蛋白质的腐败作用（图 10-1）。腐败作用的产物少量可被机体利用，大多数对机体有害。

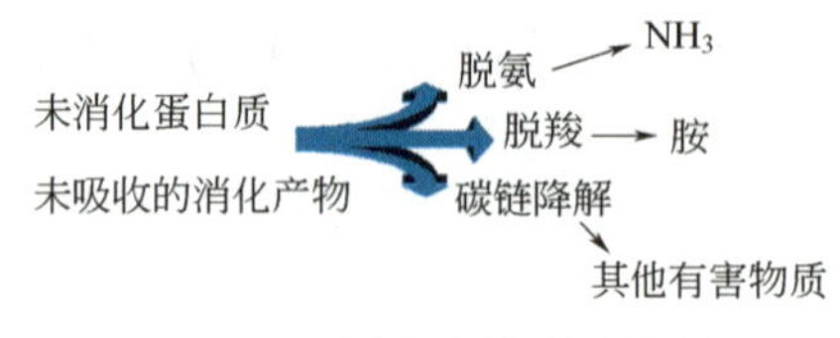

图 10-1 蛋白质的腐败作用

腐败产物包括胺、氨、苯酚、吲哚、甲烷、CO_2、有机酸和硫化氢等，这些物质大部分随粪便排出，小部分可被肠道吸收，进入肝脏处理。

第三节 蛋白质的酶促降解

生物体内的蛋白质经常处于动态的变化之中，一方面在不断地合成，另一方面又在不断地分解。蛋白质的分解对机体生命代谢的意义并不亚于蛋白质的合成。早期合成的蛋白质在完成其功能之后不可避免地要分解，其分解产物将作为合成新性质蛋白质的原料。

蛋白质的分解是在蛋白（水解）酶催化下进行的，蛋白水解酶按水解底物部位可分为内肽酶（肽链内切酶）和端肽酶（肽链端解酶）两大类。

一、蛋白酶

蛋白酶即内肽酶，水解蛋白质和多肽链内部的肽键，形成各种短肽。蛋白酶具有底物专一性，不能水解所有肽键，只能对特定的肽键发生作用。如木瓜蛋白酶只能作用于由碱性氨基酸以及含脂肪侧链和芳香侧链的氨基酸所形成的肽键。几种蛋白水解酶的专一性见图 10-2、表 10-1。蛋白酶按其催化机理又可分为四类，见表 10-2。

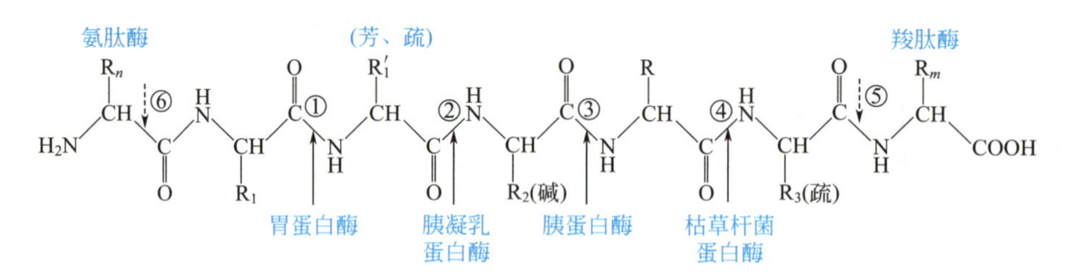

图 10-2 几种蛋白水解酶的专一性

表 10-1 几种蛋白水解酶作用的专一性

酶	对 R 基团的要求	作用部位
胃蛋白酶	R_1，R_1'：芳香族氨基酸或其他疏水氨基酸（N 端及 C 端）	↑①
胰凝乳蛋白酶	R_1'：芳香族及其他疏水氨基酸（C 端）	↑②
胰蛋白酶	R_2：碱性氨基酸（C 端）	↑③
枯草杆菌蛋白酶木瓜蛋白酶	R_3：疏水氨基酸（N 端） 碱性氨基酸以及含脂肪侧链和芳香侧链的氨基酸	↑④

续表

酶	对 R 基团的要求	作用部位
羧肽酶 A	R_m：芳香族氨基酸(C 端)	↓⑤羧基末端的肽键
羧肽酶 B	R_m：碱性氨基酸(C 端)	↓⑤羧基末端的肽键
氨肽酶		↓⑥氨基末端的肽键
二肽酶	要求相邻两个氨基酸上的 α-氨基和 α-羧基同时存在	

表 10-2　蛋白酶的种类

名称	作用特征	例子
丝氨酸蛋白酶类	活性中心含组氨酸和丝氨酸	胰凝乳蛋白酶、胰蛋白酶、凝血酶
硫醇蛋白酶类	活性中心含半胱氨酸	木瓜蛋白酶、无花果蛋白酶、菠萝蛋白酶
羧基(酸性)蛋白酶类	最适 pH 在 5 以下，活性中心含天冬氨酸等酸性氨基酸	胃蛋白酶、凝乳酶
金属蛋白酶类	含有催化活性所必需的金属	枯草杆菌中性蛋白酶、脊椎动物胶原酶

二、肽酶

端肽酶又称为外肽酶，从肽链的一端开始水解，将氨基酸一个一个地从多肽链上切下来。肽酶根据其作用性质不同可分为氨肽酶、羧肽酶和二肽酶。氨肽酶从肽链的氨基末端开始水解肽链；羧肽酶从肽链的羧基末端开始水解肽链；二肽酶的底物为二肽，将二肽水解成单个氨基酸。

三、蛋白质的酶促降解

在内肽酶、羧肽酶、氨肽酶与二肽酶的共同作用下，蛋白质水解成蛋白胨、胨、多肽，最后完全分解成氨基酸，即

$$\text{蛋白质}\xrightarrow{\text{内肽酶}}\text{胨、胨}\xrightarrow{\text{内肽酶}}\text{多肽}\xrightarrow{\text{端肽酶}}\text{氨基酸}$$

这些氨基酸可以转移到蛋白质合成的地方用作合成新蛋白质的原料，也可以经脱氨作用形成氨和有机酸，或参加其他反应。

第四节　氨基酸的一般代谢

人体从食物中摄取的蛋白质在消化道内经水解酶消化（酶促降解）而成的氨基酸为外源氨基酸；组织蛋白质降解产生的氨基酸和体内合成的氨基酸为内源氨基酸。氨基酸代谢在蛋白质代谢中处于枢纽位置。

一、脱氨基作用

α-氨基酸分子上的氨基被脱去生成 α-酮酸和氨的化学反应，称氨基酸脱氨基作用。氨基酸的脱氨基作用主要包括氧化脱氨基、转氨基、联合脱氨基等，这是氨基酸主要的转化方式。

1. 氧化脱氨基作用

氨基酸在酶的催化下脱氢氧化的同时伴有脱氨的反应，称作氧化脱氨基作用。催化这一过程的酶有脱氢酶和氧化酶两类，脱氢酶中最重要的是谷氨酸脱氢酶，辅酶是 NAD^+ 或 $NADP^+$，它催化谷氨酸氧化脱氨，生成 α-酮戊二酸。

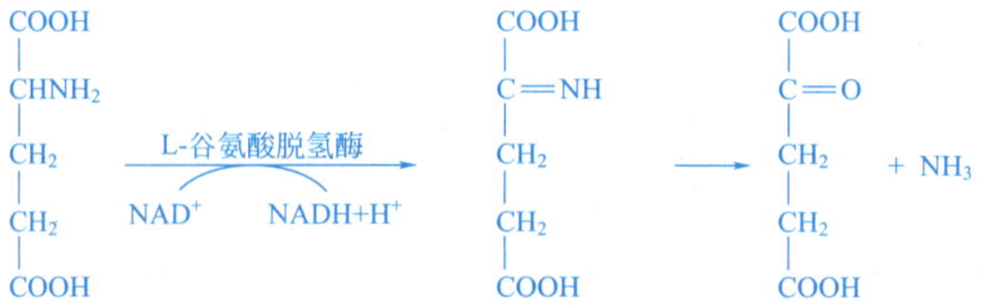

$$\underset{\text{谷氨酸}}{HOOC-CH_2-CH_2-CHNH_2-COOH} \xrightarrow[NAD^+ \quad NADH+H^+]{\text{L-谷氨酸脱氢酶}} \underset{\alpha\text{-亚氨基戊二酸}}{HOOC-CH_2-CH_2-C(=NH)-COOH} \longrightarrow \underset{\alpha\text{-酮戊二酸}}{HOOC-CH_2-CH_2-C(=O)-COOH} + NH_3$$

2. 转氨基作用

转氨基作用是 α-氨基酸和 α-酮酸之间的氨基转移反应。α-氨基酸的氨基在相应的转氨酶催化下转移到 α-酮酸的酮基碳原子上，结果是原来的氨基酸生成了相应的 α-酮酸，而原来的 α-酮酸则形成了相应的氨基酸。这种作用称为转氨基作用或氨基移换作用。催化转氨基作用的酶叫做转氨酶或氨基移换酶。转氨酶广泛存在于生物体内。

$$\underset{\alpha\text{-氨基酸}}{R^1-CH(NH_2)-COOH} + \underset{\alpha\text{-酮酸}}{R^2-C(=O)-COOH} \xrightleftharpoons{\text{转氨酶}} \underset{\alpha\text{-酮酸}}{R^1-C(=O)-COOH} + \underset{\alpha\text{-氨基酸}}{R^2-CH(NH_2)-COOH}$$

人体内存在着多种转氨酶。不同氨基酸与 α-酮酸之间的转氨基作用只能由专一的转氨酶催化。在各种转氨酶中，以 L-谷氨酸与 α-酮酸的转氨酶最为重要。其中丙氨酸氨基转移酶［alanine aminotransferase，ALT，又称谷丙转氨酶（GPT）］和天冬氨酸氨基转移酶［aspartate arnlnotransferase，AST，又称谷草转氨酶（GOT）］是体内两种重要的转氨酶。它们催化的化学反应如图 10-3 所示。

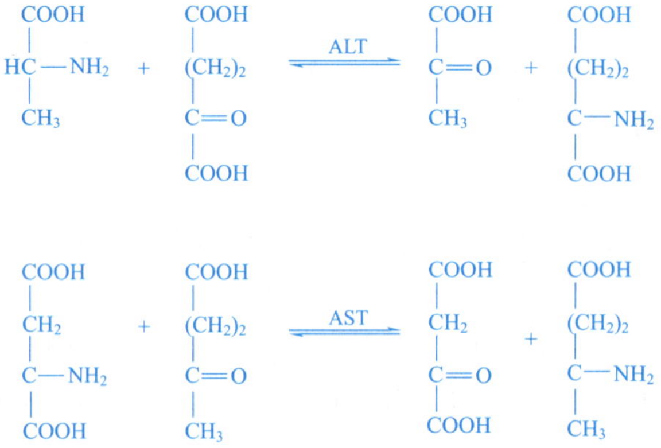

$$CH_3-CH(NH_2)-COOH + HOOC-C(=O)-(CH_2)_2-COOH \xrightleftharpoons{ALT} CH_3-C(=O)-COOH + HOOC-CH(NH_2)-(CH_2)_2-COOH$$

$$HOOC-CH_2-CH(NH_2)-COOH + CH_3-C(=O)-(CH_2)_2-COOH \xrightleftharpoons{AST} HOOC-CH_2-C(=O)-COOH + CH_3-CH(NH_2)-(CH_2)_2-COOH$$

图 10-3 ALT 和 AST 催化的反应

ALT 和 AST 在体内广泛存在，但在各组织中活性和含量不同。正常情况下，转氨酶主要分布在各种组织细胞内，在心脏和肝脏中活性最高，在血浆中含量很低。当某种原因使细胞膜通透性增高或因组织坏死细胞破裂后，大量转氨酶可释放入血，使血清中的转氨酶活性明显升高。例如：在急性肝炎病人血清中，ALT 活性显著升高；在心肌梗死时血清中 AST

明显上升。因此在临床上测定血清中的 ALT 或者 AST 既有助于诊断，也可作为观察疗效和预后的指标之一。

3. 联合脱氨基作用

上述转氨基作用虽然是体内普遍存在的一种脱氨基方式，但它仅仅是将氨基转移到α-酮酸分子上生成另一分子氨基酸，从整体上看，氨基并未脱去。而氧化脱氨基作用仅限于L-谷氨酸，其他氨基酸并不能直接经这一途径脱去氨基。事实上，体内绝大多数氨基酸的脱氨基作用，是上述两种方式联合的结果，即氨基酸的脱氨基既经转氨基作用，又通过 L-谷氨酸氧化脱氨基作用，是转氨基作用和谷氨酸氧化脱氨基作用偶联的过程，这种方式称为联合脱氨基作用。这是体内主要的脱氨基方式，反应可逆，也是体内合成非必需氨基酸的重要途径。反应过程见图 10-4。

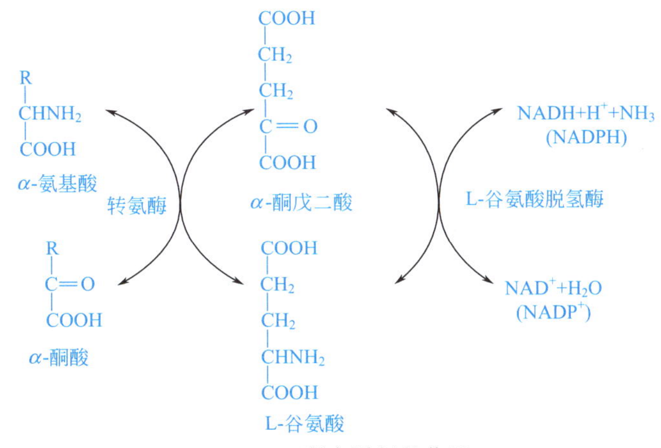

图 10-4　联合脱氨基作用

骨骼肌中谷氨酸脱氢酶活性很低，氨基酸可通过嘌呤核苷酸循环而脱去氨基，这可能是骨骼肌中的氨基酸主要的脱氨基方式。氨基酸通过转氨基作用生成的天冬氨酸，后者再和次黄嘌呤核苷酸（IMP）反应生成腺苷酸代琥珀酸，然后裂解出延胡索酸，同时生成腺嘌呤核苷酸（AMP），AMP 又在腺苷酸脱氨酶催化下脱去氨基，最终完成了氨基酸的脱氨基作用。IMP 可以再参加循环。由此可见，嘌呤核苷酸循环实际上也可以看成是另一种形式的联合脱氨基作用。反应过程见图 10-5。

二、脱羧基作用

氨基酸除脱去氨基的分解代谢途径外，也可以脱去羧基产生相应的胺类，催化此反应的酶是氨基酸脱羧酶类，其辅酶为磷酸吡哆醛（除组氨酸脱羧酶不需要辅酶）。

$$\underset{\displaystyle NH_2}{R-\underset{|}{CH}-COOH} \xrightarrow{\text{氨基酸脱羧酶}} RCH_2NH_2 + CO_2$$

氨基酸的脱羧基作用从量上讲并不占主要地位，但其产物胺类一般都具有重要生理作用，例如，谷氨酸的脱羧基产物 γ-氨基丁酸，色氨酸经羟化及脱羧基后的产物 5-羟色胺等。

1. γ-氨基丁酸

脑组织中的谷氨酸脱羧酶活性很高，因而该组织中 γ-氨基丁酸浓度较高，其作用是抑制突触传导，可能是一种抑制性神经递质。

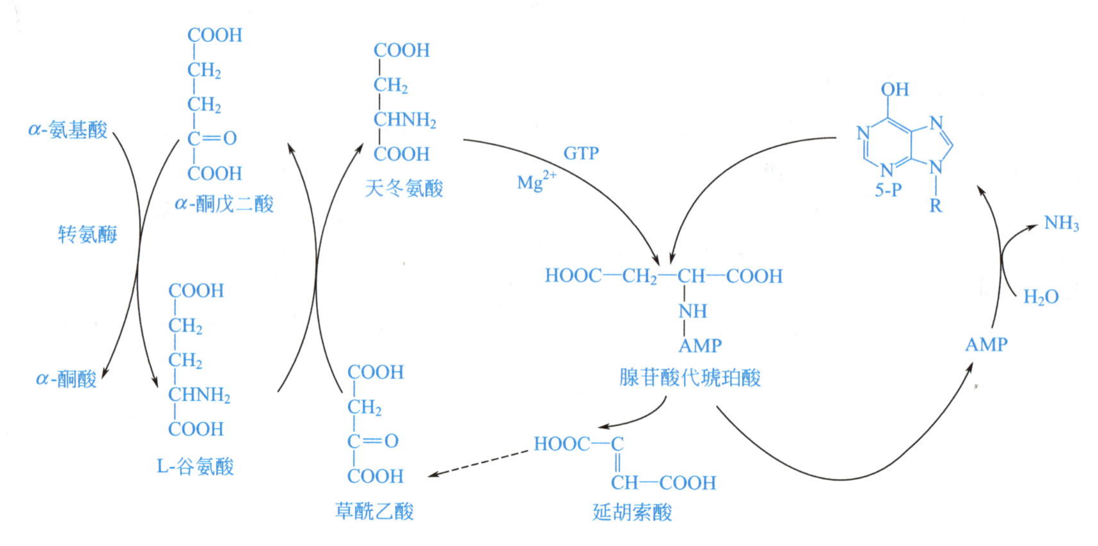

图 10-5 转氨基作用和嘌呤核苷酸循环的联合

$$\underset{\text{谷氨酸}}{\mathrm{HOOC{-}CH_2{-}CH_2{-}CH(NH_2){-}COOH}} \xrightarrow{\text{L-谷氨酸脱羟酶}} \underset{\gamma\text{-氨基丁酸(GABA)}}{\mathrm{HOOC{-}CH_2{-}CH_2{-}CH_2{-}NH_2}} + CO_2$$

2. 5-羟色胺

5-羟色胺也是一种神经递质，在大脑皮质及神经突触内含量很高。在外周组织，5-羟色胺是一种强血管收缩剂和平滑肌收缩刺激剂。

$$\text{色氨酸} \xrightarrow{\text{羟化}} \text{5-羟色氨酸} \xrightarrow{-CO_2} \text{5-羟色胺}$$

3. 牛磺酸

牛磺酸（taurine）是结合胆汁酸的组成成分，由半胱氨酸经氧化、脱羧后生成。

$$\underset{\text{半胱氨酸}}{\mathrm{CH_2SH{-}CHNH{-}COOH}} \xrightarrow{[O]} \mathrm{CH_2SO_3H{-}HC(NH_2){-}COOH} \xrightarrow{-CO_2} \underset{\text{牛磺酸}}{\mathrm{CH_2SO_3H{-}CH_2NH_2}}$$

4. 组胺

组胺为组氨酸脱去羧基后的产物，在体内分布广泛，主要存在于胃黏膜、肝脏和肌肉等组织中。组胺具有很强的扩血管作用，并能使毛细血管通透性增加。在机体的炎症及创伤部位常有组胺释放。组胺还具有促进平滑肌收缩及分泌胃酸的作用。

$$\text{组氨酸}\xrightarrow{\text{组氨酸脱羧酶}}\text{组胺}+CO_2$$

组氨酸 组胺

5. 多胺

多胺是指一类具有 3 个或 3 个以上氨基的化合物，主要有精脒和精胺，均为鸟氨酸的代谢产物。

$$H_2N-(CH_2)_3-CH(NH_2)-COOH \xrightarrow{-CO_2} H_2N-(CH_2)_4-NH_2 \xrightarrow[\text{丙胺转移}]{SAM}$$

鸟氨酸 腐胺

$$H_2N-(CH_2)_4-NH-(CH_2)_3-NH_2 \xrightarrow[\text{丙胺转移}]{SAM}$$

精脒

$$H_2N-(CH_2)_3-NH-(CH_2)_4-NH-(CH_2)_3-NH_2$$

精胺

精脒和精胺能促进核酸和蛋白质的生物合成，故其最重要的生理功能是与细胞增殖及生长相关，这是因为多胺带有多个正电荷，能吸引 DNA 和 RNA 之类的多聚阴离子，从而刺激 DNA 和 RNA 合成。已有的研究表明：在一些生长旺盛的组织和肿瘤组织中，和多胺合成有关的鸟氨酸脱羧酶活性很高，多胺含量也很高。

三、氨基酸分解产物的去向

微课扫一扫

氨基酸经过脱氨、脱羧作用所生成的 α-酮酸、氨、胺和 CO_2，将进一步参加代谢或排出体外。

1. 氨的转化

游离氨对动植物组织都有毒害作用，因此脱氨基后生成的氨不能在细胞内积累，必须转变为无毒的物质。氨的转化途径有：①重新合成氨基酸，氨与 α-酮戊二酸发生还原氨基化作用生成谷氨酸；②成铵盐，植物体中与组织中的有机酸形成铵盐；③形成酰胺，动物体主要形成谷氨酰胺，植物和微生物体内主要形成天冬酰胺；④形成氨甲酰磷酸，参与尿素、嘧啶的合成；⑤排出体外，大多数水生动物直接排氨，鸟类和爬行类排泄尿酸，陆生脊椎动物排泄尿素。

尿素是大多数陆生脊椎动物体内氨代谢的最终产物，无毒性，水溶性强，可由肾脏经尿排出，从量上讲是氨的主要去路，是氨或蛋白质中的氮的最主要终产物。

尿素在体内的合成全过程称鸟氨酸循环（ornithine cycle)，系 1932 年 Krebs 等提出，尿素是由 1 分子 CO_2 和 2 分子 NH_3 经过此循环而生成的，其中鸟氨酸、瓜氨酸和精氨酸都参与了尿素的合成，并可循环使用，故称鸟氨酸循环（图 10-6）。主要由以下四步组成。

（1）氨基甲酰磷酸的合成　来自外周组织或肝脏自身代谢所生成的 NH_3 及 CO_2，首先在肝细胞内合成氨基甲酰磷酸，此反应由存在于线粒体中的氨基甲酰磷酸合成酶Ⅰ催化，并需 ATP 提供能量。

$$CO_2+NH_3+H_2O+2ATP \xrightarrow[\text{N-乙酰谷氨酸, }Mg^{2+}]{\text{氨基甲酰磷酸合成酶 I}} H_2N-\overset{O}{\overset{\|}{C}}-O\sim PO_3^{2-}+2ADP+Pi$$

氨基甲酰磷酸

（2）瓜氨酸的合成　氨基甲酰磷酸在线粒体内经鸟氨酸氨基甲酰转移酶的催化，将氨基甲酰转移至鸟氨酸而合成瓜氨酸。

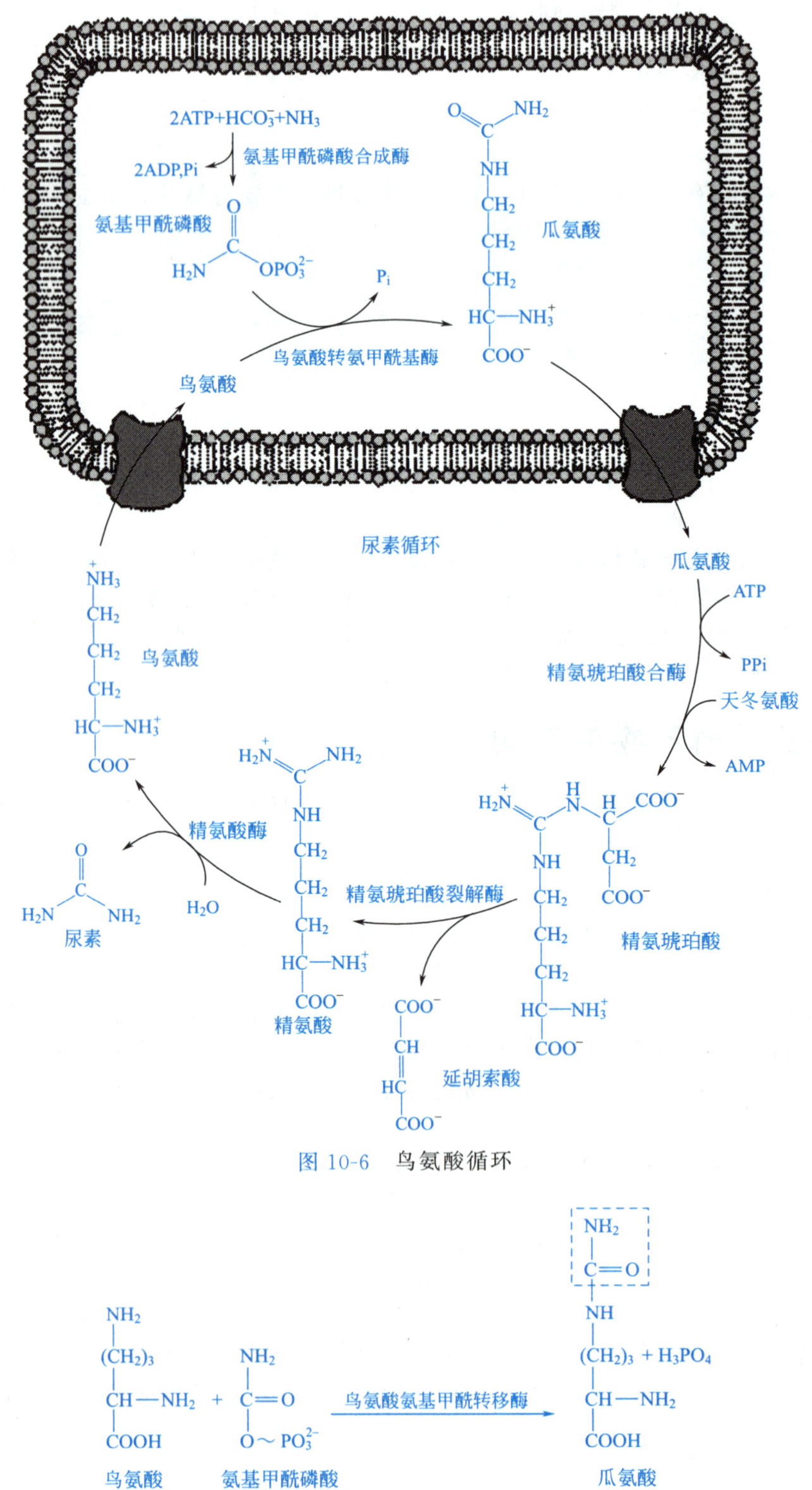

（3）精氨酸的合成　瓜氨酸在线粒体内合成后，即被转运到线粒体外，在胞质中经精氨酸代琥珀酸合成酶的催化，与天冬氨酸反应生成精氨酸代琥珀酸，后者再受精氨酸代琥珀酸裂解酶的作用，裂解为精氨酸及延胡索酸。

$$\underset{\text{瓜氨酸}}{H_2N{-}C({=}O){-}NH{-}(CH_2)_3{-}CH(NH_2){-}COOH} + \underset{\text{天冬氨酸}}{HOOC{-}CH_2{-}CH(NH_2){-}COOH} \xrightarrow[\text{ATP} \to H_2O,\ \text{AMP}+\text{PPi}]{\text{精氨酸代琥珀酸合成酶},\ Mg^{2+}} \underset{\text{精氨酸代琥珀酸}}{H_2N{-}C({=}N{-}CH(COOH){-}CH_2{-}COOH){-}NH{-}(CH_2)_3{-}CH(NH_2){-}COOH} \xrightarrow{\text{精氨酸代琥珀酸裂解酶}}$$

$$\underset{\text{精氨酸}}{H_2N{-}C({=}NH){-}NH{-}(CH_2)_3{-}CH(NH_2){-}COOH} + \underset{\text{延胡索酸}}{HOOC{-}CH{=}CH{-}COOH}$$

在上述反应中，天冬氨酸起供给氨基的作用，而其本身又可由草酰乙酸与谷氨酸经转氨基作用再生成。谷氨酸的氨基可来自体内多种氨基酸。由此可见，多种氨基酸的氨基可通过天冬氨酸而参加尿素合成。

（4）精氨酸水解生成尿素　在胞质中形成的精氨酸受精氨酸酶的催化生成尿素和鸟氨酸，鸟氨酸再进入线粒体参与瓜氨酸的合成，通过鸟氨酸循环，如此周而复始地促进尿素的生成。

$$\underset{\text{精氨酸}}{H_2N{-}C({=}NH){-}NH{-}(CH_2)_3{-}CH(NH_2){-}COOH} + H_2O \xrightarrow{\text{精氨酸酶}} \underset{\text{尿素}}{H_2N{-}C({=}O){-}NH_2} + \underset{\text{鸟氨酸}}{H_2N{-}(CH_2)_3{-}CH(NH_2){-}COOH}$$

尿素的生物合成是一个循环的过程。在反应开始时消耗的鸟氨酸在反应末又重新生成，整个循环中没有鸟氨酸、瓜氨酸、精氨酸代琥珀酸或精氨酸的净丢失或净增加。只消耗了氨、CO_2、ATP 和天冬氨酸。

尿素分子中两个氨基，一个来自氨，另一个来自天冬氨酸，而天冬氨酸又可由其他氨基酸通过转氨基作用生成。由此可见，尿素分子中的两个氨基虽然来源不同但均直接或间接来自各种氨基酸的氨基。

2. α-酮酸的转化

α-酮酸在体内的代谢途径如下。

① 合成非必要氨基酸，α-酮酸与谷氨酸进行转氨基作用，生成氨基酸。

L-谷氨酸脱氢酶催化可逆反应，既可以催化谷氨酸脱氨基，也可催化 α-酮戊二酸与氨合成谷氨酸。

② 转变为糖或脂肪：当体内能量供应充足时，α-酮酸可转变为糖或脂肪。

凡是脱氨基后生成的 α-酮酸可以换变为丙酮酸或 TCA 循环中间产物，称为生糖氨基酸；脱氨基后生成的 α-酮酸可以转变为乙酰 CoA 或乙酰 CoA，称为生酮氨基酸；既可以转变为糖代谢中间产物，又可以转变为酮体的氨基酸称为生糖兼生酮氨基酸。

3. CO_2 去路

氨基酸脱羧形成的 CO_2 大部分直接排到细胞外，小部分通过丙酮酸羧化支路被固定，生成草酰乙酸或苹果酸，这些四碳有机酸对于通过三羧酸循环产生发酵产物有促进作用。

4. 胺的去路

氨基酸脱羧生成的胺，可在胺氧化酶的作用下氧化脱氨生成醛和氨。醛在醛脱氢酶的作用下继续氧化，加水脱氢生成有机酸。有机酸生成乙酰 CoA，乙酰 CoA 进入三羧酸循环最后被氧化为 CO_2 和 H_2O。

四、一碳单位的代谢

微课扫一扫

一碳单位是指某些氨基酸在分解代谢过程中产生的含有一个碳原子的有机基团（不包含羧基），这些基团通常由其载体携带参加代谢反应。常见的一碳单位有甲基（$—CH_3$）、亚甲基或甲烯基（$—CH_2—$）、次甲基或甲炔基（$═CH—$）、甲酰基（—CHO）、亚氨甲基（—CH═NH）等。

一碳单位常见的载体有四氢叶酸（FH_4）和 *S*-腺苷同型半胱氨酸，有时也可为维生素 B_{12}。

常见的一碳单位的四氢叶酸衍生物如下：

① N^{10}-甲酰基四氢叶酸（$N^{10}—CHO—FH_4$）；

② N^5-亚氨甲基四氢叶酸（$N^5—CH═NH—FH_4$）；

③ N^5,N^{10}-亚甲基四氢叶酸（$N^5,N^{10}—CH_2—FH_4$）；

④ N^5,N^{10}-次甲基四氢叶酸（$N^5,N^{10}═CH—FH_4$）；

⑤ N^5-甲基四氢叶酸（$N^5—CH_3—FH_4$）。

一碳单位代谢具有重要的生理意义，体现在以下两个方面：一是一碳单位是机体细胞合成嘌呤及嘧啶的原料之一，在核酸生物合成中具有重要意义，如 N^{10}-CHO-FH_4 和 N^5N_{10}-CH═FH_4 分别参与嘌呤碱中 C_2，C_3 原子的生成。二是为体内甲基化反应提供甲基，N^{10}-CH_3-FH_4 把甲基传递给同型半胱氨酸生成甲硫氨酸，后者转化为活性 *S*-腺苷甲硫氨酸（SAM），参与体内的多种甲基化反应。

第五节 发酵生产谷氨酸的生物化学机理

在生物体内，氨基酸和蛋白质是主要的含氮化合物，许多其他氮化物也是由氨基酸转变成的。虽然已发现有许多个由氨形成氨基酸的反应，但由无机态的氨转变为氨基酸，主要是通过谷氨酸合成途径，其他氨基酸则是通过转氨基作用生成的。因此谷氨酸的生物合成在含氮化合物合成中居于基础地位。

一、谷氨酸生物合成途径

谷氨酸的生物合成途径大致是：葡萄糖经糖酵解（EMP 途径）和己糖磷酸途径（HMP 途径）生成丙酮酸，再氧化成乙酰辅酶 A（乙酰 CoA），然后进入三羧酸循环，生成 α-酮戊二酸。α-酮戊二酸在谷氨酸脱氢酶的催化及有 NH_4^+ 存在的条件下，生成谷氨酸。详见图 10-7。

二、谷氨酸生产菌需具备的生物化学特点

目前工业上应用的谷氨酸产生菌有谷氨酸棒状杆菌、乳糖发酵短杆菌、散枝短杆菌、黄色短杆菌、噬氨短杆菌等，我国常用的菌种有北京棒状杆菌、纯齿棒状杆菌等。这些谷氨酸生产菌具有以下一些生化特征：

① 细胞形态为球形、棒形以至短杆形，革兰染色阳性，无芽孢，无鞭毛，不能运动，都是需氧型微生物；

② 脲酶强阳性，不分解淀粉、纤维素、油脂、酪蛋白以及明胶等；

③ 发酵中菌体发生明显的形态变化，同时发生细胞膜渗透性的变化；

④ CO_2 固定反应酶活力强，异柠檬酸裂解酶活力欠缺或微弱，乙醛酸循环弱；

⑤ α-酮戊二酸氧化能力缺失或微弱，还原型辅酶Ⅱ（$NADPH_2$）进入呼吸链能力弱；

⑥ 柠檬酸合成酶、乌头酸酶、异柠檬酸脱氢酶以及谷氨酸脱氢酶活力强；

⑦ 具有向环境中泄漏谷氨酸能力；

⑧ 不分解利用谷氨酸，并能耐高浓度的谷氨酸。

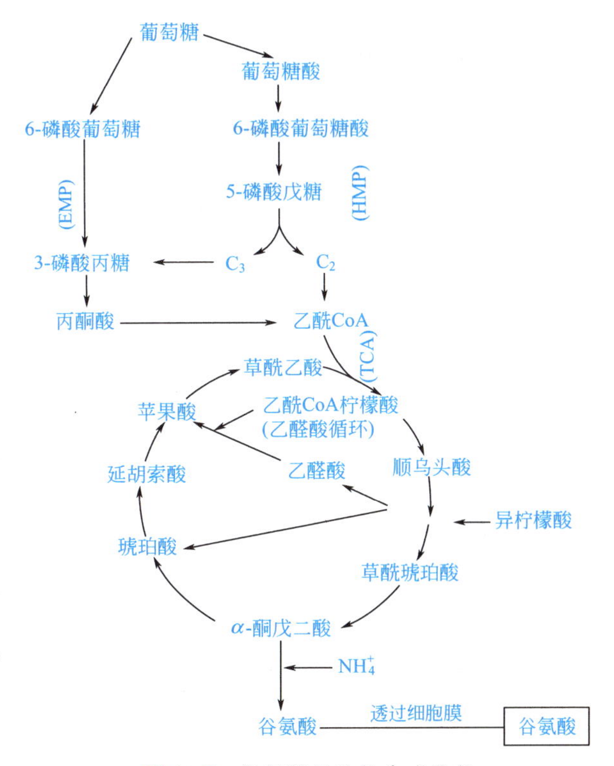

图 10-7　谷氨酸的生物合成途径

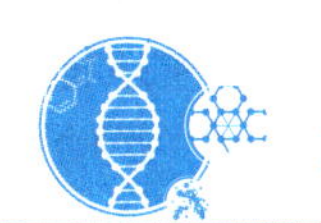

本章小结

氨基酸除主要作为合成蛋白质的原料外，还可以转变成核苷酸、某些激素、神经递质等含氮物质。因此氨基酸的代谢是新陈代谢的重要组成部分。

在小肠中食物中的蛋白质在蛋白酶和肽酶的协同作用下水解成氨基酸吸收进入体内与内源性氨基酸共同构成“氨基酸代谢库”，参与体内代谢。

氨基酸的脱氨基作用，生成氨及相应的 α-酮酸，这是氨基酸的主要分解途径。转氨基与L-谷氨酸氧化脱氨基的联合脱氨基作用，是体内大多数氨基酸脱氨基的主要方式。由于这个过程可逆，因此也是体内合成非必需氨基酸的重要途径。骨骼肌等组织中，氨基酸主要通过“嘌呤核苷酸循环”脱去氨基。

α-酮酸是氨基酸的碳架，除部分可用于再合成氨基酸外，其余的可经过不同代谢途径，汇集于丙酮酸或三羧酸循环中的某一中间产物，如草酰乙酸、延胡索酸、琥珀酸单酰辅酶A、α-酮戊二酸等，通过它们可以转变成糖，也可继续氧化，最终生成二氧化碳、水及能量。有些氨基酸则可转变成乙酰辅酶A而形成脂类。由此可见，在体内氨基酸、糖及脂类

代谢有着广泛的联系。

氨是有毒物质。体内的氨通过丙氨酸、谷氨酰胺等形式转运到肝，大部分经鸟氨酸循环合成尿素，排出体外。尿素合成是一个重要的代谢过程，并受到多种因素的调节。肝功能严重损伤时，可产生高氨血症和肝昏迷。体内小部分氨在肾以铵盐形式随尿排出。

胺类物质在体内也有重要的生理作用，如 γ-氨基丁酸、组胺、5-羟色胺、牛磺酸、多胺等，它们都是氨基酸脱羧基的产物。故脱羧基作用也是氨基酸的重要代谢途径。

一碳单位是指某些氨基酸在分解代谢过程中产生的含有一个碳原子的有机基团，这些基团通常由其载体携带参加代谢反应。常见的一碳单位有甲基（$—CH_3$）、亚甲基或甲烯基（$—CH_2—$）、次甲基或甲炔基（$=CH—$）、甲酰基（—CHO）、亚氨甲基（—CH=NH）等。

一碳单位常见的载体有四氢叶酸（FH_4）和 *S*-腺苷同型半胱氨酸，有时也可为维生素 B_{12}。

谷氨酸在氨基酸代谢中具有举足轻重的作用，是部分氨基酸合成的原料。目前谷氨酸主要用微生物发酵生产，利用的途径就是糖代谢产生的 α-酮戊二酸在谷氨酸脱氢酶的催化及有 NH_4^+ 存在的条件下，生成谷氨酸。而用于生产谷氨酸的微生物具有特殊的一些生化特点。

练习题

一、名词解释

1. 转氨基作用　2. 联合脱氨基作用　3. 一碳单位

二、选择题

1. 鸟氨酸循环的作用是（　　）。

A. 合成尿素　　B. 合成非必需氨基酸

C. 合成 AMP　　D. 协助氨基酸的吸收

2. 下列氨基酸中与尿素合成有关的是（　　）。

A. Arg　　B. Phe　　C. Ala　　D. Gly

3. 鸟氨酸循环是由 Krebs 提出的，除此之外，他还提出了（　　）。

A. 丙氨酸-葡萄糖循环　　B. 嘌呤核苷酸循环

C. 三羧酸循环　　D. 蛋氨酸循环

4. 下列基团中，不属于一碳基团的是（　　）。

A. —CH=NH　　B. CO_2　　C. —CHO　　D. $—CH_3$

5. 蛋白质生理价值的高低主要取决于（　　）。

A. 氨基酸的数量　　B. 氨基酸的种类

C. 必需氨基酸的数量　　D. 必需氨基酸的种类、数量及比例

6. 体内氨的储存及运输形式为（　　）。

A. 谷氨酸　　B. 酪氨酸　　C. 谷胱甘肽　　D. 谷氨酰胺

7. 糖与脂肪酸及氨基酸三者代谢的交叉点是（　　）。

A. 磷酸烯醇式丙酮酸　B. 丙酮酸　　C. 延胡索酸　　D. 乙酰 CoA

三、判断题

1. 亮氨酸是生酮氨基酸。（　　）

2. 一碳单位包含羧基。（　　）

3. 氨甲酰磷酸既可以合成尿素，也可以用来合成嘌呤核苷酸。（　　）

四、简答题

简述氨基酸脱氨后产生的α-酮酸的主要去路。

五、论述题

1. 试述人体内氨基酸代谢的途径及生理意义。
2. 试述尿素循环的含义及其基本过程和特点。

阅读材料

汉思·阿道夫·克利布斯

汉思·阿道夫·克利布斯（Hans Adolf Krebs）是一位出生于德国的英国生物化学家，他发现了三羧酸循环，也就是克氏循环（Krebs cycle），是在生物组织中将食物分子转变成能量的最后过程，而他也因为这项研究使他得到了1953年诺贝尔生理学或医学奖。

Krebs生于Hildesheim，并于1918～1923年期间，在Freiburg-im-Breisgau、Berlin、Gottingen三所大学研修医学，1926年他被Kaiser Wilhelm学会指派至Berlin-Dahlem教授学习生物学，并且一直在那服务至1930年，这段时间他由助理升至教授。1933年6月，政府终止了他的任命，之后他应邀至剑桥大学，在剑桥大学里被指派为生物化学教员，一直待到1934年。1935年，他至Sheffield大学讲授药理学，而在1938年被迁调至Sheffield大学的生物化学系。1945～1954年他升任为教授以及医学研究委员会的研究部主任，1954年后，他至牛津大学，该单位也因此转移至牛津大学。

Krebs最先是对人体分解氨基酸的过程感兴趣，他发现氮原子首先是自氨基酸分开的，并以尿素在尿液中排泄，他稍后开始研究这个从氮原子到尿素的过程，而在1932年他完成了尿素循环的基本步骤。

三羧酸循环的发现，使得人们对生物体内的能量产生的机制有了更清楚的了解，而能量的产生更涉及生物的新陈代谢；代谢是指将食物与营养转换成能量与分子的过程。植物与许多细菌为自养生物，可从无机环境得到能量。动物如人类则为异养生物，可从已存的高能量食物如碳水化合物中得到能量。

Kerbs的贡献对于科学界有着莫大的帮助，他将过去零散不完整的片段知识整合起来，将过去的知识搜集精要而集其大成，而且他这项研究成果不单只是对医学上有所帮助，对于动物、植物、微生物、生态上的研究也有着不小的贡献，因为其涉及能量的转换，因此便可利用此特性而予以研究不同物种其能量转换以及细胞的新陈代谢。

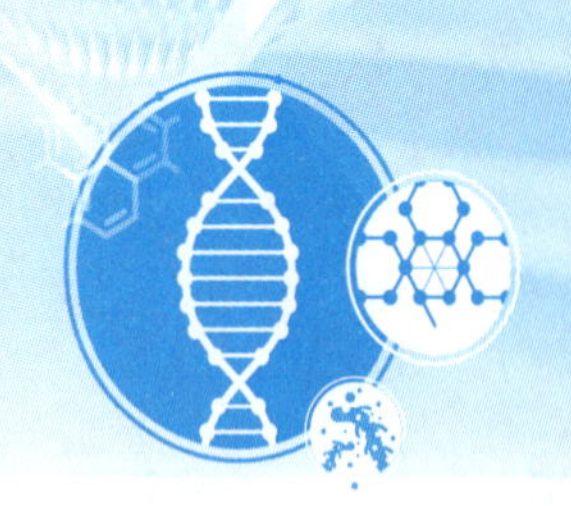

案例
扫一扫
PPT
扫一扫

第十一章 核苷酸代谢

学习目标

1. 掌握嘌呤核苷酸从头合成的原料和限速酶；从IMP转变到AMP和GMP的过程；嘧啶核苷酸从头合成的原料；嘌呤和嘧啶分解代谢的终产物；尿酸与痛风症。
2. 掌握脱氧核苷酸的生成；嘌呤核苷酸与嘧啶核苷酸补救合成反应过程。
3. 了解嘌呤核苷酸与嘧啶核苷酸的合成和分解代谢过程；嘌呤核苷酸和嘧啶核苷酸的抗代谢物与肿瘤的治疗关系；痛风症治疗的一般原则。

核苷酸是核酸的基本结构单位。人体内的核苷酸主要由机体细胞通过其他化合物作为原料自身合成，无需从食物中供应，不属于营养必需物质。食物中的核酸大多与蛋白质结合成为核蛋白，在胃内受胃酸作用分解为核酸与蛋白质。核酸进入小肠后、经核酸酶和核苷酸酶的作用而水解产生核苷酸，后者可继续水解产生核苷、碱基和戊糖。核苷酸、核苷、碱基和戊糖都可在肠道内被吸收。核苷酸和核苷在肠黏膜细胞内进一步被分解。肠道吸收后的戊糖可参与体内的戊糖代谢，嘌呤和嘧啶则主要被分解排出体外。因此，从食物中吸收的嘌呤和嘧啶很少被机体利用。

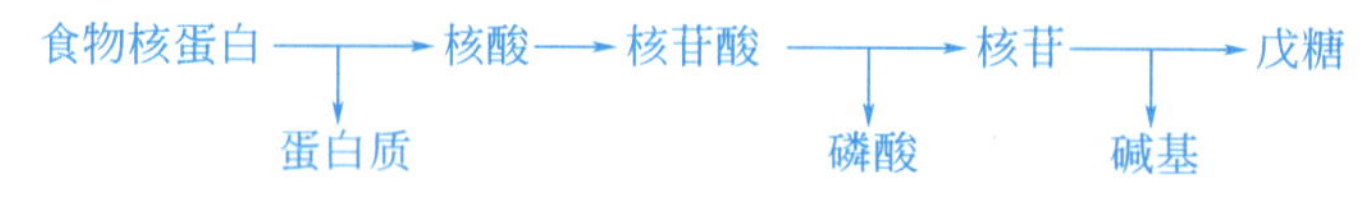

核苷酸在体内具有多种生物学功用。

(1) 作为核酸合成的原料　NTP和dNTP分别是体内合成RNA和DNA的原料。

(2) 体内能量的利用形式　ATP是细胞的主要供能形式，GTP、UTP、CTP也可为特定的代谢反应提供能量。

(3) 参与代谢和生理调节　某些核苷酸或其衍生物是体内重要的调节分子，如cAMP、cGMP是多种激素的第二信使，参与物质代谢调节。

(4) 组成辅酶　AMP可参与FAD、NAD^+和$NADP^+$等多种辅酶或辅基的构成。

(5) 活化中间代谢物　核苷酸可以作为多种活化中间代谢物的载体，如UDPG是合成糖原、糖蛋白的活性原料；CDP-甘油二酯是合成磷脂的活性原料；SAM是活性甲基的载体等。

第一节　核苷酸的合成代谢

体内嘌呤核苷酸和嘧啶核苷酸的合成均有两条途径。第一，利用氨基酸、一碳单位、二氧化碳和磷酸核糖等简单物质为原料，合成核苷酸的途径，称为从头合成途径；第二，利用体内现成的碱基或核苷为原料，经过比较简单的反应合成核苷酸的途径，称为补救合成途径。这两条合成途径在不同组织中的生理意义不相同，如肝脏等组织主要进行从头合成，而脑、骨髓等组织则可进行补救合成。一般情况下，前者是主要的合成途径。

一、嘌呤核苷酸的合成代谢

1. 嘌呤核苷酸的从头合成途径

（1）合成部位　肝是体内从头合成嘌呤核苷酸的主要器官，其次是小肠黏膜及胸腺等。

（2）合成原料　同位素示踪法证明：甘氨酸、天冬氨酸、二氧化碳、谷氨酰胺及一碳单位是嘌呤核苷酸中嘌呤环的合成原料（图 11-1）。核苷酸合成需要的 5-磷酸核糖则来自糖的磷酸戊糖途径。

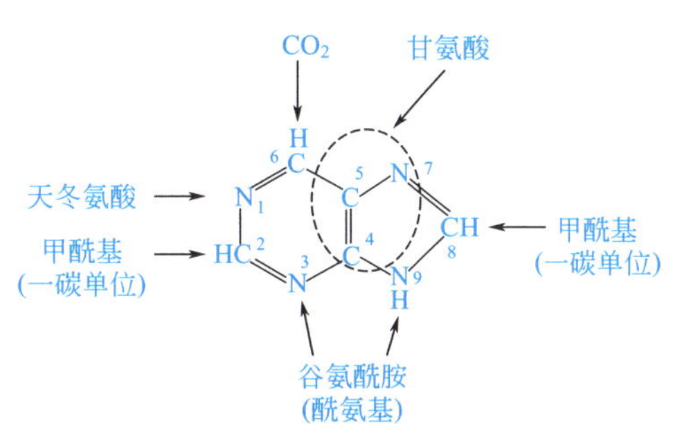

图 11-1　嘌呤环从头合成时各原子来源

（3）合成过程　嘌呤核苷酸的从头合成过程是在胞液中进行的，反应步骤比较复杂，可分为两个阶段：首先合成次黄嘌呤核苷酸（IMP），然后 IMP 再转变成腺嘌呤核苷酸（AMP）与鸟嘌呤核苷酸（GMP）。

① IMP 的合成　首先磷酸核糖焦磷酸合成酶（亦称 PRPP 合成酶）催化 5-磷酸核糖（R-5-P）与 ATP 反应生成 5-磷酸核糖-1-焦磷酸（PRPP）。由于 PRPP 可参与各种核苷酸的合成，故此步反应是核苷酸合成代谢中的关键步骤。然后，在磷酸核糖酰胺转移酶催化下，由谷氨酰胺提供酰氨基取代 PRPP 上的焦磷酸，生成 5-磷酸核糖胺（PRA），并在此基础上经过一系列酶促反应，生成次黄嘌呤核苷酸（IMP）。整个合成过程经过 11 步反应完成（图 11-2）。

② AMP 和 GMP 的生成　IMP 是嘌呤核苷酸合成的重要中间产物，是 AMP 和 GMP 的前体。IMP 可由天冬氨酸提供氨基生成 AMP 和延胡索酸，也可氧化成黄嘌呤核苷酸（XMP），然后再由谷氨酰胺提供氨基生成 GMP（图 11-3）。

AMP 和 GMP 在激酶作用下，经过两步磷酸化反应，分别生成 ATP 和 GTP。

$$\text{AMP} \xrightarrow[\text{ATP}\ \ \text{ADP}]{\text{激酶}} \text{ADP} \xrightarrow[\text{ATP}\ \ \text{ADP}]{\text{激酶}} \text{ATP}$$

$$\text{GMP} \xrightarrow[\text{ATP}\ \ \text{ADP}]{\text{激酶}} \text{GDP} \xrightarrow[\text{ATP}\ \ \text{ADP}]{\text{激酶}} \text{GTP}$$

肝是体内从头合成嘌呤核苷酸的主要器官，其次是小肠黏膜及胸腺等。

2. 嘌呤核苷酸的补救合成

虽然从头合成途径是嘌呤核苷酸的主要合成途径，但嘌呤核苷酸从头合成酶系在哺乳动物的某些组织（脑、骨髓）中不存在，细胞只能直接利用细胞内或饮食中核酸分解代谢产生的嘌呤碱或嘌呤核苷重新合成嘌呤核苷酸，称为补救合成。在人体内，参与补救合成的酶有两种，即腺嘌呤磷酸核糖转移酶（APRT）和次黄嘌呤-鸟嘌呤磷酸核糖转移酶（HGPRT）。由 PRPP 提供磷酸核糖，它们分别催化 AMP 和 IMP、GMP 的补救合成。

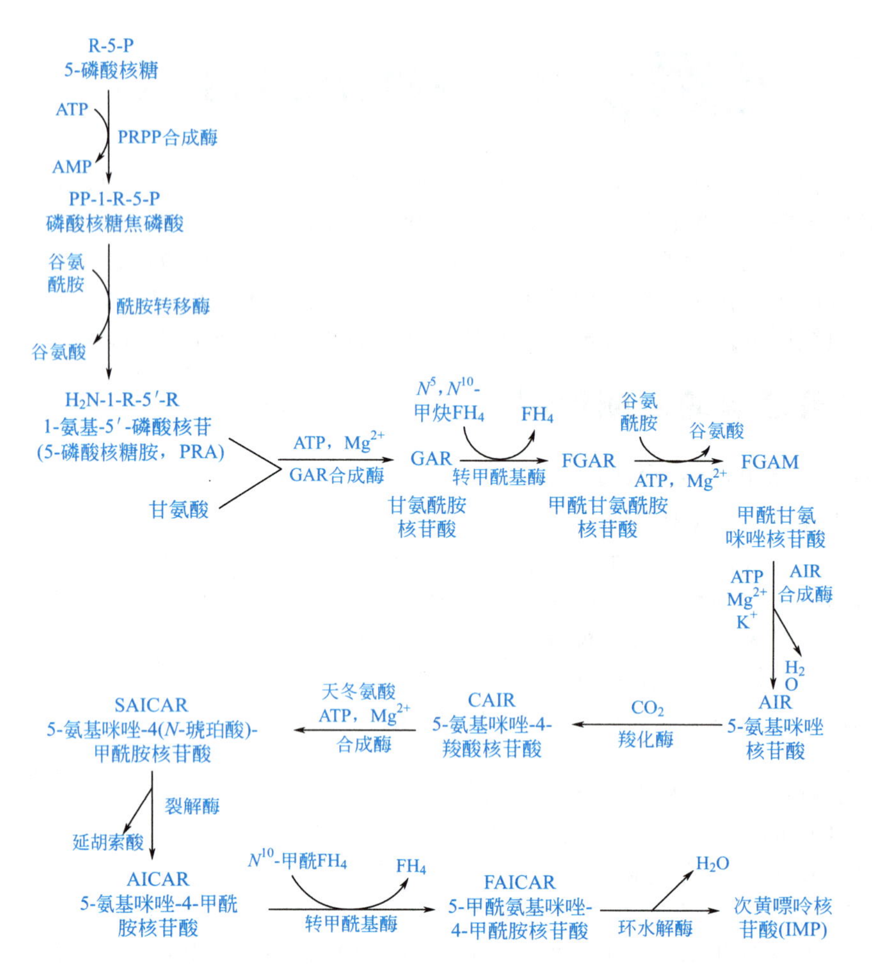

图 11-2 次黄嘌呤核苷酸（IMP）的合成

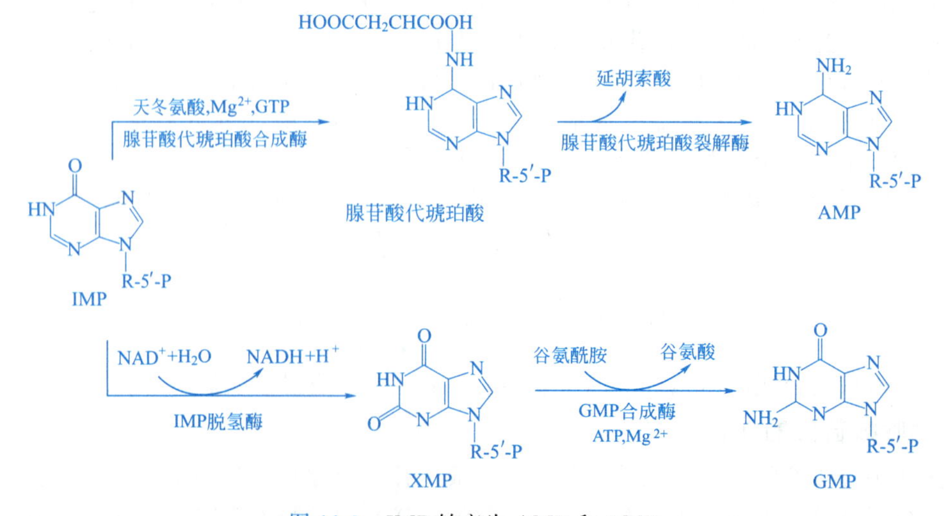

图 11-3 IMP 转变为 AMP 和 GMP

腺嘌呤核苷通过腺苷激酶的作用可变成 AMP 而重新利用。类似地，其他核苷也可由相应的激酶磷酸化得到相应的核苷酸。具体反应如下：

$$腺嘌呤+PRPP \xrightarrow{APRT} AMP+PPi$$

$$次黄嘌呤+PRPP \xrightarrow{HGPRT} IMP+PPi$$

$$鸟嘌呤+PRPP \xrightarrow{HGPRT} GMP+PPi$$

$$腺苷 \xrightarrow[ATP \quad ADP]{腺苷激酶} AMP+PPi$$

嘌呤核苷酸补救合成的生理意义：一方面在于可以节省从头合成时能量和一些氨基酸的消耗；另一方面，体内某些组织器官，例如脑、骨髓等由于缺乏从头合成嘌呤核苷酸的酶，它们只能进行嘌呤核苷酸的补救合成。因此，对这些组织器官来说，补救合成途径具有更重要的意义。例如：由于某些基因缺陷而导致 HGPRT 完全缺失的患儿，表现为 Lesch-Nyhan 综合征或称自毁容貌症。

二、嘧啶核苷酸的合成代谢

与嘌呤核苷酸一样，体内嘧啶核苷酸的合成亦有两条途径，即从头合成及补救合成。

1. 嘧啶核苷酸的从头合成

（1）合成部位　主要在肝细胞的胞液进行。

（2）合成原料　同位素示踪实验证明：氨基甲酰磷酸与天冬氨酸是合成嘧啶环的原料（图 11-4）。

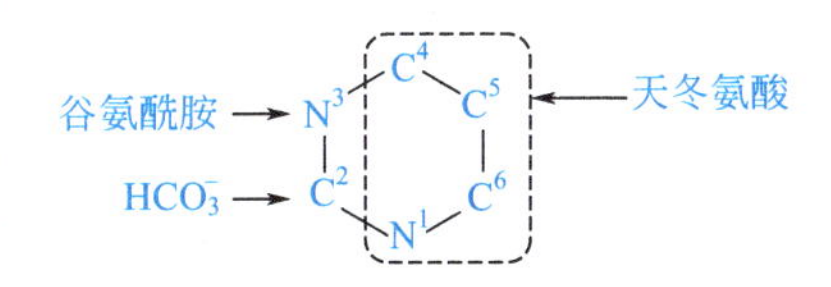

图 11-4　嘧啶环中各原子来源

（3）合成过程　与嘌呤核苷酸的从头合成不同，嘧啶核苷酸是先合成嘧啶环，然后再与磷酸核糖相连，形成嘧啶核苷酸。反应可分为两个阶段，首先合成尿嘧啶核苷酸（UMP），然后由 UMP 转变为 CTP。

① UMP 的合成　在胞液中 ATP 供能的条件下，谷氨酰胺和二氧化碳在氨基甲酰磷酸合酶Ⅱ（CPS-Ⅱ）催化下，生成氨基甲酰磷酸。氨基甲酰磷酸与天冬氨酸结合生成氨甲酰天冬氨酸，后者经环化、脱氢生成乳清酸；乳清酸同 PRPP 作用生成乳清酸核苷酸，最后脱羧生成尿嘧啶核苷酸（UMP）。

② CTP 的合成　机体能将 ATP 的高能磷酸基团转给 UMP 而生成 UDP 与 UTP，在 CTP 合酶催化下，由谷氨酰胺提供氨可使 UTP 转变成 CTP（图 11-5）。

2. 嘧啶核苷酸的补救合成

由嘧啶磷酸核糖转移酶催化尿嘧啶、胞嘧啶等，与 PRPP 合成相应的核苷酸。另外，嘧啶核苷激酶可使相应嘧啶核苷磷酸化生成核苷酸。

$$嘧啶+PRPP \xrightarrow{嘧啶磷酸核糖转移酶} 磷酸嘧啶核苷+PPi$$

$$尿嘧啶核苷+ATP \xrightarrow{尿苷激酶} UMP+ADP$$

三、脱氧核苷酸的合成代谢

脱氧核苷酸包括嘌呤脱氧核苷酸和嘧啶脱氧核苷酸，其所含的脱氧核糖并非先生成后再结合成为脱氧核苷酸，而是在核糖核苷二磷酸水平上直接还原生成的，反应由核糖核苷酸还原酶催化。脱氧核苷二磷酸（dNDP）再被磷酸化生成脱氧核苷三磷酸（dNTP）或脱去磷酸生成脱氧核苷一磷酸（dNMP）。脱氧胸腺嘧啶核苷酸则由 UMP 先还原成 dUMP，然后再甲基化而生成。

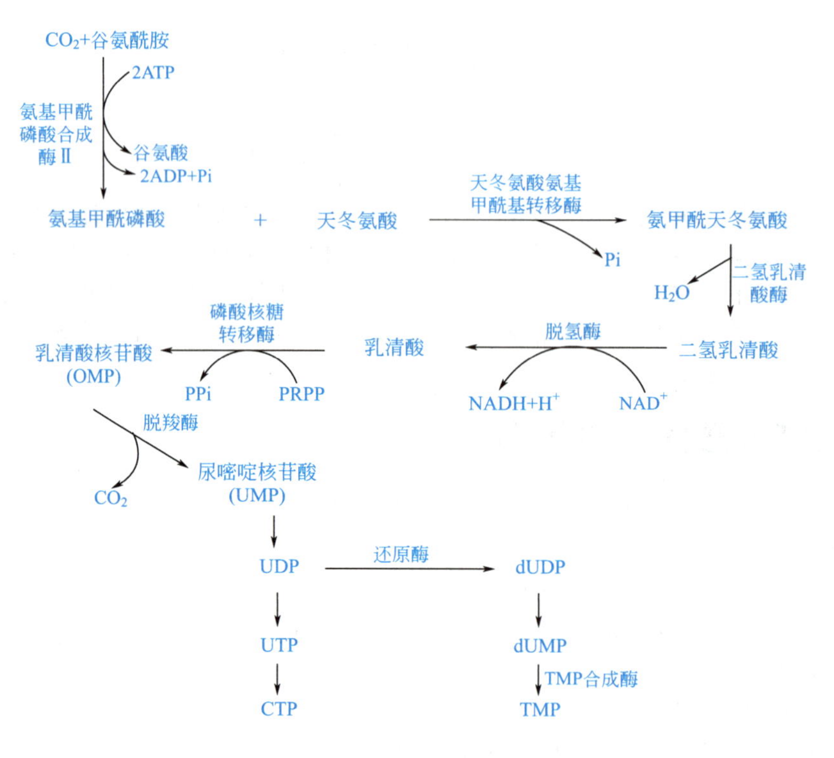

图 11-5 嘧啶核苷酸的从头合成途径

1. 核糖核苷酸的还原

硫氧化还原蛋白有还原型和氧化型两种，还原型含 2 个巯基，氧化型则含二硫键，因此，还原型硫氧化还原蛋白可作为核糖核苷酸的天然还原剂。硫氧化还原蛋白酶属于黄素酶类，它的辅基是 FAD，反应过程如下（图 11-6）。

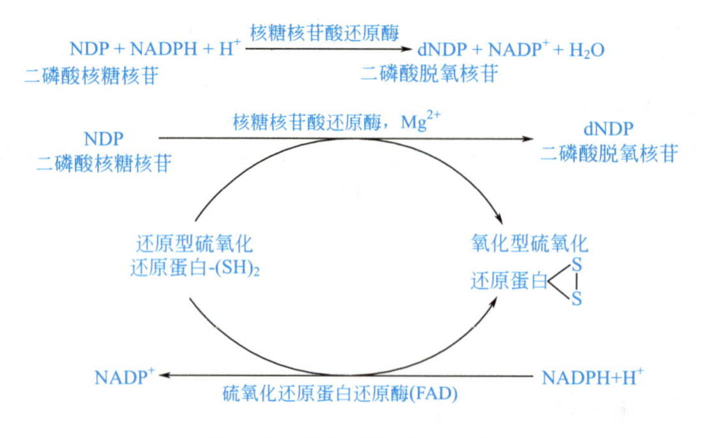

图 11-6 脱氧核苷酸的生成

2. 脱氧胸腺嘧啶核苷酸（dTMP）的合成

dTMP 可由 dUMP 甲基化而形成，反应由胸腺嘧啶核苷酸合成酶催化，甲基由N^5,N^{10}-甲烯四氢叶酸提供。N^5,N^{10}-甲烯四氢叶酸提供甲基后生成的二氢叶酸又可以再经二氢叶酸还原酶的作用，重新生成四氢叶酸。四氢叶酸又可再携带“一碳单位”循环使用（图 11-7）。

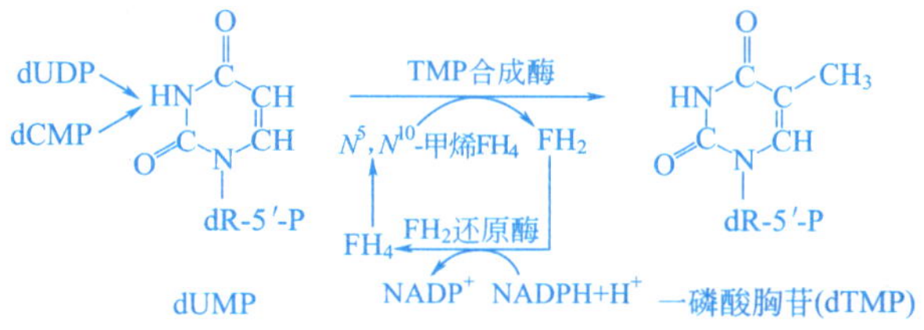

dUDP dCMP → dUMP（dR-5′-P） —TMP合成酶（N^5,N^{10}-甲烯FH_4 → FH_2；FH_2还原酶：NADPH+H^+ → $NADP^+$，FH_2 → FH_4）→ 一磷酸胸苷(dTMP)

图 11-7 脱氧胸腺嘧啶核苷酸（dTMP）的合成

第二节 核苷酸的分解代谢

生物体内广泛存在着核苷酸酶，可使核苷酸水解为核苷与磷酸。核苷再经核苷磷酸化酶作用，水解为自由的嘌呤碱或嘧啶碱及 1-磷酸核糖，后者在磷酸核糖变位酶的催化下变成 5-磷酸核糖，5-磷酸核糖既可以经磷酸戊糖途径代谢，也可参与 PRPP 的合成。嘌呤或嘧啶则可以参与核苷酸的补救合成，也可进一步代谢。

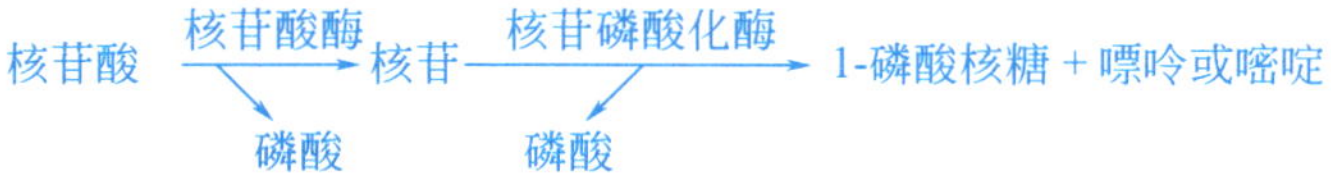

核苷酸 —核苷酸酶（→磷酸）→ 核苷 —核苷磷酸化酶（→磷酸）→ 1-磷酸核糖 + 嘌呤或嘧啶

一、嘌呤核苷酸的分解代谢

在人体内腺嘌呤与鸟嘌呤分解的最终产物为仍具有嘌呤环结构的尿酸。腺嘌呤核苷酸（AMP）经一系列酶促反应生成次黄嘌呤，后者在黄嘌呤氧化酶催化下生成黄嘌呤，并在该酶催化下进一步生成尿酸。鸟嘌呤核苷酸（GMP）先经核苷磷酸化酶的作用分解生成鸟嘌呤，后者受鸟嘌呤脱氨酶的催化脱去氨基，生成黄嘌呤、尿酸（图 11-8）。

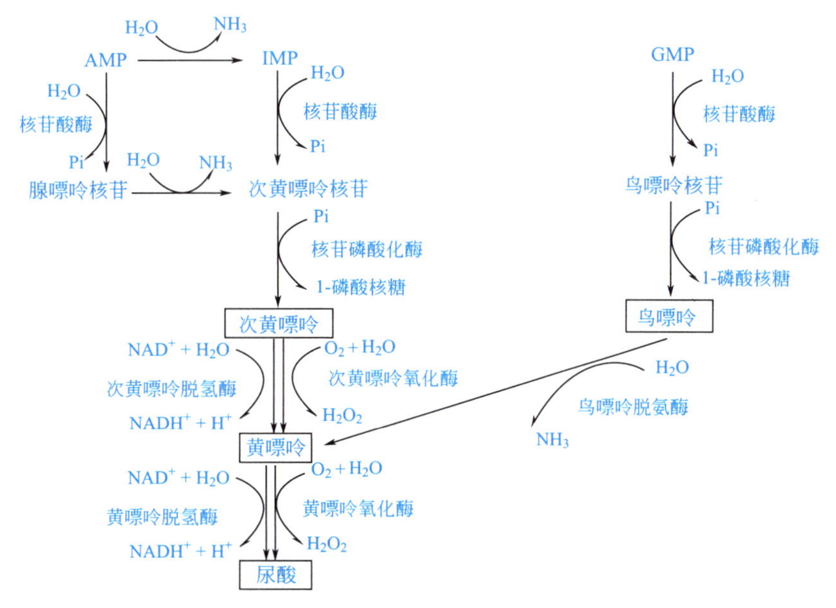

图 11-8 嘌呤核苷酸的分解代谢

体内的嘌呤核苷酸分解代谢主要在肝脏、小肠及肾中进行，因为黄嘌呤氧化酶在这些脏器中的活性较强。

正常人血浆中尿酸含量为0.12～0.36mmol/L（2～6mg/100ml）。尿酸可随尿排出体外，但由于尿酸的水溶性较差，若嘌呤分解代谢增强致尿酸生成过多或尿酸排泄受阻，血液中的尿酸浓度将明显升高，一旦尿酸盐结晶在关节、软组织、软骨甚至肾等处沉积，便可导致痛风症。

二、嘧啶核苷酸的分解代谢

嘧啶核苷酸主要在肝脏中进行分解。胞嘧啶脱氨基生成尿嘧啶，再经过还原、水解开环，最终产物为 NH_3、CO_2 和β-丙氨酸。胸腺嘧啶降解为β-氨基异丁酸，可直接随尿排出或进一步分解（图11-9）。

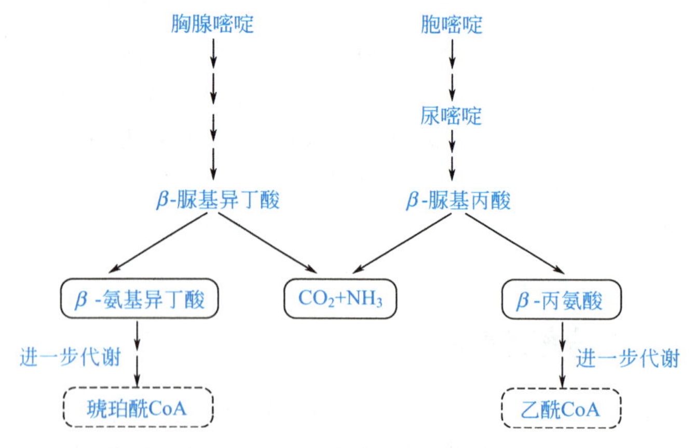

图11-9 嘧啶碱的分解代谢

第三节 核苷酸代谢与临床医学

一、痛风症

痛风是长期嘌呤代谢障碍导致血尿酸增高引起的疾病。由于嘌呤分解代谢过盛，尿酸生成太多或排泄受阻，滞留在血液中的尿酸就会增多，引起高尿酸血症。正常人血浆中尿酸含量为0.12～0.36mmol/L（2～6mg/100ml），痛风患者血液中尿酸含量升高，当超过8mg/100ml时，尿酸盐结晶会在关节、软组织、软骨甚至肾脏等处沉积，导致关节炎、尿路结石和肾脏疾病。痛风多见于成年男性，其原因尚不完全清楚，可能与嘌呤核苷酸代谢的缺陷有关。此外，当进食高嘌呤饮食、体内核酸大量分解（如白血病、恶性肿瘤等）或肾疾病而尿酸排泄障碍时，均可导致血中尿酸升高。

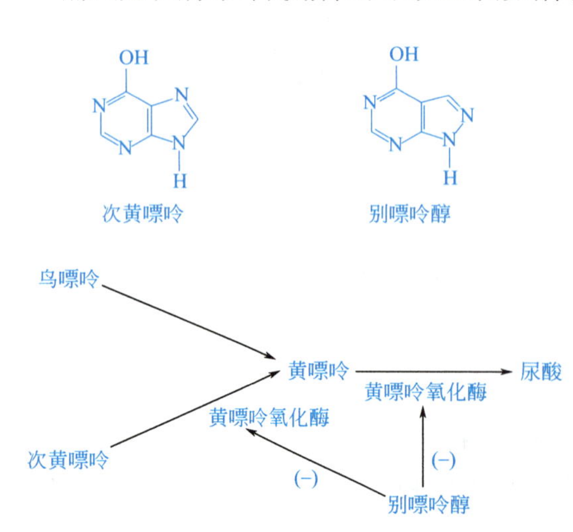

图11-10 别嘌呤醇治疗痛风症的原理

临床上常用别嘌呤醇治疗痛风症。别嘌呤醇的化学结构与次黄嘌呤相似，是黄嘌呤氧化酶的竞争性抑制剂，可以抑制黄嘌呤的氧化，减少尿酸的生成（图 11-10）。同时，别嘌呤醇在体内经代谢转变与 5-磷酸核糖-1-焦磷酸盐（PRPP）反应生成别嘌呤醇核苷酸，消耗 PRPP，使嘌呤核苷酸的合成减少。

二、Lesch-Nyhan 综合征

Lesch-Nyhan 综合征是由于患者先天性缺乏 HGPRT 而导致次黄嘌呤和鸟嘌呤补救合成途径的障碍。此疾病是一种 X 染色体隐性连锁遗传缺陷，属遗传病，多见于男性。主要表现为高尿酸血症和中枢神经系统功能失常。患者在 2～3 岁时即可出现脑发育不良和智力发育迟缓、巨幼红细胞性贫血、高尿酸血症、共济失调，并伴有咬口唇、手指和足趾等自残行为，故又名自毁容貌综合征。

三、核苷酸的代谢拮抗物及临床应用

核苷酸的代谢拮抗物有嘌呤、嘧啶、氨基酸和叶酸等的类似物，它们通过竞争性抑制作用来干扰核苷酸的合成，从而抑制核酸的合成。临床上常用某些代谢拮抗物作为抑制肿瘤药物或免疫抑制剂。

1. 嘌呤类似物

临床上应用较多的嘌呤类似物包括 6-巯基嘌呤（6-MP）、6-巯基鸟嘌呤、8-氮杂鸟嘌呤等，其中 6-MP 在临床上应用最广泛。6-MP 的化学结构与次黄嘌呤类似，唯一不同的是嘌呤环 C-6 上的羟基被巯基取代（图 11-11），在体内可生成 6-巯基嘌呤核苷酸，取代 IMP 以抑制 AMP 或 GMP 的合成，从而干扰嘌呤核苷酸的合成。由于 AMP 和 GMP 的合成受到抑制，故而影响了 DNA、RNA 和蛋白质的生物合成。所以临床上常用 6-MP 治疗急性白血病、淋巴肉瘤等。

2. 嘧啶类似物

主要有 5-氟尿嘧啶（5-FU），其化学结构与胸腺嘧啶很相似（图 11-12）。在体内，5-FU 可转变为 5-氟尿嘧啶核苷酸（5-FUMP），然后经还原生成 5-氟尿嘧啶脱氧核苷酸，后者通过抑制 dUMP 合成酶，干扰 dUMP 的合成，从而影响 DNA 的合成；此外，5-FU 还能以 5-FUMP 的形式掺入到 RNA 分子中，干扰 RNA 的正常功能。在临床上，5-FU 常被用于治疗肝癌、胃癌、结肠癌及乳腺癌等。

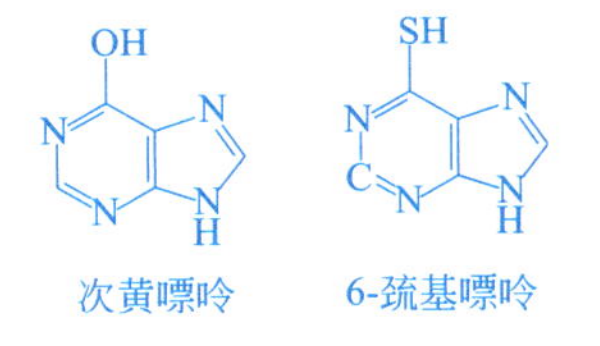

图 11-11 次黄嘌呤与 6-巯基嘌呤

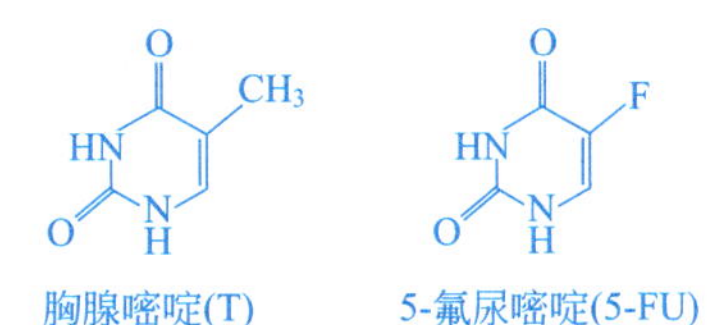

图 11-12 胸腺嘧啶与 5-氟尿嘧啶

3. 氨基酸与叶酸类似物

氨基酸类似物如氮杂丝氨酸等，其化学结构类似谷氨酰胺，可抑制谷氨酰酸参与核苷酸的合成，从而抑制核酸的合成，对某些肿瘤的生长有抑制作用；叶酸类似物如氨甲蝶呤、氨基蝶呤等，它们的化学结构与叶酸相似，能竞争性抑制二氢叶酸还原酶的活性，抑制四氢叶酸的合成，干扰一碳单位在核苷酸合成中的作用，影响 AMP、GMP 和 dUMP 的合成，以致核酸合成受阻。临床上常用来治疗各种急性白血病和绒毛膜上皮细胞癌。

上述核苷酸代谢拮抗物作为抗癌药物，由于其作用缺乏特异性，既能抑制肿瘤细胞的生长，也能抑制正常细胞的繁殖，故对增殖速率较旺盛的某些正常组织亦有杀伤性，因而有较大的毒副作用。

本章小结

核苷酸是核酸的基本结构单位。食物中的核酸主要以核蛋白的形式存在。核酸在体内水解为核苷酸后，进一步水解为核苷、磷酸、碱基和戊糖，核苷酸、核苷、碱基和戊糖均可被小肠吸收。人体内的核苷酸主要由机体细胞自身合成，食物来源的嘌呤和嘧啶很少被机体利用。

体内核苷酸的合成有两条途径：从头合成和补救合成。

嘌呤核苷酸从头合成的原料是磷酸核糖、氨基酸、一碳单位及 CO_2 等简单物质。在PRPP的基础上经过一系列酶促反应，首先合成IMP，然后再分别转变为AMP和GMP；补救合成实际上是嘌呤或嘌呤核苷的重新利用，虽然合成量较少，但也有重要的生理意义。

嘧啶核苷酸从头合成的原料来自谷氨酰胺、CO_2 和天冬氨酸。与嘌呤核苷酸从头合成途径不同的是，嘧啶核苷酸的合成是先合成嘧啶环，然后再与磷酸核糖相连而成。嘧啶核苷酸补救合成途径与嘌呤核苷酸类似。

体内的脱氧核糖核苷酸的合成是由各自相应的核糖核苷酸在二磷酸核苷的水平上还原而成的。

嘌呤在人体内分解代谢的主要终产物是尿酸，黄嘌呤氧化酶是这个代谢过程重要的酶。痛风症主要是由于嘌呤代谢异常，尿酸生成过多引起的疾病。临床上常用别嘌呤醇来治疗痛风症。

根据嘌呤和嘧啶核苷酸的合成过程，可以设计多种抗代谢物，如嘌呤、嘧啶类似物，氨基酸类似物和叶酸类似物，它们在抑制肿瘤治疗中有重要作用。

练习题

一、名词解释

1. 嘌呤核苷酸的从头合成途径　2. 核苷酸合成的抗代谢物　3. PRPP　4. IMP

二、填空题

1. 嘌呤核苷酸分解代谢的终产物是________。

2. 体内的脱氧核糖核苷酸是由各自相应的核糖核苷酸在________水平上还原而成的，________酶催化此反应。

3. 嘌呤核苷酸从头合成的原料是__________、__________、__________、__________及__________等简单物质。

4. 氨基蝶呤（MTX）干扰核苷酸合成是因为其结构与________相似，并抑制________酶，进而影响一碳单位代谢。

5. 痛风症是________生成过多而引起的。

6. 核苷酸抗代谢物中，常用嘌呤类似物是________；常用嘧啶类似物是________。

7. 核苷酸抗代谢物中，叶酸类似物竞争性抑制________酶，从而抑制了________的生成。

8. 别嘌呤醇是________的类似物，通过抑制________酶，减少尿酸的生成。

三、选择题

1. 体内进行嘌呤核苷酸从头合成最主要的组织是（　　）。
A. 小肠黏膜　B. 骨髓　C. 胸腺
D. 脾　E. 肝

2. 嘌呤核苷酸从头合成时首先生成的是（　　）。
A. GMP　B. AMP　C. IMP
D. ATP　E. GTP

3. 人体内嘌呤核苷酸分解代谢的主要终产物是（　　）。
A. 尿素　B. 肌酸　C. 肌酸酐
D. 尿酸　E. β-丙氨酸

4. 生成脱氧核苷酸时，核糖转变为脱氧核糖发生在（　　）。
A. 1-焦磷酸-5-磷酸核糖水平　B. 核苷水平
C. 一磷酸核苷水平　D. 二磷酸核苷水平　E. 三磷酸核苷水平

5. 5-氟尿嘧啶的抗癌作用机制是（　　）。
A. 合成错误的DNA　B. 抑制尿嘧啶的合成
C. 抑制胞嘧啶的合成　D. 抑制胸苷酸的合成
E. 抑制二氢叶酸还原酶

6. 哺乳类动物体内直接催化尿酸生成的酶是（　　）。
A. 核苷磷酸化酶　B. 鸟嘌呤脱氨酶　C. 腺苷脱氨酸
D. 黄嘌呤氧化酶　E. 尿酸氧化酶

7. 最直接联系核苷酸合成与糖代谢的物质是（　　）。
A. 葡萄糖　B. 6-磷酸葡萄糖　C. 1-磷酸葡萄糖
D. 1,6-二磷酸葡萄糖　E. 5-磷酸核糖

8. 将氨基酸代谢与核酸代谢紧密联系起来的是（　　）。
A. 磷酸戊糖途　B. 三羧酸循环　C. 一碳单位代谢
D. 嘌呤核苷酸循环　E. 鸟氨酸循环

9. 下列物质中不是从头合成嘌呤核苷酸的直接原料是（　　）。
A. 甘氨酸　B. 天冬氨酸　C. 谷氨酸
D. 一碳单位　E. CO_2

10. 脱氧核苷酸是由下列哪种物质直接还原而成的？（　　）
A. 核糖　B. 核糖核苷　C. 核苷一磷酸
D. 核苷二磷酸　E. 核苷三磷酸

11. 嘧啶核苷酸合成中，生成氨基甲酰磷酸的部位是（　　）。
A. 线粒体　B. 微粒体　C. 胞浆
D. 溶酶体　E. 细胞核

12. 催化dUMP转变为TMP的酶是（　　）。
A. 核苷酸还原酶　B. 甲基转移酶　C. 胸苷酸合成酶
D. 核苷酸激酶　E. 脱氧胸苷激酶

13. 脱氧胸腺嘧啶合成的直接前体是（　　）。
A. dUMP　B. dUDP　C. dCMP
D. TMP　E. TDP

14. 能在体内分解产生 β-氨基丙酸的核苷酸是（　　）。
A. XMP　B. AMP　C. TMP
D. UMP　E. IMP
15. 嘧啶核苷酸从头合成的特点是（　　）。
A. 先合成碱基再合成核苷酸　B. 由 N^5-CH_3FH_4 提供一碳单位
C. 氨基甲酰磷酸在线粒体合成　D. 甘氨酸完整地参入
E. 谷氨酸提供氮原子
16. 下列哪种物质的合成需要谷氨酰胺分子上的酰胺基？（　　）
A. TMP 上的两个氮原子　B. 嘌呤环上的两个氮原子
C. UMP 的两个氮原子　D. 嘧啶环上的两个氮原子
E. 腺嘌呤上的氨基
17. 嘌呤核苷酸从头合成中嘌呤碱 C6 来自（　　）。
A. CO_2　B. 甘氨酸　C. 谷氨酰胺
D. 一碳单位　E. 氨基甲酰磷酸
18. 人类排泄的嘌呤代谢产物是（　　）。
A. CO_2 和 NH_3　B. 尿素　C. 尿酸
D. 肌酸酐　E. 苯丙酮酸
19. 合成嘌呤环的氨基酸为（　　）。
A. 甘氨酸、天冬氨酸、谷氨酸　B. 甘氨酸、天冬氨酸、谷氨酰胺
C. 甘氨酸、天冬酰胺、谷氨酰胺　D. 蛋氨酸、天冬酰胺、谷氨酸
E. 蛋氨酸、天冬氨酸、谷氨酰胺
20. dTMP 合成的直接前体是（　　）。
A. dUMP　B. TMP　C. TDP
D. dUDP　E. dCMP
21. 嘧啶核苷酸从头合成的特点是（　　）。
A. 在 5-磷酸核糖上合成碱基　B. 由 FH_4 提供一碳单位
C. 先合成氨基甲酰磷酸　D. 甘氨酸完整地参入
E. 谷氨酸提供氮原子

四、判断题

1. 生物体可以利用游离的碱基或核苷合成核苷酸。（　　）
2. 不同种类生物分解嘌呤碱的能力不同，产物也不同。（　　）
3. 核糖核苷一磷酸可以还原为脱氧核糖核苷一磷酸。（　　）
4. 葡萄糖、氨基酸和核苷酸都是生物体重要的功能物质。（　　）
5. 5-磷酸核糖是所有核苷酸从头合成的起始物。（　　）
6. 嘌呤核苷酸从头合成中嘌呤碱 C6 来自 CO_2。（　　）
7. 嘧啶核苷酸从头合成途径是先合成嘧啶环，然后再与磷酸核糖相连而成。（　　）
8. 人体内的核苷酸主要由机体细胞自身合成。（　　）

五、简答题

1. 体内嘌呤核苷酸和嘧啶核苷酸的合成有哪两条途径？
2. 嘌呤核苷酸补救合成的生理意义。
3. 简述嘌呤核苷酸从头合成的原料来源和合成过程的特点。
4. 简述嘧啶核苷酸从头合成的原料来源和合成过程的特点。
5. 简述脱氧核苷酸生成过程的特点。

6. 简述痛风症的发病机制。

7. 简述别嘌呤醇治疗痛风症的原理。

六、论述题

讨论核苷酸在体内的主要生理功能。

阅读材料

痛　风

一、痛风的概念

痛风（gout）为嘌呤代谢紊乱及尿酸排泄障碍所致血中尿酸升高的一组异质性疾病，其临床特点表现为高尿酸血症、急性关节炎反复发作、痛风结石沉积、特征性慢性关节炎和关节畸形，常累及肾脏而引起慢性间质性肾炎或形成肾结石。根据发病原因，痛风一般分为原发性和继发性两大类。前者常同时患有肥胖、糖和脂肪代谢紊乱、高血压、动脉粥样硬化和冠心病等。

人体内尿酸的来源有外源性和内源性两个途径。细胞内嘌呤分解代谢产生的尿酸为内源性尿酸，其含量占体内尿酸总量的 80%；食物中嘌呤经酶分解产生的尿酸称为外源性尿酸，仅占体内尿酸总量的 20%。因此，内源性嘌呤代谢紊乱所致的尿酸含量升高是高尿酸血症发生的主要原因。痛风的生化标志是高尿酸血症。男性血尿酸正常参考范围为 150～380μmol/L（2.4～6.4mg/100ml），女性血尿酸正常参考范围为100～300μmol/L（1.6～5.0mg/100ml），女性更年期后尿酸水平接近男性。当血清尿酸含量高于 420μmol/L 时即为高尿酸血症。此时，尿酸可以析出结晶，并可在组织内沉积，造成痛风的组织学改变，是引起痛风、痛风性关节炎和痛风肾病的危险因素。然而，实际上高尿酸血症者仅有一部分发展为临床痛风，其确切发病机制目前还不太清楚。因此，高尿酸血症并不等于痛风，高尿酸血症患者只有出现尿酸盐结晶沉积、关节炎或肾病、肾结石等时，才能称之为痛风。实际上，两者之间并无本质上的区别，只不过是前者引起的组织损害较轻，尚未导致明显的临床症状。

二、痛风的分类

临床一般将痛风分为以下两种类型。

1. 继发性痛风

常因某些疾病而致，如肾脏疾病所致的尿酸排泄减少、骨髓增生性疾病导致尿酸生成增多、某些药物抑制尿酸的排泄等原因，都可能引起高尿酸血症。

2. 原发性痛风

发病的主要原因有两个方面：一是尿酸排泄减少，二是尿酸生成增多。

尿酸排泄障碍是引起高尿酸血症的重要因素，包括肾小球尿酸滤过减少、肾小管重吸收增多、肾小管尿酸分泌减少以及尿酸盐结晶在泌尿系统沉积等。痛风患者中 80%～90% 的个体尿酸排泄障碍，且上述情况都不同程度地存在，但以肾小管尿酸分泌减少最为重要，而尿酸的生成基本正常。大多数原发性痛风患者有阳性家族史，属多基因遗传缺陷，但确切的发病机制未明。

痛风患者中以尿酸生成增多为主者不足 10%，酶的异常是导致尿酸生成增多的主要原因。酶异常的原因可能有：PRPP 合成酶活性增高；磷酸核糖焦磷酸酰胺移换酶的活性增高；HGPRT 活性降低及黄嘌呤氧化酶活性增高。其中前三种酶的异常已被证实可引起临床痛风，经家系调查确认为性连锁遗传。

原发性痛风多见于中、老年人，大多在 40 岁以上发病，患者中男性占 95% 以上，女性多见于更年期后发病，常有家族遗传史。近年来，痛风的发病率有逐年递增的趋势，各个年龄段痛风的患病率为 0.84%。

三、痛风的临床表现

1. 无症状期

仅表现为血尿酸持续性或波动性增高，无明显临床症状，称为高尿酸血症。初期为间断出现，逐渐呈持续性，多于体检或因其他疾病就诊时无意发现。

2. 急性关节炎期

痛风的首发症状，起病急骤，在数小时内受累关节即可出现明显的红肿、热痛，常见于夜间发作，因关节剧痛而醒，关节局部因疼痛不能触摸，活动受限。暴饮暴食、饮酒过量、劳累、感染、外伤、手术、创伤、关节周围受压、鞋履不适等均可为诱发因素。急性发作症状多持续一周余，然后逐渐缓解。发作期全身症状可有发热、乏力、心率加快、头痛等。

3. 痛风石及慢性关节炎期

痛风石是痛风的一种特征性损害。痛风石可以存在于任何关节、肌腱和关节周围软组织，致骨、软骨的破坏及周围组织的纤维化和变性，受累关节可表现为关节肿胀、僵硬及畸形。一般认为，痛风发病年龄越小、病程越长、血尿酸水平越高、关节炎发作越频繁、早期发作时治疗效果越差，就越容易出现结石。

4. 肾病变

痛风肾病是痛风特征性的病理变化之一，90%～100%痛风患者都有肾脏损害，晚期可因肾衰竭或合并心血管病而死亡。另有10%～25%的痛风患者肾脏有尿酸结石，一般无症状，较大者可出现肾绞痛及血尿。

5. 高尿酸血症与代谢综合征等

高尿酸血症患者常伴有肥胖、冠心病、高脂血症、糖耐量降低及2型糖尿病，统称代谢综合征。目前认为，原发性痛风可显著加重动脉粥样硬化的发展，使痛风患者心肌梗死、脑卒中、周围血管梗死的发生率显著增高。

四、痛风的预防与治疗

原发性痛风目前还无法治愈，一般的防治原则为：控制高尿酸血症，预防尿酸盐沉积；迅速控制急性关节炎的发作；防止尿酸结石形成和肾功能损害。

1. 一般治疗

调节饮食，控制总热量摄入，限制高嘌呤食物，如动物的心、肝、肾、脑以及鱼虾类、海产品、肉类、豆制品及酵母等；严禁饮酒，包括嘌呤含量很高的啤酒；多饮水，增加尿酸的排泄；不使用抑制尿酸排泄的药物；适当运动，防止超重和肥胖；避免诱发因素和积极治疗相关疾病等。

2. 急性痛风性关节炎期的治疗

患者须绝对卧床休息，抬高患肢，避免受累关节负重，并及时用药。

3. 发作间歇期和慢性期的处理

治疗目的是使血尿酸维持在正常水平，包括使用排尿酸药，抑制尿酸生成的药。别嘌呤醇可通过抑制黄嘌呤氧化酶，使体内尿酸生成减少，适用于尿酸生成过多或不适合使用排尿酸药物者。

4. 处理伴发疾病

痛风常与代谢综合征伴发，因此要积极降压、降脂、减肥、提高胰岛素的敏感性，治疗肾功能衰竭等。

五、预后

痛风是一种终身性疾病，无肾功能损害及关节畸形者，经有效治疗可维持正常生活和工作。急性关节炎发作可引起很大痛苦。关节畸形者的生活质量将受到一定影响。肾功能损害者的预后较差。

案例 扫一扫

PPT 扫一扫

第十二章 物质代谢调节

学习目标

1. 掌握酶合成的诱导与阻遏及其机理、酶活性调节的类型及特点。
2. 掌握糖类、脂类与蛋白质代谢的相互关系。
3. 了解代谢调控对生物体的意义。

生物体内的代谢错综复杂，但井然有序。无论是微生物、动植物还是人类，机体内各种代谢都是由一整套复杂而又精确的调节机制控制着，从而保证生命活动的正常进行。各种物质的代谢，在机体内并不是孤立进行的，而是相互联系、相互制约形成的一个完整统一体。

第一节 代谢途径的相互关系

一、糖代谢与脂肪代谢的关系

糖类和脂肪都是以碳、氢元素为主的化合物，它们在代谢关系上十分密切，在一定条件下可相互转化。糖可以转变成脂肪、磷脂和胆固醇。糖酵解的中间产物磷酸二羟丙酮经甘油磷酸脱氢酶催化变成 α-磷酸甘油；而另一中间产物丙酮酸可以经氧化脱羧变成乙酰辅酶 A，再通过“从头合成”途径合成双数碳原子的脂肪酸。最后脂酰辅酶 A 与磷酸甘油酯化生成脂肪储存起来。由于糖能转化为脂肪，因此经常食用不含油脂的高糖膳食也会发胖。如用含糖较多的谷类食物饲喂家畜，可以获得肥畜的效果，用含糖量较高的培养基培养酵母菌，在某些酵母菌中合成的脂肪量可达到糖量的 40%。

脂肪转化成糖在不同的生物中有一定差异。在动物和人体内，脂肪中的甘油可经糖异生变成糖原；但脂肪酸代谢生成的乙酰辅酶 A 不能转变成丙酮酸异生成糖。因此脂肪转变成糖的量很少，但脂肪酸的氧化利用可以减少对糖的需求，这样在糖供应不足时，脂肪可代替糖提供能量，使血糖浓度不至于下降过快。而在植物和微生物体内，脂肪转变成糖的量很大。脂肪酸氧化分解产生的大量乙酰辅酶 A 可经过特有的乙醛酸循环转变成琥珀酸，琥珀酸转变成苹果酸后可经糖异生成糖。

二、糖代谢与蛋白质代谢的相互关系

糖能转变成非必需氨基酸。糖经酵解途径产生的磷酸烯醇式丙酮酸和丙酮酸，以及丙酮酸脱羧后经三羧酸循环形成的 α-酮戊二酸、草酰乙酸，它们都可以作为氨基酸的碳架。通过氨基化或转氨基作用形成相应的非必需氨基酸，进而合成蛋白质。而蛋白质中的必需氨基酸需由食物供给。

蛋白质可以降解生成氨基酸，根据氨基酸在体内代谢情况不同，可以分为生糖氨基酸与生酮氨基酸两类。凡是能形成丙酮酸、α-酮戊二酸、琥珀酸、草酰乙酸的氨基酸都称为生糖氨基酸。在蛋白质的 20 种天然氨基酸中，大部分都属于生糖氨基酸。生糖氨基酸代谢产生的酮酸可通过三羧酸循环经由草酰乙酸转化为磷酸烯醇式丙酮酸，然后再经糖的异生作用生成糖。如用氨基酸饲养饥饿的动物，动物的肝中糖原储存量明显增加。

三、脂肪代谢与蛋白质代谢的相互关系

在动物和人体内，脂肪转变成蛋白质是有限的。脂肪水解所形成的脂肪酸，经 β-氧化作用生成许多分子乙酰辅酶 A，乙酰辅酶 A 与草酰乙酸缩合，经三羧酸循环转变成 α-酮戊二酸，α-酮戊二酸可经氨基化或转氨基作用生成谷氨酸。但由脂肪转变成氨基酸，实际仅限于谷氨酸，并且需草酰乙酸存在，因此转变能力很弱。而在植物和微生物中，由于存在乙醛酸循环，通过合成琥珀酸，回补了三羧酸循环中的草酰乙酸，从而促进脂肪酸合成氨基酸。

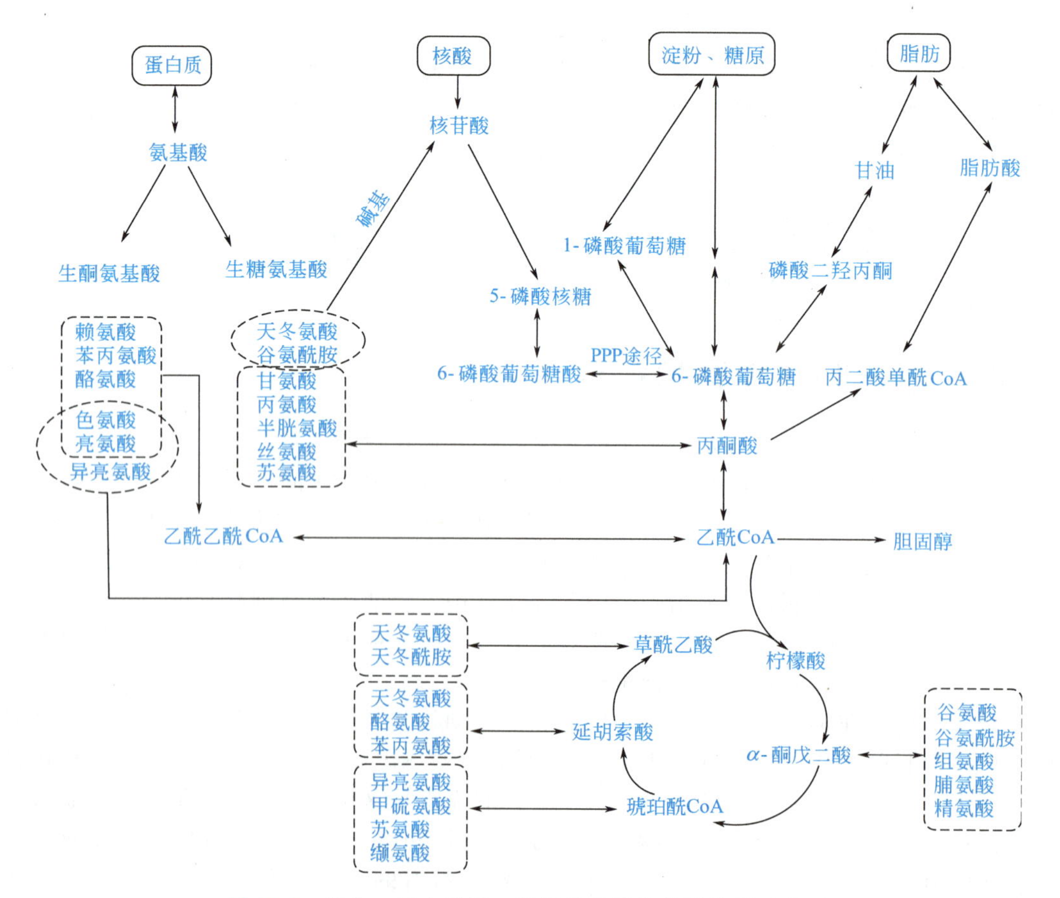

图 12-1 糖类、蛋白质类、脂类及核酸类代谢的相互关系

蛋白质可以转变为脂类。生酮氨基酸在代谢过程中能生成乙酰乙酸（酮体），然后生成乙酰辅酶 A，再进一步合成脂肪酸。而生糖氨基酸，通过直接或间接生成丙酮酸，可以转变为甘油，也可以再氧化脱羧后转变为乙酰辅酶 A 合成胆固醇或者经丙二酸单酰辅酶 A 合成脂肪。

四、核酸代谢与其他代谢途径关系

核酸除了作为遗传物质外，其构建分子核苷酸及其衍生物在糖、脂、蛋白代谢过程中同样起重要作用。例如 ATP 是能量通用货币；NAD（P）$^+$、FDA 作为氧化还原酶的辅酶参与各类代谢，ADPG、UDPG 参与淀粉与糖原的合成代谢；CTP 参与磷脂分子的合成；ATP、GTP 参与蛋白合成；核酸衍生物 cAMP、cGMP 还可以作为代谢调节物质。此外核苷酸代谢产物乙酰辅酶 A 和琥珀酰辅酶 A 也可以通过柠檬酸循环彻底氧化。蛋白质与糖代谢的产物同样也参与了核苷酸的合成。例如甘氨酸、天冬氨酸、谷氨酰胺等参与了嘌呤和嘧啶核苷酸的合成，谷胱甘肽参与了核糖核苷二磷酸向脱氧核糖核苷二磷酸转化的代谢过程；糖代谢中的磷酸戊糖途径产物 5-磷酸核糖参与了核苷酸的合成过程等。因此，核酸虽然不是重要的能源和碳源物质，但是它在物质代谢中发挥不可替代的作用。

综上所述，糖、脂肪、蛋白质以及核酸在代谢过程中形成了网络（图 12-1），并且密切相关、相互转化、相互制约，其中柠檬酸循环不仅是降解代谢共同途径，也是合成代谢所需要的。

第二节　代谢调节

为了保证生命活动能够有条不紊地进行，所有生物体内发生的生物化学过程都必须受到有效的调控。就整个生物界来说，代谢的调节控制是在三个不同层次上进行的，即酶水平、激素水平和神经水平。其中酶水平调节是最原始的，也是最基本的调节方式，为动物和微生物所共有。激素和神经水平的调节，是随着生物的进行而发展、完善起来的高级调节机制，它们仍以酶水平的调节为基础。酶水平调节包括两个方面的内容：一方面是酶合成调节，主要调节酶的合成量；另一方面是酶活性调节，主要调节已有酶分子的活性。

一、神经水平调节

神经调节是指在神经系统的直接参与下所实现的生理功能调节过程，是最高水平调节。动物通过神经系统对各种刺激作出规律性应答的过程叫做反射，反射是神经调节的基本方式。动物利用感官感知环境变化，通过神经迅速传递到大脑，由大脑对这些信息进行综合分析，再发出指令采取适当的应对措施。例如当血液中氧分压下降时，颈动脉等化学感受器发生兴奋，通过传入神经将信息传至呼吸中枢导致中枢兴奋，再通过传出神经使呼吸肌运动加强，吸入更多的氧使血液中氧分压回升，维持内环境的稳态。神经调节是一个接受信息、传导信息、处理信息、传导信息、作出反应的连续过程，是许多器官协同作用的结果。神经系统还通过控制激素的分泌实现对代谢和生理功能的调控。

二、激素水平调节

激素调节是指由内分泌器官（或细胞）分泌的化学物质进行的调节，通过体液运输，作用于一定的组织和细胞，对整体代谢进行综合调节。动植物都具有激素调节，在动物激素中，胰岛素、胰高血糖素和肾上腺素在代谢调节中作用最为突出。

胰岛素、胰高血糖素是分别由动物胰岛 β 细胞和 α 细胞分泌的蛋白质性质的激素。胰岛素的功能有：①促进肌肉和肝脏对葡萄糖的吸收；②促进肝脏的糖原合成和糖酵解过程；

③抑制脂肪组织中的脂肪降解；④促进脂肪组织和肝脏中的脂肪合成；⑤增强丙酮酸脱氢酶复合体的活性。总之，胰岛素是动物个体处于饱食状态的信号。而胰高血糖素的功能有：①增加血液中血糖的浓度；②增加肝脏和脂肪组织细胞中的 cAMP 的含量；③促进肝糖原降解。胰高血糖素是动物个体处于饥饿状态的信号。肾上腺素是由肾上腺分泌的，对环境和代谢胁迫产生反应的儿茶苯酚类激素，它的功能是对糖类化合物和脂肪酸代谢进行调节，它和胰高血糖素相同，都是通过 cAMP 的含量变化来调节代谢的。

在肝细胞的细胞质中，不仅能够进行脂肪酸的合成以及三酰甘油的合成，而且在肝细胞的线粒体中还可以进行脂肪酸的降解反应β-氧化过程。以软脂酸的合成与降解为例，软脂酸降解调节的关键酶是肉毒碱酯酰转移酶Ⅰ，而合成过程的主要调节酶是乙酰 CoA 羧化酶，而且柠檬酸是乙酰辅酶 CoA 羧化酶激活剂，软脂酸是酶的抑制剂，更重要的是乙酰 CoA 羧化酶能够受到依赖于胰岛素的脱磷酸化激活，也能够受到由胰高血糖素或者肾上腺素通过 cAMP 含量增高而被磷酸化的抑制。在脂肪组织细胞中，有一种激素敏感的脂酶，它的功能是降解脂肪产生游离的脂肪酸，脂肪酸可以作为燃料分子供给肝脏和其他组织。而这种激素敏感性脂酶与乙酰 CoA 羧化酶相反，受到 cAMP 依赖的磷酸化激活。

如果动物处于个体饥饿状态，血液中胰高血糖素含量将上升，结果肝细胞中一些乙酰 CoA 羧化酶被磷酸化而失活，脂肪酸合成受阻。同时乙酰 CoA 羧化酶导致其产物丙二酸单酰 CoA 含量降低，促使更多的脂酰 CoA 进入线粒体，促进脂肪酸的氧化。在脂肪组织细胞中，血液中胰高血糖素含量增加，激活了激素敏感性脂酶，结果促使脂肪水解产生的游离脂肪酸进入血液，游离脂肪酸作为燃料分子，为肝细胞和其他组织提供能量，应对饥饿状态。肾上腺素与胰高血糖素有相似的作用。

如果动物个体处于饱食状态，则血液中胰岛素含量上升，结果乙酰 CoA 羧化酶脱磷酸化被激活，脂肪酸合成增加。同时，丙二酸单酰 CoA 含量增高，抑制脂肪酸的氧化，这样肝细胞中脂肪酸合成和降解两个过程，不能够同时进行，避免了无效的能量浪费。激素对脂代谢的调节见图 12-2。

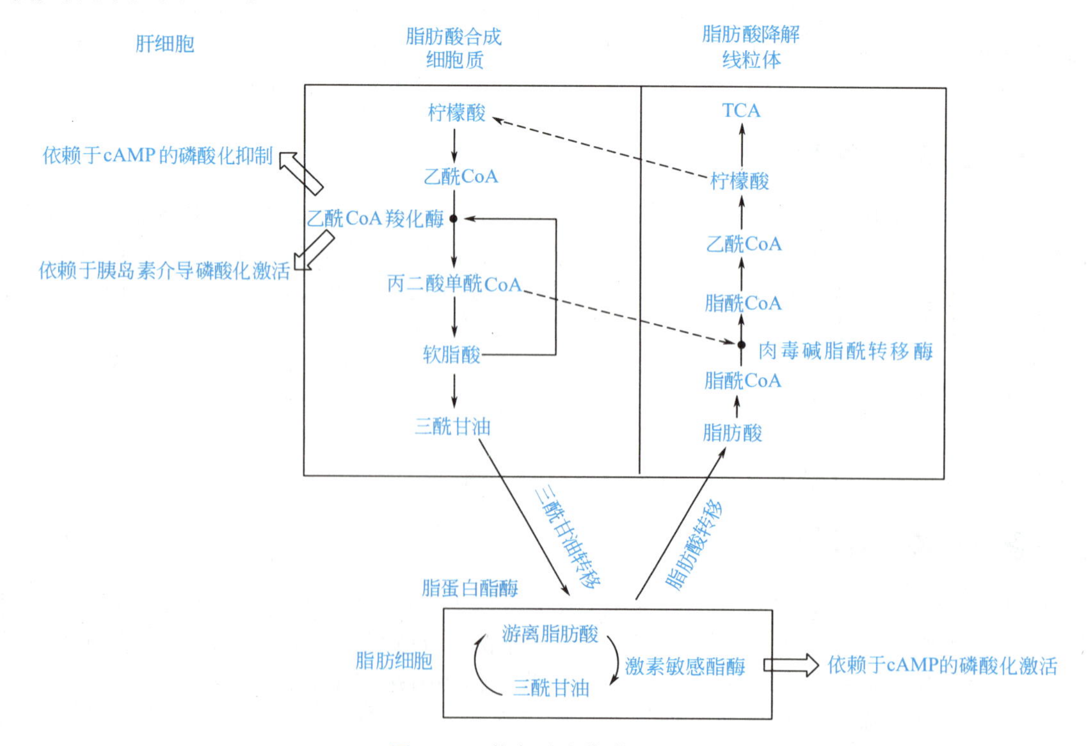

图 12-2 激素对脂代谢的调节

三、酶合成的调节

生物体每个细胞都含有该生物整个生长发育过程所必需的遗传信息，但这些遗传信息不是一下子全部表达出来，而是按其生长发育的需要或受外界环境的影响逐步表达出来，合成相应的蛋白质——酶。生物体内的酶可以根据其合成机制分为两种：一种称为组成酶，它是细胞所固有的酶，在相应基因控制下合成，不依赖于底物或底物类似物而存在；另一类称为诱导酶，它是在外来底物或底物类似物诱导下合成的。酶合成的调节是通过调节诱导酶的合成量而调节代谢速率的调节机制。凡能促进酶生物合成的现象称为诱导，而阻碍酶生物合成的现象称为阻遏。由于酶的合成或降解所需时间较长，消耗 ATP 量较多，通常要数小时甚至数日，因此，酶合成的调节是一种间接而迟缓的调节方式。

1. 酶合成的诱导

关于酶合成的诱导，研究得最为清楚的是大肠杆菌利用乳糖的过程。1961 年 Jacob 和 Monod 对大肠杆菌乳糖发酵过程酶的诱导合成及各种突变型研究后，提出了操纵子学说。操纵子是原核生物基因表达的协调单位，由启动基因、操纵基因和结构基因组成，一般含 3～6 个基因。启动基因是 RNA 聚合酶识别并结合部位，是转录的起点；结构基因用来编码蛋白质产物；操纵基因位于启动基因与结构基因之间，是调节蛋白结合的位点。一般在操纵子附近还有用来编码调节蛋白的调节基因。

大肠杆菌乳糖操纵子（图 12-3）由一组功能相关的结构基因（z、y、a）、操纵基因（O）、

(1) 存在诱导物(乳糖)时, mRNA得到转录

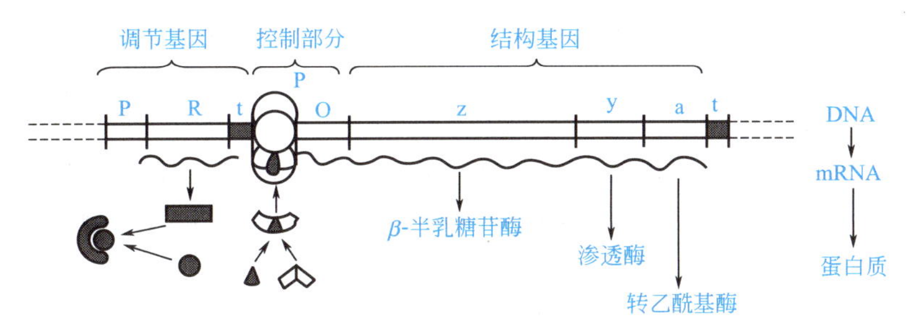

(2) 不存在诱导物时, mRNA无法转录

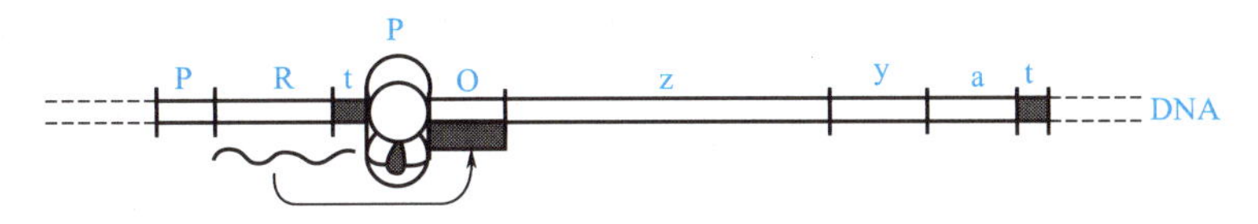

(3) 诱导物和辅阻遏物(葡萄糖)都存在时

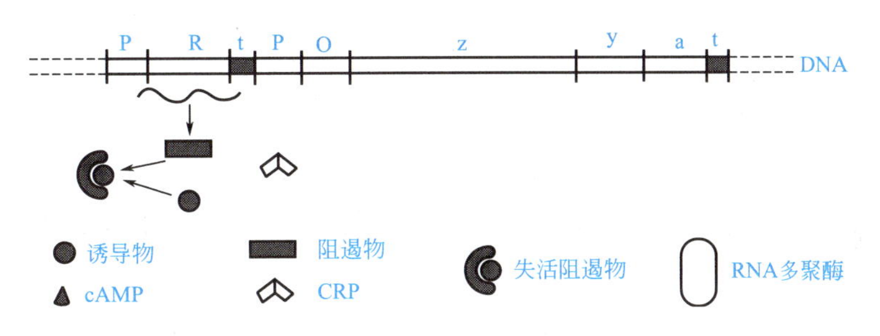

图 12-3　大肠杆菌乳糖操纵子
（含诱导与分解代谢物阻遏）

启动基因（P）、调节基因（R）组成。在没有乳糖存在时，调节基因产生的阻遏物直接结合到操纵基因上，阻止 RNA 聚合酶沿 DNA 模板移动，从而使转录不能进行，结构基因处于“关闭”状态。当有乳糖存在时，乳糖作为诱导物与阻遏物结合，使阻遏物构象发生改变，不再与操纵基因结合，从而使结构基因“开启”，转录成 mRNA，再翻译出 3 种利用乳糖的酶（β-半乳糖苷酶、β-半乳糖苷透性酶、β-半乳糖苷转乙酰酶），使乳糖不断被利用；当乳糖的量下降到某一浓度以后，将不能再和阻遏物相结合，阻遏物构象恢复到原始状态，继而与操纵基因结合，“关闭”结构基因。

2. 酶合成的阻遏

酶的合成阻遏可以分为末端代谢产物阻遏与分解代谢产物阻遏两种。

（1）末端代谢产物阻遏　是指代谢途径中末端产物过量引起的阻遏。色氨酸操纵子是末端产物阻遏型操纵子（图 12-4）。在色氨酸操纵子中，5 个结构基因控制合成色氨酸所需要的 5 种酶。当环境中无色氨酸时，基因是开放的，转录并翻译合成色氨酸的 5 种酶，使色氨酸不断合成。当色氨酸达到某一浓度时，可以作为一种辅阻遏物与调节基因产生的无活性的阻遏物蛋白结合，使其有活性，结合操纵基因，阻止转录，关闭结构基因，使色氨酸的合成终止。

(1) 在末端产物缺乏的情况下

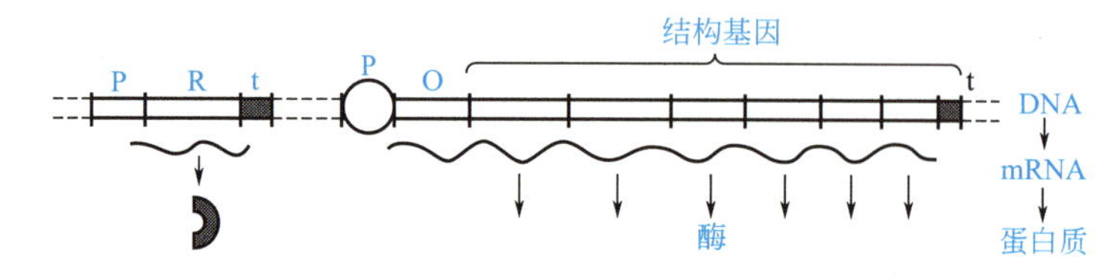

(2) 在末端产物存在的情况下

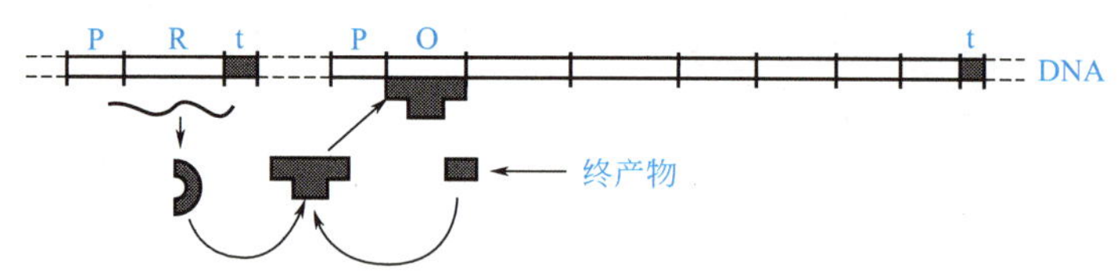

图 12-4　末端产物阻遏型操纵子作用示意

（2）分解代谢产物阻遏　当有两种代谢底物同时存在时，使细胞生长快的那一种底物被优先利用，而分解另一种底物的酶被阻遏的现象称为分解代谢产物阻遏。如将大肠杆菌培养到既含乳糖又含葡萄糖的培养基上，大肠杆菌会先利用葡萄糖，只有当葡萄糖用完后才会利用乳糖，这种葡萄糖对乳糖的抑制作用称为葡萄糖效应。其实质是葡萄糖在分解过程中产生的中间产物对 β-半乳糖苷酶的诱导有阻遏作用。乳糖操纵子中，只有在 cAMP 和 cAMP 受体蛋白的参与下，RNA 聚合酶才能结合到乳糖操纵子的启动基因上，使 mRNA 的转录得以进行。当葡萄糖存在时，由于它的代谢产物抑制了 AMP 的环化，造成 cAMP 缺乏，从而使 RNA 聚合酶不能结合到启动基因上，而使转录终止（图 12-3）。

四、酶活性的调节

在生物体内，酶活性的大小是受到调节和控制的。只有这样才不会引起某些代谢产物的不足或积累，也不会造成某些底物的缺乏或过剩，使得各种代谢产物的含量保持着动态平衡。酶活性的调节是细胞中直接而快速的调节方式。

酶活性调节不是由于代谢途径中全部酶活性的改变，而常常只取决于某些甚至某一个关键酶活性的变化。这些酶又称调节酶、关键酶或限速酶（表 12-1）。限速酶活性改变不但可以影响酶体系催化反应的总速率，甚至还可以改变代谢反应的方向。例如，细胞中 ATP/ADP 的值增加，可以抑制 1-磷酸果糖激酶的活性，激活 1,6-二磷酸果糖酶的活性而促进葡萄糖异生。可见，通过调节限速酶的活性而改变代谢途径的速率与方向是体内代谢快速调节的重要方式。酶活性的调节包括酶活性的激活和抑制以及酶的共价修饰调节两个方面。

表 12-1　主要代谢途径的限速酶

代谢途径	限　速　酶
糖酵解途径	己糖激酶、1-磷酸果糖激酶、丙酮酸激酶
磷酸戊糖途径	6-磷酸葡萄糖脱氢酶
三羧酸循环	柠檬酸合成酶、异柠檬酸脱氢酶、α-酮戊二酸脱氢酶复合体
糖异生	丙酮酸羧化酶、磷酸烯醇式丙酮酸羧激酶、1,6-二磷酸果糖酶、6-磷酸葡萄糖酶

1. 酶的激活

激活作用是指代谢途径中后面的反应被前面的反应所产生的中间产物所促进的现象。酶的激活作用普遍存在于生物体中，对代谢调控有重要作用。如在 EMP 途径中 6-磷酸葡萄糖对丙酮酸激酶的激活作用。

2. 反馈抑制

反馈抑制是指代谢途径的终产物直接抑制催化该途径中第一个酶的活性，使反应速率下降或终止，既可使代谢产物的生成不至于过多，又可使能量得以有效利用，不至于浪费。例如，6-磷酸葡萄糖抑制糖原磷酸化酶以阻断糖酵解及糖的氧化，使 ATP 不至于产生过多，同时 6-磷酸葡萄糖又激活糖原合成酶，使多余的磷酸葡萄糖合成糖原，能量得以有效储存。又如，ATP 可变构抑制 1-磷酸果糖激酶、丙酮酸激酶及柠檬酸合成酶，阻断糖酵解、有氧氧化及三羧酸循环，使 ATP 的生成不致过多，避免浪费，还避免了由于产物（乳酸）过量生成所引起的对机体的危害。反馈抑制是体内代谢调节的主要方式。它具有作用直接、效果快速，并且末端产物浓度低时又可以解除抑制等特点。其调节类型可分为如下几种。

（1）同工酶调节　同工酶是指具有相同的催化功能，但酶蛋白的分子结构、理化性质和免疫学性质不同的一组酶。在分支代谢途径中，如果在分支点以前的一个较早的反应是由几个同工酶所催化时，则终产物分别对相应的同工酶起抑制作用，如图 12-5 所示。体内同工酶调节的实例很多，例如，大肠杆菌的赖氨酸和苏氨酸合成中，天冬氨酸激酶Ⅰ和高丝氨酸脱氢酶Ⅰ可被苏氨酸所抑制，天冬氨酸激酶Ⅲ可被赖氨酸所抑制。

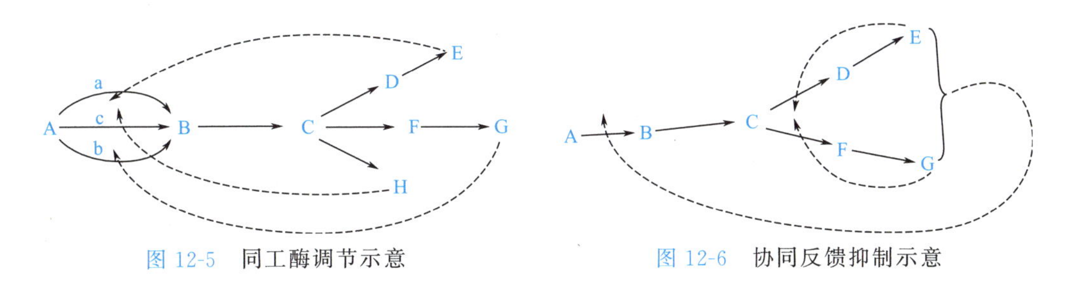

图 12-5　同工酶调节示意　　图 12-6　协同反馈抑制示意

（2）协同反馈抑制　分支代谢中的第一个酶具有多个与末端产物结合的位点，可以分别与相应的末端产物结合，只有当几个末端产物同时过量时，才能抑制该酶的活性。某一产物过量，对该酶活性无影响，如图 12-6 所示。如在多黏芽孢杆菌的天冬氨酸氨基酸合成途径中存在协同反馈抑制，只有苏氨酸与赖氨酸同时过量才能抑制天冬氨酸激酶的活性。

（3）增效反馈抑制　分支代谢中某一产物过量可以部分抑制第一个酶的活性，当终产物同时过量时，产生的抑制作用要强烈得多。例如，催化嘌呤核苷酸生物合成的谷氨酰胺磷酸核糖焦磷酸转移酶分别受到 GMP、IMP、AMP 等最终产物的反馈抑制，但当有两种产物共同存在时，抑制效果比单独存在时之和还大。如图 12-7 所示。

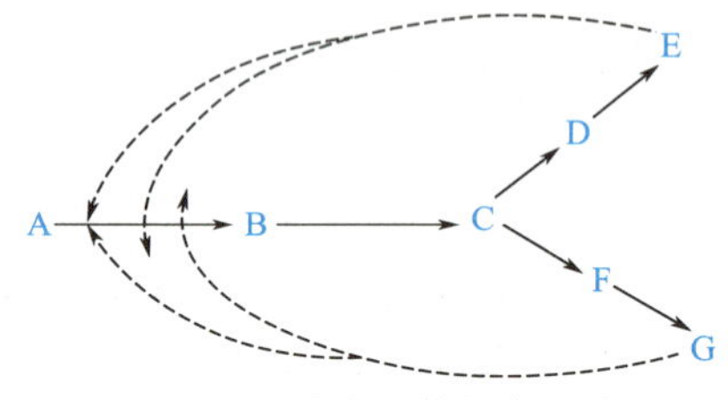

图 12-7　增效反馈抑制示意

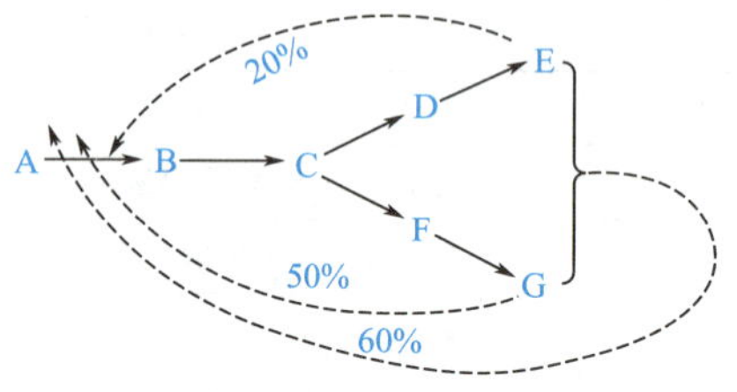

图 12-8　累积反馈抑制示意

（4）累积反馈抑制　分支代谢的第一个酶有多个与末端产物结合位点，当某一种产物与酶结合后，可以一定程度抑制该酶的活性，当产物同时过量时，产生的抑制效果是累加的。各末端产物之间无协同也无拮抗作用。如图 12-8 所示。

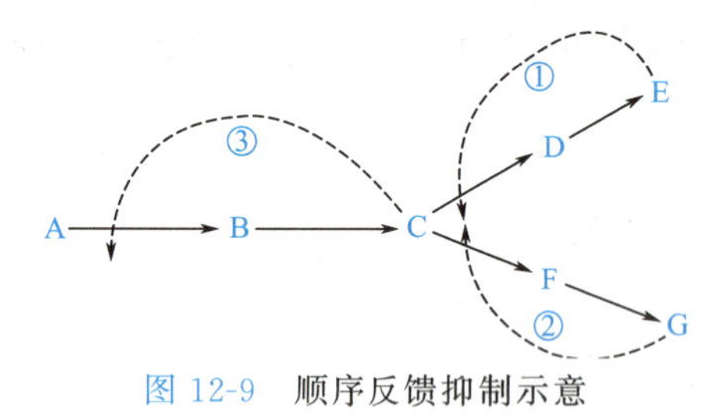

图 12-9　顺序反馈抑制示意

（5）顺序反馈抑制　这种调节方式是在枯草杆菌的芳香族氨基酸合成中发现的。在顺序反馈中，末端产物不能直接作用于代谢途径的第一个酶，而是分别抑制分支点后的反应步骤，造成分支点上的中间产物积累，再去抑制共同途径第一个酶的活性。如图 12-9 所示。

3. 共价修饰调节

共价修饰酶是指酶蛋白的某些氨基酸残基上引入或去除某种化学基团后，导致该酶活力增加或降低的一类酶，又叫共价调节酶。

目前已知的共价调节酶有 100 多种，其共价修饰的类型有：磷酸化和去磷酸化、乙酰化与去乙酰化、腺苷酰化与去腺苷酰化、尿苷酰化与去尿苷酰化、甲基化与去甲基化、—SH 和—S—S—互变等，其中最常见的是磷酸化和去磷酸化。例如，糖原磷酸化酶（图 12-10）是典型的共价修饰酶，催化糖原磷酸化生成 1-磷酸葡萄糖。该酶有磷酸化和去磷酸化 2 种形式，前者为活化形式，后者为非活化形式。在磷酸化酶激酶催化下，磷酸化酶 b（二聚体）中每个亚基 Ser 残基与 ATP 给出的磷酸基共价结合，从而使低活性的磷酸化酶 b 转变成高活性的磷酸化酶 a（二聚体），2 个二聚体再结合成有活性的磷酸化酶 a 四聚体。磷酸化酶 a

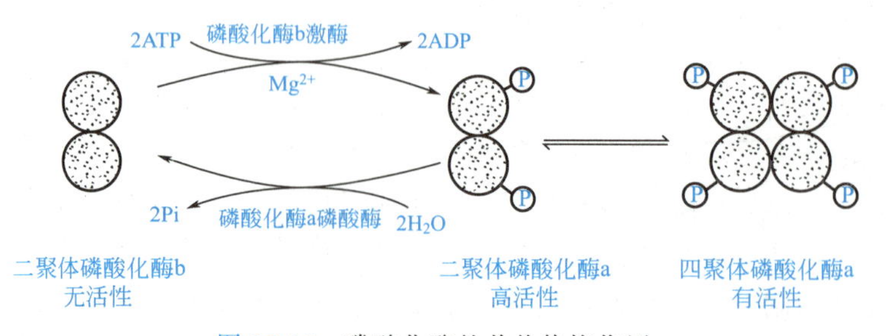

图 12-10　磷酸化酶的共价修饰作用

在磷酸化酶 a 磷酸酶催化下，其中每个亚基的磷酸基可被水解除掉，从而使高活性的磷酸化酶 a 转变成无活性的磷酸化酶 b。这种共价修饰的可逆反应需要其他酶的催化。

本章小结

生物体是一个有机的整体，其生命活动是由若干生化反应完成的。体内的各种物质代谢不是孤立进行的，而是相互联系、相互制约的。糖可以转变成脂肪和蛋白质。脂肪转化成糖因生物种类而异。在动物和人体内，脂肪转变成糖的量很少。而在植物和微生物体内，脂肪转变成糖的量很大。脂肪合成蛋白质是有限的。蛋白质可以生成糖类和脂类。

生物体为了保证各项生命活动正常进行，各类反应受到精密的调控。主要包括两方面：酶合成调节和酶活性调节。酶合成调节是一种间接而缓慢的调节方式，可分为酶的诱导和阻遏；其作用机制可以用操纵子学说解释。而酶活性调节是一种直接而快速的调节方式，包括酶的激活与抑制，反馈抑制是代谢调控的主要方式。在分支代谢途径中，反馈抑制可分为同工酶调节、协同反馈抑制、合作反馈抑制、累积反馈抑制和顺序反馈抑制等 5 类。酶的活性还可以通过共价修饰进行调节，目前已知的共价调节酶有 100 多种。

练习题

一、名词解释

1. 诱导酶　2. 操纵子　3. 阻遏物　4. 共价修饰　5. 变构调节　6. 前馈激活
7. 限速酶　8. 分解代谢产物阻遏　9. 同工酶调节

二、填空题

1. 1961 年 Monod 和 Jocob 首次提出了大肠杆菌乳糖________模型。

2. 细胞内酶的数量取决于________和________。

3. 许多代谢途径的第一个酶是限速酶，终产物多是它的________，对它进行________，底物多为其________。

4. 原核细胞酶的合成速率主要在________水平进行调节。

5. 乳糖操纵子的诱导物是________，色氨酸操纵子的辅阻遏物是________。

6. 分支代谢途径中的终产物分别抑制其分支上的限速酶，分支点共同的中间产物抑制前面的限速酶，称为________。

7. 调节酶类主要分为________和________两大类。

8. 化学修饰最常见的方式是磷酸化，可使糖原合成酶____________，磷酸化酶活性____________。

三、选择题

1. 磷酸化酶通过接受或脱去磷酸基而调节活性，因此它属于（　　）。

A. 别（变）构调节酶　　B. 共价调节酶
C. 诱导酶　　D. 同工酶

2. 关于共价修饰调节酶，下列哪种说法是错误的？（　　）

A. 这类酶一般存在活性和无活性两种形式
B. 酶的这两种形式通过酶促的共价修饰相互转变

C. 伴有级联放大作用
D. 是高等生物独有的代谢调节方式
3. 阻遏蛋白结合的位点是（　　）。
A. 调节基因　　B. 启动因子　　C. 操纵基因　　D. 结构基因
4. 在乳糖操纵子模型中，操纵基因专门控制（　　）是否转录与翻译。
A. 结构基因　　B. 调节基因　　C. 启动因子　　D. 阻遏蛋白
5. 代谢调节的基础是通过（　　）发挥作用。
A. 神经　　B. 酶　　C. 激素　　D. 核酸
6. 限速酶的米氏常数在多酶体系的众多酶中（　　）。
A. 最大　　B. 较大　　C. 适中　　D. 最小
7. 各种分解途径中，放能最多的途径是（　　）。
A. 糖酵解　　B. 三羧酸循环　　C. β-氧化　　D. 氧化脱氨基
8. 操纵子调节系统属于哪一种水平的调节？（　　）
A. 复制水平的调节　　B. 转录水平的调节
C. 转录后加工的调节　　D. 翻译水平的调节
9. 下列关于操纵基因的论述哪个是正确的？（　　）
A. 能专一性地与阻遏蛋白结合　　B. 是 RNA 聚合酶识别和结合的部位
C. 是诱导物和辅阻遏物的结合部位　　D. 能于结构基因一起转录但未被翻译
10. 下列有关调节基因的论述，哪个是对的？（　　）
A. 调节基因是操纵子的组成部分　　B. 是编码调节蛋白的基因
C. 各种操纵子的调节基因都与启动基因相邻　　D. 调节基因的表达受操纵子的控制
11. 快速调节是指酶的（　　）。
A. 变构　　B. 化学修饰　　C. 酶合成　　D. 酶降解
12. 指出下列有关限速酶的论述哪个是错误的？（　　）
A. 催化代谢途径的第一步反应多为限速酶
B. 限速酶多是受代谢物调节的别构酶
C. 代谢途径中相对活性最高的酶是限速酶，对整个代谢途径的速度起关键作用
D. 分支代谢途径中的第一个酶经常是该分支的限速酶
13. 关于操纵子的论述哪个是错误的？（　　）
A. 操纵子不包括调节基因
B. 操纵子是由启动基因，操纵基因与其控制的一组功能上相关的结构基因组成的基因表达调控单位
C. 代谢物往往是该途径可诱导酶的诱导物，代谢终产物往往是可阻遏酶的辅阻遏物
D. 真核细胞的酶合成也存在诱导和阻遏现象，因此也是由操纵子进行调控的
14. 按照操纵子学说，对基因转录起调控作用的是（　　）。
A. 诱导酶　　B. 阻遏蛋白　　C. RNA 聚合酶　　D. DNA 聚合酶
15. 反应步骤为：$A \xrightarrow{酶_1} B \xrightarrow{酶_2} C$，$C \xrightarrow{酶_3} D$，$C \xrightarrow{酶_4} E$ 单独 E 或 D 存在是，对酶$_1$无作用，当 E、D 同时过量存在时，对酶$_1$有抑制作用，该抑制方式为反馈抑制方式的（　　）。
A. 累积反馈　　B. 顺序反馈　　C. 同工酶调节　　D. 协同调节
16. 细胞核中分布的酶主要是关于催化代谢的（　　）。
A. 糖代谢　　B. 甘油三酯代谢　　C. 蛋白质代谢　　D. 核酸代谢

17. 催化三羧酸循环与脂肪酸 β-氧化的酶分布在细胞内的什么部位？（ ）
A. 细胞质 B. 细胞膜 C. 细胞核 D. 线粒体
18. 糖异生限速酶的别构调节激活剂是（ ）。
A. ATP B. ADP C. AMP D. dATP

四、判断题

1. 共价修饰调节酶被磷酸化后活性增大，去磷酸化后活性降低。（ ）
2. 操纵基因又称操纵子，如同启动基因又称启动子一样。（ ）
3. 别构酶又称变构酶，催化反应物从一种构型转化为另一种构型。（ ）
4. 组成酶是细胞中含量较为稳定的酶。（ ）
5. 诱导酶是指当特定诱导物存在时产生的酶，这种诱导物往往是该酶的产物。（ ）

五、简答题

1. 何谓反馈调节？可分为哪些类型？
2. 酶对代谢的调节是通过哪些方式实现的？
3. 简述乙酰 CoA 在代谢中的作用。

六、论述题

说明糖、脂、蛋白质和核酸代谢的相互关系。

阅读材料

科学家莫诺

莫诺（Monod Jacpues Lucien），法国生物化学家。1910 年 2 月 9 日生于巴黎；1976 年 5 月 31 日卒于戛纳。1928 年入巴黎大学生物系，1931 年获科学学士学位，1941 年获自然科学博士学位。1934 年任巴黎大学动物学助理教授，从事过原生动物的研究工作。1936 年获洛克菲勒基金会的资助，到美国加州理工学院学习，并曾在摩尔根实验室学习和工作。第二次世界大战时，曾获得铜星勋章。胜利后，入巴斯德研究所工作。1953 年任该所细胞生物化学部主任，1967 年受聘为法兰西学院教授（兼），1971 年任该所所长。1960 年受聘为美国艺术和科学学院外籍名誉院士，1965 年为德国自然科学院外籍名誉院士，1968 年为英国皇家学会外籍会员。

莫诺

他的主要贡献在于发现和阐明了基因的表达和调控。1961 年他和 F. 雅各布共同发表的《蛋白质合成的遗传调节机制》一文，是分子生物学发展史上的一个里程碑。1965 年，莫诺、A. 罗沃夫和雅各布，由于发现了细菌细胞内酶活性的遗传调节机制而共同获得了当年的诺贝尔生理学或医学奖。他们发现和阐明的调节基因、转录、操纵子、mRNA、调节蛋白等新概念，都是后来分子生物学发展的重要基石。莫诺还提出了变构理论，因此酶学领域也有着重要的贡献。另外，莫诺不仅是生物学家，而且也是音乐家和哲学作家。1971 年，他的《偶然性和必然性》一书出版，引起了学术界的重视。

纵观莫诺的一生，曲折离奇，但凭着对科学的热忱和坚持，他最终站上了象征最高科学荣誉的领奖台。从他的一生，可以看出在科学的道路上通往成功的“密匙”——坚持不懈，持之以恒。

案例 扫一扫
PPT 扫一扫

第十三章 信息分子代谢

学习目标

1. 掌握遗传信息传递的中心法则；DNA 的半保留、半不连续复制；RNA 不对称转录过程以及基因的概念；遗传密码及其特点；蛋白质的合成过程。
2. 掌握 DNA、RNA、蛋白质合成的原料、模板、参与反应的酶和因子；三类 RNA 在蛋白质合成中的作用。
3. 了解 DNA 的损伤与修复；反转录过程；转录后 RNA 加工的几种方式；翻译后加工过程的方式。

现代生物学证明，DNA 是遗传信息的载体，是基因的化学本质。DNA 内储存的遗传信息是如何进行传递与表达的呢？科学家们进行了大量的研究，克里克于 1958 年提出了中心法则，能较好地解释生物遗传信息的储存、表达的规律。中心法则认为遗传信息的传递包括两方面内容：一是基因的遗传，在细胞分裂时，DNA 分子必须进行自我复制，将遗传信息准确无误地传递到子代的 DNA 分子中，保证物种的稳定；二是基因的表达，DNA 中储存的遗传信息必须指导特定的蛋白质的合成。但 DNA 并不是直接指导蛋白质的合成，而是先把遗传信息转录到 mRNA 上，再通过 mRNA 指导蛋白质的合成。如图 13-1 所示。

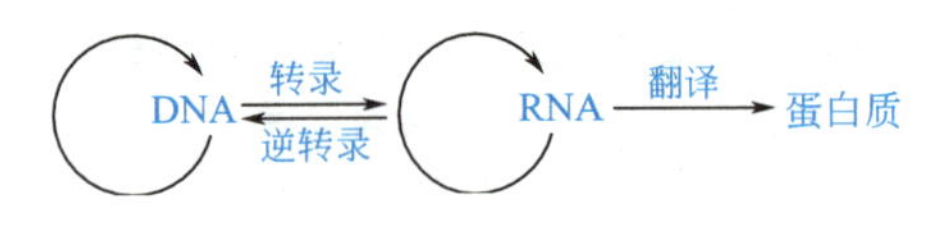

图 13-1 中心法则示意

第一节 DNA 的生物合成

DNA 是储存遗传信息的物质，亲代的遗传信息如何真实地传给子代，这个问题的实质就是 DNA 分子如何复制成完全相同的两个 DNA，即 DNA 的合成。在自然界中，DNA 的生物合成因模板不同可以分为复制和反转录。复制是以亲代 DNA 的两条链作为模板，在 DNA 聚合酶的作用下，以脱氧核苷三磷酸为原料，按碱基配对规律合成子代 DNA 的过程；反转录仅见于 RNA 病毒中，它是以 RNA 为模板合成与之互补的 DNA 的过程。

一、DNA的复制

动画扫一扫

1. DNA复制的条件

（1）模板 复制前，DNA双螺旋要先解开成单链，两条链均可以作为模板。

（2）引物 需要一小段RNA作为引物。

（3）需要四种脱氧核苷三磷酸作为底物 包括dATP、dTTP、dCTP和dGTP。

（4）需要一系列酶和蛋白质因子参加 主要包括拓扑异构酶、解链酶、引物酶、DNA聚合酶和连接酶以及单链结合蛋白等。

必须说明的是，DNA聚合酶在原核生物和真核生物中不尽相同，在原核生物细胞中，有3种DNA聚合酶，分别为DNA聚合酶Ⅰ、DNA聚合酶Ⅱ、DNA聚合酶Ⅲ，一般认为，DNA聚合酶Ⅲ才是真正的复制酶，DNA聚合酶Ⅰ则具有“校对”功能。真核生物细胞内，至少有5种DNA聚合酶，DNA聚合酶α、DNA聚合酶β、DNA聚合酶γ、DNA聚合酶δ和DNA聚合酶ε。都具有5′→3′聚合酶活性，其中DNA聚合酶α活性最强。

2. DNA复制方式——半保留复制

Watson和Crick于1953年提出的DNA双螺旋模型、碱基互补配对的原则，为DNA分子的复制提供了理论基础。DNA复制时，亲代DNA的双螺旋先行解旋和分开，然后以每条链为模板，按照碱基配对原则，在这两条链上各形成一条互补链，这样便形成了两个新的子代DNA分子。其中各有一条是来自亲代DNA分子，另一条是新合成的，这种复制方式叫半保留复制。

1958年Meselson和Stahl利用氮标记技术在大肠杆菌中首次证实了DNA的半保留复制，他们将大肠杆菌放在含有^{15}N标记的NH_4Cl培养基中繁殖了15代，使所有的大肠杆菌DNA被^{15}N所标记。然后将细菌转移到含有^{14}N标记的NH_4Cl培养基中进行培养，在培养不同代数时，收集细菌细胞，用氯化铯（CsCl）密度梯度离心法观察DNA所处的位置。由于^{15}N-DNA的密度比普通DNA（^{14}N-DNA）的密度大，在氯化铯密度梯度离心时，两种密度不同的DNA分布在不同的区带。实验结果表明：在全部由^{15}N标记的培养基中得到的^{15}N-DNA显示为一条重密度带位于离心管的管底。当转入^{14}N标记的培养基中繁殖后第一代，得到了一条中密度带，这是^{15}N-DNA和^{14}N-DNA的杂交分子。第二代有中密度带及低密度带两个区带，这表明它们分别为$^{15}N^{14}N$-DNA和$^{14}N^{14}N$-DNA。随着以后在^{14}N培养基中培养代数的增加，低密度带增强，而中密度带逐渐减弱，离心结束后，从管底到管口，CsCl溶液密度分布从高到低形成密度梯度，不同重量的DNA分子就停留在与其相当的CsCl密度处，在紫外光下可以看到DNA分子形成的区带。为了证实第一代杂交分子确实是一半^{15}N-DNA一半^{14}N-DNA，将这种杂交分子经加热变性，对于变性前后的DNA分别进行CsCl密度梯度离心，结果变性前的杂交分子为一条中密度带，变性后则分为两条区带，即重密度带（^{15}N-DNA）及低密度带（^{14}N-DNA）。它们的实验只有用半保留复制的理论才能得到圆满的解释。如图13-2所示。

3. DNA的复制过程

DNA复制过程就是在模板链的指导下，DNA聚合酶催化4种核苷酸聚合成新的DNA的过程，可以分为起始、延长和终止3个阶段。

（1）起始阶段 起始阶段是DNA母链形成复制叉和合成RNA引物的阶段。

DNA的复制是从DNA分子的特定部分开始的，在原核生物环状DNA链上只有一个复制的起点，真核生物线状DNA链上有多个复制起点。复制起点的序列中富含有A、T 2种

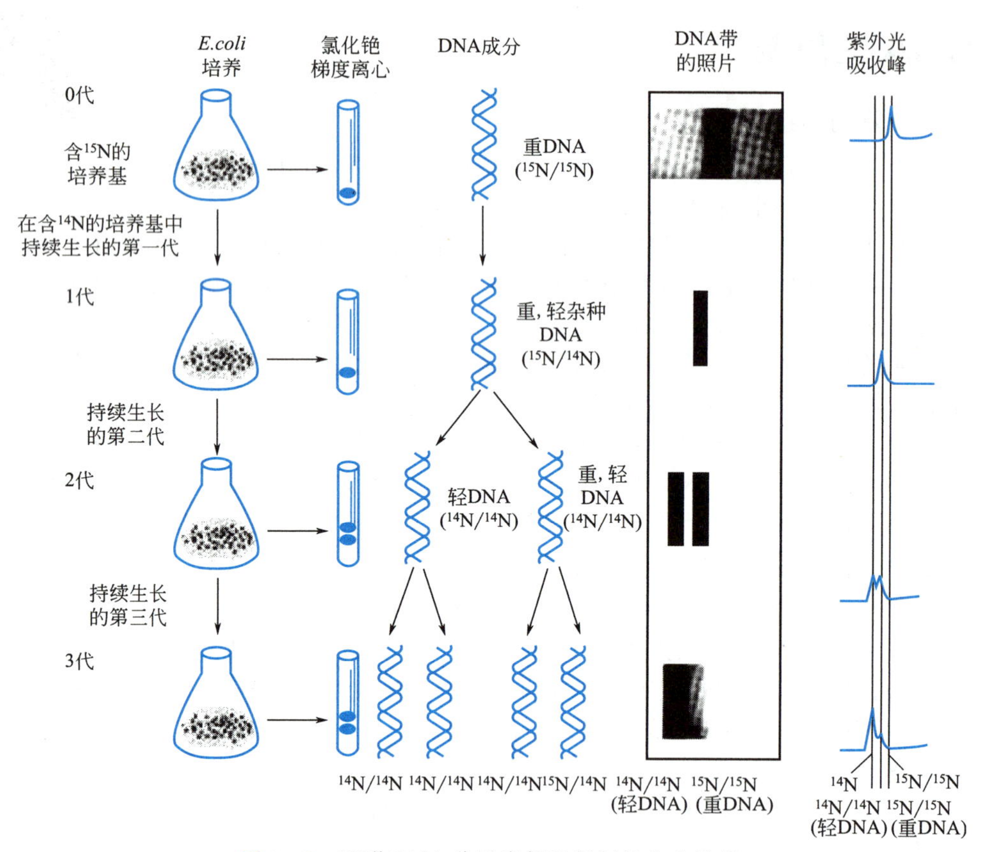

图 13-2 证明 DNA 分子半保留复制的实验过程

碱基，这是因为 A、T 碱基间配对时只形成 2 个氢键，便于复制起始阶段的 DNA 解链过程进行。在起始位点上，通过 DNA 拓扑异构酶和解链酶的作用，使双螺旋解体，形成单链，然后与单链结合蛋白相结合，维护单链的稳定，形成复制叉。如图 13-3 所示。

起始阶段的另一任务是形成 RNA 引物。当单链暴露的碱基达到一定数量时，引物酶就能识别到模板链的起始点，并以模板链为模板，按 A-U、G-C 的配对原则，以 NTP 为原料，按 5′→3′方向合成 RNA 引物片段。引物的作用在于为后续的脱氧核苷酸提供一个 3′-OH 末端。

（2）延长阶段　这一阶段集中体现为复制叉的移动和新生链的延长。

当 RNA 引物合成后，DNA 聚合酶Ⅲ和复制叉结合，并按照模板碱基序列在引物的 3′-OH 上加入核苷酸，形成与母链互补的子链。随着 DNA 聚合酶Ⅲ沿模板链 3′→5′不断滑动，新的子链不断地延伸，直至复制的终点。

由于 DNA 聚合酶只具有 5′→3′方向的催化活性，因此子代 DNA 链合成时，新链也总是由 5′→3′方向延长。对于作为模板的亲代 DNA 分子来说，由于两条链的走向相反，因而两条子链的合成方向也相反。以 3′→5′方向链作为模板的新生的 DNA 链由 5′→3′方向合成延长，这条连续合成的新链称为前导链或领头链。前导链的合成延长方向与解链方向一致。在另一条模板链（方向为 5′→3′）上，子链合成延长的方向与解链方向相反，DNA 聚合酶须待模板链解开一定长度后，才能沿 5′→3′方向合成小片段 DNA（长度约 1000 个核苷酸），然后再将这些片段连接起来，这条不连续合成的子链称为随从链或后随链。复制过程中随从链上的 DNA 片段称为冈崎片段。由于前导链是连续合成的，而随从链的合成是不连续的，因此 DNA 的这种复制方式也称为半不连续复制。如图 13-4 所示。

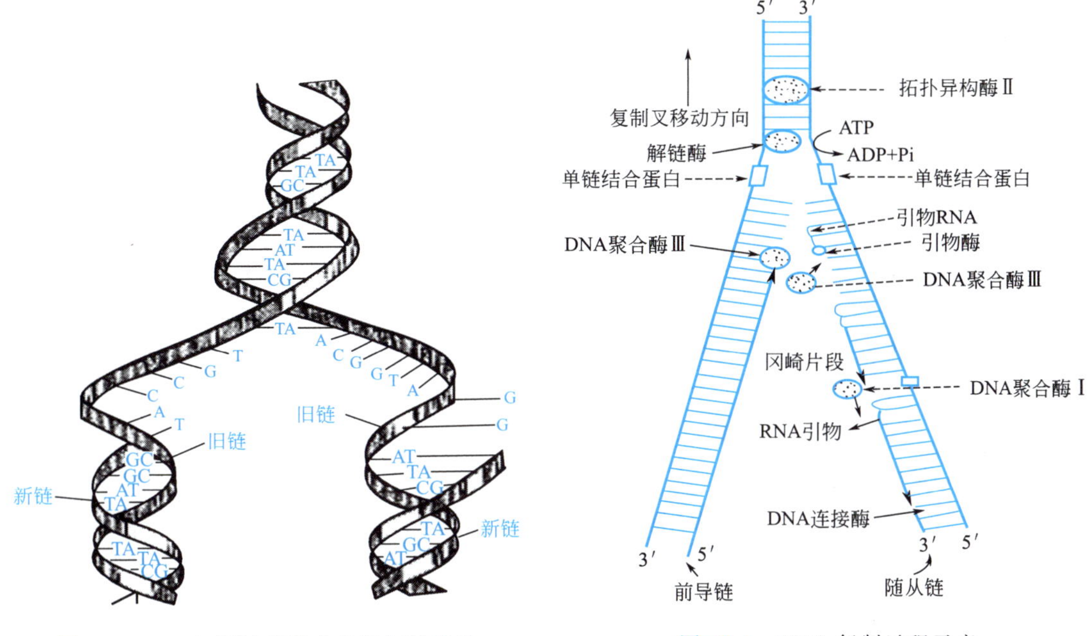

图 13-3 DNA 复制时形成的复制叉结构

图 13-4 DNA 复制过程示意

（3）终止阶段 DNA 复制进行到终点时复制终止，前导链和随从链终止方式有一定差异。在延伸过程中，DNA 复制的忠实性主要是通过 DNA 聚合酶的外切作用实现的。前导链可随复制叉到达终点而终止，然后由核酸外切酶将其 RNA 引物切掉，由 DNA 聚合酶Ⅰ催化其延长补缺，然后由 DNA 连接酶通过形成 3′,5′-磷酸二酯键连接成一条完整单链。而随从链中，当新形成的冈崎片段延长至一定长度，其上的 RNA 引物在核酸酶的催化下，先后被水解切掉。引物脱落后所留下的缺口，在 DNA 聚合酶Ⅰ催化下，用脱氧核苷酸配对填补上，再由 DNA 连接酶催化，把各短片段连接起来，形成完整的 DNA 子链。新合成的子链与模板链在拓扑异构酶的作用下重新形成 DNA 双螺旋，得到两个与亲代完全相同的子代双链 DNA 分子。

二、逆转录

动画扫一扫

按照中心法则，一般情况下，遗传信息传递的方向是从 DNA 到 RNA，即通过转录以 DNA 为模板生成 RNA 分子。但 1970 年，Temin 和 David Baltimore 分别在 RNA 病毒中分离出一种依赖于 RNA 模板合成 DNA 中的一条链的酶，这种酶称为反转录酶。在一些病毒体内，如鸟类劳氏肉瘤病毒、小鼠白血病病毒等，都存在有反转录酶。在反转录酶作用下，能以 RNA 为模板，按照 RNA 中的核苷酸顺序互补合成 DNA，这与通常转录过程中遗传信息流从 DNA 到 RNA 的方向相反，故此过程称为反转录。反转录酶需要以 RNA（或 DNA）为模板，以四种 dNTP 为原料，要求短链 RNA（或 DNA）作为引物，此外还需要适当浓度的二价阳离子 Mg^{2+} 和 Mn^{2+}，沿 5′→3′方向合成 DNA，形成 RNA-DNA 杂交分子（或 DNA 双链分子）。

三、DNA 的修复

由于自发的或诱导的原因，DNA 都可能发生变异，引起生物体性状的改变，甚至能引起生物体的死亡。许多因素都能造成 DNA 分子结构的损伤，如电离辐射、紫外线、烷化剂、氧化剂等。一种因素可能造成多种类型的损伤，一种类型的损伤也可能来自不同因素的作用。

1. DNA 损伤的类型

（1）点突变　点突变是 DNA 分子上一个碱基的变异，最常见的突变形式是碱基对的置换。嘌呤碱之间或嘧啶碱之间的置换称为转换；而嘧啶突变后换成嘌呤，或原为嘌呤换成嘧啶称为颠换。

（2）缺失　缺失是一个碱基或一段核苷酸及至整个基因，从 DNA 大分子上丢失的现象。

（3）插入　插入是一原来没有的碱基或一段原来没有的核苷酸序列插入到 DNA 大分子中的现象，可以引起移码突变。

（4）倒位　DNA 链内部重组，使其一段方向颠倒。

2. DNA 损伤的修复

生物体内具有一系列起修复作用的酶系统，可以除去 DNA 上的损伤，恢复 DNA 的正常双螺旋结构，以实现自我保护。目前已经知道有四种修复系统：光复活、切除修复、重组修复和诱导修复。后三种机制不需要光照，因此又称为暗修复。

（1）光复活　紫外线的照射能使 DNA 分子形成嘧啶二聚体，从而影响 DNA 的复制。光复活的机制是可见光（最有效波长为 400nm 左右）激活了光复活酶，它能分解由于紫外线照射而形成的嘧啶二聚体。光复活作用是生物体内普遍存在的一种高度专一的修复方式。

（2）切除修复　又称为复制前修复，是指在一系列酶的作用下，将 DNA 分子中受损伤部分切除掉，并以完整的那一条链为模板，合成出切去的部分，然后使 DNA 恢复正常结构的过程。切除修复是人体细胞 DNA 损伤重要修复方式之一。

（3）重组修复　又称为复制后修复，遗传信息有缺损的子代 DNA 分子可通过遗传重组而加以弥补，即从完整的母链上将相应核苷酸序列片段移至子链缺口处，然后用再合成的序列来补上母链的空缺。此过程称为重组修复，因为发生在复制之后，所以又称为复制后修复。

（4）诱导修复　诱导修复是当 DNA 分子受到较大面积的损伤时，正常的复制因为缺乏模板而不能进行，此时，细胞可以诱导合成新的 DNA 聚合酶，催化缺口部位 DNA 的合成。但这类 DNA 聚合酶专一性不强，易出现错配，从而引起基因突变。但对于提高细胞存活率来看，仍不失为一种紧急补救措施。

四、PCR 技术

动画扫一扫

聚合酶链式反应（PCR）是由美国科学家 Kary Mullis 于 1985 年发明的，是一种用于放大扩增特定的 DNA 片段的分子生物学技术，它可看作是生物体外的特殊 DNA 复制，PCR 的最大特点是能将微量的 DNA 大幅增加。由于 PCR 方法在理论和应用上的重要价值，Mullis 于 1993 年获得诺贝尔化学奖。

PCR 反应体系包括 DNA 模板，一对引物、dTNP 和 DNA 聚合酶。PCR 由高温变性、低温退火、适温延伸三个步骤构成一个反应周期，通过不断的周期循环，使得目的 DNA 迅速扩增，具体循环过程为：①模板 DNA 的变性：模板 DNA 经加热至 94℃左右一定时间后，使模板 DNA 双链或经 PCR 扩增形成的双链 DNA 解离，使之成为单链，以便它与引物结合，为下步反应作准备；②模板 DNA 与引物的退火：模板 DNA 经加热变性成单链后，温度降至 55℃左右，引物与模板 DNA 单链的互补序列配对结合；③适温延伸：DNA 模板-引物结合物在 72℃、DNA 聚合酶（如 TaqDNA 聚合酶）的作用下，以 dNTP 为反应原料，靶序列为模板，按碱基互补配对与半保留复制原理，合成一条新的与模板DNA链互补的半保留复制链，即由2条链变成4条链。重复循环“变性-退火-延伸”三过程，目的DNA序列便以指数方式得到扩增。每完成一个循环需2～4min，2～3h就能将待扩目的基因扩增放大几百万倍。PCR应用特点为特异性强，灵敏度高，简便快捷，且对样品的纯度要求低。因此PCR技术常用于微量DNA分子大量扩增，或从混合DNA分子中分离出目的DNA。

在实际操作中，参加PCR反应的物质主要有5种：引物、酶、dNTP、模板和缓冲液（其中需要Mg^{2+}）。设定的变性温度为94℃，作用30s，退火温度小于引物T_m值5℃，延伸温度为72～75℃。循环设定为30～35次。PCR引物为DNA片段（细胞内DNA复制的引物为一段RNA链引物）长度15～30bp，常用为20bp左右。G+C含量以40%～60%为宜，引物内部不应出现互补序列。目前被广泛使用的DNA聚合酶为Taq DNA聚合酶，它适宜温度较广，在70～75℃条件下活性最高，在95℃下40min仍能保持一半的酶活性。PCR反应原理如图13-5所示。

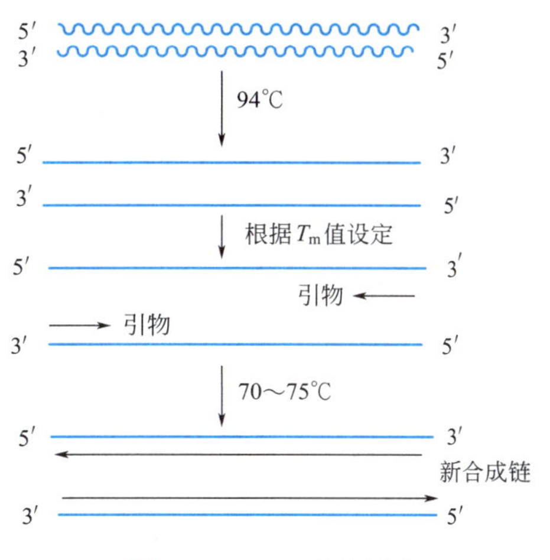

图13-5 PCR反应原理

随着生命科学的不断发展，PCR相关技术，如适时定量PCR技术，RT-PCR技术等相继出现，这些技术不仅在基因分离、基因扩增中发挥重要作用，而且在疾病检测和生物进化等多个领域具有广泛的应用价值。

第二节 RNA的生物合成

在以DNA为遗传物质的生物体中，RNA是遗传信息表达的工具。它是以DNA链为模板，NTP为原料，在RNA聚合酶的作用下，按A-U、C-G碱基互补配对规律，合成一条新的RNA链的过程，称为转录。而在RNA病毒中，RNA作为遗传物质，它既可以进行自我复制，又可以作为模板指导DNA（逆转录）的合成（逆转录）。在现有的认识水平上，通过转录合成RNA是DNA合成的主导方式，而RNA的复制和逆转录仅仅出现在RNA病毒中。

一、转录

1. 转录的条件

（1）RNA合成需要DNA为模板。在DNA分子中，能转录出RNA的DNA区域称为结构基因。在某一结构基因中，DNA两条链只有一条可作为转录的模板，另一条不被转录。这种转录方式称为不对称转录。

（2）需要四种核糖核苷三磷酸作为底物，包括ATP、CTP、GTP和UTP。

（3）需要RNA聚合酶及蛋白质因子参与。所有的细胞都含有RNA聚合酶。在原核生物中，只发现一种RNA聚合酶，以大肠杆菌的RNA聚合酶为例，该酶的全酶由$\alpha_2\beta\beta'\sigma$ 5个亚基组成，其中$\alpha_2\beta\beta'$构成酶的核心部分，称为核心酶，具有RNA聚合功能；σ亚基又称为起始因子，与识别模板上起始部位、协助转录开始有关。在真核生物细胞中，已发现3种

RNA 聚合酶，分别为 RNA 聚合酶Ⅰ、RNA 聚合酶Ⅱ、RNA 聚合酶Ⅲ，其中 RNA 聚合酶Ⅰ主要是在核仁中催化生成 rRNA，RNA 聚合酶Ⅱ主要在核质中催化 mRNA 的生成，RNA 聚合酶Ⅲ主要在核质中催化 tRNA 的生成。参与转录的还有一类蛋白质因子，称为 ρ 因子，它与 RNA 合成的终止有关。

2. 转录的过程

转录的过程就是 RNA 聚合酶将 4 种核糖核苷三磷酸按照 DNA 模板聚合成 RNA 的过程。这一过程可分为起始、延长和终止 3 个阶段。

(1) 起始阶段　是指从 RNA 聚合酶同 DNA 模板结合到 RNA 聚合酶开始沿模板滑动为止。转录是从 DNA 特殊部位开始的，这一部位称为启动子，它是 RNA 聚合酶识别和结合的位点。

转录起始时，首先是 RNA 聚合酶的 σ 因子识别启动子特殊碱基顺序，导致 RNA 聚合酶与启动子紧密结合，形成复合物，同时引起 DNA 构象发生改变，并局部打开 DNA 双螺旋，暴露出模板链。紧接着第一个核苷三磷酸底物插入转录起点部位，与模板配对结合，转录从此开始。

(2) 延长阶段　是指 RNA 聚合酶在 DNA 模板上滑动开始到出现终止子为止。RNA 链的延长开始后，σ 因子即从核心酶-DNA-新生 RNA 复合体上脱落下来，并可再用于与新的核心酶结合。失去 σ 因子的核心酶构象发生变化，与 DNA 模板结合不再紧密，此时，RNA 聚合酶能沿着模板链 $3'\rightarrow5'$ 方向移动，DNA 双链不断地被打开，并接受新来的碱基配对，合成新的磷酸二酯键后，核心酶继续向前移动，已使用过的模板重新恢复原来的双链结构。RNA 链的延长方向与 DNA 复制时新链延长方向是相同的，也是 $5'\rightarrow3'$。为保证遗传信息的稳定传递，一般合成的 RNA 链对 DNA 模板具有高度的忠实性。

(3) 终止阶段　是指 RNA 链延长过程停止，新生成的 RNA 链从 DNA 模板链上脱落。DNA 链上除了有启动子外，还有与转录停止相关的序列，称为终止子。终止子也是一段特殊的核苷酸序列，它可指导形成 RNA 链的发夹结构，传递 RNA 聚合酶终止信号。发夹结构一旦出现，RNA 聚合酶立即停止聚合作用。

此外，大肠杆菌等生物中还存在另外一种依赖于 ρ 因子的终止机制，ρ 因子是一个特殊蛋白质因子，它能识别并结合于 DNA 终止子上，阻止核心酶的移动，从而终止转录过程。

转录终止后，核心酶、新合成的 RNA 链以及 ρ 因子等也从 DNA 模板上释放出来，至此，RNA 转录过程完成。核心酶又可与 σ 因子结合，形成新的全酶，开始下一次转录。模板 DNA 也可再指导 RNA 的转录。整个转录过程，如图 13-6 所示。

3. 转录后加工

转录后生成的 RNA 大部分情况下无生物活性 RNA 前体，需要进行剪切、拼接、修饰才能形成成熟的、具有生物学功能的 RNA。

(1) rRNA 前体的加工　原核生物合成的 rRNA 前体为 30S，加工前先要进行特殊的甲基化，通常发生在腺嘌呤碱基上，被甲基化的位点发生断裂，释放出 16S、23S 和 5S 三种 rRNA。其中 23S rRNA 和 5S rRNA 存在于大亚基中，而 16S rRNA 存在于小亚基中。

真核生物合成的 rRNA 前体为 45S，在加工时先进行特定碱基的甲基化修饰，然后在核酸酶的作用下断裂为真核细胞所特有的 28S rRNA、18S rRNA 和 5.8S rRNA。其中大亚基含有 28S rRNA、5.8S rRNA 和 5S rRNA，而小亚基只含有 18S rRNA 一种。

(2) tRNA 前体的加工　在核酸酶的作用下，tRNA 前体的 3′-末端及相当于反密码环的区域要被切除一定长度的多核苷酸片段。部分碱基要进行化学修饰，包括甲基化、尿嘧啶还原为二氢尿嘧啶、尿苷转位成假尿苷以及腺嘌呤脱氨变为次黄嘌呤等。在 3′-末端加上

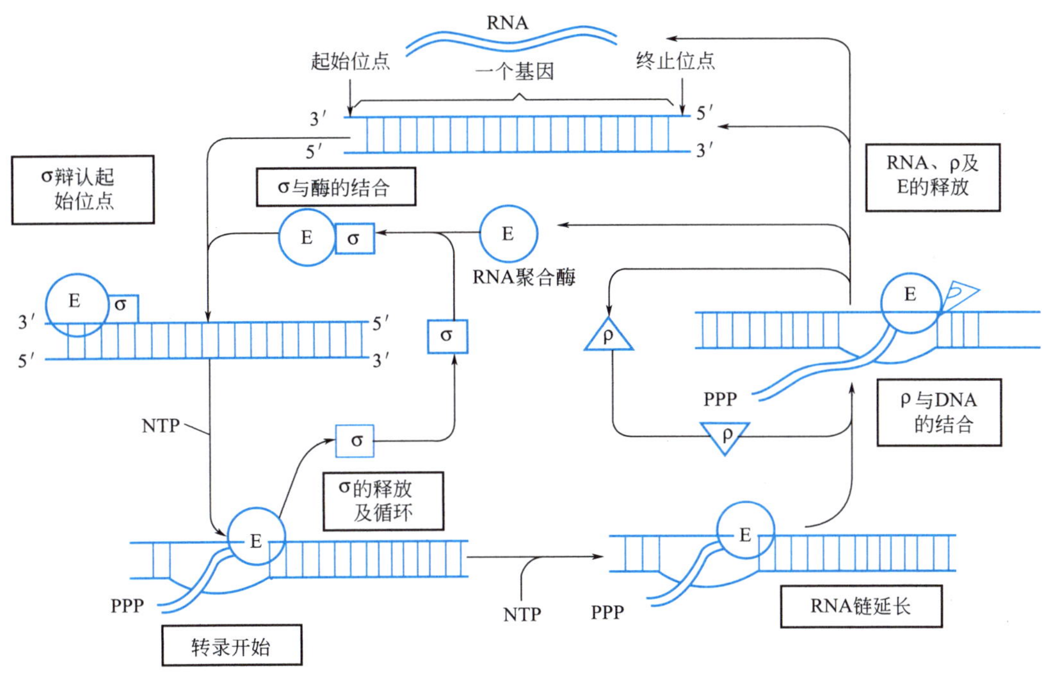

图 13-6 RNA 转录过程示意

3′-OH，成为氨基酸臂，以便携带氨基酸。在真核生物中，还需要将内含子切除，并将外显子连接，才能形成成熟的 tRNA。

（3）mRNA 前体的加工 原核生物的 mRNA 不需要进行转录后加工，即具有生物活性。mRNA 的转录还没完成时，翻译就已经开始了。

真核生物的 mRNA 转录后加工主要有如下几个方面。

① 加“帽” 在鸟苷酸转移酶的催化下，在 mRNA 前体上 5′-末端加上一分子鸟苷酸残基，并甲基化成 7-甲基鸟苷酸，这个结构称为“帽”。其功能与蛋白质的合成起始有关，并能增加 mRNA 的稳定性。

② 加“尾” 在前体上 3′-末端上加一段多聚腺苷酸，长度约为 200 个腺苷酸，称为 mRNA 的“尾”，其功能是引导 mRNA 从细胞核向细胞质移动，同时也能增加 mRNA 的稳定性。

③ 除去内含子 真核生物的基因为断裂基因，由外显子和内含子相间排列组成，mRNA前体中的内含子在加工的过程中通过剪切去除，然后将各个外显子部分再连接起来，成为一个连续的基因。

二、RNA 的复制

在某些 RNA 病毒中，由于没有 DNA，那么 RNA 就充当了遗传物质，储存着遗传信息。为保证遗传信息稳定地传递给子代病毒，当它们进入宿主细胞后，会利用宿主细胞进行 RNA 的复制。催化依赖于 RNA 模板的 RNA 聚合酶称为 RNA 复制酶，是从感染 RNA 型噬菌体或癌病毒的细胞分离出来的。它能以 RNA 为模板，以 4 种核苷三磷酸为底物，按 5′→3′方向合成与模板 RNA 互补的 RNA 分子。对反应来说，Mg^{2+} 是必要的，而且模板的特异性高，例如大肠杆菌 Qβ 噬菌体的酶只能以 Qβ 或类似的噬菌体 RNA 为模板。反应分两个阶段进行，首先合成与模板 RNA(＋) 链有互补的核苷酸序列的 RNA(－) 链，继之以此（－）链为模板合成（＋）链。反应生成物具有与模板完全相同的结构。

RNA 复制酶只对病毒本身的 RNA 起作用，而不会作用于宿主细胞中的 RNA 分子，从而使病毒实现在宿主细胞内快速增殖的目的。

动画扫一扫

第三节 蛋白质的生物合成

蛋白质是基因表达的最终产物。生物的一切性状直接通过蛋白质的结构和作用来实现。按照生物学中心法则，蛋白质生物合成又称翻译，是指由 mRNA 指导下的蛋白质生物合成的过程，它将特定核酸序列转变为特定氨基酸序列。参与翻译的 RNA 分子有 tRNA、rRNA 和 mRNA。tRNA 的功能是转运氨基酸，rRNA 与多种蛋白质组成核糖体作为翻译进行的场所，mRNA 作为翻译的模板。经过三种 RNA 及多种酶的相互作用，使 mRNA 由 DNA 而来的遗传信息正确地传递到蛋白质，使生物遗传信息的差异最终从生物性状表达出来。

一、遗传密码

遗传密码是指 mRNA 上的核苷酸，由 mRNA 3 个相邻核苷酸代表一种氨基酸，称为三联体密码或密码子。4 种碱基（核苷酸）可以组合成 64 种密码子，而体内只有 20 种天然氨基酸，故存在多个密码子代表一种氨基酸的情况。

密码子的破译是 20 世纪自然科学发展史上的一件大事。在此项伟大的工作中，主要运用了两项技术，一项是 1961 年由 Nirenberg 报道的人工合成多聚核苷酸体外翻译技术；另一项是 Nirenberg 和 Leder 发明的核糖体结合技术。这两项技术的出现，为密码子的破译奠定了基础。随后人们经过很多精彩的实验，只用了几年的时间，就破译了全部的密码子，同时也确立了碱基序列与氨基酸序列间的关系。标准遗传密码如表 13-1 所示，此表列出了 64 种密码子以及氨基酸的标准配对。

研究表明，密码子具有以下重要特点。

（1）简并性　一种氨基酸具有一种以上的密码子，这一特征叫做遗传密码的简并性。64 个密码子中，除 3 个终止密码子之外，余下 61 个为氨基酸密码子，而氨基酸只有 20 种，除 AUG（Met）和 UGG（Trp）以外，每个氨基酸都有 2 个或 2 个以上的密码子。如何理解同一氨基酸具有多个不同的密码子呢？现在常用 Crick 提出的摆动学说解释，Crick 假定密码子的前两个碱基必须同反密码子按照 Waston-Crick 碱基配对规则进行配对，但最后一个碱基可以在反密码子上与正常的碱基和异常的碱基进行摇摆配对。反密码子中的 G 不仅仅可以和密码子第三位（摇摆位）的 C 配对，也可以和 U 配对。这意味着密码子中第三位上的碱基发生突变后，也不一定会影响到蛋白质的结构，对维持物种的稳定有重要的生物学意义。

（2）普遍性　指所有生物的遗传密码都是相同的。但是也不是绝对的，如线粒体中 UGA 不代表终止信号而代表色氨酸，草履虫中终止密码 UAA 和 UAG 成为谷氨酰胺的密码子。

（3）连续性　即密码子之间没有空格，阅读 mRNA 时是连续的，一次阅读 3 个核苷酸，也不能跳过任何 mRNA 中的核苷酸。

（4）方向性　密码子的阅读方向和 mRNA 的编码方向一致，均为 $5'\rightarrow3'$。

（5）起始密码子与终止密码子　起始密码为 AUG。AUG 除了可作为起始信号外，还可

表 13-1 标准遗传密码表

第一位碱基	第二位碱基				第三位碱基
	U	C	A	G	
U	UUU(Phe/F) 苯丙氨酸	UCU(Ser/S) 丝氨酸	UAU(Tyr/Y) 酪氨酸	UGU(Cys/C) 半胱氨酸	U
	UUC(Phe/F) 苯丙氨酸	UCC(Ser/S) 丝氨酸	UAC(Tyr/Y) 酪氨酸	UGC(Cys/C) 半胱氨酸	C
	UUA(Leu/L) 亮氨酸	UCA(Ser/S) 丝氨酸	UAA 终止	UGA 终止	A
	UUG(Leu/L) 亮氨酸	UCG(Ser/S) 丝氨酸	UAG 终止	UGG(Trp/W) 色氨酸	G
C	CUU(Leu/L) 亮氨酸	CCU(Pro/P) 脯氨酸	CAU(His/H) 组氨酸	CGU(Arg/R) 精氨酸	U
	CUC(Leu/L) 亮氨酸	CCC(Pro/P) 脯氨酸	CAC(His/H) 组氨酸	CGC(Arg/R) 精氨酸	C
	CUA(Leu/L) 亮氨酸	CCA(Pro/P) 脯氨酸	CAA(Gln/Q) 谷氨酰胺	CGA(Arg/R) 精氨酸	A
	CUG(Leu/L) 亮氨酸	CCG(Pro/P) 脯氨酸	CAG(Gln/Q) 谷氨酰胺	CGG(Arg/R) 精氨酸	G
A	AUU(Ile/I) 异亮氨酸	ACU(Thr/T) 苏氨酸	AAU(Asn/N) 天冬酰胺	AGU(Ser/S) 丝氨酸	U
	AUC(Ile/I) 异亮氨酸	ACC(Thr/T) 苏氨酸	AAC(Asn/N) 天冬酰胺	AGC(Ser/S) 丝氨酸	C
	AUA(Ile/I) 异亮氨酸	ACA(Thr/T) 苏氨酸	AAA(Lys/K) 赖氨酸	AGA(Arg/R) 精氨酸	A
	AUG(Met/M) 甲硫氨酸	ACG(Thr/T) 苏氨酸	AAG(Lys/K) 赖氨酸	AGG(Arg/R) 精氨酸	G
G	GUU(Val/V) 缬氨酸	GCU(Ala/A) 丙氨酸	GAU(Asp/D) 天冬氨酸	GGU(Gly/G) 甘氨酸	U
	GUC(Val/V) 缬氨酸	GCC(Ala/A) 丙氨酸	GAC(Asp/D) 天冬氨酸	GGC(Gly/G) 甘氨酸	C
	GUA(Val/V) 缬氨酸	GCA(Ala/A) 丙氨酸	GAA(Glu/E) 谷氨酸	GGA(Gly/G) 甘氨酸	A
	GUG(Val/V) 缬氨酸	GCG(Ala/A) 丙氨酸	GAG(Glu/E) 谷氨酸	GGG(Gly/G) 甘氨酸	G

以代表甲硫氨酸（真核生物）或甲酰甲硫氨酸（原核生物）。另外还有 UAA、UAG、UGA 不代表任何氨基酸，只代表蛋白质合成的终止信号。

二、蛋白质合成的过程

1. 蛋白质合成的条件

（1）模板　蛋白质的合成需要 mRNA 作为模板，mRNA 上三联体碱基组成的密码子决定一个氨基酸，从而把储存的遗传信息通过蛋白质得以表达。

（2）场所　蛋白质的合成场所是核糖体，核糖体由蛋白质和 rRNA 构成，包括大小不同的两个亚基，大亚基上有两个供 tRNA 结合的位点：P 位与 A 位，P 位又称给位或肽酰位，是与多肽-tRNA 结合位点；A 位又称受位或氨酰位，是与氨基酰-tRNA 结合位点。原核生物的核糖体是 70S，而真核生物的核糖体为 80S。

（3）运输工具　在蛋白质的合成中，tRNA 起着“搬运工”的作用。氨基酸必须结合在特定的 tRNA 上，才能组装成多肽链。tRNA 与氨基酸结合具有高度的专一性，同时 tRNA 依靠反密码环上的反密码子与 mRNA 上的密码子配对而确定所携带的氨基酸在肽链中的位置。

（4）参与蛋白质合成的酶类　参与蛋白质合成的酶主要有氨基酰-tRNA 合成酶、转肽酶和转位酶等。氨基酰-tRNA 合成酶催化 tRNA 氨基酸臂的—CCA—OH 与氨基酸的羧基反应形成酯链连接，使氨基酸活化。氨基酰-tRNA 合成酶具有高度的专一性，从而保证遗传信息能准确地传递。转肽酶催化 P 位上的肽酰基转移至 A 位上氨基酰的 α-氨基上，形成肽键，使肽链延长。转位酶催化核糖体向 mRNA 的 3′方向移动一个密码子距离，使下一个密码子定位于 A 位上。

（5）参与蛋白质合成的蛋白因子　主要有：①起始因子，用 IF（原核细胞）或（真核细胞）表示；②延长因子，用 EF 或 eEF 表示；③终止因子，用 RF 或 eRF 表示。它们分别参与了氨基酰-tRNA 对模板的识别和附着、核糖体沿 mRNA 移动和合成终止时肽链解离等。

（6）能量　需要 ATP 与 GTP 提供能量。

2. 蛋白质的合成过程

动画扫一扫

蛋白质的合成是一个十分复杂而又受到非常精密调控的过程。大概可以分成 4 个阶段。

（1）氨酰-tRNA 的合成　氨酰-tRNA 的合成是氨基酸与其对应的 tRNA 相结合，并同时活化氨基酸的过程。所有的 tRNA 的 3′末端都含有共同的三个核苷酸（CCA），最末端的腺苷酸是结合氨基酸的位点。氨基酸在氨酰-tRNA 合成酶的作用下，通过自身的 α-羧基与 tRNA 末端 3′-OH 之间形成酯键而与 tRNA 结合。这一过程分两步完成，第一步是氨基酸被活化，能量来自 ATP，反应产物是氨酰-AMP 和焦磷酸，反应式如下：

$$氨基酸+ATP \longrightarrow 氨酰\sim AMP+焦磷酸（PPi）$$

ATP 中的高能磷酸键所储存的能量，通过反应转移氨酰～AMP 中，从而使氨基酸活化。第二步，氨酰～AMP 利用所储存的能量，把氨基酸转移至 tRNA 分子上。反应式如下：

$$氨酰\sim AMP+tRNA \longrightarrow 氨酰\text{-}tRNA+AMP$$

总反应式如下：

$$氨基酸+ATP+tRNA \longrightarrow 氨酰\text{-}tRNA+AMP+焦磷酸（PPi）$$

一旦形成氨酰-tRNA 后，氨基酸的去向就由 tRNA 决定。氨酰-tRNA 合成酶是迄今为止人们发现的双重专一性最高的酶。它既能识别特异的氨基酸，又能识别相应的特异的 tRNA，并将氨基酸连接在对应的 tRNA 上，保证了遗传信息能准确地翻译出来。

（2）起始阶段　蛋白质合成的起始需要处于分离状态的核糖体大小亚基、mRNA、甲酰甲硫氨酰-tRNA（真核生物为甲硫氨酰-tRNA）以及起始蛋白质因子参与，通过复杂的反应形成 70S 复合物（真核生物为 80S 复合物）。以原核生物为例，起始过程分为核糖体亚基解聚、形成 30S 复合物和形成 70S 复合物 3 个阶段。如图 13-7 所示。

首先是核糖体亚基的解聚。70S 核糖体有两个亚基，大亚基为 50S，小亚基为 30S，在蛋白质合成起始，两个亚基必须进行解聚，才能顺利形成起始复合物。这一过程需要起始蛋白因子的参与，其中 IF1 启动解聚，和游离的 30S 亚基结合阻止 30S 亚基和 50S 亚基重新结合。

紧接着便形成 30S 复合物。30S 亚基与 IF1、IF3 结合后，便吸引另外两组分随机加入到复合物中。这一过程还需要 IF2 参与，并且需要 GTP 供能。完整的 30S 复合物包括 30S 亚基、一分子 mRNA、甲酰甲硫氨酰-tRNA、GTP 和 3 种起始蛋白因子。

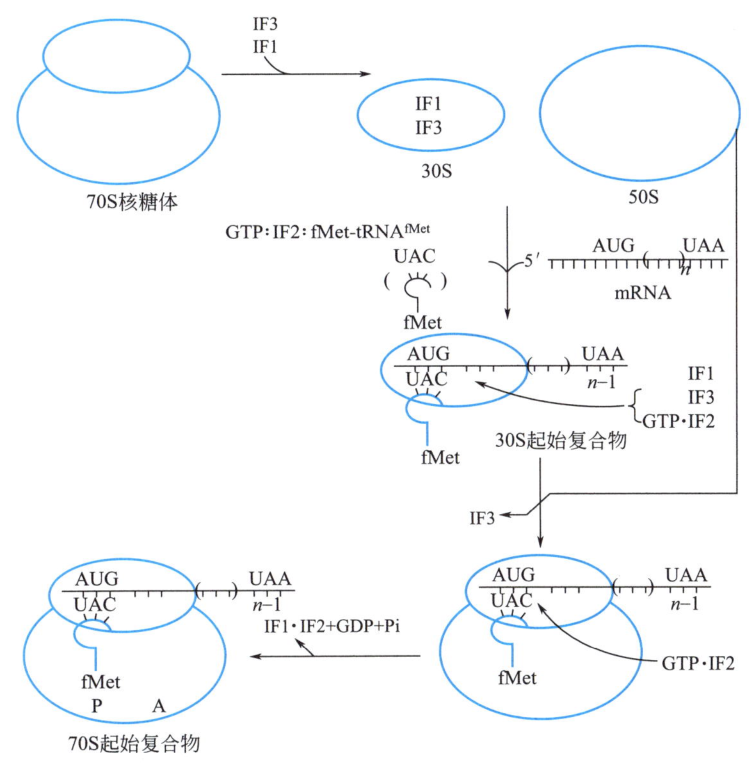

图 13-7 蛋白质合成的起始过程

最后阶段是 70S 复合物的形成。在这一过程中，30S 复合物先与 50S 核糖体亚基结合，然后 IF1 和 IF3 从 30S 复合物上脱离，然后 GTP 水解成 GDP 并释放出能量，驱动 IF2 脱落，此时，起始密码 AUG 与甲酰甲硫氨酰-tRNA 的反密码子恰好配对，并且占据核糖体的给位（P 位），而 mRNA 上的第二组密码子则暴露在核糖体的受位（A 位），为接受下一个氨基酸作准备。

（3）延长阶段　肽链的延长是指合成起始后，在已经进入核糖体的第一个氨基酸残基上不断添加后续氨基酸，使肽链不断延伸，直至遇到终止密码子的过程。此过程由进位、转肽和转位三步循环构成。蛋白质的合成是从氨基端（N 端）开始的，即第一个氨基酸被放在多肽链的氨基端。而 mRNA 的阅读方向是从 5′→3′的。

① 进位　当 70S 起始复合物形成后，P 位由甲酰甲硫-tRNA（或甲硫氨酰基-tRNA）占据，而 A 位是空的。在延长因子 EF 和 GTP 参与下，按照 mRNA 模板密码子的规定，与 mRNA 模板互补配对的氨酰进入核糖体的 A 位。

② 转肽　当进位完成后立刻进行转肽，在转肽酶催化下，P 位上的 tRNA 将所携带的甲酰甲硫氨酰基（或甲硫氨酰基）转移给 A 位新进入的氨酰-tRNA，并通过活化的 α-羧基与 A 位上的氨基酰的 α-氨基形成肽键。此时，P 位的“空载”tRNA 从核糖体上脱落下来，于是 P 位被清空，此过程不需要能量。

③ 转位　在转位酶的作用下，核糖体向 mRNA 的 3′方向移动一个密码子距离，使携带有二肽的 tRNA 从 A 位转移至 P 位，而 A 位空出，回复到进位的状态，以便开始下一轮延长反应。此过程需要延长因子参与，并需要 GTP 供能。如图 13-8 所示。

在翻译延长阶段，每经过一次进位-转肽-转位的循环之后，肽链中氨基酸残基数目就增加一个，肽链得以延长。

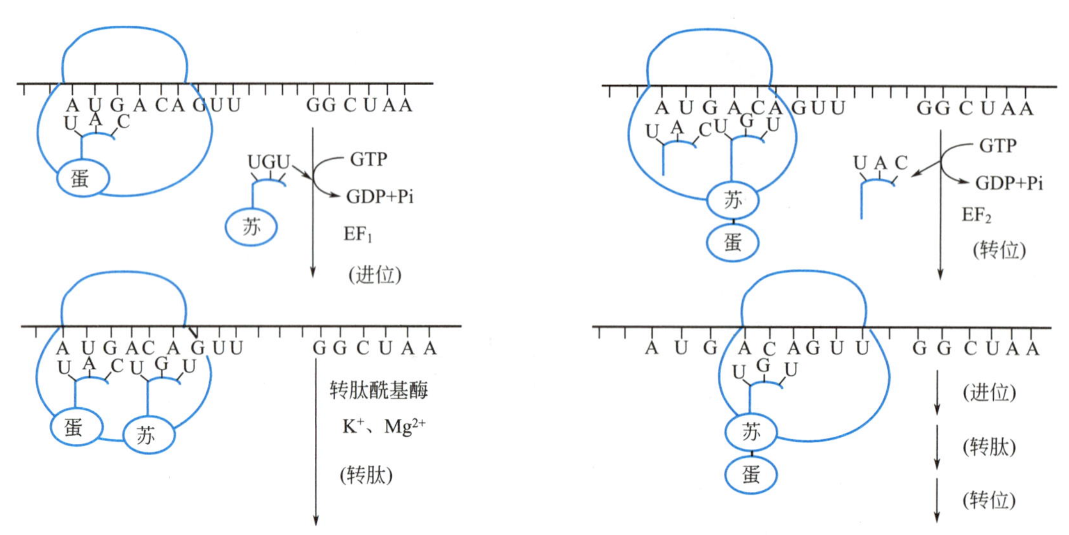

图 13-8　肽链延长的过程

（4）终止阶段　当遇到 3 种终止密码子（UAA、UAG、UGA）之一时，蛋白质的合成即告结束。此时进入受位（A 位）的不是氨酰-tRNA，而是释放因子 RF。进入 A 位点的释放因子 RF 可以使核糖体上的转肽酶发生变构，酶的活性从转肽作用改变为水解作用，从而使多肽链与 tRNA 之间的酯键被水解切断，多肽链从核糖体及 tRNA 释放出来，随后，tRNA、mRNA 与终止因子从核糖体上脱离，核糖体被解离为大小亚基，蛋白质合成终止。如图 13-9 所示。

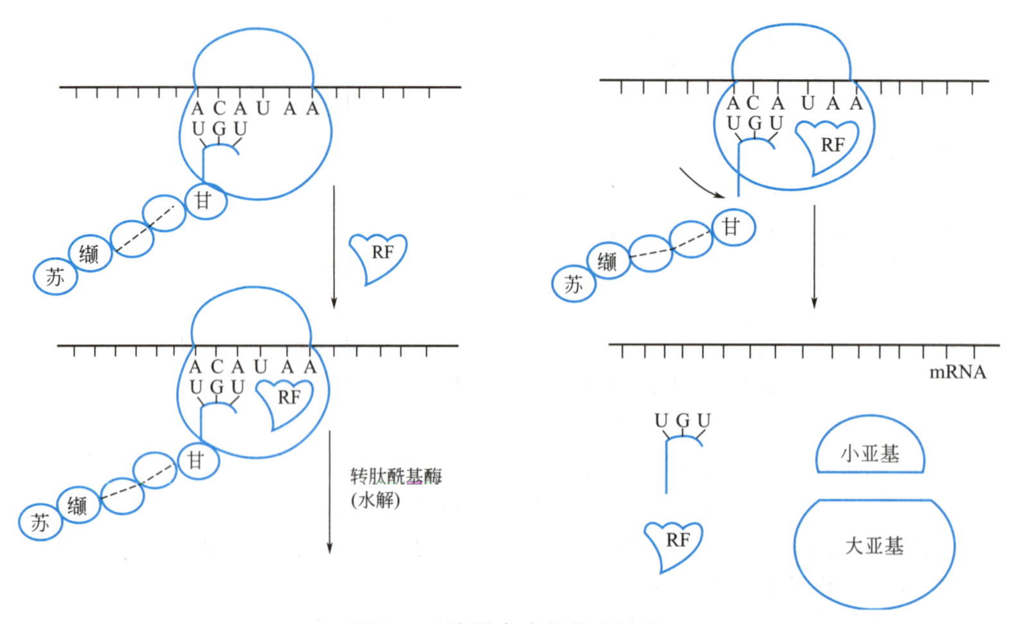

图 13-9　肽链合成的终止过程

三、肽链合成后加工处理

经翻译合成的多肽链，多数还不具备有生理功能，必须进一步加工修饰，形成一定空间结构，才能转变成具有一定生物学活性的蛋白质。常见的加工修饰有如下几种。

1. 肽链中氨基酸残基的化学修饰

对新生肽链中某些氨基酸残基进行共价修饰，是翻译后处理的重要内容。反应的主要类型有以下几种。

（1）乙酰化　主要发生在 N 端的 α-氨基和赖氨酸的 ε-氨基上。

（2）甲基化　发生在 α-氨基、ε-氨基、精氨酸的胍基和 C 端的 α-羧基和侧链的羧基上。

（3）磷酸化　主要发生在丝氨酸的羟基和苏氨酸及酪氨酸的羟基上。

（4）泛酸化　发生在 α-氨基和 ε-氨基上。

（5）转氨基作用　主要发生在 N 端的 α-氨基上。

（6）多聚 ADP 核糖基化　主要发生在精氨酸的胍基上。

2. 肽链 N 端甲硫氨酸或甲酰甲硫氨酸的除去

在原核生物中，蛋白质起始合成的第一个氨基酸为甲酰甲硫氨酸；真核生物为甲硫氨酸。而成熟的蛋白质 N 端大部分不是甲硫氨酸，故必须切去 N 端的一个或几个氨基酸。该氨基酸的甲酰基可由脱甲酰催化下而被去除。在多数情况下，当肽链的 N 端游离出核糖体后，立即进行脱甲酰化。N 端的甲硫氨酸的去除也可在合成起始后不久发生，但这一过程受肽链折叠的影响。

3. 切除前体中功能不必需肽段

在蛋白质的前体分子中，有一些肽段是功能所不需要的，在成熟的分子中不存在。肽段的切除是在专一性的蛋白水解酶的作用下完成的。

4. 二硫键的形成

在 mRNA 分子中，没有胱氨酸的密码子，而不少蛋白质分子中含有胱氨酸二硫键，有的还有多个，且二硫键是蛋白质的功能基团。二硫键是通过两个半胱氨酸的巯基氧化形成的，有的在切除肽段前就已形成。

本章小结

生命的特征之一是遗传。遗传信息是储存在核酸中的，最终由蛋白质表达出来。Crick 提出的中心法则能较好地解释遗传信息传递的规律。包括 DNA 的复制和表达两个方面的内容。

亲代如何控制子代性状？靠的是遗传物质的复制。DNA 复制是半保留的，即分别以双链 DNA 中的一条链作为模板，以 dNTP 为底物，按碱基互补配对的规律，合成子链，形成了两份完全相同的子代 DNA，并平均分配到子代中去，保证了遗传的稳定。由于 DNA 合成只能从 5′端到 3′端，所以 DNA 复制的另一个特点是半不连续复制，即前导链是连续合成的，而随从链是先合成若干冈崎片段，再通过连接酶进行连接。在某些 RNA 病毒中，还发现以 RNA 为模板合成 DNA 的现象，称为反转录。DNA 在自发或诱导的条件下能发生突变，造成 DNA 损伤。机体存在各种修复措施，使损伤得以修复。如光复活、切除修复、重组修复和诱导修复等。

基因如何表达？是通过转录和翻译实现的。转录是 RNA 生物合成的主要方式，以 DNA 为模板，在 RNA 聚合酶的作用下，以 NTP 为原料，按碱基互补配对规律，把 DNA

中所储存的遗传信息传递至 mRNA 上。在双链 DNA 中，同一区域内只有一条链可以作为模板，这种转录方式称为不对称转录。转录的初级产物需要加工修饰才能成为有生物活性的 RNA。翻译是把遗传信息从遗传物质传递至蛋白质的过程，翻译时，以 mRNA 作为模板，其上的三个碱基决定一个氨基酸，这样就决定肽链中氨基酸的种类及排列顺序。核糖体是蛋白质合成的场所，tRNA 是氨基酸的转运工具。蛋白质合成的方向是从 N 端至 C 端。蛋白质在多肽链合成后也要经过加工修饰才有生物活性。

一、名词解释

1. 半保留复制　2. 半不连续复制　3. 不对称转录过程　4. 前导链　5. 光复活
6. 启动子　7. 终止子　8. 遗传密码　9. DNA 聚合酶　10. 中心法则

二、填空题

1. 大肠杆菌 RNA 聚合酶全酶由________组成；核心酶的组成是________。参与识别起始信号的是________因子。

2. 以 RNA 为模板合成 DNA 称________，由________酶催化。

3. 所有冈崎片段的延伸都是按____________________方向进行的。

4. 引物酶与转录中的 RNA 聚合酶之间的差别在于它对______________不敏感；随后链的合成是______________的。

5. 限制性核酸内切酶主要来源于__________，都识别双链 DNA 中__________，并同时断裂__________。

6. 蛋白质的生物合成是以______________作为模板，______________作为运输氨基酸的工具，______________作为合成的场所。

7. 前导链的合成是______________的，其合成方向与复制叉移动方向______________。

8. DNA 聚合酶Ⅰ的催化功能有______________、______________、______________。

9. 细菌的环状 DNA 通常在一个______________开始复制，而真核生物染色体中的线形 DNA 可以在______________起始复制。

10. 大肠杆菌 DNA 聚合酶Ⅲ的________活性使之具有______________功能，极大地提高了 DNA 复制的保真度。

11. 大肠杆菌中已发现________种 DNA 聚合酶，其中______________负责 DNA 复制，______________负责 DNA 损伤修复。

12. 在 DNA 复制中，______________可防止单链模板重新缔合和核酸酶的攻击。

13. DNA 合成时，先由引物酶合成______________，再由______________在其 3′端合成 DNA 链，然后由______________切除引物并填补空隙，最后由______________连接成完整的链。

14. 密码子的基本特点有四个分别为________、________、________、________。

15. 肽链合成的终止阶段，________因子和________因子能识别终止密码子，以终止肽链延伸，而________因子虽不能识别任何终止密码子，但能协助肽链释放。

16. 蛋白质合成后加工常见的方式有________、________、________、________。

三、选择题

1. DNA 复制时，5′-TpApGpAp-3′序列产生的互补结构是下列哪一种？(　　)

A. 5′-TpCpTpAp-3′　　　　B. 5′-ApTpCpTp-3′

C. 5′-UpCpUpAp-3′　　D. 5′-GpCpGpAp-3′

E. 3′-TpCpTpAp-5′

2. 逆转录酶是一类（　　）。

A. DNA 指导的 DNA 聚合酶　　B. DNA 指导的 RNA 聚合酶

C. RNA 指导的 DNA 聚合酶　　D. RNA 指导的 RNA 聚合酶

3. 假设翻译时可从任一核苷酸起始读码，人工合成的 $(AAC)_n$（n 为任意整数）多聚核苷酸，能够翻译出几种多聚核苷酸？（　　）

A. 一种　　B. 二种　　C. 三种　　D. 四种

4. 蛋白质合成起始时模板 mRNA 首先结合于核糖体上的位点是（　　）。

A. 30S 亚基的蛋白　　B. 30S 亚基的 rRNA　　C. 50S 亚基的 rRNA

5. 能与密码子 ACU 相识别的反密码子是（　　）。

A. UGA　　B. IGA　　C. AGI　　D. AGU

6. tRNA 的作用是（　　）。

A. 把一个氨基酸连到另一个氨基酸上　　B. 将 mRNA 连到 rRNA 上

C. 增加氨基酸的有效浓度　　D. 把氨基酸带到 mRNA 的特定位置上

7. 蛋白质生物合成中多肽的氨基酸排列顺序取决于（　　）

A. 相应 tRNA 的专一性　　B. 相应氨酰 tRNA 合成酶的专一性

C. tRNA 的专一性　　D. mRNA 中核苷酸的排列顺序

8. 如果一个完全具有放射性的双链 DNA 分子在无放射性标记溶液中经过两轮复制，产生的四个 DNA 分子的放射性情况是（　　）。

A. 其中一半没有放射性　　B. 都有放射性

C. 半数分子的两条链都有放射性　　D. 一个分子的两条链都有放射性

E. 四个分子都不含放射性

9. 关于 DNA 指导下的 RNA 合成的下列论述除了下列哪项外都是正确的？（　　）

A. 只有存在 DNA 时，RNA 聚合酶才催化磷酸二酯键的生成

B. 在转录过程中 RNA 聚合酶需要一个引物

C. 链延长方向是 5′→3′

D. 在多数情况下，只有一条 DNA 链作为模板

E. 合成的 RNA 链不是环形

10. DNA 复制时不需要下列哪种酶？（　　）

A. DNA 指导的 DNA 聚合酶　　B. RNA 引物酶

C. DNA 连接酶　　D. RNA 指导的 DNA 聚合酶

11. 参与识别转录起点的是（　　）。

A. ρ 因子　　B. 核心酶　　C. 引物酶　　D. σ 因子

12. 下面关于单链结合蛋白（SSB）的描述哪个是不正确的？（　　）

A. 与单链 DNA 结合，防止碱基重新配对

B. 在复制中保护单链 DNA 不被核酸酶降解

C. 与单链区结合增加双链 DNA 的稳定性

D. SSB 与 DNA 解离后可重复利用

13. 有关转录的错误叙述是（　　）。

A. RNA 链按 3′→5′方向延伸　　B. 只有一条 DNA 链可作为模板

C. 以 NTP 为底物　　D. 遵从碱基互补原则

14. 合成后无需进行转录后加工修饰就具有生物活性的 RNA 是（　　）。

A. tRNA B. rRNA
C. 原核细胞 mRNA D. 真核细胞 mRNA

15. DNA 聚合酶Ⅲ的主要功能是（ ）。
A. 填补缺口 B. 连接冈崎片段 C. 聚合作用 D. 损伤修复

16. DNA 复制的底物是（ ）。
A. dNTP B. NTP C. dNDP D. NMP

17. 下列密码子中，终止密码子是（ ）。
A. UUA B. UGA C. UGU D. UAU

18. 下列密码子中，属于起始密码子的是（ ）。
A. AUG B. AUU C. AUC D. GAG

19. 下列有关密码子的叙述，错误的一项是（ ）。
A. 密码子阅读是有特定起始位点的 B. 密码子阅读无间断性
C. 密码子都具有简并性 D. 密码子对生物界具有通用性

20. tRNA 结构与功能紧密相关，下列叙述哪一项不恰当？（ ）
A. tRNA 的二级结构均为“三叶草形”
B. tRNA 3′-末端为受体臂的功能部位，均有 CCA 的结构末端
C. TψC 环的序列比较保守，它对识别核糖体并与核糖体结合有关
D. D 环也具有保守性，它在被氨酰-tRNA 合成酶识别时，是与酶接触的区域之一

21. 下列有关氨酰-tRNA 合成酶叙述中，哪一项有误？（ ）
A. 氨酰-tRNA 合成酶促反应中由 ATP 提供能量，推动合成正向进行
B. 每种氨基酸活化均需要专一的氨基酰-tRNA 合成酶催化
C. 氨酰-tRNA 合成酶活性中心对氨基酸及 tRNA 都具有绝对专一性

22. 有关大肠杆菌肽链延伸叙述中，不恰当的一项是（ ）。
A. 进位是氨酰-tRNA 进入大亚基空差的 A 位点
B. 进位过程需要延伸因子 EFTu 及 EFTs 协助完成
C. 甲酰甲硫氨酰-tRNAf 进入 70S 核糖体 A 位同样需要 EFTu-EFTs 延伸因子作用
D. 进位过程中消耗能量由 GTP 水解释放自由能提供

23. mRNA 与 30S 亚基复合物与甲酰甲硫氨酰-tRNAf 结合过程中起始因子为（ ）。
A. IF1 及 IF2 B. IF2 及 IF3 C. IF1 及 IF3 D. IF1、IF2 及 IF3

四、判断题

1. 中心法则概括了 DNA 在信息代谢中的主导作用。（ ）

2. 原核细胞 DNA 复制是在特定部位起始的，真核细胞则在多位点同时起始复制。（ ）

3. 逆转录酶催化 RNA 指导的 DNA 合成不需要 RNA 引物。（ ）

4. 原核细胞和真核细胞中许多 mRNA 都是多顺反子转录产物。（ ）

5. 因为 DNA 两条链是反向平行的，在双向复制中，一条链按 5′→3′方向合成，另一条链按 3′→5′方向合成。（ ）

6. 限制性内切酶切割的片段都具有黏性末端。（ ）

7. 已发现有些 RNA 前体分子具有催化活性，可以准确地自我剪接，被称为核糖酶或核酶。（ ）

8. 原核生物中 mRNA 一般不需要转录后加工。（ ）

9. RNA 聚合酶对弱终止子的识别需要专一性的终止因子。（ ）

10. 已发现的 DNA 聚合酶只能把单体逐个加到引物 3′-OH 上，而不能引发 DNA 合成。（ ）

11. 在复制叉上，尽管后随链按 3′→5′方向净生成，但局部链的合成均按 5′→3′方向进行。（　　）

12. RNA 合成时，RNA 聚合酶以 3′→5′方向沿 DNA 的反意义链移动，催化 RNA 链按 5′→3′方向增长。（　　）

五、简答题

1. 简述中心法则。
2. 简要说明 DNA 半保留复制的机制。
3. 大肠杆菌的 DNA 聚合酶和 RNA 聚合酶有哪些重要的异同点？
4. 单链结合蛋白在 DNA 复制中有什么作用？
5. 什么是密码子？简述其基本特点。
6. 氨酰-tRNA 合成酶在多肽合成中的作用特点和意义。
7. 原核细胞与真核细胞蛋白质合成起始氨基酸、起始氨基酰—tRNA 及起始复合物的异同点有哪些？

六、论述题

试阐述蛋白质合成过程。

阅读材料

遗传密码子的破译

密码子的破译是 20 世纪生命科学中最伟大的事件之一。最早提出遗传密码这一名词的是量子力学奠基人之一——奥地利物理学家施勒丁格。1954 年美国物理学家 G. Gamov 对破译密码首先提出了挑战。当年，他在《Nature》杂志首次发表了遗传密码的理论研究的文章，指出 3 个碱基编码一个氨基酸，并且进一步推论一种氨基酸可能不止有一个密码子。

1961 年，克里克（Crick）通过对 T4 噬菌体 DNA 上的一个基因进行处理，使 DNA 增加或减少碱基。通过这样的方法证实了三联体密码子决定 20 种不同的氨基酸和密码子阅读的连续性，克里克是第一个用实验证明遗传密码中 3 个碱基编码 1 个氨基酸的科学家。

1961～1962 年，尼伦伯格（M. W. Nirenberg）和马太（H. Matthaei）在实验室内把大量的大肠杆菌磨碎制成无细胞提取液，然后装入试管，加入少量 ATP 和人工合成的聚尿嘧啶核苷酸，结果合成的肽链完全是由 Phe 连接起来的。这一实验说明，Phe 的密码子一定是 UUU。UUU 是第一个被破译的遗传密码子。他们也成为用实验破译密码子的第一人。尼伦伯格的实验巧妙之处在于利用无细胞系统进行体外合成蛋白质，他这富有创新的实验方法为他带来了重大的成功！

在接下来的六七年里，科学家沿着体外合成蛋白质的思路，不断地改进实验方法，破译出了全部的密码子，并编制出了密码子表。这项工作成为生物学史上的一个伟大的里程碑！为人类探索和揭示生命的本质的研究向前迈进一大步，对后面分子遗传生物学的发展有着重要的推动作用。

在密码子的破译过程中，人们可以看到，敏锐、大胆、睿智和创新是科学家的重要素养，也正如尼伦伯格在 1968 年诺贝尔生理学或医学奖获奖时说的：一个善于捕捉细节的人才是能领略事物真谛的人。

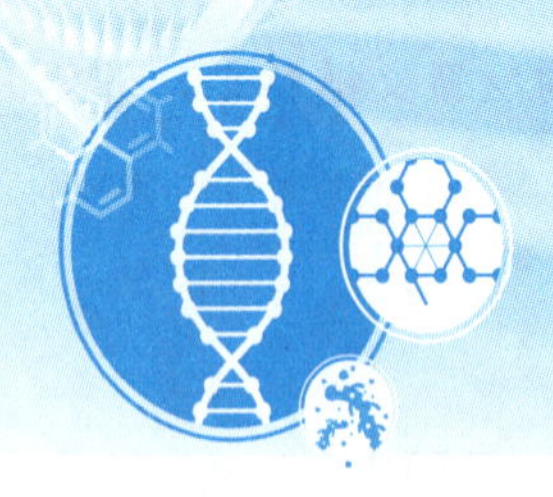

第十四章 肝脏的生物化学

学习目标

1. 掌握胆色素概念及胆色素种类；生物转化概念及生物转化反应类型；黄疸的概念及三种黄疸的临床鉴别。
2. 掌握非营养物质的种类与特点；生物转化的特点；胆色素的生成、转运、转变及排泄等基本代谢过程。
3. 了解肝脏在多种物质代谢中的作用；胆汁酸的种类、生成过程及胆汁酸肠肝循环的生理意义。

肝脏在人体生命活动中有着重要作用。在消化、吸收、排泄、生物转化以及各类物质的代谢中均起着重要的作用，被誉为“物质代谢中枢”。

肝脏具有肝动脉和门静脉的双重血液供应，具有丰富的血窦，肝细胞膜通透性大，利于进行物质交换。从消化道吸收的营养物质经门静脉进入肝脏被改造利用，有害物质则可进行转化和解毒。肝脏可通过肝动脉获得充足的氧以保证肝内各种生化反应的正常进行。肝脏还通过胆道系统与肠道沟通，将肝脏分泌的胆汁排泄入肠道。

肝细胞亚微结构与其生理机能相适应。肝细胞内有大量的线粒体、内质网、微粒体及溶酶体等，适应肝脏活跃的生物氧化、蛋白质合成、生物转化等多种功能。

第一节 肝脏的化学组成特点

正常人肝脏重1～1.5kg，其中水分占70%。除水外，蛋白质含量居首位。已知肝脏内的酶有数百种以上，而且有些酶是其他组织中所没有或含量极少的。例如合成酮体和尿素的酶系、催化芳香族氨基酸及含硫氨基酸代谢的酶类主要存在于肝脏中。

正常人肝脏化学组成见表14-1。肝脏成分常随营养及疾病的情况而改变。例如，饥饿多日后，肝中蛋白质及糖原含量下降，磷脂及甘油三酯的含量升高。肝内脂类含量增加时，水分含量下降。如患脂肪肝时，水分可降至5%～50%。

此外，肝脏含铁蛋白较多，是机体储存铁最多的器官。

表 14-1 正常人肝脏的化学组成（按新鲜组织质量分数计算）

成分	质量分数/%	成分	质量分数/%
水	70	Na	0.19
蛋白质①	15	K	0.215
糖原	1～10	Cl	0.016
葡萄糖	0.1	Ca	0.012
甘油三酯	2	Mg	0.022
磷脂	2.5	Fe	0.01
胆固醇	0.3	Zn	0.006
		Cu	0.002

① 其中86.6%为球蛋白，6.6%为白蛋白。

第二节 肝脏在物质代谢中的作用

一、肝脏在糖代谢中的作用

肝脏是调节血糖浓度的主要器官。当饭后血糖浓度升高时，肝脏利用血糖合成糖原（肝糖原约占肝重的5%）。过多的糖则可在肝脏转变为脂肪以及加速磷酸戊糖循环等，从而降低血糖，维持血糖浓度的恒定。相反，当血糖浓度降低时，肝糖原分解及糖异生作用加强，生成葡萄糖送入血中，调节血糖浓度，使之不致过低。因此，严重肝病时，易出现空腹血糖降低，主要由于肝糖原储存减少以及糖异生作用障碍的缘故。临床上，可通过耐量试验（主要是半乳糖耐量试验）及测定血中乳酸含量来观察肝脏糖原生成及糖异生是否正常。

肝脏和脂肪组织是人体内糖转变成脂肪的两个主要场所。肝脏内糖氧化分解主要不是供给肝脏能量，而是由糖转变为脂肪的重要途径。所合成脂肪不在肝内储存，而是与肝细胞内磷脂、胆固醇及蛋白质等形成脂蛋白，并以脂蛋白形式送入血中，送到其他组织中利用或储存。

肝脏也是糖异生的主要器官，可将甘油、乳糖及生糖氨基酸等转化为葡萄糖或糖原。在剧烈运动及饥饿时尤为显著，肝脏还能将果糖及半乳糖转化为葡萄糖，亦可作为血糖的补充来源。

糖在肝脏内的生理功能主要是保证肝细胞内核酸和蛋白质代谢，促进肝细胞的再生及肝功能的恢复。①通过磷酸戊糖循环生成磷酸戊糖，用于RNA的合成；②加强糖原生成作用，从而减弱糖异生作用，避免氨基酸的过多消耗，保证有足够的氨基酸用于合成蛋白质或其他含氮生理活性物质。

肝细胞中葡萄糖经磷酸戊糖通路，还为脂肪酸及胆固醇合成提供所必需的NADPH。通过糖醛酸代谢生成UDP-葡萄糖醛酸，参与肝脏生物转化作用。

二、肝脏在脂类代谢中的作用

肝脏在脂类的消化、吸收、分解、合成及运输等代谢过程中均起重要作用。

肝脏能分泌胆汁，其中的胆汁酸盐是胆固醇在肝脏的转化产物，能乳化脂类、可促进脂类的消化和吸收。

肝脏是氧化分解脂肪酸的主要场所，也是人体内生成酮体的主要场所。肝脏中活跃的β-氧化过程，释放出较多能量，以供肝脏自身需要。生成的酮体不能在肝脏氧化利用，而经血液运输到其他组织（心、肾、骨骼肌等）氧化利用，作为这些组织的良好的供能原料。

肝脏也是合成脂肪酸和脂肪的主要场所，还是人体中合成胆固醇最旺盛的器官。肝脏合成的胆固醇占全身合成胆固醇总量的80%以上，是血浆胆固醇的主要来源。此外，肝脏还合成并分泌卵磷脂-胆固醇酰基转移酶（LCAT），促使胆固醇酯化。当肝脏严重损伤时，不仅胆固醇合成减少，血浆胆固醇酯的降低往往出现更早和更明显。

肝脏还是合成磷脂的重要器官。肝脏内磷脂的合成与甘油三酯的合成及转运有密切关系。磷脂合成障碍将会导致甘油三酯在肝脏内堆积，形成脂肪肝。其原因一方面是由于磷脂合成障碍，导致前β-脂蛋白合成障碍，使肝脏内脂肪不能顺利运出；另一方面是肝脏内脂肪合成增加。卵磷脂与脂肪生物合成有密切关系。卵磷脂合成过程的中间产物——甘油二酯有两条去路：合成磷脂和合成脂肪。当磷脂合成障碍时，甘油二酯生成比甘油三酯明显增多。

三、肝脏在蛋白质代谢中的作用

肝脏内蛋白质的代谢极为活跃，肝蛋白质的半寿期为10天，而肌肉蛋白质半寿期则为180天，可见肝内蛋白质的更新速度较快。肝脏除合成自身所需蛋白质外，还合成多种分泌蛋白质。如血浆蛋白中，除γ-球蛋白外，白蛋白、凝血酶原、纤维蛋白原及血浆脂蛋白所含的多种载脂蛋白等均在肝脏合成。故肝功能严重损害时，常出现水肿及血液凝固机能障碍。

肝脏合成白蛋白的能力很强。成人肝脏每日约合成12g白蛋白，占肝脏合成蛋白质总量的1/4。白蛋白在肝内合成与其他分泌蛋白相似，首先以前身物形式合成，即前白蛋白原，经剪切信号肽后转变为白蛋白原，再进一步修饰加工，成为成熟的白蛋白。分子量为69000，由550个氨基酸残基组成。血浆白蛋白的半寿期为10天，由于血浆中含量多而分子量小，在维持血浆胶体渗透压中起着重要作用。

肝脏在血浆蛋白质分解代谢中亦起重要作用。肝细胞表面有特异性受体可识别某些血浆蛋白质（如铜蓝蛋白、α_1-抗胰蛋白酶等），经胞饮作用吞入肝细胞，被溶酶体水解酶降解。而蛋白质所含氨基酸可在肝脏进行转氨基、脱氨基及脱羧基等反应进一步分解。肝脏中有关氨基酸分解代谢的酶含量丰富，体内大部分氨基酸，除支链氨基酸在肌肉中分解外，其余氨基酸特别是芳香族氨基酸主要在肝脏分解。故严重肝病时，血浆中支链氨基酸与芳香族氨基酸的比值下降。

在蛋白质代谢中，肝脏还具有一个极为重要的功能：即将氨基酸代谢产生的有毒的氨通过鸟氨酸循环的特殊酶系合成尿素以解氨毒。肝脏也是胺类物质解毒的重要器官，肠道细菌作用于氨基酸产生的芳香胺类等有毒物质，被吸收入血，主要在肝细胞中进行转化以减少其毒性。当肝功不全或门体侧支循环形成时，这些芳香胺可不经处理进入神经组织，进行β-羟化生成苯乙醇胺和β-羟酪胺。它们的结构类似于儿茶酚胺类神经递质，并能抑制后者的功能，属于“假神经递质”，与肝性脑病的发生有一定关系。

四、肝脏在维生素代谢中的作用

肝脏在维生素的储存、吸收、运输、改造和利用等方面具有重要作用。肝脏是体内含维生素较多的器官。某些维生素，如维生素A、维生素D、维生素K、维生素B_2、维生素PP、维生素B_6、维生素B_{12}等在体内主要储存于肝脏，其中，肝脏中维生素A的含量占体内总量的95%。因此，维生素A缺乏形成夜盲症时，吃动物肝脏对其有较好疗效。

肝脏所分泌的胆汁酸盐可协助脂溶性维生素的吸收。所以肝胆系统疾患，可伴有维生素的吸收障碍。例如严重肝病时，维生素 B_1 的磷酸化作用受影响，从而引起有关代谢的紊乱，由于维生素 K 及维生素 A 的吸收、储存与代谢障碍而表现出血倾向及夜盲症。

肝脏直接参与多种维生素的代谢转化。如将 β-胡萝卜素转变为维生素 A，将维生素 D_3 转变为 25-(OH)D_3。多种维生素在肝脏中，参与合成辅酶。例如将尼克酰胺（维生素 PP）合成 NAD^+ 及 $NADP^+$，泛酸合成辅酶 A，维生素 B_6 合成磷酸吡哆醛，维生素 B_2 合成 FAD，以及维生素 B_1 合成 TPP 等，对机体内的物质代谢起着重要作用。

五、肝脏在激素代谢中的作用

许多激素在发挥其调节作用后，主要在肝脏内被分解转化，从而降低或失去其活性，此过程称激素的灭活。灭活过程对于激素的作用具调节作用。

肝细胞膜有某些水溶性激素（如胰岛素、去甲肾上腺素）的受体。此类激素与受体结合而发挥调节作用，同时自身则通过肝细胞内吞作用进入细胞内。游离态的脂溶性激素则通过扩散作用进入肝细胞。

一些激素（如雌激素、醛固酮）可在肝内与葡萄糖醛酸或活性硫酸等结合而灭活。垂体后叶分泌的抗利尿激素亦可在肝内被水解而“灭活”。因此肝病时由于对激素“灭活”功能降低，使体内雌激素、醛固酮、抗利尿激素等水平升高，则可出现男性乳房发育、肝掌、蜘蛛痣及水钠潴留等现象。

许多蛋白质及多肽类激素也主要在肝脏内“灭活”。如胰岛素和甲状腺素的灭活。甲状腺素灭活包括脱碘、移去氨基等，其产物与葡萄糖醛酸结合。胰岛素灭活时，则包括胰岛素分子二硫键断裂，形成 A 链、B 链，再在胰岛素酶作用下水解。严重肝病时，此激素的灭活减弱，于是血中胰岛素含量增高。

第三节　肝脏的生物转化作用

一、肝脏生物转化的概述

1. 非营养物质

在生命活动中，人体内产生或从外界摄入的某些物质既不能作为机体组织细胞的构成成分，又不能为机体供应能量，而且其中一些物质对人体还有一定的生物学效应甚至毒性，通常将这类物质称为非营养物质，据其来源可将其分为内源性和外源性两大类。内源性非营养物质系体内代谢过程中产生的各种生物活性物质如激素、神经递质等及有毒的代谢产物如氨、胆红素等；外源性非营养物质系由外界进入体内的各种异物，如药品、食品添加剂、色素及其他化学物质等。

上述非营养物质大多进入肝脏进行代谢转变，一方面通过代谢增加其极性或水溶性，使其易随尿或胆汁排出，另一方面也会改变其毒性或药物的作用。

2. 生物转化的概念

机体对非营养物质进行化学转变，使其水溶性增加，极性增强，易于随胆汁或尿液排出体外，这种过程称为生物转化。肝脏是生物转化作用的主要器官，在肝细胞微粒体、胞液、线粒体等部位均存在有关生物转化的酶类。其他组织如肾、胃肠道、肺、皮肤及胎盘等也可进行一定的生物转化，但以肝脏最为重要，其生物转化功能最强。

3. 生物转化的特点

（1）反应的多样性　同一种或同一类物质在体内可进行不同的生物转化反应，例如阿司匹林水解后，既可以形成β-葡萄糖苷酸，又可以结合成水杨酰甘氨酸。

（2）反应的连续性　一种物质在体内可进行多种生物转化反应，且各种反应又可按一定顺序进行。例如阿司匹林进入体内后，先被水解成水杨酸，再进行结合反应，然后排出体外。

（3）解毒与致毒的双重性　大多数物质经过生物转化后毒性减弱或消失（即解毒性），但也有少数物质反而出现毒性或毒性增强（即致毒性）。如香烟中的多环芳烃类化合物——苯丙芘，其本身没有直接致癌作用，但经过生物转化后反而成为直接致癌物。有的药物如环磷酰胺、百浪多息、水合氯醛和中药大黄等需经生物转化才能成为有活性的药物。因此，不能将肝的生物转化作用简单地称为“解毒作用”，这体现了肝生物转化作用的解毒与致毒的双重性特点。

二、生物转化反应类型

肝的生物转化可分为两相反应：第一相反应包括氧化、还原和水解；第二相反应为结合反应。许多物质通过第一相反应，其分子中的某些非极性基团转变为极性基团，水溶性增加，即可大量排出体外。但有些物质经过第一相反应后水溶性和极性改变不明显，必须进行第二相反应，进一步与葡糖醛酸、硫酸等极性更强的物质相结合，以得到更大的溶解度才能排出体外，达到生物转化的目的。

1. 第一相反应——氧化、还原及水解反应

（1）氧化反应　该反应是生物转化反应中最常见的类型。肝细胞内含有参与生物转化的不同氧化酶系，催化不同类型的氧化反应。

① 单加氧酶系　单加氧酶系主要存在于肝、肾的微粒体中，催化药物、毒物、类固醇激素等化合物的氧化。其反应通式为：

$$NADPH + H^+ + O_2 + RH \xrightarrow{\text{单加氧酶}} ROH + NADP^+ + H_2O$$

单加氧酶系的羟化作用不仅增加药物或毒物的水溶性，有利于排泄，而且还参与体内许多重要物质的羟化过程。如胆汁酸和类固醇激素合成过程中的羟化作用。然而应该指出的是，有些致癌物质经氧化后丧失其活性，而有些本来无活性的物质经氧化后却生成有毒或致癌物质。例如，黄曲霉素 B_1 经单加氧酶作用生成的黄曲霉素 2,3-环氧化物可与 DNA 分子中的鸟嘌呤结合，引起 DNA 突变，成为原发性肝癌发生的重要危险因素。

② 单胺氧化酶类　单胺氧化酶存在于肝的线粒体中，是一种黄素蛋白。此酶可催化胺类物质氧化脱氨基生成相应的醛，后者再进一步氧化为酸。从肠道吸收的腐败产物（如组胺、酪胺、色胺、尸胺、腐胺等）以及体内许多活性物质（如 5-羟色胺、儿茶酚胺类等）均可在此酶催化下氧化为醛和氨。其反应通式为：

$$RCH_2NH_2 + O_2 + H_2O \xrightarrow{\text{单胺氧化酶}} RCHO + NH_3 + H_2O_2$$

③ 脱氢酶系　肝细胞胞液存在非常活跃的以 NAD^+ 为辅酶的醇脱氢酶，可催化醇类氧化成醛，后者再由线粒体或胞液醛脱氢酶催化生成相应的酸类。

$$RCH_2OH \xrightarrow[NAD^+ \quad NADH + H^+]{\text{醇脱氢酶}} RCHO \xrightarrow[H_2O + NAD^+ \quad NADH + H^+]{\text{醛脱氢酶}} RCOOH$$

乙醇作为饮料和调味剂广为人类所利用。人类摄入的乙醇可被胃（吸收 30%）和小肠

上段（吸收 70%）迅速吸收。饮入体内的乙醇约有 2%不经转化便从肺呼出或随尿排出，其余部分在肝进行生物转化，由醇脱氢酶与醛脱氢酶将乙醇最终氧化成乙酸。长期饮酒或慢性乙醇中毒除经醇脱氢酶氧化外，还可使肝内质网增殖并启动肝微粒体乙醇氧化系统（MEOS），MEOS 催化乙醇转化为乙醛，增加对氧和 NADPH 的消耗，造成肝内能量耗竭。此外，乙醇的氧化使肝细胞胞液 $NADH/NAD^+$ 值升高，过多的 NADH 可将胞液中丙酮酸还原成乳酸。严重酒精中毒导致乳酸和乙酸堆积可引起酸中毒和电解质平衡紊乱，还可使糖异生受阻引起低血糖。

（2）还原反应　肝细胞微粒体中含有还原酶系，主要是硝基还原酶和偶氮还原酶，反应时需要 NADPH 供氢，产物是胺类。硝基化合物多见于食品防腐剂、工业试剂等。偶氮化合物常见于食品色素、化妆品、纺织与印刷工业等，有些可能是前致癌物。这些化合物分别在微粒体硝基还原酶和偶氮还原酶的催化下，还原生成相应的胺类。例如，硝基苯和偶氮苯经还原反应均可生成苯胺，后者再在单胺氧化酶的作用下，生成相应的酸。又如，百浪多息是无活性的药物前体，经还原生成具有抗菌活性的氨苯磺胺。

NO_2　—脱氢→　NO　—加氢→　NHOH　—加氢→　NH_2

硝基苯　亚硝基苯　*N*-羟氨基苯　苯胺

偶氮苯（Ph—N=N—Ph）　—加氢→　Ph—NH—NH—Ph　—加氢→　Ph—NH_2

偶氮苯　苯胺

（3）水解反应　肝细胞的胞液与内质网中含有多种水解酶类，主要有酯酶、酰胺酶和糖苷酶，分别水解酯键、酰胺键和糖苷键类化合物，以减低或消除其生物活性。这些水解产物通常还需进一步反应，以利排出体外。例如，阿司匹林的生物转化过程中，首先是水解反应生成水杨酸，然后是与葡糖醛酸的结合反应。

O—CO—CH_3 / COOH　—水解→　OH / COOH ＋ CH_3—COOH

阿司匹林　水杨酸　乙酸

2. 第二相反应——结合反应

第一相反应生成的产物可直接排出体外，或再进一步进行第二相反应，生成极性更强的化合物。有些非营养物质也可不经过第一相反应而直接进入第二相反应。肝细胞内含有许多催化结合反应的酶类。凡含有羟基、羧基或氨基的药物、毒物或激素均可与葡糖醛酸、硫酸、谷胱甘肽、甘氨酸等发生结合反应或进行酰基化和甲基化等反应。其中，以与葡糖醛酸、硫酸和乙酰基的结合反应最为重要，尤以与葡糖醛酸的结合最为普遍。

（1）葡糖醛酸结合反应　肝细胞微粒体中含有葡糖醛酸基转移酶，该酶以尿苷二磷酸葡糖醛酸（UDPGA）为葡糖醛酸的活性供体，催化葡糖醛酸基转移到醇、酚、胺、羧酸类化合物的羟基、羧基及氨基上形成相应的葡糖醛酸苷，使其极性增加易排出体外。据研究，有数千种亲脂的内源物和异源物可与葡糖醛酸结合，如胆红素、类固醇激素、吗啡和苯巴比妥类药物等均可在肝与葡糖醛酸结合进行转化，进而排出体外。

UDPG（HO—CH_2 …O—UDP）　—UDPGA脱氢酶（$2NAD^+$ → 2NADH+2H）→　UDPGA（COOH …O—UDP）

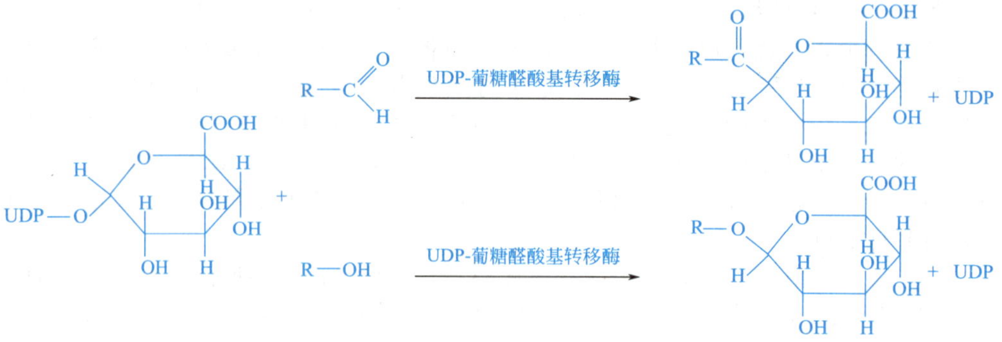

α-D-UDP-葡糖醛酸　异源物　UDP-葡糖醛酸基转移酶　β-D-葡糖醛酸苷

(2) 硫酸结合反应　肝细胞胞液存在硫酸基转移酶，以3′-磷酸腺苷-5′-磷酸硫酸（PAPS）为活性硫酸供体，可催化硫酸基转移到醇、酚或芳香胺类等含有—OH的内、外源非营养物质上，生成硫酸酯，使其水溶性增强，易于排出体外。例如雌酮即由此形成硫酸酯而灭活。

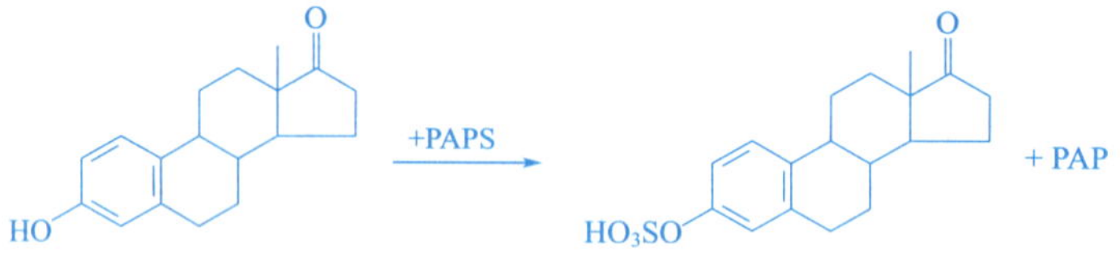

雌酮 +PAPS → 雌酮硫酸酯 + PAP

(3) 乙酰基反应　是某些含胺非营养物质的重要转化反应。肝细胞胞液富含乙酰基转移酶，以乙酰辅酶A为乙酰基的直接供体，催化乙酰基转移到含氨基或肼的内、外源非营养物质（如磺胺、异烟肼、苯胺等），形成乙酰化衍生物。例如，抗结核病药物异烟肼在肝内乙酰基转移酶催化下经乙酰化而失去活性。此外，大部分磺胺类药物在肝内也通过这种形式灭活。但应指出，磺胺类药物经乙酰化后，其溶解度反而降低，在酸性尿中易于析出。

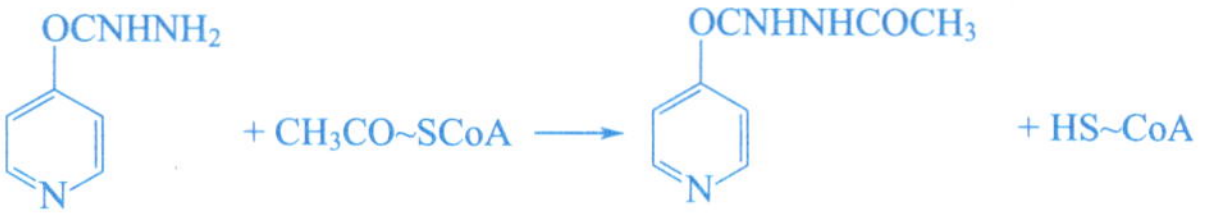

异烟肼 + $CH_3CO\sim SCoA$（乙酰辅酶A）→ 乙酰异烟肼 + $HS\sim CoA$（辅酶A）

$H_2N-C_6H_4-SO_2NHR$（磺胺）+ $CH_3CO\sim SCoA$（乙酰辅酶A）→ $CH_3CONH-C_6H_4-SO_2NHR$（*N*-乙酰磺胺）+ $HS\sim CoA$（辅酶A）

(4) 甲基化反应　体内胺类物质或某些药物可在肝细胞胞液和微粒体中的各种甲基酶催化下，由腺苷甲硫氨酸（SAM）为甲基供体，通过甲基化反应灭活。如儿茶酚、5-羟色胺及组胺等。

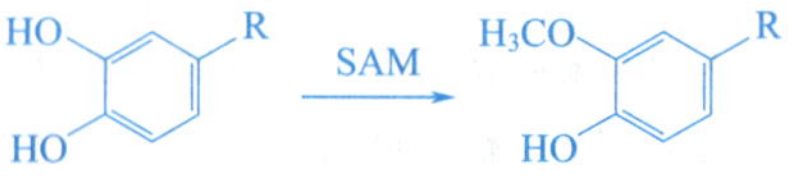

儿茶酚 —SAM→ O-甲基儿茶酚

除上述结合反应外，还有谷胱甘肽、甘氨酸等结合反应。

由上可见，肝脏的生物转化作用范围是很广的。很多有毒的物质进入人体后迅速集中在肝脏进行解毒，然而另一方面，正是由于这些有害物质容易在肝脏聚集，如果毒物的量过多，也容易使肝脏本身中毒，因此，对肝病患者，要限制服用主要在肝内解毒的药物，以免中毒。

三、影响生物转化的因素

生物转化作用受年龄、性别、肝脏疾病及药物等体内外各种因素的影响。例如新生儿生物转化酶发育不全，对药物及毒物的转化能力不足，易发生药物及毒素中毒等。老年人因器官退化，对氨基比林、保泰松等的药物转化能力降低，用药后药效较强，副作用较大。此外，某些药物或毒物可诱导转化酶的合成，使肝脏的生物转化能力增强，称为药物代谢酶的诱导。例如，长期服用苯巴比妥，可诱导肝微粒体单加氧酶系的合成，从而使机体对苯巴比妥类催眠药产生耐药性。同时，由于单加氧酶特异性较差，可利用诱导作用增强药物代谢和解毒，如用苯巴比妥治疗地高辛中毒。苯巴比妥还可诱导肝微粒体UDP-葡萄糖醛酸转移酶的合成，故临床上用来治疗新生儿黄疸。另一方面由于多种物质在体内转化代谢常由同一酶系催化，同时服用多种药物时，可出现竞争同一酶系而相互抑制其生物转化作用。临床用药时应加以注意，如保泰松可抑制双香豆素的代谢，同时服用时双香豆素的抗凝作用加强，易发生出血现象。

肝脏实质性病变时，微粒体中单加氧酶系和UDP-葡萄糖醛酸转移酶活性显著降低，加上肝脏血流量的减少，病人对许多药物及毒物的摄取、转化发生障碍，易积蓄中毒，故对肝病患者用药要特别慎重。

第四节 胆汁酸代谢

肝细胞分泌的胆汁具有双重功能：一是作为消化液，促进脂类的消化和吸收；二是作为排泄液，将体内某些代谢产物（胆红素、胆固醇）及经肝生物转化的非营养物排入肠腔，随粪便排出体外。胆汁酸是胆汁的主要成分，具有重要生理功能。

一、胆汁酸的种类

正常人胆汁中的胆汁酸按结构可分为游离胆汁酸和结合胆汁酸。游离胆汁酸包括胆酸、鹅脱氧胆酸、脱氧胆酸和少量的石胆酸。上述游离胆汁酸与甘氨酸或牛磺酸结合的产物称为结合型胆汁酸，主要包括甘氨胆酸、甘氨鹅脱氧胆酸、牛磺胆酸及牛磺鹅脱氧胆酸等。胆汁酸按其来源亦可分为初级胆汁酸和次级胆汁酸。肝细胞内，以胆固醇为原料直接合成的胆汁酸称为初级胆汁酸，包括胆酸和鹅脱氧胆酸。初级胆汁酸在肠道中受细菌作用，进行7α-脱羟作用生成的胆汁酸，称为次级胆汁酸，包括脱氧胆酸和石胆酸。胆汁酸的分类见表14-2，部分胆汁酸的结构如图14-1所示。

表14-2 胆汁酸的分类

按来源分类	按结构分类	
	游离胆汁酸	结合胆汁酸
初级胆汁酸	胆酸	甘氨胆酸、牛磺胆酸
	鹅脱氧胆酸	甘氨鹅脱氧胆酸、牛磺鹅脱氧胆酸
次级胆汁酸	脱氧胆酸	甘氨脱氧胆酸、牛磺脱氧胆酸
	石胆酸	甘氨石胆酸、牛磺石胆酸

胆汁中所含的胆汁酸以结合型为主。其中甘氨胆汁酸与牛磺胆汁酸的比例为3∶1。胆汁中的初级胆汁酸与次级胆汁酸均以钠盐或钾盐的形式存在，形成相应的胆汁酸盐，简称胆盐。

二、初级胆汁酸的生成

胆汁酸由胆固醇转变而来，这也是胆固醇排泄的重要途径之一。胆固醇首先在位于微粒

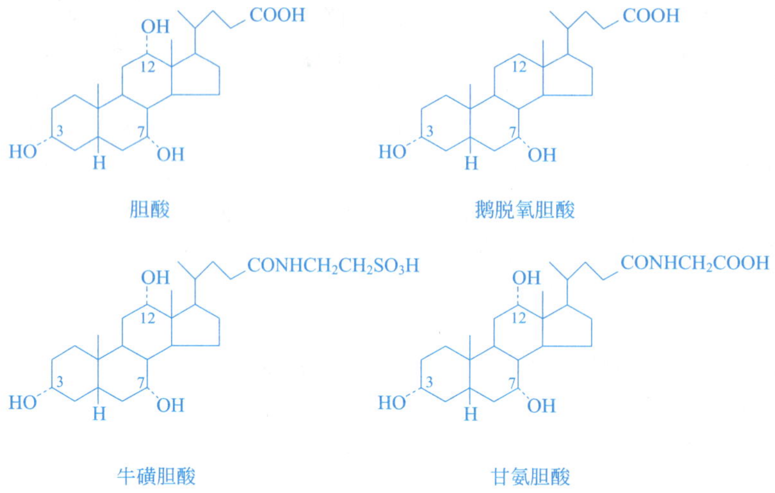

胆酸　　鹅脱氧胆酸

牛磺胆酸　　甘氨胆酸

图 14-1　部分胆汁酸的结构

体及胞液中 7α-羟化酶的作用下，生成 7α-羟胆固醇，再在多种酶的作用下，经羟化、加氢、侧链氧化断裂和加辅酶 A 等一系列反应后，生成初级游离胆汁酸。初级游离胆汁酸再与甘氨酸或牛磺酸结合，生成初级结合胆汁酸。

上述反应中，第一步（7α-羟化）是限速步骤，7α-羟化酶是限速酶。该酶属微粒体单加氧酶系，需细胞色素 P450 及 NADPH。NADPH-细胞色素 P450 还原酶及一种磷脂参与反应。7α-羟化酶受胆汁酸浓度的负反馈调节。口服考来烯胺或纤维素多的食物促进胆汁酸的排泄，减少胆汁酸的重吸收，解除对 7α-羟化酶的抑制，加强胆固醇转化为胆汁酸，可降低血清胆固醇。甲状腺素能通过激活侧链氧化酶系，促进肝细胞初级胆汁酸的合成。所以甲状腺机能亢进病人的血清胆固醇浓度常偏低，而甲状腺机能低下病人血清胆固醇含量则偏高。

三、次级胆汁酸的生成

初级结合胆汁酸以钠盐或钾盐的形式随胆汁入肠，协助脂类物质消化吸收后，在小肠下段及大肠受肠道细菌作用，先水解脱去甘氨酸和牛磺酸，重新生成初级游离胆汁酸，再脱去 7α-羟基，使胆酸变为脱氧胆酸，鹅脱氧胆酸变为石胆酸，这两者均为次级胆汁酸。石胆酸溶解度小，绝大部分随粪便排出。次级游离胆汁酸经肠道吸收入血，经血液循环回到肝脏，与甘氨酸和牛磺酸结合，生成次级结合胆汁酸，包括甘氨脱氧胆酸、牛磺脱氧胆酸等，并以胆盐的形式随胆汁经胆管排入胆囊储存。具体反应如图 14-2 所示。

四、胆汁酸的肠肝循环

肠道中的各种胆汁酸平均有 95％被肠壁重吸收，其余的随粪便排出。胆汁酸的重吸收主要有两种方式：①结合型胆汁酸在回肠部位主动重吸收；②游离型胆汁酸在小肠各部及大肠被动重吸收。胆汁酸的重吸收主要依靠主动重吸收方式。石胆酸主要以游离型存在，故大部分不被吸收而排出。正常人每日从粪便排出的胆汁酸 0.4～0.6g。由肠道重吸收的胆汁酸均由门静脉进入肝脏，在肝脏中游离型胆汁酸再转变为结合型胆汁酸，再随胆汁排入肠腔，此过程称为“胆汁酸的肠肝循环”（图 14-3）。

胆汁酸肠肝循环的生理意义在于使有限的胆汁酸重复利用，促进脂类的消化与吸收。正常人体肝脏内胆汁酸不超过 3～5g，而维持脂类物质消化吸收需要肝脏每天合成胆汁酸

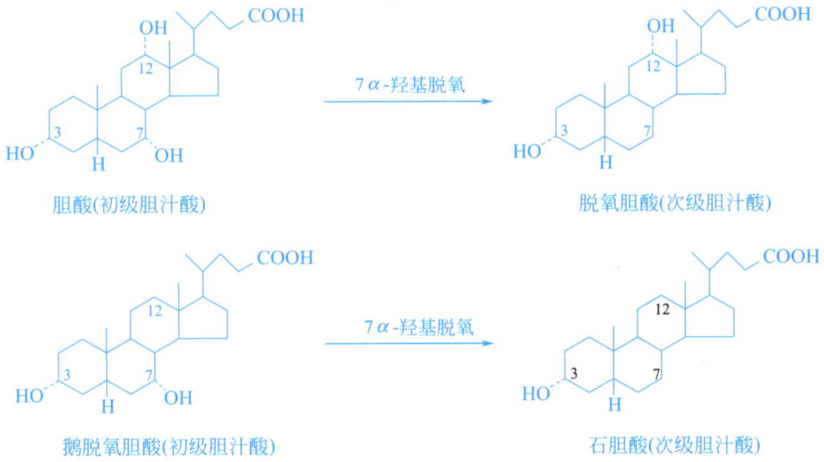

7α-羟基脱氧

胆酸(初级胆汁酸)　→　脱氧胆酸(次级胆汁酸)

7α-羟基脱氧

鹅脱氧胆酸(初级胆汁酸)　→　石胆酸(次级胆汁酸)

图 14-2　次级胆汁酸的生成

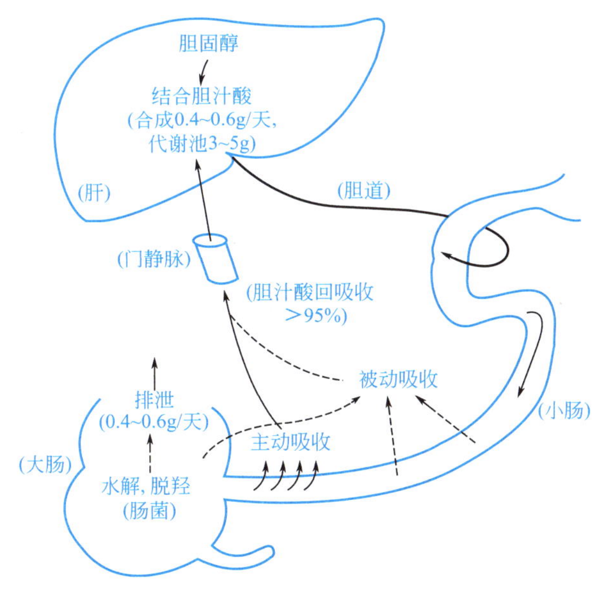

图 14-3　胆汁酸的肠肝循环

16～32g，依靠胆汁酸的肠肝循环可弥补胆汁酸的合成不足。每次饭后可以进行 2～4 次肠肝循环，使有限的胆汁酸池能够发挥最大限度的乳化作用，以维持脂类食物消化吸收的正常进行。若肠肝循环被破坏，如腹泻或回肠大部切除，则胆汁酸不能重复利用。此时，一方面影响脂类的消化吸收；另一方面胆汁中胆固醇含量相对增高，处于饱和状态，极易形成胆固醇结石。

五、胆汁酸的生理功能

1. 促进脂类的消化吸收

胆汁酸分子内既含有亲水性的羟基及羧基或磺酸基，又含有疏水性烃核和甲基，属于表面活性分子，能降低油和水两相之间的表面张力，是较强的乳化剂。它可使脂类乳化成直径为 3～10μm 的细小微团，既增加了消化酶的作用面积，便于脂类的消化，又有利于通过小肠黏膜表面，促进脂类的吸收。

2. 维持胆汁中胆固醇的溶解状态

胆汁酸还具有防止胆石生成的作用，胆固醇难溶于水，须掺入卵磷脂-胆汁酸盐微团中，使胆固醇通过胆道运送到小肠而不致析出。胆汁中胆固醇的溶解度与胆汁酸盐、卵磷脂与胆固醇的相对比例有关。如胆汁酸及卵磷脂与胆固醇比值降低，则可使胆固醇过饱合而以结晶形式析出形成胆石。不同胆汁酸对结石形成的作用不同，鹅脱氧胆酸可使胆固醇结石溶解，而胆酸及脱氧胆酸则无此作用。临床上常用鹅脱氧胆酸及熊去氧胆酸治疗胆固醇结石。

第五节 胆色素代谢

胆色素是含铁卟啉化合物在体内分解代谢的产物，包括胆红素、胆绿素、胆素原和胆素等化合物。其中，除胆素原族化合物无色外，其余均有一定颜色，故统称胆色素。正常时主要随胆汁排出。

胆红素是胆汁中的主要色素，呈橙黄色，具有毒性，可引起脑组织不可逆的损伤。胆色素代谢以胆红素代谢为主。肝脏在胆色素代谢中起着重要作用。

一、胆红素的生成及转运

1. 胆红素的来源

体内含卟啉的化合物有血红蛋白、肌红蛋白、过氧化物酶、过氧化氢酶及细胞色素等。成人每日产生 250～350mg 胆红素。胆红素来源主要有：①80%左右胆红素来源于衰老红细胞中血红蛋白的分解；②小部分来自造血过程中红细胞的过早破坏；③非血红蛋白血红素的分解。

2. 胆红素的生成

正常红细胞的寿命约为 120 天。衰老的红细胞由于细胞膜的变化被网状内皮细胞识别并吞噬，在肝、脾及骨髓等网状内皮细胞中，血红蛋白被分解为珠蛋白和血红素。血红素在微粒体中血红素加氧酶催化下，血红素原卟啉Ⅸ环上的 α 亚甲基桥（═CH—）的碳原子两侧断裂，使原卟啉Ⅸ环打开，并释出 CO、Fe^{3+} 和胆绿素。Fe^{3+} 可被重新利用，CO 可排出体外。胆绿素进一步在胞液中胆绿素还原酶（辅酶为 NADPH）的催化下，迅速被还原为胆红素（图 14-4）。

血红素加氧酶是胆红素生成的限速酶，需要 O_2 和 NADPH 参加，受底物血红素的诱导。而同时血红素又可作为酶的辅基起活化分子氧的作用。应激、缺氧、内毒素、细胞因子、炎症等也均能诱导该酶的表达，从而增加 CO、胆绿素和胆红素的产生。

胆红素分子中虽含有羧基、羰基、羟基和亚氨基等极性基团，但由于胆红素分子不是以线性四吡咯结构存在，而是通过分子内部形成 6 个氢键得以稳定，使胆红素分子形成脊瓦状的刚性折叠，极性基团包埋于分子内部，而疏水集团则暴露在分子表面，使胆红素具有疏水亲脂性质，极易透过生物膜。当透过血脑脊液屏障进入脑组织时，它能抑制大脑 RNA 和蛋白质的合成作用及糖代谢，并与神经核团结合产生核黄疸，干扰脑细胞的正常代谢及功能，故胆红素是人体的一种内源性有毒物质。但适量的胆红素作为人体内强有力的内源性抗氧化剂，可有效清除超氧化物和过氧化物自由基，其作用甚至优于维生素 E。

3. 胆红素在血液中的运输

在生理 pH 条件下胆红素是难溶于水的脂溶性物质，在网状内皮细胞中生成的胆红素能

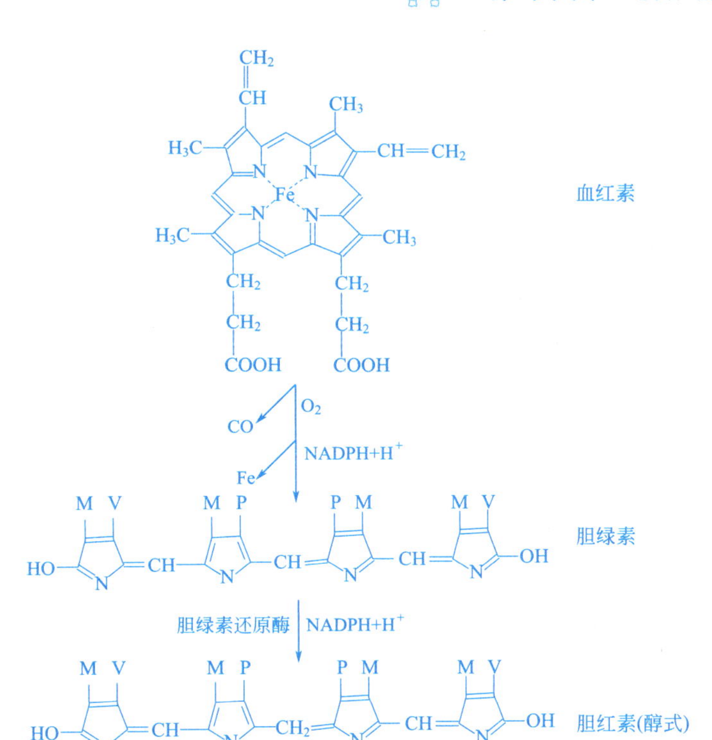

图 14-4　胆红素的生成

M：$-CH_3$　　V：$-CH=CH_2$　　P：$-CH_2CH_2COOH$

自由透过细胞膜进入血液，在血液中主要与血浆白蛋白或 α_1-球蛋白（以白蛋白为主）结合成复合物进行运输。这种结合增加了胆红素在血浆中的溶解度，便于运输；同时又限制胆红素自由透过各种生物膜，使其不致对组织细胞产生毒性作用。每个白蛋白分子上有一个高亲和力结合部位和一个低亲和力结合部位。每分子白蛋白可结合两分子胆红素。正常人每100ml血浆的血浆白蛋白能与20～25mg胆红素结合，而正常人血浆胆红素浓度仅为0.1～1.0mg/dl，所以正常情况下，血浆中的白蛋白足以结合全部胆红素。白蛋白与胆红素的结合是可逆的，当血浆白蛋白含量降低、结合部位被其他物质所占据或降低胆红素对结合部位的亲和力时，均可促使胆红素从白蛋白中游离出来，从血浆向组织转移。

但某些有机阴离子如磺胺类、脂肪酸、胆汁酸、水杨酸等可与胆红素竞争而与白蛋白结合，从而使胆红素游离出来，增加其透入细胞的可能性。过多的游离胆红素可与脑部基底核的脂类结合，并干扰脑的正常功能，称胆红素脑病或核黄疸。因此，在新生儿高胆红素血症时，对多种有机阴离子药物必须慎用。临床上对高胆红素血症的新生儿输血浆或白蛋白，用碳酸氢钠纠正酸中毒，其目的正是为了防止过多的胆红素游离，减少核黄疸发生。

二、胆红素在肝脏中的代谢

微课扫一扫

1. 肝细胞对胆红素的摄取

肝细胞对胆红素有极强的亲和力。当血中胆红素以“胆红素-白蛋白”的形式输送到肝脏，胆红素与白蛋白分离，胆红素与膜载体蛋白结合被转运进入胞液。在胞液中，胆红素与肝内载体蛋白——Y蛋白或Z蛋白结合。Y蛋白对胆红素的亲和力比Z蛋白强，当Y蛋白结合饱和时，Z蛋白的结合才增多。这种结合使胆红素不能返流入血，从而使胆红素不断向肝细胞内透入。胆红素被载体蛋白结合后，即以“胆红素-Y蛋白”（胆红素-Z蛋白）形式送至内质网。这是一个耗能的过程，而且是可逆的。如果肝细胞处理胆红素的能力下降，或者生成胆红素过多，超过了肝细胞处理胆红素的能力，则已进入肝细胞的胆红素还可返流入血，使血中胆红素水平增高。Y蛋白是一种诱导蛋白，苯巴比妥可诱导Y蛋白合成；甲状腺素、溴酚磺酸钠（BSP）和靛青绿（IGG）等可竞争性结合Y蛋白，影响胆红素的转运。因Y蛋白能与上述多种物质结合，故又称为“配体结合蛋白”。由于新生儿在出生7周后Y蛋白才能达到正常成人水平，所以新生儿易发生生理性非溶血性黄疸，临床上常用苯巴比妥治疗。

2. 肝细胞对胆红素的转化作用

肝细胞内质网中有UDP-葡萄糖醛酸转移酶，它可催化胆红素与葡萄糖醛酸以酯键结合，生成胆红素葡萄糖醛酸酯。由于胆红素分子中有两个丙酸基的羧基均可与葡萄糖醛酸C1上的羟基结合，故可形成两种结合物，即胆红素葡萄糖醛酸一酯和胆红素葡萄糖醛酸二酯（图14-5）。人胆汁中的结合胆红素主要是胆红素葡萄糖醛酸二酯（占70%～80%），其次为胆红素葡萄糖醛酸一酯（占20%～30%），也有小部分与硫酸根、甲基、乙酰基、甘氨酸等结合。

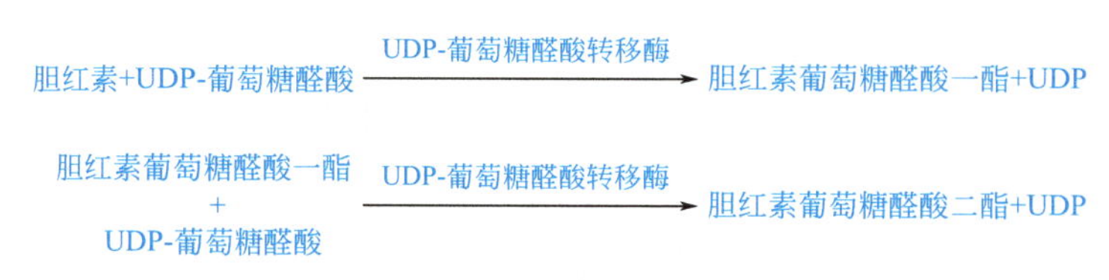

图14-5 胆红素葡萄糖醛酸酯的生成

胆红素经上述转化后称为结合胆红素，结合胆红素较未结合胆红素脂溶性弱而水溶性增强，与血浆白蛋白亲和力减小，故易从胆道排出，也易透过肾小球从尿排出（表14-3）。但不易通过细胞膜和血脑屏障，因此不易造成组织中毒，是胆红素解毒的重要方式。

表14-3 未结合胆红素与结合胆红素比较

理化性质	未结合胆红素	结合胆红素
同义名称	间接胆红素、游离胆红素	直接胆红素、肝胆红素
与葡萄糖醛酸结合	未结合	结合
水溶性	小	大
脂溶性	大	小
透过细胞膜的能力及毒性	大	小
能否透过肾小球随尿排出	不能	能
与重氮试剂反应	间接阳性	直接阳性

3. 肝脏对胆红素的排泄作用

胆红素在内质网经结合转化后，在细胞质内经过高尔基复合体、溶酶体等作用，运输并排入毛细胆管随胆汁排出，进入小肠。毛细胆管内结合胆红素的浓度远高于细胞内浓度，故胆红素由肝内排出是一个逆浓度梯度的耗能过程，也是肝脏处理胆红素的一个薄弱环节，容易受损。排泄过程如发生障碍，则结合胆红素可返流入血，使血中结合胆红素水平增高。

糖皮质激素不仅能诱导葡萄糖醛酸转移酶的生成，促进胆红素与葡萄糖醛酸结合，而且对结合胆红素的排出也有促进作用。因此，可用此类激素治疗高胆红素血症。

三、胆红素在肠道中的转变

结合胆红素随胆汁排入肠道后，自回肠下段至结肠，在肠道细菌作用下，由 β-葡萄糖醛酸酶催化水解脱去葡萄糖醛酸，生成未结合胆红素，后者再逐步还原成无色的胆素原族化合物，即中胆素原、粪胆素原及尿胆素原。粪胆素原在肠道下段或随粪便排出后经空气氧化，可氧化为黄褐色的粪胆素，它是正常粪便中的主要色素。正常人每日从粪便排出的胆素原为 40～280mg。当胆道完全梗阻时，因结合胆红素不能排入肠道，不能形成粪胆素原及粪胆素，粪便则呈灰白色，临床上称之为白陶土样便。

生理情况下，肠道中有 10%～20%的胆素原可被重吸收入血，经门静脉进入肝脏，其中大部分（约 90%）由肝脏摄取并以原形经胆汁分泌排入肠腔，此过程称为胆色素的肠肝循环。在此过程中，少量（10%）胆素原可进入体循环，可通过肾小球滤出，由尿排出，即为尿胆素原。正常成人每天从尿排出的尿胆素原为 0.5～4.0mg，尿胆素原在空气中被氧化成尿胆素，是尿液中的主要色素。尿胆素原、尿胆素及尿胆红素临床上称为尿三胆。尿三胆是黄疸类型鉴别诊断的常用指标，正常人尿液中检测不到胆红素。

胆红素的生成及代谢总结如图 14-6 所示。

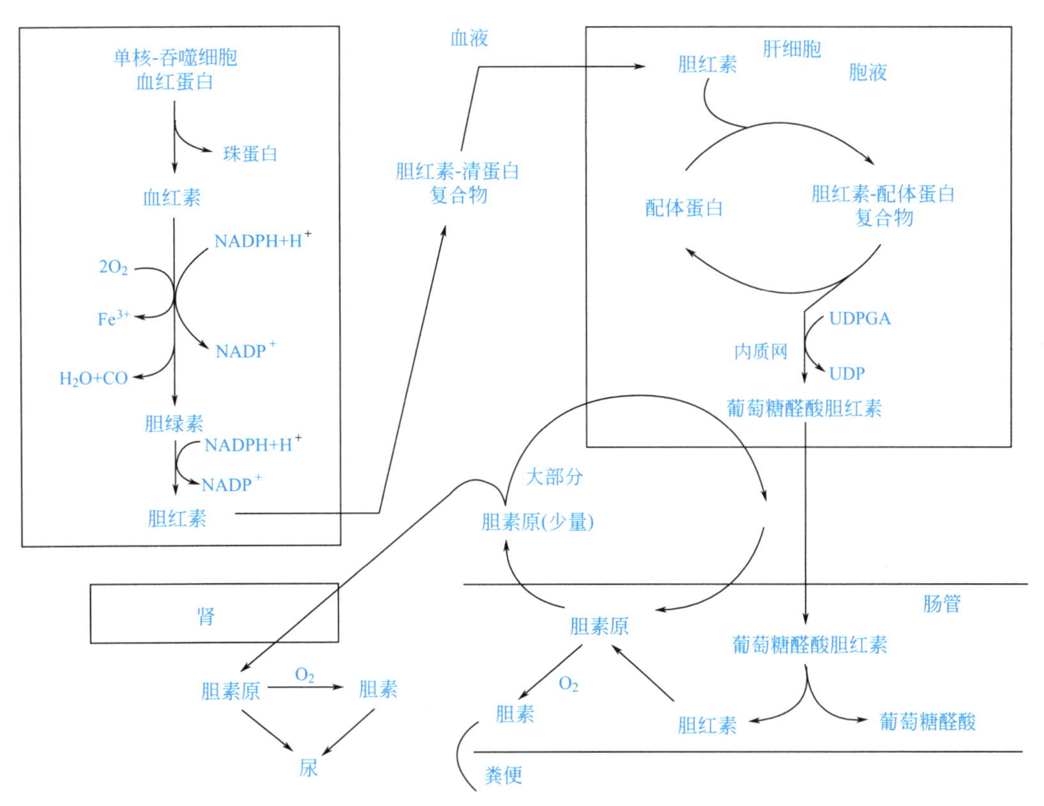

图 14-6　正常胆红素的生成及代谢

四、血清胆红素与黄疸

正常血清中存在的胆红素按其性质和结构不同可分为两大类型。凡未经肝细胞结合转化的胆红素，即其侧链上的丙酸基的羧基为自由羧基者，为未结合胆红素；凡经过肝细胞转化，与葡萄糖醛酸或其他物质结合者，均称为结合胆红素。

血清中的未结合胆红素与结合胆红素，由于其结构和性质不同，它们对重氮试剂的反应（范登堡试验）不同，未结合胆红素由于分子内氢键的形成，第10位碳桥被埋在分子的中心，这个部位是线性四吡咯结构的胆红素转变为二吡咯并与重氮试剂结合的关键部分。不破坏分子内氢键则胆红素不能与重氮试剂反应。必须先加入酒精或尿素破坏氢键后才能与重氮试剂反应生成紫红色偶氮化合物，称为范登堡试验的间接反应。所以未结合胆红素又称“间接反应胆红素”或“间应胆红素”。而结合胆红素不存在分子内氢键，能迅速直接与重氮试剂反应形成紫红色偶氮化合，故又称“直接反应胆红素”或“直应胆红素”。

正常人血浆中胆红素的总量不超过1mg/dl，其中未结合型约占4/5，其余为结合胆红素。凡能引起胆红素的生成过多，或使肝细胞对胆红素处理能力下降的因素，均可使血中胆红素浓度增高，称高胆红素血症。胆红素是金黄色色素，当血清中浓度高时，则可扩散入组织，组织被染黄，称为黄疸。特别是巩膜或皮肤，因含有较多弹性蛋白，后者与胆红素有较强亲和力，故易被染黄。黏膜中含有能与胆红素结合的血浆白蛋白，因此也能被染黄。黄疸程度与血清胆红素的浓度密切相关。一般血清中胆红素浓度超过2mg/dl时，肉眼可见组织黄染；当血清胆红素达7～8mg/dl以上时，黄疸即较明显。有时血清胆红素浓度虽超过正常，但仍在2mg/dl以内，肉眼尚观察不到巩膜或皮肤黄染，称为隐性黄疸。应注意黄疸系一种常见体征，并非疾病名称。凡能引起胆红素代谢障碍的各种因素均可形成黄疸。

根据黄疸的发病机制，可将黄疸分为三类。

（1）溶血性黄疸　又称肝前性黄疸，属于高未结合型胆红素血症。当红细胞大量破坏（溶血）时，非结合胆红素形成增多，大量的非结合胆红素运输至肝脏，必然使肝脏的负担增加，当超过肝脏对非结合胆红素的摄取与结合能力时，则引起血液中非结合胆红素浓度增高而导致黄疸。其特征为：血浆总胆红素、未结合胆红素含量增高，结合胆红素的浓度改变不大，重氮试剂反应间接阳性，尿胆红素阴性。肝脏对胆红素的转变能力增强，肠肝循环增多，粪便和尿液颜色加深。某些药物、某些疾病（如恶性疟疾、过敏等）、输血不当、镰刀型红细胞贫血、蚕豆病等多种因素均有可能引起大量红细胞破坏，导致溶血性黄疸。

（2）肝细胞性黄疸　又称肝源性黄疸。由于肝细胞发生了广泛性损害（变性、坏死），如肝炎、肝硬化、肝肿瘤等肝实质病变，致使肝细胞对非结合胆红素的摄取、结合发生障碍，一方面肝不能将未结合胆红素全部转化为结合胆红素，使血中未结合胆红素升高；另一方面肝细胞变性、肿胀、汇管区炎性病变以及毛细胆管、小胆管内胆栓形成，使结合胆红素的排泄受阻，结果造成结合胆红素经小胆管溢出（小胆管内压增高而发生破裂）而返流入肝淋巴流与血液，使血液中结合胆红素也升高。其特征为：血清胆红素与重氮试剂呈双相反应阳性；尿胆红素阳性；肝细胞对结合胆红素的生成和排泄减少，粪便颜色变浅；由于肝细胞损伤程度不同，尿中胆素原含量变化不定，一方面经肠肝循环重吸收到达肝的胆素原不能有效地随胆汁排泄，引起血和尿中胆素原可能增加；另一方面肝有实质性损伤，结合胆红素生成少且不能顺利排入肠腔，故尿中胆素原可能减少。

（3）阻塞性黄疸　各种原因引起的胆汁排泄受阻，使胆小管和毛细胆管内压力增大破裂，致胆汁中结合胆红素返流入血，造成血清胆红素升高。胆管炎症、肿瘤、结石或先天性胆道闭塞等疾病可引起阻塞性黄疸。其特征为：血清结合胆红素浓度升高，未结合胆红素无明显变化，与重氮试剂直接反应阳性；结合胆红素可透过肾小球滤过，因而尿中胆红素阳性；由于结合胆红素不易或不能排入肠道，使肠中胆素原生成减少，粪便颜色变浅或呈陶土色。

三种黄疸血、尿、粪胆色素的实验室检查见表 14-4。

表 14-4　三种黄疸血、尿、粪胆色素的实验室检查

指　　标	正常	溶血性黄疸	肝细胞性黄疸	阻塞性黄疸
血清胆红素浓度/(mg/dl)	<1	>1	>1	>1
结合胆红素	极少		↑	↑↑
未结合胆红素	0～0.7mg/dl	↑↑	↑	
尿胆红素	—	—	++	++
尿胆素原	少量	↑	不一定	↓
尿胆素	少量	↑	不一定	↓
粪胆素原	40～280mg/24h	↑	↓或正常	↓或－
粪便颜色	正常	加深	变浅或正常	完全阻塞时呈白陶土色

本章小结

肝脏在人体生命活动中有着重要作用。在消化、吸收、排泄、生物转化以及各类物质的代谢中均起着重要的作用，被誉为“物质代谢中枢”。

肝通过肝糖原合成与分解、糖异生维持血糖的相对稳定。肝在脂类代谢中占据中心位置。肝将胆固醇转化为胆汁酸，协助脂类的消化与吸收。肝是体内合成甘油三酯、磷脂与胆固醇的重要器官。肝是氧化脂肪酸并产生酮体的器官。肝的蛋白质合成与分解代谢均非常活泼。肝是除支链氨基酸外所有氨基酸分解代谢的重要器官，也是处理氨基酸分解代谢产物的重要场所。氨主要在肝内经鸟氨酸循环合成尿素而解毒。肝在维生素的吸收、储存、运输和代谢转化方面起重要作用。肝也是许多激素灭活的场所。

肝通过生物转化对非营养物质进行化学改造，提高其水溶性和极性，利于从尿液或胆汁排出。肝生物转化分为两相反应：第一相反应包括氧化、还原和水解；第二相反应是结合反应。肝生物转化具有连续性、多样性和解毒与致毒的双重性特点。

胆汁是肝细胞分泌的兼具消化液和排泄液的液体。胆汁酸是胆汁的主要成分，具有重要生理功能。胆汁酸由胆固醇转变而来，这也是胆固醇排泄的重要途径之一。胆固醇首先在 7α-羟化酶的作用下，生成 7α-羟胆固醇，再经一系列反应后，生成初级游离胆汁酸。初级游离胆汁酸再与甘氨酸或牛磺酸结合，生成初级结合胆汁酸。初级结合胆汁酸以钠盐或钾盐的形式随胆汁入肠，受肠道细菌作用，先水解脱去甘氨酸和牛磺酸，重新生成初级游离胆汁酸，再脱去 7α-羟基，使胆酸变为脱氧胆酸，鹅脱氧胆酸变为石胆酸，这两者均为次级胆汁酸。胆汁酸的肠肝循环使有限的胆汁酸反复利用以满足脂类消化、吸收的需要。

胆色素是铁卟啉化合物的主要代谢产物。胆红素主要来源于衰老的红细胞。胆红素为脂溶性，在血液中与白蛋白结合（未结合胆红素）而运输。在肝细胞胆红素与葡糖醛酸结合生成水溶性的胆红素（结合胆红素），后者由肝主动分泌，经胆管排入小肠。在细菌作用下，胆红素被还原为胆素原。胆素原的大部分在肠道下段接触空气被氧化为黄褐色的胆素。生理情况下，肠道中有10%～20%的胆素原可被重吸收入血，经门静脉进入肝脏，其中大部分（约90%）由肝脏摄取并以原形经胆汁分泌排入肠腔，此过程称为胆色素的肠肝循环。正常人血浆中胆红素的总量不超过1mg/dl，其中未结合型约占4/5，其余为结合胆红素。凡能引起胆红素的生成过多，或使肝细胞对胆红素处理能力下降的因素，均可使血中胆红素浓度增高，称高胆红素血症。胆红素是金黄色色素，当血清中浓度高时，则可扩散入组织，组织被染黄，称为黄疸。根据黄疸的发病机制，可将黄疸分为三类，即溶血性黄疸、肝细胞性黄疸和阻塞性黄疸。各种黄疸具有其血、尿、粪实验室检查改变。

练习题

一、名词解释

1. 生物转化 2. 未结合胆红素 3. 结合胆红素 4. 黄疸 5. 肝细胞性黄疸
6. 阻塞性黄疸 7. 溶血性黄疸 8. 尿三胆 9. 核黄疸 10. 胆素原的肠肝循环

二、填空题

1. 肝脏具有________与________双重血液供应。

2. 肝脏通过________、________与________调节血糖水平、保持血糖稳定，保证脑细胞的________供应。

3. 除________外，几乎所有的血浆蛋白质均来自肝。

4. 氨基酸代谢中，肝脏通过________循环，将有毒的________转变成无毒的________，随尿排出体外。

5. 肝脏是合成尿素的主要器官。当肝功能严重衰竭时，________合成障碍，血氨________，引起肝性昏迷。

6. 未结合胆红素又称为________，结合胆红素又称为________。

7. 肝脏生物转化作用的特点是______性和______性，同时具有______与______的双重性。

8. 生物转化作用分为两相反应，第一相反应包括________、________和________，第二相反应为________。

9. 阻塞性黄疸，实验检查可见，血清结合胆红素________，尿胆红素________，完全阻塞时大便呈________。

10. 结合胆红素是指胆红素与________结合。

三、选择题

1. 肝细胞性黄疸病人血和尿的变化不包括（　　）。

A. 血中未结合胆红素增加　　B. 血中结合胆红素增加
C. 尿胆红素阳性　　D. 尿胆素原轻度增加

2. 全身黄疸，粪便呈白陶土色，可见于（　　）。

A. 胰头癌　　B. 溶血性贫血　　C. 钩端螺旋体病
D. 肝硬化　　E. 重症肝炎

3. 肝内胆固醇代谢的主要终产物是（　　）。

A. 7α-胆固醇　　B. 胆酰 CoA　　C. 结合胆汁酸
D. 维生素 D_3　　E. 胆色素

4. 导致尿胆素排泄减少的疾病是（　　）。
A. 肠梗阻　B. 溶血　C. 碱中毒
D. 胆道梗阻　E. 肝细胞性黄疸
5. 尿中出现胆红素是由于（　　）。
A. 血中未结合胆红素增加　B. 血中胆红素-白蛋白复合物增加
C. 血中结合胆红素增加　D. 血中游离胆红素增加
E. 血中间接胆红素增加
6. 肝细胞摄取游离胆红素的原因是（　　）。
A. 肝细胞通透性和其他组织一样　B. 肝细胞表面积大
C. 肝细胞有 Y、Z 两种蛋白　D. 肝细胞膜上面有溶脂性物质
E. 肝脏有丰富的血窦
7. 关于粪胆素原叙述正确的是（　　）。
A. 只存在粪便中　B. 也存在尿液中　C. 血液中没有
D. 不能肝排出　E. 不能被肠黏膜细胞吸收
8. 关于体内生物转化作用的叙述错误的是（　　）。
A. 对体内非营养物质的改造　B. 使非营养物质活性降低或消失
C. 使非营养物质溶解度增加　D. 使非营养物质从胆汁或尿液排出
E. 结合反应主要在肾脏中进行
9. 维生素 K 缺乏是由于（　　）。
A. 维生素 A、D 已经缺乏　B. 胆汁排出不足　C. 凝血因子少
D. 食物缺少脂肪　E. 糖供应不足
10. 肝中维生素储量最少的是（　　）。
A. 维生素 K　B. 维生素 A　C. 维生素 E
D. 维生素 B_{12}　E. 维生素 D
11. 分泌活性维生素 D_3 的组织是（　　）。
A. 肝脏　B. 肾脏　C. 肠黏膜
D. 骨骼　E. 肌肉组织
12. 下列哪项有助于鉴别肝细胞性黄疸和胆汁瘀积性黄疸？（　　）
A. 尿胆元定性和定量检查　B. 有无血红蛋白尿
C. 血中结合胆红素增高　D. 皮肤黏膜颜色
E. 尿胆红素阳性
13. 生物转化的第二相反应是（　　）。
A. 氧化反应　B. 还原反应　C. 水解反应
D. 脱羧反应　E. 结合反应
14. 肝细胞对胆红素生物转化的实质是（　　）。
A. 胆红素与 Y 蛋白结合　B. 胆红素极性变小
C. 增强毛细胞管膜上的载体转运系统、利于胆红素排出
D. 胆红素与 Z 细胞结合　E. 胆红素极性增加
15. 在生物转化中最常见的一种结合物是（　　）。
A. 硫酸　B. 磷酸　C. 氨基酸
D. 甲基　E. 葡萄糖醛酸
16. 属于初级胆汁酸的是（　　）。
A. 甘氨石胆酸　B. 牛磺石胆酸　C. 甘氨脱氧胆酸

D. 牛磺脱氧胆酸　　E. 牛磺鹅脱氧胆酸

17. 在血液中与胆红素结合的物质是（　　）。
A. 脂肪酸　　B. 氨基酸　　C. 葡萄糖
D. 球蛋白　　E. 白蛋白

18. 关于结合胆红素叙述错误的是（　　）。
A. 正常人主要随尿排出　　B. 不易透过血-脑屏障
C. 水溶性大　　D. 与重氮试剂间接反应阳性
E. 主要指胆红素葡萄糖醛酸

19. 长期饥饿时，肝进行代谢的主要途径是（　　）。
A. 糖的无氧酵解　　B. 糖的有氧氧化　　C. 糖原合成
D. 糖原分解　　E. 糖异生

20. 肝不能利用的是（　　）。
A. 糖　　B. 脂肪　　C. 蛋白质
D. 核酸　　E. 酮体

21. 主要在肝细胞合成的物质是（　　）。
A. 多糖　　B. 胆固醇　　C. 酮体
D. 氨基酸　　E. 核苷酸

22. 肝脏功能损伤时，血中蛋白质的主要改变是（　　）。
A. 白蛋白含量升高，球蛋白含量降低
B. 白蛋白含量降低，球蛋白含量几乎不变
C. 白蛋白含量升高，球蛋白含量升高
D. 白蛋白含量降低，球蛋白含量升高
E. 白蛋白和球蛋白含量都降低

23. 当肝脏功能降低，尿素合成减少，血液中升高的物质是（　　）。
A. 血糖　　B. 血脂　　C. 血氨
D. 血胆固醇　　E. 血胆红素

24. 肝脏几乎不能储存的维生素是（　　）。
A. 维生素 A　　B. 维生素 D　　C. 维生素 E
D. 维生素 K　　E. 维生素 B_{12}

25. 肝功能障碍时，对糖代谢的影响叙述错误的是（　　）。
A. 糖原合成降低　　B. 糖异生作用降低　　C. 糖原分解降低
D. 血糖水平不能维持恒定　　E. 进食后出现一时性低血糖

26. 在肝细胞内，胆固醇转化成的主要物质是（　　）。
A. 胆酸　　B. 脱氧胆酸　　C. 胆素
D. 初级胆汁酸　　E. 次级胆汁酸

27. 关于肝在脂类代谢中的作用叙述错误的是（　　）。
A. 合成与分泌胆汁　　B. 产生与输出酮体　　C. 合成与分泌 VLDL
D. 合成与分泌 LDL　　E. 合成与分泌 LCAT

28. 属于次级胆汁酸的是（　　）。
A. 胆酸　　B. 甘氨胆酸　　C. 牛磺胆酸
D. 石胆酸　　E. 鹅脱氧胆酸

29. 在血液中能与胆红素竞争性结合白蛋白的物质是（　　）。
A. 脂肪酸　　B. 氨基酸　　C. 肌酸

D. 纤维蛋白　　E. 尿酸

30. 溶血性黄疸时，血中升高的物质是（　　）。

A. 结合胆红素　　B. 直接胆红素　　C. 胆红素-白蛋白

D. 胆红素-Y 蛋白　　E. 葡萄糖醛酸胆红素

四、判断题

1. 90%以上的体内蛋白质及全部血清蛋白由肝脏合成。（　　）
2. 生物转化就是肝的解毒作用。（　　）
3. 肝细胞内以胆固醇为原料直接合成的胆汁酸为初级胆汁酸。（　　）
4. 生物转化的第二相结合反应中与葡萄糖醛酸的结合最为普遍。（　　）
5. 阻塞性黄疸时血清结合胆红素升高，间接胆红素无明显升高，尿胆红素阴性。（　　）
6. 在氨基酸代谢中，芳香族氨基酸主要在肝脏分解。（　　）
7. 肝脏不是生成酮体的唯一器官。（　　）
8. 溶血性黄疸时，血中结合胆红素含量升高。（　　）
9. 血中胆红素的主要运输形式是胆红素-白蛋白，称为结合胆红素。（　　）
10. 生物转化作用使所有非营养物质的生物活性降低或消失。（　　）

五、简答题

1. 简述肝脏在糖代谢中的作用。
2. 简述胆汁酸的肠肝循环及其意义。
3. 简述胆色素的生成。
4. 举例说明肝脏在脂类消化、吸收、运输、合成与分解等方面的作用。
5. 肝脏疾病时，蛋白质代谢会发生什么变化？
6. 何为黄疸？根据病因，黄疸可以分为哪三种？
7. 根据血、尿化验如何区别肝细胞性黄疸与阻塞性黄疸。
8. 生物转化的特点有哪些？

六、论述题

1. 何为生物转化？其生理意义是什么？
2. 叙述胆色素的正常代谢过程。

阅读材料

新生儿黄疸

一、概述

新生儿黄疸是新生儿时期血清胆红素浓度增高而引起皮肤、巩膜及黏膜黄染的症状。新生儿黄疸是新生儿早期最常见的症状，有生理性和病理性之分。部分病理性黄疸可致中枢神经系统受损，产生胆红素脑病，故应加强对新生儿黄疸的临床观察，尽快找出原因，及时治疗。

二、新生儿胆红素代谢特点

1. 胆红素生成较多

新生儿每日生成胆红素约 8.8mg/kg，而成人仅为 3.8mg/kg。其原因是：胎儿处于氧分压偏低的环境，故生成的红细胞数较多，出生后环境氧分压提高，红细胞相对过多、破坏亦多；胎儿血红蛋白半衰期短，新生儿红细胞寿命比成人短 20～40 天，形成胆红素的周期缩短；其他来源的胆红素生成较多，如来自肝脏等器官的血红素蛋白（过氧化氢酶、细胞色素 P450 等）和骨髓中无效造血（红细胞成熟过程中有少量被破坏）的胆红素前体较多。

2. 运转胆红素的能力不足

刚分娩出的新生儿常有不同程度的酸中毒，影响血中胆红素与白蛋白的联结，早产儿白蛋白的数量较足月儿为低，均使运送胆红素的能力不足。

3. 肝功能发育未完善

①初生儿肝细胞内摄取胆红素必需的Y蛋白、Z蛋白含量低，5～10天后才达成人水平；②形成结合胆红素的功能差，即肝细胞内尿苷二磷酸葡萄糖醛酸转移酶（UDPGT）的含量低且活力不足（仅为正常的0～30%），不能有效地将脂溶性未结合胆红素（间接胆红素）与葡萄糖醛酸结合成水溶性结合胆红素（直接胆红素），此酶活性在一周后逐渐正常；③排泄结合胆红素的能力差，易致胆汁郁积。

4. 肠肝循环的特性

初生婴儿的肠道内细菌量少，不能将肠道内的胆红素还原成粪、尿胆原；且肠腔内葡萄糖醛酸酶活性较高，能将结合胆红素水解成葡萄糖醛酸及未结合胆红素，后者又被肠吸收经门静脉而达肝脏。

由于上述特点，新生儿摄取、结合、排泄胆红素的能力仅为成人的1%～2%，因此极易出现黄疸，尤其当新生儿处于饥饿、缺氧、胎粪排出延迟、脱水、酸中毒、头颅血肿或颅内出血等状态时黄疸加重。

三、新生儿黄疸的分类

1. 生理性黄疸

由于新生儿胆红素代谢特点，50%～60%的足月儿和＞80%的早产儿于生后2～3天内出现黄疸，4～5天达高峰；一般情况良好，足月儿在2周内消退，早产儿可延到3～4周。目前对既往沿用的新生儿生理性黄疸的血清胆红素上限值，即足月儿＜205.2μmol/L（12mg/dl）和早产儿＜257μmol/L（15mg/dl），已经提出异议，因较小的早产儿即使胆红素＜171μmol/L（10mg/dl），也可能发生胆红素脑病。国外已规定足月儿血清胆红素＜220.59μmol/L（12.9mg/dl）为生理性黄疸的界限；国内学者通过监测发现正常足月儿生理性黄疸的胆红素值上限在205.2～256.5μmol/L（12～15mg/dl）之间，超过原定205.2μmol/L者占31.3%～48.5%，早产儿血清胆红素上限超过256.2μmol/L者也占42.9%，故正在通过全国性协作调研拟重新修订我国生理性黄疸的诊断标准。

2. 病理性黄疸

常有以下特点：①黄疸在出生后24h内出现；②重症黄疸，血清胆红素＞205.2～256.5μmol/L，或每日上升超过85μmol/L（5mg/dl）；③黄疸持续时间长（足月儿＞2周，早产儿＞4周）；④黄疸退而复现；⑤血清结合胆红素＞26μmol/L（1.5mg/dl）。

有病理性黄疸时应引起重视，因为它常是疾病的一种表现，应寻找病因。此外未结合胆红素浓度达到一定程度时，会通过血脑屏障损害脑细胞（常称核黄疸），引起死亡或有脑性瘫痪、智能障碍等后遗症。所以一旦怀疑小儿有病理性黄疸，应立即就诊。

病理性黄疸不论何种原因，严重时均可引起“核黄疸”，其预后差，除可造成神经系统损害外，严重的可引起死亡。因此，新生儿病理性黄疸应重在预防，如孕期防止弓形体、风疹病毒的感染，尤其是在孕早期防止病毒感染；出生后防止败血症的发生；新生儿出生时接种乙肝疫苗等。家长要密切观察孩子的黄疸变化，如发现有病理性黄疸的迹象，应及时送医院诊治。

四、治疗

1. 病因治疗

首先应明确病理性黄疸的原因，有针对性地去除病因。

2. 药物治疗

（1）酶诱导剂　苯巴比妥每日4～8mg/kg，副作用有嗜睡及吮奶缓慢。

（2）糖皮质激素　可用泼尼松每日1～2mg/kg或地塞米松每日0.3～0.5mg/kg，但应根据引起黄疸病因慎重使用。

3. 光疗

凡各种原因引起的间接胆红素升高均可进行光疗，一般血清总胆红素达205.2～256.5μmol/L（12～15mg/dl）以上时使用。若已确诊为母子血型不合溶血症时，一旦出现黄疸即可使用光疗。

第十五章 生物化学实验

实验一 糖的颜色反应和还原性的鉴定

一、实验目的

1. 学习鉴定糖类及区分酮糖和醛糖的方法。
2. 了解鉴定还原糖的方法及其原理。

二、实验原理

1. 糖的呈色反应

（1）Molish 反应（α-萘酚反应） 糖在浓酸作用下形成的糠醛及其衍生物与 α-萘酚作用，形成红紫色复合物。在糖溶液与浓硫酸两液面间出现紫环，因此又称紫环反应。此外，各种糠醛衍生物、葡萄糖醛酸、丙酮、甲酸、乳酸等皆呈颜色近似的阳性反应。

（2）蒽酮反应 糖经浓酸水解，脱水生成的糠醛及其衍生物与蒽酮（10-酮-9,10-二氢蒽）反应生成蓝-绿色复合物。

（3）Seliwanoff 反应（间苯二酚反应） 在酸作用下，己酮糖脱水生成羟甲基糠醛。后者与间苯二酚结合生成鲜红色的化合物，反应迅速，仅需 20～30s。在同样条件下，醛糖形成羟甲基糠醛较慢。只有糖浓度较高时或较长时间的煮沸，才给出微弱的阳性反应。

（4）Bial 反应（甲基间苯二酚反应） 戊糖与浓盐酸加热形成糠醛，在有 Fe^{3+} 存在下，它与甲基间苯二酚（地衣酚）缩合，形成深蓝色的沉淀物。此沉淀物溶于正丁醇。己糖也能发生反应，但产生灰绿色甚至棕色的沉淀物。

2. 还原糖的鉴定

含有自由醛基（—CHO）或酮基（$>C=O$）的单糖和二糖为还原糖。在碱性溶液中，还原糖能将金属离子（铜、铋、汞、银等）还原，糖本身被氧化成酸类化合物，此性质常用于检验糖的还原性，并且常成为测定还原糖含量的各种方法的依据。

（1）斐林（Fehling）反应　斐林试剂是含有硫酸铜与酒石酸钾钠的氢氧化钠溶液。硫酸铜与碱溶液混合加热，则生成黑色的氧化铜沉淀。若同时有还原糖存在，则产生黄色或砖红色的氧化亚铜沉淀。在碱性条件下，糖不仅发生烯醇化、异构化等作用。也能发生糖分子的分解、氧化、还原或多聚作用等。

（2）本尼迪特（Benedict）反应　Benedict 试剂是 Fehling 试剂的改良。它利用柠檬酸作为 Cu^{2+} 的络合剂，其碱性比 Fehling 试剂弱，灵敏度高，干扰因素少，因而在实际应用中有更多的优点。

（3）巴弗德氏（Barfoed）反应　该反应的特点是在酸性条件下进行还原作用。在酸性溶液中，单糖和还原二糖的还原速度有明显差异。单糖在 3min 内就能还原 Cu^{2+} 而还原二糖则需 20min。所以，该反应可用于区别单糖和还原二糖。

三、材料、试剂及仪器

1. 材料、试剂

（1）测试糖液　2%阿拉伯糖，葡萄糖，果糖，麦芽糖，蔗糖，1%淀粉溶液和两种未知糖液。

（2）α-萘酚试剂　称取 α-萘酚 2g，溶于 95%乙醇中并定容到 100ml。注意临用前，新鲜配制，储存于棕色瓶中。

（3）蒽酮试剂　溶解 0.2g 蒽酮于 100ml 浓硫酸（A. R.，相对密度 1.84，含量 95%）中。注意当日配制，当日使用。

（4）斐林试剂

① 试剂 A　将 34.5g 硫酸铜（$CuSO_4 \cdot 5H_2O$）溶于 500ml 蒸馏水中。

② 试剂 B　将 125g 氢氧化钠和 137g 酒石酸钾钠溶于 500ml 蒸馏水中，储于带橡皮塞瓶中。

临用时，将试剂 A 和试剂 B 等量混合。

（5）本尼迪特试剂　溶解 85g 柠檬酸钠及 50g 无水碳酸钠于 400ml 水中；另溶 8.5g 硫酸铜于 50ml 热水中。将硫酸铜溶液缓缓倾入柠檬酸钠-碳酸钠溶液中，边加边搅，如有沉淀，可过滤。

本试剂可长期使用。如放置过久，出现沉淀，可取用其上清液。

（6）拜耳试剂　溶解 1.5g 地衣酚于 500ml 浓盐酸中并加 20～30 滴 10%三氯化铁溶液。

（7）间苯二酚试剂　溶解 50mg 间苯二酚于 100ml 盐酸（盐酸：水＝1：2，体积比）中（临用前配制，盐酸浓度不宜超过 12%，否则，它将导致糖形成糠醛或其衍生物）。

（8）浓硫酸。

2. 仪器

试管，试管架，煤气灯和沸水浴等。

四、实验步骤

1. 糖的颜色反应

（1）α-萘酚反应　取 8 支已标号的试管，分别加入各种测试糖液 1ml（约 15 滴），再各加入 α-萘酚试剂 2 滴，摇匀。逐一将试管倾斜，分别沿管壁慢慢加入浓硫酸 1ml，然后小心竖直试管，使糖液和硫酸清楚地分为两层，观察交界处颜色变化。如几分钟内无呈色反应，可在热水浴中温热几分钟。记录各管出现的颜色，说明原因，检定未知糖液。

(2) 蒽酮反应　取8支标号的试管，分别加入1ml蒽酮溶液，再将测试糖液分别滴加到各试管内，混匀，观察颜色变化，鉴定未知糖液。

(3) 间苯二酚反应　取试管8支，编号，各加入间苯二酚试剂1ml。再依次分别加入测试糖液各4滴，混匀，同时放入沸水浴中，比较各管颜色变化及出现颜色的先后顺序，分析说明原因。注意蔗糖的反应。

(4) 甲基间苯二酚反应　将2滴测试糖液加到装有1ml甲基间苯二酚试剂的试管中，沸水浴中加热，观察颜色变化。如遇到未知糖呈色不明显，可以3倍体积水稀释，并加入1ml戊醇，摇动，醇液呈蓝色，即为阳性反应。

2. 还原性的鉴定

(1) 斐林反应　取8支试管，各加斐林试剂A和B各1ml。摇匀后，分别加入测试糖液各4滴，沸水浴2～3min，取出冷却，观察沉淀和颜色的变化。

(2) 本尼迪特反应　于8支试管中先各加入本尼迪特试剂2ml，再分别加入测试糖各4滴，沸水浴中煮2～3min，冷却后观察颜色变化。

(3) 巴弗德反应　分别加入测试糖液2～3滴到含有1ml巴弗德试剂的试管中，煮沸约3min，放置20min以上，比较各管颜色变化及红色出现的先后顺序。

五、注意事项

1. α-萘酚反应非常灵敏，0.001%葡萄糖和0.0001%蔗糖即能呈现阳性反应。因此，不可使碎纸屑或滤纸毛混入样品中。过浓的果糖溶液，由于硫酸对它的焦化作用，将呈现红色及褐色而不呈紫色。需稀释糖溶液后重做。

2. 果糖在间苯二酚试剂中反应十分迅速，呈鲜红色，而葡萄糖所需时间长，且只能产生黄色至淡红色。戊糖亦与间苯二酚试剂反应，戊糖经酸脱水生成糠醛，与间苯二酚缩合。生成绿色到蓝色产物。

3. 酮基本身并没有还原性，只有在变为烯醇式后，才显示还原作用。

4. 糖的还原作用生成氧化亚铜沉淀的颜色决定于颗粒的大小，Cu_2O颗粒的大小又决定于反应速率。反应速率快时，生成的Cu_2O颗粒较小，呈黄绿色；反应慢时，生成的Cu_2O颗粒较大，呈红色。有保护胶体存在时，常生成黄色沉淀。实际生成的沉淀含有大小不同的Cu_2O颗粒，因而每次观察到颜色可能略有不同。溶液中还原糖的浓度可以从生成沉淀的多少来估计，而不能依据沉淀的颜色来区别。

5. 巴弗德氏反应产生的Cu_2O沉淀聚集在试管底部，溶液仍为深蓝色。应注意观察试管底部红色的出现，它与一般还原性实验不相同，观察不到反应液由蓝色变绿变黄或变红的过程。

六、思考题

1. 列表总结和比较本实验7种颜色反应的原理及其应用。
2. 应用α-萘酚反应和间苯二酚反应分析未知样品时，应注意些什么问题？
3. 举例说明哪些糖属于还原糖？
4. 运用本实验的方法，设计一个鉴定未知糖的方案。
5. 牛乳中含有5%双糖。如何证明牛乳中有双糖存在？这种双糖是什么糖？请选用一些颜色反应来加以鉴定。

实验二 蛋白质和氨基酸的成色反应及蛋白质的沉淀反应

一、实验目的

1. 了解构成蛋白质的基本结构单位及主要连接方式。
2. 了解蛋白质和某些氨基酸的呈色反应原理。
3. 学习几种常用的鉴定蛋白质和氨基酸的方法。

二、实验原理

1. 蛋白质及氨基酸的呈色反应

（1）双缩脲反应　蛋白质和多肽分子中肽键在稀碱溶液中与硫酸铜共热，呈现紫色或红色，此反应称为双缩脲反应，双缩脲反应可用来检测蛋白质水解程度。

（2）茚三酮反应　蛋白质经水解后产生的氨基酸也可发生茚三酮反应。

（3）苯环的黄色反应

$$\text{Tyr}+\text{浓硝酸}\longrightarrow\text{黄色}$$

$$\text{Phe}+\text{少量浓硫酸}+\text{浓硝酸}\longrightarrow\text{黄色}$$

（4）乙醛酸的反应　检测色氨酸或含色氨酸蛋白质的反应。当色氨酸与乙醛酸和浓硫酸在试管中滴加时，产生分层现象，界面出现紫色环。主要是由于蛋白质中的吲哚环作用。

（5）偶氮反应　偶氮化合物都含有—N═N—这样结构，通常作为染料。

（6）醋酸铅反应

$$H_2N—Pr—COOH+Pb^{2+}\longrightarrow(NH_2—Pr—COO)_2Pb\downarrow$$

2. 蛋白质沉淀反应

（1）盐析　向蛋白质中加入大量的中性盐（硫酸铵、硫酸钠或氯化钠等），使蛋白质胶体颗粒脱水，破坏其水化层，同时它所带有的电荷亦被中性盐上所带的相反电荷的离子所中和。于是稳定因素被破坏，蛋白质聚集沉淀。

（2）有机溶剂沉淀　某些有机溶剂（如乙醇、甲醇、丙醇等），因引起蛋白质脱去水化层以及降低介电常数而增加带电质点间的相互作用，致使蛋白质颗粒容易凝聚而沉淀。

（3）重金属盐与某些有机酸沉淀　重金属离子（如 Pb^{2+}、Cu^{2+} 等）与蛋白质的羧基等结合生成不溶性的金属盐类而沉淀，同时蛋白质发生变性。

（4）生物碱试剂沉淀　当溶液 pH 小于等电点时，蛋白质颗粒带正电荷，容易与生物碱试剂的负离子发生反应而沉淀。

三、材料、试剂与仪器

1. 材料、试剂

（1）卵清蛋白液。

（2）0.5%苯酚溶液，米伦试剂，0.1%茚三酮溶液，尿素，10%氢氧化钠溶液，浓硝酸

（相对密度 1.42），1%硫酸铜溶液。

（3）硫酸铵晶体，95%乙醇，结晶氯化钠，1%醋酸铅，5%鞣酸溶液，饱和苦味酸溶液，1%醋酸溶液。

2. 仪器

吸管（1.0ml、2.0ml、5.0ml），试管 15cm×150cm，滴管，电炉。

四、实验步骤

1. 双缩脲反应

取 1 支试管，加乳蛋白溶液（蛋清：水=1：9）约 1ml 和 10% NaOH 约 2ml，摇匀，再加 1% $CuSO_4$ 溶液 2 滴，随加随摇，观察现象，记录。

2. 茚三酮反应

（1）取 2 支试管分别加入蛋白质溶液（蛋清：水=1：9）和甘氨酸溶液 1ml，再各加 0.5ml 0.1%茚三酮，混匀，沸水浴中加热 1～2min，观察颜色是否由粉红色变紫红色再变蓝色。

（2）在一块小滤纸上滴 1 滴 0.5%的甘氨酸溶液，风干后再在原处滴 1 滴 0.1%茚三酮乙醇溶液，在微火旁烘干显色，观察是否有紫红色斑点的出现。

3. 苯环的黄色反应

向 6 个试管中按表 15-1 加试剂，观察现象并记录。

表 15-1 苯环的黄色反应

管号	1	2	3	4	5	6
材料	鸡蛋清溶液	指甲	头发	0.5%苯酚	0.3%色氨酸	0.3%酪氨酸
浓硫酸/滴	4	少许	少许	4	4	4
浓硝酸/滴	2	20	20	4	4	4
现象						
逐滴加 10% NaOH 后现象变化						

注：鸡蛋清溶液（蛋清：水=1：9）。

4. 乙醛酸的反应

向 3 个试管中按表 15-2 加试剂，观察现象并记录。

表 15-2 乙醛酸的反应

管号	1	2	3
材料	蛋白质 5 滴	0.3%色氨酸 1 滴，水 4 滴	水 5 滴
冰醋酸/ml	2	2	2
浓硫酸/ml	1	1	1
现象记录			

注：蛋白质溶液（蛋清：水=1：9）。

5. 偶氮反应

向 3 个试管中按表 15-3 加试剂，观察现象并记录。

表 15-3 偶氮反应

管号	1	2	3
材料	0.3%组氨酸 4 滴	0.3%酪氨酸 4 滴	鸡蛋清 4 滴
偶氮/滴	8	8	8
20% NaOH/滴	2	2	2
现象记录			

注：鸡蛋清为纯蛋清。

6. 醋酸铅反应

取 1 支试管，加入 10%醋酸铅溶液 1ml，再加入 10% NaOH 至产生的沉淀完全溶解为止，摇匀。加入被水稀释一倍的蛋白质溶液 0.4ml 混匀，小心加热，至溶液变黑后，加入浓盐酸数滴，嗅气味，并将湿润的醋酸铅试纸置于管口，观察其颜色变化，记录(蛋白质溶液为蛋清∶水＝1∶1)。

7. 蛋白质盐析作用

(1) 取蛋白质溶液 5ml，加入等量饱和硫酸铵溶液，微微摇动试管，使溶液混合静置数分钟，球蛋白即析出。

(2) 将上述混合液过滤，溶液中加硫酸铵粉末，至不再溶解，析出的即为白蛋白，再加水稀释，沉淀溶解。

8. 乙醇沉淀蛋白质

取蛋白质溶液 1ml，加晶体氯化钠少许，待溶解后再加入 95%乙醇 2ml 混匀，观察到有沉淀析出。

9. 重金属盐沉淀蛋白质

取试管 2 支，各加蛋白质溶液 2ml，一管内滴加 1%醋酸铅溶液，另一管内滴加 1%硫酸铜溶液，至有沉淀生成。

10. 生物碱试剂沉淀蛋白质

取试管两支，各加 2ml 蛋白质溶液及 1%醋酸铅溶液 5 滴，向一管中加 5%鞣酸溶液数滴，另一管中加饱和苦味酸溶液数滴。

五、注意事项

1. 实验内容繁多，请认真预习、操作。
2. 操作请按步骤进行。

六、思考题

1. 如果茚三酮反应呈阳性，结果颜色为何？能否用茚三酮反应可靠鉴定蛋白质存在？
2. 黄色反应得阳性结果说明什么问题？
3. 为什么蛋清可作为铅或汞中毒的解毒剂？

实验三 牛奶中酪蛋白的制备

一、实验目的

1. 学习从牛奶中制备酪蛋白的原理和方法。
2. 掌握等电点沉淀法提取蛋白质的方法。

二、实验原理

牛乳中主要的蛋白质是酪蛋白，含量约为35g/L。酪蛋白是一些含磷蛋白质的混合物，等电点为4.7。利用等电点时溶解度最低的原理，将牛乳的pH调至4.7时，酪蛋白就沉淀出来。用乙醇洗涤沉淀物，除去脂类杂质后便可得到纯酪蛋白。

三、材料、试剂与仪器

1. 材料、试剂

(1) 新鲜牛奶。

(2) 纯醋酸(优级)，95%乙醇，乙醚，NaAc·$3H_2O$。

(3) 配制A液与B液

A液——0.2mol/L醋酸钠溶液：称NaAc·$3H_2O$ 5.44g，定容至200ml。

B液——0.2mol/L醋酸溶液：称优级纯醋酸(含量大于99.8%)2.4g，定容至200ml。

取A液177ml、B液123ml混合，即得pH 4.7的醋酸-醋酸钠缓冲液300ml。

(4) 乙醇-乙醚混合液　乙醇：乙醚=1：1(体积比)，300ml。

2. 仪器

离心机，精密pH试纸或酸度计，水浴锅，烧杯，温度计。

四、实验步骤

1. 酪蛋白的粗提液

5ml牛奶加热至40℃，在搅拌下慢慢加入预热至40℃ pH 4.7的醋酸缓冲液5ml；用精密pH试纸或酸度计调pH至4.7。将上述悬浮液冷却至室温，离心5min(3000r/min)，弃去上清液，得酪蛋白粗制品。

2. 酪蛋白的纯化

(1) 用水洗涤沉淀2次，于离心管中加入5ml蒸馏水，用玻棒充分搅拌，洗涤除去其中的水溶性杂质(如乳清蛋白、乳糖以及残留的缓冲溶液)，离心5min(3000r/min)，弃去上清液。

(2) 在沉淀中加入5ml乙醇，充分搅拌，离心5min(3000r/min)，弃去上清液。

用乙醇洗涤主要是除去磷脂类物质。

用5ml 95%乙醇-乙醚混合液洗沉淀1次，以除去脂肪类物质。

(3) 将沉淀摊开在表面上，风干，得酪蛋白纯品。

3. 准确称重，计算含量和收率

理论含量为 3.5g/100ml 牛乳。

五、注意事项

1. 由于本法是应用等电点沉淀法来制备蛋白质，故调节牛奶液的等电点一定要准确。最好用酸度计测定。

2. 精制过程用的乙醚是挥发性、有毒的有机溶剂，最好在通风橱内操作。

3. 目前市面上出售的牛奶是经加工的奶制品，不是纯净牛奶，所以计算时应按产品的相应指标计算。

实验四 氨基酸纸色谱鉴定

一、实验目的

1. 学习氨基酸纸色谱法的基本原理。
2. 掌握氨基酸纸色谱的操作技术。

二、实验原理

纸色谱法是生物化学上分离、鉴定氨基酸混合物的常用技术，可用于蛋白质的氨基酸成分的定性鉴定和定量测定，也是定性或定量测定多肽、核酸碱基、糖、有机酸、维生素、抗生素等物质的一种分离分析工具。纸色谱法是用滤纸作为惰性支持物的分配色谱法，其中滤纸纤维素上吸附的水是固定相，展层用的有机溶剂是流动相。在色谱时，将样品点在距滤纸一端 2～3cm 的某一处，该点称为原点，然后在密闭容器中色谱溶剂沿滤纸的一个方向进行展层，这样混合氨基酸在两相中不断分配，由于分配系数（K_d）不同，结果它们分布在滤纸的不同位置上。物质被分离后在纸色谱图谱上的位置可用比移值（R_f）来表示。所谓 R_f，是指在纸色谱中，从原点至氨基酸停留点（又称为色谱点）中心的距离（X）与原点至溶剂前沿的距离（Y）的比值。

Rf＝原点到色谱斑点中心的距离/原点到溶剂前沿的距离

在一定条件下某种物质的 R_f 值是常数。R_f 值的大小与物质的结构、性质、溶剂系统、温度、湿度、色谱滤纸的型号和质量等因素有关。

三、试剂与仪器

1. 试剂

（1）扩展剂（水饱和的正丁醇和乙酸混合液） 将正丁醇和乙酸以体积比 4∶1 在分液漏斗中进行混合，所得混合液再按体积比 5∶3 与蒸馏水混合；充分振荡，静置后分层，放出下层水层，漏斗内即为扩展剂。

（2）氨基酸溶液 0.5％赖氨酸，脯氨酸，甘氨酸，苯丙氨酸，酪氨酸，丙氨酸以及它们的混合液（各组份均为 0.5％）。

（3）显色剂 0.1％水合茚三酮正丁醇溶液，1.5g 茚三酮＋100ml 正丁醇＋3g 醋酸。

2. 仪器

色谱缸，点样毛细管，小烧杯，培养皿，量筒，喷雾器，吹风机（或烘箱），色谱滤纸，直尺，铅笔。

四、实验步骤

1. 准备滤纸

取色谱滤纸（长 22cm、宽 14cm）一张，在纸的一端距边缘 2～3cm 处用铅笔画一条直线，在此直线上每间隔 3cm 作一记号，如图 15-1 所示。

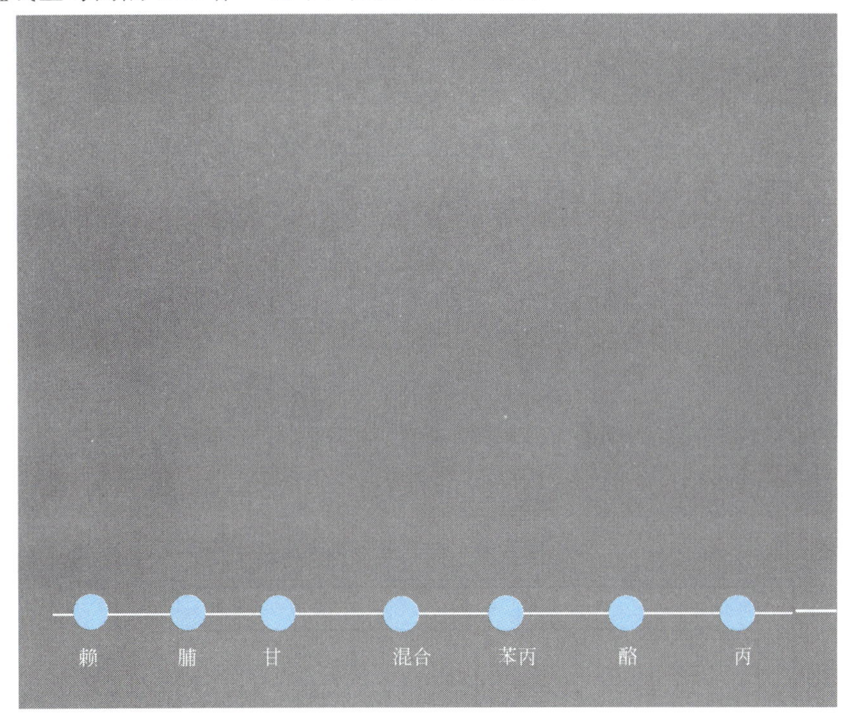

图 15-1 色谱纸的准备

2. 点样

用毛细管将各氨基酸样品分别点在这 7 个位置上，干后重复点样 2～3 次。每点在纸上扩散的直径最大不超过 0.5cm。

3. 扩展

用线将滤纸缝成筒状，纸的两边不能接触，如图 15-2 所示。

将盛有约 20ml 扩展剂的培养皿迅速置于密闭的色谱缸中，并将滤纸直立于培养皿中（点样的一端在下，扩展剂的液面需低于点样线 1cm）。待溶剂上升 15～20cm 时即取出滤纸，用铅笔描出溶剂前沿界线，自然干燥或用吹风机热风吹干。

4. 显色

用喷雾器均匀喷上 0.1%茚三酮正丁醇溶液，然后用吹风机吹干或者置烘箱中（100℃）烘烤 5min 即可显出各色谱斑点，如图 15-3 所示。

5. 计算

计算各种氨基酸的 R_f 值。

图 15-2 色谱纸的缝合

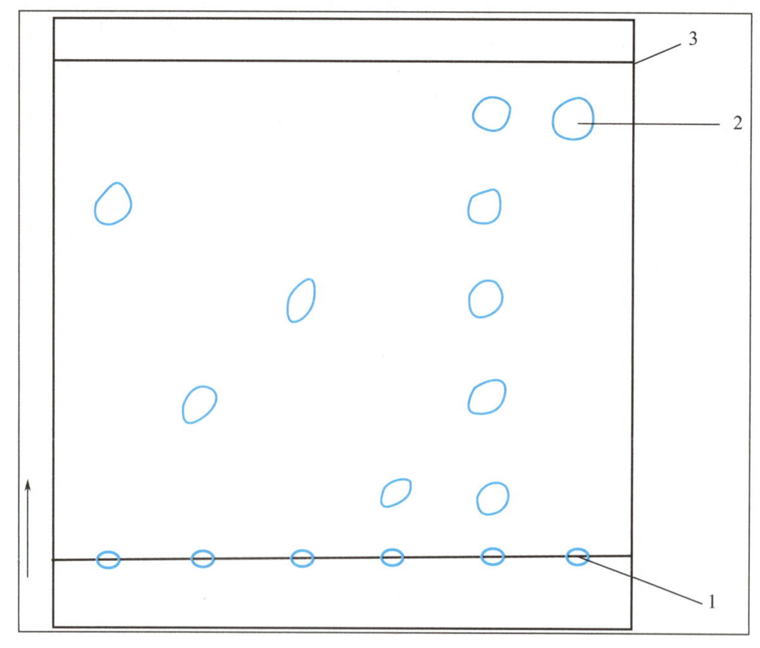

图 15-3 色谱斑点

1—原点；2—色谱点；3—溶剂前沿

五、注意事项

1. 取滤纸前，要将手洗净，这是因为手上的汗渍会污染滤纸，并尽可能少接触滤纸；如条件许可，也可戴上一次性手套拿滤纸。要将滤纸平放在洁净的纸上，不可放在实验台上，以防止污染。

2. 点样点的直径不能大于0.5cm，否则分离效果不好，并且样品用量大会造成“拖尾巴”现象。

3. 在滤纸的一端用点样器点上样品，点样点要高于培养皿中扩展剂液面约1cm。由于各氨基酸在流动相（有机溶剂）和固定相（滤纸吸附的水）的分配系数不同，当扩展剂从滤纸一端向另一端展开时，对样品中各组分进行了连续的抽提，从而使混合物中的各组分分离。

六、思考题

1. 本实验中滤纸的作用是什么？
2. 实验中作为固定相和流动相的物质分别是什么？
3. Rf值的含义、影响因素？
4. Rf值为多少范围内可以确定为同一物质？
5. 色谱滤纸和普通滤纸有什么区别？
6. 为什么要平衡？平衡剂和扩展剂是同一物质吗？
7. 用手直接接触滤纸会引起什么不良后果，为什么？
8. 缝制的纸筒如果两边缘相靠会造成什么后果？
9. 为避免实验结果出现“拖尾”现象，实验操作中应注意哪些环节？
10. 标记滤纸不能使用油性笔，为什么？

实验五 酵母RNA的提取和鉴定

一、实验目的

了解核酸的组分，并掌握鉴定核酸组分的方法。

二、实验原理

酵母核酸中RNA含量较多。RNA可溶于碱性溶液，在碱提取液中加入酸性乙醇溶液可以使解聚的核糖核酸沉淀，由此即得到RNA的粗制品。

核糖核酸含有核糖、嘌呤碱、嘧啶碱和磷酸各组分。加硫酸煮沸可使其水解，从水解液中可以测出上述组分的存在。

三、材料、试剂与仪器

1. 材料、试剂

（1）酵母粉。

（2）酸性乙醇溶液 将0.3ml浓盐酸加入30ml乙醇中。

(3) 氯化铁浓盐酸溶液　将 2ml 10% 氯化铁溶液（用 $FeCl_3 \cdot 6H_2O$ 配制）加入到 400ml 浓盐酸中。

(4) 苔黑酚乙醇溶液　溶解 6g 苔黑酚于 100ml 95%乙醇中（可在冰箱中保存 1 个月）。

(5) 定磷试剂

① 17%硫酸溶液：将 17ml 浓硫酸（相对密度 1.84）缓缓加入到 83ml 水中。

② 2.5%钼酸铵溶液：将 2.5g 钼酸铵溶于 100ml 水中。

③ 10%抗坏血酸溶液：10g 抗坏血酸溶于 100ml 水中，储于棕色瓶保存。溶液呈淡黄色时可用，如呈深黄或棕色则失效，需纯化抗坏血酸。

临用时将上述 3 种溶液与水按如下比例混合：17%硫酸溶液∶2.5%钼酸铵溶液∶10%抗坏血酸溶液∶水=1∶1∶1∶2(体积比)。

(6) 0.04mol/L 氢氧化钠溶液，95% 乙醇，乙醚，1.5mol/L 硫酸溶液，浓氨水，0.1mol/L 硝酸银溶液。

2. 仪器

乳钵，150ml 锥形瓶，水浴装置，量筒，布氏漏斗，抽滤瓶，吸管，滴管，试管，烧杯，离心机，漏斗。

四、实验步骤

将 15g 酵母悬浮于 90ml 0.04mol/L 氢氧化钠溶液中，并在乳钵中研磨均匀。将悬浮液转移至 150ml 锥形瓶中。在沸水浴上加热 30min 后，冷却。离心（3000r/min）15min，将上清液缓缓倾入 30ml 酸性乙醇溶液中。注意要一边搅拌一边缓缓倾入。待核糖核酸沉淀完全后，离心（3000r/min）3min。弃去上清液。用 95%乙醇洗涤沉淀两次，乙醚洗涤沉淀一次后，再用乙醚将沉淀转移至布氏漏斗中抽滤。沉淀可在空气中干燥。

取 200ng 提取的核酸，加入 1.5mol/L 硫酸溶液 10ml，在沸水浴中加热 10min 制成水解液并进行组分的鉴定。

1. 嘌呤碱

取水解液 1ml 加入过量浓氨水，然后加入约 1ml 0.1mol/L 硝酸银溶液，观察有无嘌呤碱的银化合物沉淀。

2. 核糖

取 1 支试管加入水解液 1ml、三氯化铁浓盐酸溶液 2ml 和苔黑酚乙醇溶液 0.2ml。放沸水浴中 10min。注意溶液是否变成绿色，说明核糖的存在。

3. 磷酸

取 1 支试管，加入水解液 1ml 和定磷试剂 1ml。在水浴中加热，观察溶液是否变成蓝色，说明磷酸是否存在。

五、思考题

1. 如何得到高产量 RNA 的粗制品？
2. 破坏酵母细胞时为什么要在沸水浴中进行？
3. 为什么用酵母作为实验原料？如何使 RNA 从酵母中释放出来？RNA 的等电点是多少？
4. 为什么用稀碱溶液可以使酵母细胞裂解？
5. 核酸的溶解性质是什么？常用什么试剂分离沉淀核酸？

实验六　酶的性质

一、实验目的

1. 加深对酶的性质的认识。
2. 掌握影响酶活力的各种因素及其原理。

二、实验原理

1. 酶的特异性

本实验以蛋白酶和淀粉酶对相应底物蛋白质及淀粉的作用为例，来观察酶的特异性，实验结果的检查根据酪蛋白水解生成酪氨酸，酪氨酸与福林试剂呈蓝色反应，淀粉能与碘起蓝色或蓝紫色反映来确定。

2. 温度对酶活力的影响

本实验以唾液淀粉酶在不同温度下对淀粉的作用为例，观察温度对酶活性的影响。唾液淀粉酶催化淀粉水解生成各种不同大小分子糊精及麦芽糖，它们遇碘各呈不同的颜色，从而判断淀粉酶是否存在及其酶活性大小。

3. pH 对酶活力的影响

pH 影响酶活力的主要原因有以下两个方面，首先，pH 影响酶分子活性部位上有关基团的解离，另外，也影响底物的解离状态，从而影响酶活性中心与底物的结合或催化。其次，有关基团解离状态的改变影响酶的空间构象，甚至会使酶变性。

4. 激活剂和抑制剂对酶活力的影响

许多物质能影响酶的催化活性，能加速酶的催化作用的物质称为激动剂，能抑制酶的催化作用的物质称为抑制剂。本实验分别考察 $MnCl_2$ 和 $HgCl_2$ 对碱性蛋白酶的激活和抑制作用。

三、酶的特异性

（一）材料、试剂与仪器

1. 材料、试剂

（1）1%酪蛋白溶液　称取酪蛋白 1g 于研钵中，先用少量蒸馏水湿润后，慢慢加入 0.2mol/L NaOH 4ml，充分研磨，用蒸馏水洗入 100ml 容量瓶中，放入水浴中煮沸 15min，溶解后冷却，定容至 100ml，保存于冰箱内。

（2）1/2000 碱性蛋白酶溶液　精确称取干酶粉 2g，加入 pH 10 硼砂氢氧化钠缓冲溶液 10ml，在小烧杯中溶解，并用玻璃棒搅拌，静止片刻后，将上层液小心倾入容量瓶中，残渣部分再加入少量缓冲液，如此反复搅拌溶解 4 次，最后全部移入 200ml 容量瓶中。用缓冲溶液定容至刻度，充分摇匀，用两层纱布或四层纱布过滤，吸取滤液 5ml，移入 100ml 容量瓶中，用蒸馏水稀释至刻度，所得液为稀释2000倍的酶液。

(3) 1%淀粉溶液　将1g淀粉溶解于100ml蒸馏水中。

(4) pH 10硼砂氢氧化钠缓冲液

① 甲液（0.05mol/L硼砂溶液）：取硼砂（$Na_2B_4O_7 \cdot 10H_2O$）19g，用蒸馏水溶解并定容至1000ml。

② 乙液：0.2mol/L氢氧化钠溶液。

配制pH 10硼砂氢氧化钠溶液：吸取甲液50ml，再加入乙液21ml，用蒸馏水定容至200ml。

(5) 0.4mol/L碳酸钠溶液。

(6) 0.4mol/L三氯醋酸溶液。

(7) 福林试剂　在1L容积的磨口回流瓶中加入50g钨酸钠（$Na_2WO_4 \cdot 2H_2O$）、125g钼酸钠（$Na_2WO_4 \cdot 2H_2O$）、350ml蒸馏水、25ml 85%磷酸及50ml浓盐酸，充分混匀后回流10h。回流完毕，再加25g硫酸锂、25ml蒸馏水及数滴液体溴，开口继续沸腾15min，以便驱除过量的溴，冷却后定容到500ml，过滤，置于棕色瓶中暗处保存。使用前加4倍蒸馏水稀释。

(8) 1/2000淀粉酶溶液　用蒸馏水作稀释溶剂，配制方法与碱性蛋白酶液相同。

(9) 碘-碘化钾溶液　称取碘10g、碘化钾20g，同溶于100ml蒸馏水中，储于棕色瓶内。使用前稀释10倍。

2. 仪器

试管，移液管，烧杯，恒温水浴锅，温度计。

（二）实验步骤

1. 取5支试管，编号，按表15-4加入试剂。

表15-4　酶的特异性

试剂	试管号				
	对照	1	2	3	4
1%酪蛋白溶液/ml	1.0	1.0	1.0		
pH 10缓冲液/ml		1.0			
蒸馏水/ml	2.0		1.0	1.0	1.0
1%淀粉溶液/ml				1.0	1.0
1/2000碱性蛋白酶溶液/ml		1.0			1.0
1/2000淀粉酶溶液/ml			1.0	1.0	

2. 将各管充分摇匀后，于40℃水浴中保温15min。

3. 于3、4号管中各加碘溶液2滴，观察实验现象，做好记录。

4. 于对照管及1、2号管各加入3.0ml 0.4mol/L三氯醋酸溶液，摇匀，分别过滤，各吸取滤液1.0ml，加0.4mol/L碳酸钠溶液5.0ml、福林试剂1.0ml，摇匀，于40℃水浴保温15min。取出后观察三管的现象，并记录。

四、温度对酶活力的影响

（一）试剂与仪器

1. 试剂

（1）1%淀粉溶液　同酶特异性实验。

（2）碘-碘化钾溶液　称取碘 4g、碘化钾 6g，同溶于 100ml 蒸馏水中，储于棕色瓶内。

（3）稀释的唾液。

2. 仪器

试管及试管架，漏斗，烧杯，恒温水浴锅，温度计。

（二）实验步骤

1. 漱口后收集唾液，用小漏斗加脱脂棉过滤，用蒸馏水稀释 5～20 倍（根据各人的酶活性而定），混匀后备用。

2. 取试管 2 支，各加稀释唾液 2ml，一管直接加热煮沸，另一管置冰浴中预冷 5min。

3. 另取 4 支试管，编好序号，按表 15-5 添加试剂。

表 15-5　温度对酶活力的影响

<table>
<tr><th rowspan="2">步骤</th><th colspan="4">试管编号</th></tr>
<tr><th>1</th><th>2</th><th>3</th><th>4</th></tr>
<tr><td>1</td><td>加 1%淀粉液 20 滴</td><td>加 1%淀粉液 20 滴</td><td>加 1%淀粉液 20 滴</td><td>加 1%淀粉液 20 滴</td></tr>
<tr><td>2</td><td colspan="2">置于冰浴 5min</td><td colspan="2">置于 37℃水浴 5min</td></tr>
<tr><td>3</td><td colspan="2">加预冷的唾液 10 滴</td><td>加唾液 10 滴</td><td>加煮沸唾液 10 滴</td></tr>
<tr><td>4</td><td colspan="2">摇匀置于冰浴 10min</td><td colspan="2">摇匀置于 37℃水浴 10min</td></tr>
<tr><td rowspan="2">5</td><td>—</td><td>移置 37℃水浴 10min</td><td>—</td><td>—</td></tr>
<tr><td colspan="2">加碘液 1 滴</td><td colspan="2">加碘液 1 滴</td></tr>
<tr><td>实验现象</td><td></td><td></td><td></td><td></td></tr>
</table>

五、pH 对酶活力的影响

（一）材料、试剂与仪器

1. 材料、试剂

（1）1%酪蛋白溶液　同酶的特异性实验。

（2）1/2000 碱性蛋白酶溶液　同酶的特异性实验。

（3）pH 10 硼砂氢氧化钠缓冲液　同酶的特异性实验。

（4）福林试剂　同酶的特异性实验。

（5）0.1mol/L 盐酸，0.2mol/L 氢氧化钠溶液，0.4mol/L 碳酸钠溶液，0.4mol/L 三

氯醋酸溶液。

2. 仪器

试管，漏斗，滤纸，恒温水浴锅，温度计，移液管。

（二）实验步骤

取 3 支试管，按表 15-6 加入试剂。

表 15-6 pH 对酶活力的影响

试剂	试管编号		
	1	2	3
1% 酪蛋白溶液/ml	1.0	1.0	1.0
pH 10 缓冲液/ml	1.0	—	—
0.1mol/L HCl/ml	—	1.0	—
0.2mol/L NaOH 溶液/ml	—	—	1.0
1/2000 碱性蛋白酶溶液/ml	1.0	1.0	1.0
实验现象			

混合均匀后，于 40℃ 水浴中保温 15min。然后每管各加入 0.4mol/L 三氯醋酸溶液 3.0ml，分别过滤，各吸取滤液 1.0ml，加 0.4mol/L 碳酸钠溶液 5.0ml、福林试剂 1.0ml，摇匀，于 40℃水浴保温 15min，观察现象，比较在不同 pH 下，碱性蛋白酶活力的大小。

六、激活剂和抑制剂对酶活力的影响

（一）材料、试剂与仪器

1. 材料、试剂

（1）1%酪蛋白溶液　同酶的特异性实验。

（2）1/2000 碱性蛋白酶溶液　同酶的特异性实验。

（3）pH 10 硼砂氢氧化钠缓冲液　同酶的特异性实验。

（4）福林试剂　同酶的特异性实验。

（5）8×10^{-3}mol/L $MnCl_2$ 溶液，8×10^{-3}mol/L $HgCl_2$ 溶液，0.4mol/L 碳酸钠溶液，0.4mol/L 三氯醋酸溶液。

2. 仪器

试管，漏斗，滤纸，恒温水浴锅，温度计，移液管，721 型分光光度计。

（二）实验步骤

取 3 支试管，按表 15-7 加入试剂。

混合均匀后，于 40℃ 水浴中保温 15min。然后每管各加入 0.4mol/L 三氯醋酸溶液 3.0ml，分别过滤，各吸取滤液 1.0ml，加 0.4mol/L 碳酸钠溶液 5.0ml、福林试剂 1.0ml，摇匀，于 40℃水浴保温 15min。显色后用 721 型分光光度计，在波长 680nm 处测定光密度（比色时，以蒸馏水作空白）并记录。

表 15-7 激活剂和抑制剂对酶活力的影响

试剂	试管编号		
	1	2	3
1% 酪蛋白溶液/ml	1.0	1.0	1.0
pH 10 缓冲液/ml	1.0	1.0	1.0
8×10^{-3}mol/L $MnCl_2$溶液/ml	1.0	—	—
8×10^{-3}mol/L $HgCl_2$溶液/ml	—	1.0	—
蒸馏水/ml	—	—	1.0
1/2000 碱性蛋白酶溶液/ml	1.0	1.0	1.0
实验结果			

七、注意事项

1. 每个人的唾液淀粉酶活性并不相同，有时差别很大，因此稀释倍数可因个人情况而定。

2. 少量的激活剂或抑制剂就能影响酶的活性。但激活剂和抑制剂不是绝对的，有些物质在低浓度时为某种酶的激活剂，而在高浓度时则为该酶的抑制剂。对一种酶是激活剂，对另一种酶是抑制剂。

3. 反应时间要准确，做酶学实验所用的器皿必须洁净、干燥，定量准确。

八、思考题

1. 什么是酶的最适温度、最适 pH 值？有何实际意义？
2. 影响酶的催化活性的因素有哪些？简要说明作用原理。
3. 酶学实验必须注意控制哪些条件？为什么？

实验七 小麦萌芽前后淀粉酶活力的比较

一、实验目的

1. 学习用分光光度法测定酶活力的原理和方法。
2. 了解小麦萌发前后淀粉酶酶活力的变化。

二、实验原理

淀粉酶是水解淀粉的糖苷键的一类酶的总称。按照其水解淀粉的作用方式，可以分成α-淀粉酶、β-淀粉酶等。实验证明，在小麦、大麦、黑麦的休眠种子中只含有β-淀粉酶，α-淀粉酶是在发芽过程中形成的，所以在禾谷类萌发的种子和幼苗中，这两类淀粉酶都存在，其活性随萌发时间的延长而增高。α-淀粉酶是工业上使用最广泛的酶之一，它在 pH 3.6 下短时间内即可钝化；β-淀粉酶不耐热，加热至 70℃以上即可钝化。利用此原理可以灭活其中一种酶，测定另一种酶的活性。

本实验以淀粉酶催化淀粉生成还原性糖的速率来测定酶的活力，淀粉水解成还原性糖，还原性糖能使3,5-二硝基水杨酸还原成棕色的3-氨基-5-硝基水杨酸。

可用分光光度计法测定。

$$2(C_6H_{10}O_5)_n + nH_2 \longrightarrow nC_{12}H_{22}O_{11}$$

三、材料、试剂与仪器

1. 材料、试剂

（1）小麦种子。

（2）1%氯化钠溶液，石英砂。

（3）0.1%标准麦芽糖　精确称量0.1g麦芽糖，用少量水溶解后，移入100ml容量瓶中，加蒸馏水至刻度。

（4）pH 6.9 0.02mol/L磷酸缓冲液

① 0.2mol/L磷酸二氢钾：称取磷酸二氢钾溶于水，定容至100ml。

② 0.2mol/L磷酸氢二钾：称取磷酸氢二钾溶于水，定容至100ml。

③ 取0.2mol/L磷酸二氢钾67.5ml与0.2mol/L磷酸氢二钾82.5ml混合，定容至1000ml。

（5）0.5%淀粉溶液　0.5g淀粉溶于0.02mol/L磷酸缓冲液中，加入0.0389g NaCl，用缓冲液定容至100ml。

（6）3,5-二硝基水杨酸溶液　1g 3,5-二硝基水杨酸溶于20ml 2mol/L的NaOH溶液和20ml水中，溶解后移入100ml容量瓶中；30g酒石酸钾钠溶于30ml水中，溶解后移入上述容量瓶中（此时溶液会出现黏稠），继续搅拌至溶解，定容100ml，过滤备用。

2. 仪器

研钵，恒温水浴，沸水浴，752型分光光度计，离心机，电子天平等。

四、实验步骤

1. 酶液的提取

（1）小麦种子萌发　小麦种子浸泡24h后，放入25℃恒温箱内或在室温下发芽。

（2）酶液的提取

① 幼苗酶的提取　取发芽4～5天的幼苗10株，放入乳钵内，加石英砂0.2g，加1%氯化钠10ml，用力研磨成匀浆，在0～4℃下放置20min。将提取液移入离心管中，以2000r/min离心10min。将上清液倒入量筒中，测定酶提取液的总体积。取1ml酶液用pH 6.9的磷酸缓冲液稀释10倍，进行酶活力测定。

② 种子酶的提取　取干燥种子15粒作对照，操作方法同上。

2. 酶活力测定

① 取25ml刻度试管4支，编号，按表15-8要求加入试剂（淀粉加入后预热5min）。

各管混匀后45℃水浴中水解3min，立即向各管中加入1% 3,5-二硝基水杨酸溶液2ml。

② 各管混匀后，放入沸水浴中准确加热5min，冷至室温，加水稀释至25ml。将各管充分混匀。

③ 用空白管作为对照，在500nm处测定各管的光吸收值（A值或OD值），填入表15-9。

表 15-8　酶活力测定（一）

试剂＼管号	1 种子酶稀释剂	2 幼苗酶稀释剂	3 标准管	4 空白管
0.2%淀粉溶液/ml	1	1	1	1
标准麦芽糖溶液/ml			0.5	
蒸馏水/ml				0.5
酶液/ml	0.5	0.5		

表 15-9　酶活力测定（二）

试管号	1 种子酶稀释剂	2 幼苗酶稀释剂	3 标准管	4 空白管
光吸收值				

④ 标准曲线的制作。数据填入表 15-10。

表 15-10　标准曲线的制作

标准液/mL	0	0.1	0.3	0.5	0.7	0.9	1
3,5-二硝基水杨酸/mL	2	2	2	2	2	2	2
A_{500}	0	0.331	0.537	0.802	1.001	1.245	1.508

$$A=0.086+0.236c(r=0.9883)$$

⑤ 计算酶活力单位。

根据溶液的浓度与光吸收值成正比的关系，

$$A_{标准}/A_{未知}=c_{标准}/c_{未知}$$

$$则\ c(酶管中麦芽糖的浓度)=A_{酶}\ c_{标准}/A_{标准}$$

设在 45℃时 3min 内水解淀粉释放 1mg 麦芽糖所需的酶量为 1 个活力单位。

$$则\ 15\ 粒种子或\ 15\ 株幼苗的总活力单位=c_{酶}n_{酶}V_{酶}$$

式中　$c_{标准}$——标准麦芽糖的浓度；

$c_{酶}$——种子酶或幼苗酶分解淀粉产生的麦芽糖的浓度；

$n_{酶}$——酶液稀释的倍数；

$V_{酶}$——提取酶液的总体积。

五、注意事项

1. 实验小麦种子萌发前需充分浸泡 24h，然后均匀地放在铺有滤纸的培养皿或解剖盘中，开始两三天内要保证水分供应充足，之后根系发达后浇水不可过多。

2. 萌发情况不同，酶活力也不同。

刚萌发出胚的小麦，酶活力增加迅速，之后随发芽天数增加继续增加，但幅度减慢，当幼苗生长超过半个月后，酶活力不但不增长，反而下降。同一天发芽的幼苗高株比矮株的酶活力略高。

3. 酶的提取温度在 0～4℃时比在 25℃时酶活力略高，这是因为低温条件下提取易于保持酶的活力。

六、思考题

1. 为什么提取酶的过程在0～4℃条件下进行？测定酶活性时为什么要在45℃条件下水解淀粉？

2. 本实验比较淀粉酶活性时，采用的4支试管各说明什么问题？

3. 小麦萌发过程中淀粉酶活性升高的原因和意义是什么？

动物组织和细胞中 DNA 和 RNA 的提取

一、实验目的

学习从组织和细胞中提取 DNA 和 RNA 的方法。

二、实验原理

1. 从动物组织和细胞中提取 DNA

DNA 存在于细胞核中。提取 DNA 的方法首先需要温和裂解细胞及溶解 DNA 的技术，接着需采用化学和酶学方法，除去杂蛋白、RNA 及其他的大分子。本实验在 EDTA（螯合二价阳离子以抑制 DNase）存在的情况下，用蛋白酶 K 消化真核细胞和组织，用去垢剂（如十二烷基磺酸钠）溶解细胞膜并使蛋白质变性。核酸通过有机溶剂抽提得以纯化，污染的 RNA 通过 RNase 消化清除。这个方法可产生 10μg 至数百微克的 DNA，适用于标准琼脂糖凝胶上的 Southern 分析，可用作 PCR 反应的模板，以及用于构建基因组 DNA 文库。

2. 从动物组织和细胞中提取 RNA

RNA 存在于细胞质及核中，是一种极易降解的核酸分子。为了快速从细胞中分离完整的 RNA，许多方法都用到了高浓度的强变性剂硫氰酸胍使细胞破裂。高浓度的硫氰酸胍还使细胞内的各种 RNA 酶失活，使释放出的 RNA 不被降解。细胞裂解后存在于裂解溶液内的有 RNA、DNA、蛋白质和细胞残片，通过酚、氯仿等有机溶剂处理，离心，使 RNA 最终与其他细胞组分分离开来。

三、材料、试剂与仪器

1. 材料、试剂

（1）动物肝脏，蛋白酶 K(20mg/ml)。

（2）10mol/L 醋酸铵，2mol/L 的醋酸钠（pH 4.0），0.1%DEPC(焦碳酸二乙酯)，TE(pH 8.0)，10mmol/L Tris-Cl(pH 8.0)，1mmol/L EDTA(pH 8.0)，无水乙醇，70%乙醇，氯仿-异戊醇（49∶1，体积比），异丙醇，液氮。

（3）裂解缓冲液　10mmol/L Tris-Cl(pH 8.0)，0.1mol/L EDTA(pH 8.0)，0.5% SDS，20μg/mg 无 DNase 的胰 RNase，裂解缓冲液的前三种成分可预先混合并于室温保存。RNase 在用前适量加入。

（4）溶液 D(变性液)　4mol/L 硫氰酸胍，25mmol/L 柠檬酸钠，0.5%月桂基肌酸钠，0.1mol/L β-巯基乙醇。将 250g 硫氰酸胍、0.75mol/L（pH 7.0）柠檬酸钠 17.6ml 和

26.4ml 10%（质量/体积）月桂基肌酸钠溶于 293ml 水中。加入搅拌子于磁力搅拌器上 65℃混匀，直至完全溶解。室温储存溶液 D。

每次使用溶液 D 前加入 14.4mol/L 的 β-巯基乙醇，每 50ml 溶液 D 加 0.36ml。溶液 D 可在室温下避光保存数月。

（5）平衡酚　用 0.5mol/L Tris-Cl（pH 8.0）平衡的苯酚。

（6）TBS　在 800ml 蒸馏水中溶解 8g NaCl、0.2g KCl 和 3g Tris 碱，加入 0.015g 酚红并用 HCl 调节溶液的 pH 至 7.4，加水定容至 1L，分装后在 15 lbf/in^2（1.034×10^5Pa）高压下蒸汽灭菌 20min。保存于室温。

（7）PBS　在 800ml 蒸馏水中溶解 8g NaCl、0.2g KCl、1.44g Na_2HPO_4 和 0.24g KH_2PO_4，用 HCl 调节溶液的 pH 至 7.4，加水定容至 1L，在 1.034×10^5Pa 高压下蒸汽灭菌 20min。保存于室温。

2. 仪器

研钵，研棒，匀浆机，橡胶刮棒，低温冷冻离心机，恒温水浴装置，宽口移液管，锤子，塑料袋，锥形瓶。

四、实验步骤

1. 用蛋白酶 K 和苯酚从哺乳动物组织和细胞中分离 DNA

（1）组织样品和培养细胞的裂解

① 组织样品

a. 将 1g 新鲜切取的组织在液氮中速冻，并用液氮预冷的研钵研磨。

b. 液氮挥发，将组织粉末一点一点地加入盛有 10 倍体积裂解液的烧杯中，使其分散于裂解液表面，后振摇烧杯使粉末浸没。

c. 将悬液转移至 50ml 锥形瓶中，并于 37℃温育 1h，立即进行步骤②。

② 培养细胞

a. 单层培养细胞

ⅰ. 从孵箱中取出长满单层细胞的培养皿，迅速吸去培养液，用冰冷的 TBS 洗 2 次，加入 1ml 新鲜的冰冷的 TBS。

ⅱ. 用橡胶刮棒将细胞刮入 1ml TBS 中，用吸管将细胞悬液转移到冰上的离心管中。用 0.5ml 冰冷的 TBS 冲洗培养皿，后并入离心管的细胞悬液。

ⅲ. 于 4℃ 3000r/min 离心 10min 以收集细胞。

ⅳ. 将细胞重悬于 5～10 倍体积的冰冷 TBS 中并再度离心。

ⅴ. 用 1ml TE（pH 8.0）重新悬浮细胞，转移至 50ml 锥形瓶中。

ⅵ. 每毫升细胞悬液加 10ml 裂解缓冲液，于 37℃温育 1h，立即进行步骤 b。

b. 悬浮培养的细胞

ⅰ. 将细胞转移至离心管，于 4℃ 3000r/min 离心 10min 以收集细胞，吸去上清液。

ⅱ. 用 1 倍体积冰冷的 TBS 重悬细胞并再度离心，吸去上清液，小心地再次重悬细胞于冰冷的 TBS 中，离心收集细胞。

ⅲ. 去上清液，用 1ml TE（pH 8.0）重新悬浮细胞，转移至 50ml 锥形瓶中。

ⅳ. 每毫升细胞悬液加 10ml 裂解缓冲液，于 37℃温育 1h，立即进行步骤(2)。

（2）将裂解液转移至离心管中，裂解液不能超过 1/3 体积。

（3）加入蛋白酶 K（20mg/ml）至终浓度 100μg/ml。用一灭菌玻璃棒温和地将酶混入细胞裂解液中。

（4）将细胞裂解液置于50℃水浴中保温3h，并不时振摇。

（5）将溶液冷却至室温，加入等体积的平衡酚，将离心管置于涡旋器上，使离心管缓慢颠转10min以温和地混合两相。

（6）室温下，6500r/min离心15min以分离两相。

（7）用宽口移液管将黏滞的水相转移至另一离心管。

（8）苯酚抽提两次，收集水相。

（9）加入0.2倍体积10mol/L醋酸铵及2倍体积无水乙醇，旋转离心管直至溶液彻底混匀为止。

（10）DNA随即形成沉淀，在室温下6500r/min离心5min，收集沉淀。

（11）用70%乙醇洗涤DNA沉淀2次，按步骤(10)离心收集DNA。

（12）尽可能吸去残余乙醇，于室温下，将DNA沉淀置于敞开的管内，直至乙醇挥发殆尽。

（13）按每0.1ml细胞加入1ml TE溶解DNA，将DNA溶液储存于4℃。

（14）用紫外分光光度法或二苯胺显色法检测DNA含量。

2. 酸性酚-硫氰酸胍-氯仿提取法纯化组织和细胞中的RNA

（1）组织样品和培养细胞的处理

① 组织样品

a. 分离组织在液氮中速冻。

b. 将冰冻的组织放入塑料袋中，用锤子砸碎。

c. 将组织碎末移入含3ml溶液D的管中。

d. 用匀浆机室温下匀浆15～30s。

② 培养细胞

a. 单层培养细胞。

ⅰ. 吸出培养基用5～10ml冰冷的PBS洗细胞一次。

吸出PBS加入溶液D覆盖细胞，90mm培养皿加2ml（60mm培养皿加1ml）。

ⅱ. 将细胞溶解物转移至管中。

ⅲ. 用匀浆机室温下匀浆15～30s。

b. 悬浮培养的细胞

ⅰ. 室温下1000～3000r/min离心5～10min收获细胞。

ⅱ. 吸出培养基，将细胞重悬于1～2ml冰预冷的PBS中。

ⅲ. 离心收获细胞，彻底吸尽PBS，加2ml溶液D。

ⅳ. 用匀浆机室温下匀浆15～30s。

（2）将混合物移至离心管中，在每毫升溶液D中立即加入0.1ml 2mol/L的醋酸钠(pH 4.0)、1ml酚、0.2ml氯仿-异戊醇。加入每种组分后，盖上管盖，倒置混匀。

（3）将匀浆剧烈振荡10s。冰浴15min使核蛋白质复合体彻底裂解。

（4）10000r/min 4℃离心20min，将上层含RNA的水相移入一新管中。

（5）加入与提取的RNA等量的异丙醇，充分混合液体，并在－20℃沉淀RNA 1h或更长时间。

（6）10000r/min 4℃离心30min，收集沉淀的RNA。

（7）轻轻倒出异丙醇，加入溶液D溶解RNA颗粒，每1ml第一步所使用的溶液加0.3ml溶液D。

（8）将溶液移至1支微量离心管，涡旋混匀，并在20℃用等量异丙醇沉淀RNA 1h或更长时间。

(9) 在微量离心机上，于 4℃ 12000r/min 离心 10min 收集 RNA 沉淀。用 75%的乙醇洗涤沉淀 2 次，重复离心。用一次性使用的吸头吸出残存的乙醇。将离心管盖打开，在实验台放置几分钟，以便乙醇蒸发。RNA 不可完全干燥。

(10) 加 50～100μl DEPC 处理过的水使 RNA 沉淀溶解。将 RNA 溶液储存于－70℃。

(11) 用紫外分光光度法或地衣酚显色法检测 RNA 含量。

五、结果与分析

1. 提取的 DNA 若有一定程度的解聚，不会影响鉴定。

2. 用上述方法所得到的是组织或细胞中的总 RNA，若要得到 mRNA 须利用大多数真核生物 mRNA，带有多聚腺苷酸残基的特点，使其通过挂有寡聚 d（T）的纤维素亲和而纯化。

六、思考题

在提取核酸过程中，要注意哪些问题？

实验九 核酸含量测定

一、紫外分光光度法

(一) 实验目的

学习紫外分光光度法测定核酸含量的原理和操作方法。

(二) 实验原理

核酸、核苷酸及其衍生物都具有共轭双键系统，能吸收紫外线，RNA 和 DNA 的紫外吸收峰在 260nm 波长处。一般在 260nm 波长下，每 1ml 含 1μg RNA 溶液的光吸收值为 0.022～0.024，每 1ml 含 1μg DNA 溶液的光吸收值约为 0.020，故测定未知浓度 RNA 或 DNA 溶液在 260nm 的光吸收值即可计算出其中核酸的含量。此法操作简便、迅速。若样品内混杂有大量的核苷酸或蛋白质等能吸收紫外线的物质，则测光误差较大，故应设法事先除去。

(三) 试剂与仪器

1. 试剂

(1) 5%～6%氨水。

(2) 钼酸铵-高氯酸试剂（沉淀剂） 如配制 200ml，可在 193ml 蒸馏水中加入 7ml 高氯酸和 0.5g 钼酸铵。

2. 仪器

离心机，离心管，紫外分光光度计。

(四) 实验步骤

1. 用分析天平准确称取待测的核酸样品500mg，加少量蒸馏水调成糊状，再加入少量水稀释。然后用5%～6%氨水调至pH 7，加蒸馏水定容到50ml。于紫外分光光度计上测定260nm光吸收值，计算核酸浓度。

$$\text{RNA 浓度}(\mu g/ml)=A_{260}/(0.024L)n$$
$$\text{DNA 浓度}(\mu g/ml)=A_{260}/(0.020L)n$$

式中 A_{260}——260nm波长处光吸收读数；

L——比色皿的厚度，cm；

n——稀释倍数。

2. 如果待测的核酸样品中含有大分子核酸，需加钼酸铵-高氯酸沉淀剂，沉淀除去，测定上清液260nm波长处A值作为对照。

取两支离心管，向第一支管内加入2ml样品溶液和2ml蒸馏水，向第二支管内加入2ml样品溶液和2ml沉淀剂（以除去大分子核酸）作为对照。混匀，在冰浴中放置，30min后离心（3000r/min），从第一、第二管中分别吸取0.5ml上清液，用蒸馏水定容到50ml。用光程为1cm的石英比色杯于260nm波长处测其光吸收值（A_1和A_2）。计算核酸浓度。

$$\text{RNA 或 DNA 浓度}(\mu g/ml)=(A_1-A_2)/[0.024(\text{或 }0.020)L]n$$
$$w_{\text{核酸}}=\text{1ml 待测液中测得的核酸质量}(\mu g)/\text{1ml 待测液中制品的质量}(\mu g)\times 100$$

(五) 结果与分析

蛋白质由于含有芳香族氨基酸，因此也能吸收紫外线。通常蛋白质的吸收高峰在280nm处，在260nm处的吸收值仅为核酸的十分之一或更低，故核酸样品中蛋白质含量较低时对核酸的紫外测定影响不大。RNA在260nm与280nm处的吸收比值在2.0以上，DNA的比值>1.8；当样品中蛋白质含量较高时比值即下降。

(六) 思考题

1. 若样品中含有蛋白质，应如何排除干扰？
2. 若样品中含有核苷酸类杂质，应如何校正？

二、二苯胺法测定DNA含量

(一) 实验目的

掌握二苯胺法测定DNA含量的原理和方法。

(二) 实验原理

DNA分子中2-脱氧核糖残基在酸性溶液中加热降解，产生2-脱氧核糖并形成ω-羟基-γ-酮基戊酸，后者与二苯胺试剂反应产生蓝色化合物，其反应为：

$$\text{DNA(脱氧核糖残基)}\xrightarrow{H^+}HO—CH_2—CO—CH_2—CH_2—CHO\xrightarrow{\text{二苯胺}}\text{蓝化合物}$$

蓝色化合物在595nm处有最大吸收，且DNA在40～400μg范围内时，吸光度与DNA浓度成正比。在反应液中加入少量乙醛，可以提高反应灵敏度。

（三）材料、试剂与仪器

1. 材料、试剂

（1）DNA 标准溶液　准确称取小牛胸腺 DNA 10mg，以 0.1mol/L NaOH 溶液溶解，转移至 50ml 容量瓶中，用 0.1mol/L NaOH 溶液稀释至刻度。浓度为 200μg/ml。

（2）DNA 样品液　用上述实验方法提取的 DNA 样品。

（3）二苯胺试剂　使用前称取 1g 结晶二苯胺，溶于 100ml 分析纯冰醋酸中，加 60%过氯酸 10ml 混匀。临用前加入 1ml 1.6%乙醛溶液。此溶剂应为无色。

2. 仪器

恒温水浴，721 型分光光度计。

（四）实验步骤

1. 标准曲线的绘制

取干燥试管 6 支，编号，按表 15-11 所示加入试剂。

表 15-11　标准曲线绘制

试剂	管号					
	0	1	2	3	4	5
RNA 标准溶液/ml	0.0	0.1	0.2	0.3	0.4	0.5
蒸馏水/ml	1.0	0.9	0.8	0.7	0.6	0.5
地衣酚试剂/ml	3.0	3.0	3.0	3.0	3.0	3.0
A_{670}						

加样完毕后混匀，于沸水浴中加热 20min，取出置自来水中冷却，以零号管为对照，670nm 处测吸光度。以吸光度为纵坐标、RNA 浓度为横坐标作图，绘制标准曲线。

2. 样品测定

取试管 3 支，两支为样品管，一支为空白管，在样品管中加入 1.0ml 样品液，再加 3.0ml 地衣酚试剂，混匀，置沸水浴中加热 20min，取出冷却。空白管操作与标准曲线制作中零号管相同。以空白管调零点，于 670nm 处测吸光度，根据吸光度值从标准曲线上查出相应的 RNA 含量。

（五）结果与分析

1. 地衣酚反应特异性较差，凡戊糖均有此反应，DNA 及其他杂质也有影响。故一般测定 RNA 时，可先测定样品中 DNA 含量，再算出 RNA 含量。

2. 本法较灵敏。样品中蛋白质含量高时，应先用 5%三氯醋酸溶液将蛋白质沉淀后再测定，否则将发生干扰。

（六）思考题

配制地衣酚试剂时，为什么要加 $FeCl_3 \cdot 6H_2O$？

三、定磷法测定核酸的含量

（一）实验目的

掌握定磷法测定核酸含量的原理和方法。

（二）实验原理

核酸分子结构中含有一定比例的磷（RNA 含磷量为 8.5%～9.0%，DNA 含磷量为 9.2%），测定其含磷量即可求出核酸的量。核酸分子中的有机磷经强酸消化后形成无机磷，在酸性条件下，无机磷与钼酸铵结合形成黄色磷钼酸铵沉淀，其反应为：

$$PO_4^{3-}+3NH_4^{+}+12MoO_4+24H^{+}\longrightarrow(NH_4)_3PO_4+12MoO_3\cdot6H_2O+6H_2O$$

在还原剂存在的情况下，黄色物质变成蓝黑色，称为钼蓝。在一定浓度范围内，蓝色的深浅与磷含量成正比，可用比色法测定。若样品中尚含有无机磷，需作对照测定，消除无机磷的影响，以提高准确性。

（三）试剂与仪器

1. 试剂

（1）5%氨水，27%硫酸。

（2）标准磷溶液　将磷酸二氢钾于 110℃烘至恒重，准确称取 0.8775g 溶于少量蒸馏水中，转移至 500ml 容量瓶中，加入 5ml 5mol/L 硫酸溶液及氯仿数滴，用蒸馏水稀释至刻度。

此溶液每 1ml 含磷 400μg，临用时准确稀释 20 倍（20μg/ml）。

（3）定磷试剂

① 17%硫酸　17ml 浓硫酸（相对密度 1.84）缓缓加入到 83ml 水中。

② 2.5%钼酸铵溶液　2.5g 钼酸铵溶于 100ml 水中。

③ 10%抗坏血酸溶液　10g 抗坏血酸溶于 100ml 水中，并储存于棕色瓶中，溶液呈淡黄色尚可使用，呈深黄甚至棕色即失效。

临用时将上述三种溶液与水按如下比例混合：溶液①：溶液②：溶液③：水＝1：1：1：2(体积比)。

2. 仪器

恒温水浴，721 型分光光度计。

（四）实验步骤

1. 磷标准曲线的绘制

取干燥试管 7 支编号，按表 15-12 所示加入试剂。

加毕摇匀，在 45℃水浴中保温 10min，冷却，以零号管调零点，于 660nm 处测吸光度。以磷含量为横坐标、吸光度为纵坐标作图。

2. 总磷的测定

称粗核酸 0.1g，用少量水溶解（若不溶，可滴加 5%氨水至 pH 7.0），待全部溶解后，移至 50ml 容量瓶中，加水至刻度（此溶液含样品 2mg/ml），即配成核酸溶液。

表 15-12 磷标准曲线的绘制

试剂	管号						
	0	1	2	3	4	5	6
磷标准溶液/ml	0.0	0.05	0.1	0.2	0.3	0.4	0.5
蒸馏水/ml	3.0	2.95	0.9	2.8	0.7	2.6	2.5
地衣酚试剂/ml	3.0	3.0	3.0	3.0	3.0	3.0	3.0
A_{660}							

吸取上述核酸溶液 1.0ml，置大试管中，加入 2.5ml 27%硫酸及一粒玻璃珠，于通风橱内直火加热至溶液透明（切勿烧干），表示消化完成。冷却后取下，将消化液移入 100ml 容量瓶中，以少量蒸馏水洗涤试管两次，洗涤液一并倒入容量瓶，再加蒸馏水至刻度，混匀后吸取 3ml 溶液置试管中，加 3ml 定磷试剂，45℃水浴保温 10min 后取出，测 A_{660}。

3. 无机磷的测定

吸取核酸溶液 1ml，置于 100ml 容量瓶中，加水至刻度，混匀后吸取 3.0ml 置试管中，加定磷试剂 3.0ml，45℃水浴中保温 10min 后取出，测 A_{660}。

4. 结果处理

$$\text{总磷}\ A_{660} - \text{无机磷}\ A_{660} = \text{有机磷}\ A_{660}$$

从标准曲线上查出有机磷质量 X（μg），按下式计算样品中核酸质量分数：

$$w_{\text{核酸}} = [X \times \text{稀释倍数} \times 11/\text{测定时取样体积(ml)}]/\text{样品质量}(\mu g) \times 100\%$$

（五）结果与分析

定磷法既可以测定 DNA 的含量又可以测定 RNA 的含量，若 DNA 中混有 RNA 或 RNA 中混有 DNA，都会影响结果的准确性。

（六）思考题

定磷法操作中有哪些关键环节？

实验十 蛋白质分离纯化及鉴定

一、卵清蛋白分离提取及纯化

（一）实验原理

鸡卵黏蛋白存在于鸡蛋清中，对胰蛋白酶有强烈的抑制作用，高纯度的鸡卵黏蛋白抑制胰蛋白酶的分子比为 1∶1。鸡卵黏蛋白在中性或酸性溶液中对热和高浓度的脲都是相当稳定的，而在碱性溶液中较不稳定。由于鸡卵黏蛋白对胰蛋白酶有强烈的抑制作用，因此可以用鸡卵黏蛋白做亲和配基配制纯化胰酶的亲和材料。

（二）材料、试剂与仪器

1. 材料、试剂

（1）新鲜鸡蛋2只。

（2）10%TCA（用NaOH调pH至10.5～11.0，需要50ml），5mol/L HCl，5mol/L NaOH，丙酮，胰蛋白酶液，0.05mol/L BAEE，pH 8.0 Tris-HCl缓冲液（每毫升含0.34mg BAEE和2.22mg $CaCl_2$），50ml pH 8.0 0.1mol/L Tris-HCl缓冲液。

2. 仪器

500～1000ml抽滤瓶，布氏漏斗，移液器，磁力搅拌器。

（三）实验步骤

1. 取两只新鲜鸡蛋，得蛋清50ml，置于烧杯中，外用温水浴25～30℃，在不断搅拌条件下，缓慢加入等体积的三氯乙酸-丙酮（1∶2，体积比），立即出现大量白色絮状沉淀，加完后最终pH约3.5，再继续搅拌30min，然后在4℃冰箱中放置过夜。

2. 次日用布氏漏斗抽滤，得黄绿色清液。

3. 边搅拌边加入4℃预冷的丙酮200ml沉淀蛋白，在4℃放置2h之后将上清液小心倒入瓶中回收，下部沉淀部分于4000r/min离心5min，收集沉淀。

4. 将沉淀溶于10ml无离子水中，对无离子水（50倍）透析4h，换水两次，再对碳酸钠缓冲液透析过夜，4000r/min离心10min，去除不溶物。

二、抗菌蛋白分离纯化

试剂：异丙醇，含0.3mol/L盐酸胍的95%乙醇，无水乙醇，1%SDS。

（一）实验步骤

1. 取沉淀DNA后剩余的上清液，用异丙醇沉淀蛋白质。每使用1ml TRIzol加1.5ml异丙醇，室温放置10min，2～8℃ 12000×*g*离心10min，弃上清液。

2. 用含0.3mol/L盐酸胍的95%乙醇洗涤蛋白质沉淀。每使用1ml TRIzol加2ml洗涤液，室温放置20min，2～8℃ 7500×*g*离心5min，弃上清液，重复两次。用2ml无水乙醇同样方法再洗一次。

3. 真空抽干蛋白质沉淀5～10min，用1%SDS溶解蛋白质，反复吸打，50℃温浴使其完全溶解，不溶物2～8℃ 10000×*g*离心10min除去。分离得到的蛋白质样品可用于Western印迹或−20～−5℃保存备用。

（二）注意事项

1. 蛋白质沉淀可保存在含0.3mol/L盐酸胍的95%乙醇或无水乙醇中2～8℃一个月以上或−20～−5℃一年以上。

2. 用0.1% SDS在2～8℃透析3次，10000×*g*离心10min取上清液即可用于Western印迹。

（三）常见问题分析

1. 得率低的原因如下：①样品裂解或匀浆处理不彻底；②最后得到的蛋白质沉淀未完全溶解。

2. 蛋白质降解：组织取出后没有马上处理或冷冻。

3. 电泳时条带变形：蛋白质沉淀洗涤不充分。

三、γ-球蛋白分离、纯化及鉴定

（一）实验原理

血清中蛋白质按电泳法一般可分为五类：白蛋白、α_1-球蛋白、α_2-球蛋白、β-球蛋白和γ-球蛋白。其中γ-球蛋白含量约占16%，100ml血清中约含1.2g左右。

首先利用白蛋白和球蛋白在高浓度中性盐溶液（常用硫酸铵）中溶解度的差异而进行沉淀分离，此为盐析法。半饱和硫酸铵溶液可使球蛋白沉淀析出，白蛋白则仍溶解在溶液中，经离心分离，沉淀部分即为含有γ-球蛋白的粗制品。

用盐析法分离而得的蛋白质中含有大量的中性盐，会妨碍蛋白质进一步纯化，因此首先必须去除。常用的方法有透析法、凝胶色谱法等。本实验采用凝胶色谱法，其目的是利用蛋白质与无机盐类之间分子量的差异。当溶液通过SephadexG-25凝胶柱时，溶液中分子直径大的蛋白质不能进入凝胶颗粒的网孔，而分子直径小的无机盐能进入凝胶颗粒的网孔之中。因此在洗脱过程中，小分子的盐会被阻滞而后洗脱出来，从而可达到去盐的目的。

脱盐后的蛋白质溶液尚含有各种球蛋白，利用它们等电点的不同可进行分离。α-球蛋白、β-球蛋白的pI<6.0；γ-球蛋白的pI为7.2左右。因此在pH 6.3的缓冲溶液中，各类球蛋白所带电荷不同。经DEAE（二乙基氨基乙基）纤维素阴离子交换色谱柱进行色谱分离时，带负电荷的α-球蛋白和β-球蛋白能与DEAE纤维素进行阴离子交换而被结合；带正电荷的γ-球蛋白则不能与DEAE纤维素进行交换结合而直接从色谱柱流出。因此随洗脱液流出的只有γ-球蛋白，从而使γ-球蛋白粗制品被纯化。

用上述方法分离得到的γ-球蛋白是否纯净、单一，可将纯化前后的γ-球蛋白进行电泳鉴定。

（二）实验步骤

1. 盐析——中性盐沉淀

取正常人血清2.0ml于小试管中，加0.9%氯化钠溶液2.0ml，边搅拌混匀边缓慢滴加饱和硫酸铵溶液4.0ml，混匀后于室温中放置10min，3000r/min离心10min。小心倾去含有白蛋白的上清液，重复洗涤一次，于沉淀中加入0.0175mol/L磷酸盐缓冲液（pH 6.3）0.5～1.0ml使之溶解。此液即为粗提的γ-球蛋白溶液。

2. 脱盐——凝胶柱色谱

（1）装柱　洗净的色谱柱保持垂直位置，关闭出口，柱内留下约2.0ml洗脱液。一次性将凝胶从塑料接口加入色谱柱内，打开柱底部出口，调节流速0.3ml/min。凝胶随柱内溶液慢慢流下而均匀沉降到色谱柱底部，最后使凝胶床达20cm高，床面上保持有洗脱液，操作过程中注意不能让凝胶床表面露出液面并防止色谱床内出现“纹路”。在凝胶表面可盖一圆形滤纸，以免加入液体时冲起胶粒。

（2）上样与洗脱　可以在凝胶表面上加圆形尼龙滤布或滤纸使表面平整，小心控制凝胶柱下端活塞，使柱上的缓冲液面刚好下降至凝胶床表面，关紧下端出口，用长滴管吸取盐析球蛋白溶液，小心缓慢加到凝胶床表面。打开下端出口，将流速控制在0.25ml/min使样品进入凝胶床内。关闭出口，小心加入少量0.0175mol/L磷酸盐缓冲液（pH 6.3）清洗柱内壁。打开下端出口，待缓冲液进入凝胶床后再加少量缓冲液。如此重复三次，以洗净内壁上的样品溶液。然后加入适量缓冲液洗脱。

加样开始应立即收集洗脱液。洗脱时接通蠕动泵，流速为0.5ml/min，用部分收集器收集，每管1ml。

(3) 洗脱液中NH_4^+与蛋白质的检查　取比色板两个（其中一个为黑色底），按洗脱液的顺序每管取1滴，分别滴入比色板中，前者加20%磺基水杨酸溶液2滴，出现白色浑浊或沉淀即示有蛋白质析出，由此可估计蛋白质在洗脱各管中的分布及浓度；于另一比色板中，加入奈氏试剂应用液1滴，以观察NH_4^+出现的情况。

合并球蛋白含量高的各管，混匀。除留少量做电泳鉴定外，其余用DEAE纤维素阴离子交换柱进一步纯化。

3. 纯化

DEAE纤维素阴离子交换色谱：用DEAE纤维素装柱8～10cm高度，并用0.0175mol/L磷酸盐缓冲液（pH 6.3）平衡，然后将脱盐后的球蛋白溶液缓慢加于DEAE纤维素阴离子交换柱上，用同一缓冲液洗脱、分管收集。用20%磺基水杨酸溶液检查蛋白质分布情况（装柱、上样、洗脱、收集及蛋白质检查等操作步骤同凝胶色谱）。

4. 浓缩

经DEAE纤维素阴离子交换柱纯化的γ-球蛋白液往往浓度较低，为便于鉴定，常需浓缩。收集较浓的纯化的γ-球蛋白溶液2ml，按每毫升加0.2～0.25g Sephadex G-25干胶，摇动2～3min，3000r/min离心5min。上清液即为浓缩的γ-球蛋白溶液。

5. 鉴定——乙酸纤维素薄膜电泳

取乙酸纤维素薄膜2条，分别将血清、脱盐后的球蛋白、DEAE纤维素阴离子交换柱纯化的γ-球蛋白液等样品点上。平衡10min后90V预电泳10min，再调电压110V，电泳50min～1h。电泳完毕，将薄膜浸于染色液中9～10min。取出薄膜，用漂洗液漂至背景无色（4～5次），再浸于蒸馏水中。将薄膜平贴于干净的玻璃器皿壁上，用配制好的透明液滴在薄膜上，薄膜逐渐透明，待其完全透明后，用吹风机将薄膜吹干，然后小心将透明条带揭下。

（三）注意事项

1. 凝胶及DEAE纤维素处理期间，必须小心用倾泻法除去细小颗粒。这样可使凝胶及纤维素颗粒大小均匀，流速稳定，分离效果好。

2. 装柱是色谱操作中最重要的一步。为使柱床装得均匀，务必做到凝胶悬液或DEAE纤维素混悬液不稀不厚，一般浓度为1∶1，进样及洗脱时切勿使床面暴露在空气中，不然柱床会出现气泡或分层现象；加样时必须均匀，切勿搅动床面，否则均会影响分离效果。

3. 本法是利用γ-球蛋白的等电点与α-球蛋白、β-球蛋白不同，用离子交换色谱法进行分离的。因此色谱过程中用的缓冲液pH要求精确。

4. 凝胶储存：凝胶使用后如短期不用，为防止凝胶发霉可加防腐剂如0.02%叠氮钠，保存于4℃冰箱内。若长期不用，应脱水干燥保存。脱水方法：将膨胀凝胶用水洗净，用多孔漏斗抽干后，逐次更换由稀到浓的乙醇溶液浸泡若干时间，最后一次用95%乙醇溶液浸泡脱水，然后用多孔漏斗抽干后，于60～80℃烘干储存。

5. 离子交换剂的再生和保存：离子交换剂价格较贵，每次用后只需再生处理便能反复使用多次。

处理方法是：交替用酸、碱处理，最后用水洗至接近中性。阳离子交换剂最后为Na^+型，阴离子以Cl^-型是最稳定型，故阴离子交换剂处理顺序为碱→水→酸→水。由于上述交换剂都是糖链结构。容易水解破坏，因此须避免强酸、强碱长时间浸泡和高温处理，一般纤维素浸泡时间为3～4h。

离子交换剂容易长霉引起变质，不用时，需洗涤干净，加防腐剂置冰箱内保存。常用0.02%叠氮钠防腐。叠氮钠遇酸放出有毒气体，也是剧毒与易爆的危险品，使用时要加倍小心。

除用凝胶色谱法去除无机盐类外，最常用的去盐法就是透析。细的透析袋效率高，所需时间短。将透析袋一端折叠，用橡皮筋结扎，检查是否逸漏，然后倒入待透析的蛋白质溶液。勿装太满，将袋的上端也结扎好，即可进行透析。开始可用流动的自来水，待大部分盐被透析出后，再改为生理盐水、缓冲液或蒸馏水。透析最好在较低的温度下，并在磁力搅拌器上进行。此法简单，易操作，仪器及试剂要求不高，但不如凝胶色谱法效率高。

浓缩γ-球蛋白粗提液除上述方法外还可用透析袋浓缩。将待浓缩的蛋白质溶液放入较细的透析袋中，置入搪瓷盘内。透析袋周围可撒上聚乙二醇6000（PEG6000），或聚乙烯吡咯烷酮，或蔗糖。以上物质在使用后（吸了大量水）都可以通过加温及吹风回收。将装有蛋白质溶液的透析袋悬挂起来，用电风扇高速吹风（10℃以下），也可达到浓缩目的。以上两法虽不如SephadexG-25干胶快，但价格较便宜，方法也不烦琐。

实验十一　蛋白质的分子量测定——SDS-聚丙烯酰胺凝胶电泳法

一、实验目的

1. 学会SDS-聚丙烯酰胺凝胶电泳法原理。
2. 掌握用SDS-聚丙烯酰胺凝胶电泳法测定蛋白质分子量的操作技术。

二、实验原理

SDS是十二烷基硫酸钠的简称，它是一种阴离子表面活性剂，加入到电泳系统中能使蛋白质的氢键、疏水键打开，并结合到蛋白质分子上（在一定条件下，大多数蛋白质与SDS的结合比为1.4g SDS/1g蛋白质），使各种蛋白质-SDS复合物都带上相同密度的负电荷，其数量远远超过了蛋白质分子原有的电荷量，从而掩盖了不同种类蛋白质原有的电荷差别。这样就使电泳迁移率只取决于分子大小这一因素，于是根据标准蛋白质分子量的对数和迁移率所作的标准曲线，可求得未知物的分子量。

三、材料、试剂与仪器

1. 材料、试剂

（1）标准蛋白　溶菌酶（分子量14300），胰凝乳蛋白酶原（分子量25000），胃蛋白酶（分子量35000），卵清蛋白（分子量43000），血清白蛋白（分子量67000）等。

按每种蛋白0.5～1mg/ml配制。可配成单一蛋白质标准液，也可配成混合蛋白质标准液。

（2）30%分离胶储存液　30g Acr，0.8g Bis，用无离子水溶解后定容至100ml，不溶物过滤去除后置棕色瓶储于冰箱。

(3) 10%浓缩胶储存液　10g Acr，0.5g Bis，用无离子水溶解后定容至100ml，不溶物过滤去除后置棕色瓶储于冰箱。

(4) 分离胶缓冲液（Tris-HCl缓冲液，pH 8.9）　取1mol/L盐酸48ml，Tris 36.3g，用无离子水溶解后定容至100ml。

(5) 浓缩胶缓冲液（Tris-HCl缓冲液，pH 6.7）　取1mol/L盐酸48ml，Tris 5.98g，用无离子水溶解后定容至100ml。

(6) 电泳缓冲液（Tris-甘氨酸缓冲液，pH 8.3）　称取Tris 6.0g，甘氨酸28.8g，SDS 1.0g，用无离子水溶解后定容至1L。

(7) 样品溶解液　取SDS 100mg、巯基乙醇0.1ml、甘油1ml、溴酚蓝2mg、0.2mol/L pH 7.2磷酸缓冲液0.5ml，加重蒸水至10ml（遇液体样品浓度增加一倍配制）。

(8) 用来溶解标准蛋白质及待测固体染色液　0.25g考马斯亮蓝R-250，加入454ml 50%甲醇溶液和46ml冰乙酸即可。

(9) 脱色液　75ml冰乙酸、875ml水与50ml甲醇混匀。

(10) 10%过硫酸铵溶液，10%SDS溶液，1%TEMED。

2. 仪器

DYCZ-24D型垂直板电泳槽，移液管（0.1ml、0.5ml、1ml、5ml），烧杯100ml，细长头的吸管，微量注射器。

四、实验步骤

1. 安装垂直板电泳槽

(1) 将密封用硅胶框放在平玻璃上，然后将凹形玻璃与平玻璃重叠。

(2) 用手将两块玻璃板夹住放入电泳槽内，玻璃室凹面朝外，插入斜插板。

(3) 用蒸馏水试验封口处是否漏水。

2. 制备凝胶板

(1) 分离胶制备　取分离胶储存液5.0ml、Tris-HCl缓冲液（pH 8.9）2.5ml、10% SDS 0.20ml、去离子水10.20ml、1%TEMED 2.00ml，置于小烧杯中混匀，再加入10% 0.1ml过硫酸铵，用磁力搅拌器充分混匀2min。混合后的凝胶溶液，用细长头的吸管加至长、短玻璃板间的窄缝内，加胶高度距样品模板梳齿下缘约1cm。用吸管在凝胶表面沿短玻璃板边缘轻轻加一层重蒸馏水（3～4cm），用于隔绝空气，使胶面平整。分离胶凝固后，可看到水与凝固的胶面有折射率不同的界限。倒掉重蒸水，用滤纸吸去多余的水。

(2) 浓缩胶制备　取浓缩胶储存液3.0ml、Tris-HCl缓冲液（pH 6.7）1.25ml、1% TEMED 2.00ml、4.60ml去离子水、10%过硫酸铵0.05ml，用磁力搅拌器充分混匀。混合均匀后用细长头的吸管将凝胶溶液加到长、短玻璃板的窄缝内（及分离胶上方），距短玻璃板上缘0.5cm处，轻轻加入样品槽模板。待浓缩胶凝固后，轻轻取出样品模槽板，用手夹住两块玻璃板，上提斜插板，使其松开，然后取下玻璃胶室去掉密封用胶框，用1%电泳缓冲液琼脂胶密封底部，再将玻璃胶室凹面朝里置入电泳槽。插入斜插板，将电泳缓冲液加至内槽玻璃凹口以上，外槽缓冲液加到距平玻璃上沿3mm处。

3. 样品处理

各标准蛋白及待测蛋白都用样品溶解液溶解，使浓度为0.5mg/ml，沸水浴加热3min，冷却至室温备用。处理好的样品液如经长期存放，使用前应在沸水浴中加热1min，以消除亚稳态聚合。

4. 加样

一般加样体积为10～15μl（即2～10μg蛋白质）。如样品较稀，可增加加样体积。用微量注射器小心将样品通过缓冲液加到凝胶凹形样品槽底部，待所有凹形样品槽内都加了样品，即可开始电泳。

5. 电泳

将直流稳压电泳仪开关打开，开始时将电流调至10mA。

待样品进入分离胶时，将电流调至20～30mA。

当蓝色染料迁移至底部时，将电流调回到零，关闭电源。拔掉固定板，取出玻璃板，用刀片轻轻将一块玻璃撬开移去，在胶板一端切除一角作为标记，将胶板移至大培养皿中染色。

6. 染色及脱色

将染色液倒入培养皿中，染色1h左右，用蒸馏水漂洗数次，再用脱色液脱色，直到蛋白区带清晰，即可计算相对迁移率。

五、结果与分析

测量由点样孔至溴酚蓝及蛋白质带的距离（mm），计算相对迁移率（R_f）。

$$R_f = \text{样品移动距离(mm)}/\text{溴酚蓝移动距离(mm)}$$

以标准蛋白质分子量的对数作纵坐标、相对迁移率作横坐标制作标准曲线。

根据样品蛋白质的相对迁移率从标准曲线上查出其分子量。

六、注意事项

1. 用SDS-凝胶电泳法测定分子量时，每次测量样品必须同时作标准曲线，而不得利用另一次电泳的标准曲线。

2. 因SDS可吸附考马斯亮蓝染料，染色前先用脱色液浸泡凝胶，洗去SDS。可使染色及脱色时间缩短，并使蛋白质带染色而背景不染色。

若样品为水溶液，则需将样品溶解液的浓度提高一倍，然后与等体积样品溶液混合。

七、思考题

1. 用SDS-凝胶电泳法测定蛋白质分子量时为什么要用巯基乙醇？

2. 是否所有的蛋白质都能用SDS-凝胶电泳法测定其分子量？为什么？

实验十二 琼脂糖凝胶电泳法分离预染血清脂蛋白

一、实验目的

1. 掌握琼脂糖凝胶电泳法分离预染血清脂蛋白的实验原理和操作方法。

2. 熟悉血清脂蛋白改变在临床上的重要意义。

二、实验原理

电泳是指带电颗粒在电场的作用下，向着与其自身所带电荷相反的电极移动的现象。根据电泳支持物的不同，血清脂蛋白电泳可分为滤纸电泳、醋酸纤维素薄膜电泳、琼脂糖凝胶电泳和聚丙烯酰胺凝胶电泳四类。由于各种脂蛋白所含载脂蛋白和脂类的种类及数量不同，分子量大小相差较大，并且在一定 pH 溶液中所带电荷量不同，电泳移动的速度必然有差别，因此，通过电泳可以将不同种类的血清脂蛋白彼此分离。

血清脂蛋白经苏丹黑 B 预染后，以琼脂糖为载体，在 pH 8.6 巴比妥缓冲液中进行电泳，可将脂蛋白分成不同的区带（图 15-4）。正常人空腹状态下，血清脂蛋白电泳后可出现三条区带，从阳极到阴极依次为α-脂蛋白带、前β-脂蛋白带及β-脂蛋白带。点样槽处不会出现乳糜微粒，有时前β-脂蛋白也显示不出来。区带的宽窄及颜色的深浅粗略地反映了各种脂蛋白的量。

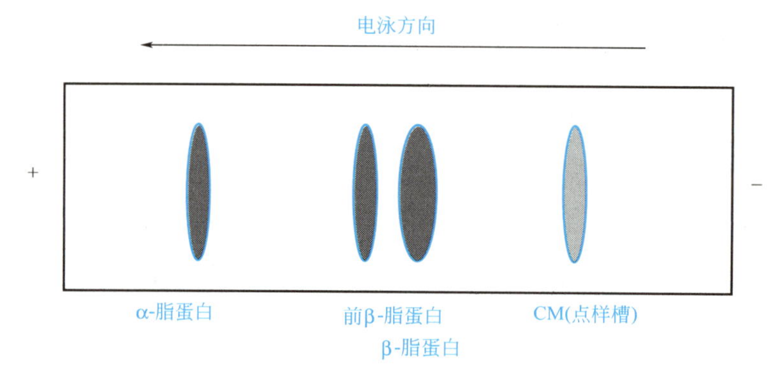

图 15-4　预染血清脂蛋白电泳图谱

另外，可以将已烘干的凝胶片直接放到吸光度扫描仪上，通过扫描得出各种脂蛋白的含量。或者将电泳后凝胶板上各区带切下，比色定量分析出各种脂蛋白的含量。

三、材料、试剂与仪器

1. 材料、试剂

（1）预染血清　取空腹血清 0.18ml，加苏丹黑 B 染色液 0.02ml，混合后置于 37℃水浴中染色 30min，2000r/min 离心约 5min 以除去悬浮于血清中的染料沉渣，取其上清液即为预染血清。

（2）电泳缓冲液（pH 8.6，离子强度 0.075 的巴比妥缓冲液）　称取巴比妥钠 15.458g、巴比妥 2.768g、乙二胺四乙酸（EDTA）0.29g，加适量蒸馏水溶解后加至 1000ml。

（3）凝胶缓冲液（pH 8.6 三羟甲基氨基甲烷缓冲液）　称取三羟甲基氨基甲烷 1.212g、EDTA 0.29g、NaCl 5.85g，用适量蒸馏水溶解后加至 1000ml。

（4）1%琼脂糖凝胶　称取琼脂糖 1g，溶于 50ml 凝胶缓冲液中，再加蒸馏水 50ml，然后在水浴中加热至沸腾，待琼脂糖完全溶解后立即停止加热并分装于试管中，冰箱 4℃保存，备用。

（5）苏丹黑 B 染色液　将适量苏丹黑 B 加到无水乙醇中至饱和，振荡使之乙酰化，用前过滤。

（6）固定液　取冰醋酸 5ml，加 75%乙醇 95ml。

2. 仪器

电泳仪，恒温水浴箱，离心机，微量加样器，烫槽器，载玻片，扫描仪，分光光度计，小试管，吸管，纱布，烘箱。

四、实验步骤

1. 制备琼脂糖凝胶板

将已配制好的0.9%～1%琼脂糖凝胶于沸水浴中加热熔化，用吸管吸取凝胶溶液浇注在水平放置的载玻片上，每片约3ml。静置5～10min即能凝固（天热时需延长时间，也可放入冰箱中数分钟加速凝固）。在即时凝固的凝胶板一端约2cm处用烫槽器加热后稍用力下压使之下陷接近玻片，切忌勿透，用滤纸片吸干槽中水分。

2. 加样

用微量加样器取预染血清约15μl注入凝胶板加样槽中。

3. 电泳

将已加入预染血清的凝胶板水平移至电泳槽中，使加样端接在阴极一侧，用电泳槽缓冲液把四层纱布浸湿做成“引桥”，敷于胶板的两端，各搭住凝胶板约1cm左右，“引桥”的另一端浸于电泳槽内的巴比妥缓冲液中，使血清样品扩散进入凝胶，5min后接通电源，电压120～130V，电流为3～4mA/凝胶板，电泳40～50min，待最前端区带电泳至玻片2/3处时即可终止电泳。

4. 固定

将电泳后的凝胶板浸入固定液中固定约20min，以增强区带的不溶性和加强与染料的结合力。

5. 漂洗与烘干

将固定后的凝胶板用自来水漂洗数次，然后置于80℃烘箱中烘干成薄片状保存或进行扫描定量。

6. 定量测定

（1）扫描定量　将已烘干的凝胶片直接放到吸光度扫描仪上，通过扫描得出各种脂蛋白的含量。

（2）比色定量　将电泳后凝胶板上各区带切下，另外取相当于区带宽窄的无色凝胶作为空白对照，分别移入盛有3ml蒸馏水的试管内，将各管同时置于沸水浴中5min溶解为透明澄清的溶液，稍冷却，用分光光度计，选波长600nm，分别记录各管吸光度值。

五、结果与分析

血清中某种脂蛋白占血清总脂蛋白的含量，按以下公式计算：

$$\text{某种蛋白质}=\frac{\text{某种脂蛋白吸光度}}{\text{各种脂蛋白吸光度之和}}\times 100\%$$

六、注意事项

1. 电泳样品应为新鲜的空腹血清。
2. 加热熔化琼脂糖时，须防止水分蒸发过多。琼脂糖凝胶最好随用随制，以免凝胶表面干燥，影响分离效果。

3. 点样口要大小适宜，边缘整齐、光滑，否则会影响电泳图谱。

4. 琼脂糖凝胶的浓度如果大于1%，β-脂蛋白和前β-脂蛋白不易分开；浓度过低，则凝胶的机械强度太低，不易操作。

5. 浇注琼脂糖凝胶板要尽量使厚薄均一，否则会影响脂蛋白的分离效果。

6. 将凝胶板放入电泳槽中，应切记与电力线平行、样品端置阴极、引桥纱布不能搭在样品上。

7. 如果用一形状大小和小槽一样的有机玻璃片，在琼脂糖凝胶凝固前固定于适当位置上，当凝固后取出有机玻璃片，凝胶板上即留下小槽可直接加样。

8. 正常人空腹血清各种脂蛋白含量参考值见表15-13。

表 15-13 正常人空腹血清各种脂蛋白含量

种类	含量/%
β-脂蛋白	53.1±5.1
前β-脂蛋白	15.1±4.1
α-脂蛋白	31.8±5.3

七、思考题

1. 琼脂糖凝胶电泳的原理的优缺点是什么？

2. 试比较血清蛋白醋酸纤维素薄膜电泳与预染血清脂蛋白琼脂糖凝胶电泳的原理与方法。

3. 试分析前β-脂蛋白与α-脂蛋白含量改变分别对人体健康的影响。

附录　常用缓冲溶液的配制方法

1. 广范围的缓冲溶液（pH）

pH (18℃)	混合液[①] /ml	0.2mol/L NaOH /ml	pH (18℃)	混合液[①] /ml	0.2mol/L NaOH /ml
2.6	100	2.0	7.4	100	55.8
2.8	100	4.3	7.6	100	58.6
3.0	100	6.4	7.8	100	61.7
3.2	100	8.3	8.0	100	63.7
3.4	100	10.1	8.2	100	65.6
3.6	100	11.8	8.4	100	67.5
3.8	100	13.7	8.6	100	69.3
4.0	100	15.5	8.8	100	71.0
4.2	100	17.6	9.0	100	72.7
4.4	100	19.9	9.2	100	74.2
4.6	100	22.4	9.4	100	75.9
4.8	100	24.8	9.6	100	77.6
5.0	100	27.1	9.8	100	79.3
5.2	100	29.5	10.0	100	80.8
5.4	100	31.8	10.2	100	82.0
5.6	100	34.4	10.4	100	82.9
5.8	100	36.5	10.6	100	83.9
6.0	100	38.9	10.8	100	84.9
6.2	100	41.2	11.0	100	86.0
6.4	100	43.5	11.2	100	87.7
6.6	100	46.0	11.4	100	88.7
6.8	100	48.3	11.6	100	92.0
7.0	100	50.6	11.8	100	95.0
7.2	100	52.9	12.0	100	99.6

① 混合液的配制：6.008g 柠檬酸、3.893g 磷酸二氢钾、1.769g 硼酸和 5.266g 巴比妥酸混合溶于 1000ml 蒸馏水中，上述四种成分在混合液中的浓度均为 0.02875mol/L。

2. 柠檬酸-Na_2HPO_4（Mollvaine）缓冲液，pH 2.6～7.6

pH	0.1mol/L 柠檬酸 X/ml	0.2mol/L Na_2HPO_4 Y/ml	pH	0.1mol/L 柠檬酸 X/ml	0.2mol/L Na_2HPO_4 Y/ml
2.6	89.10	10.90	5.2	46.40	53.60
2.8	84.15	15.85	5.4	44.25	55.75
3.0	79.45	20.55	5.6	42.00	58.00
3.2	75.30	24.70	5.8	39.55	60.45
3.4	71.50	28.50	6.0	36.85	63.15
3.6	67.80	32.20	6.2	33.90	66.10
3.8	64.50	35.50	6.4	30.75	69.25
4.0	61.45	38.55	6.6	27.25	72.75
4.2	58.60	41.40	6.8	22.75	77.25
4.4	55.90	44.10	7.0	17.65	82.35
4.6	53.25	46.75	7.2	13.05	86.95
4.8	50.70	49.30	7.4	9.15	90.85
5.0	48.50	51.50	7.6	6.35	93.65

注：柠檬酸（$C_6H_8O_7 \cdot H_2O$），分子量 210.04，0.1mol/L 溶液含 21.0g/L；

Na_2HPO_4，分子量 141.98，0.2mol/L 溶液含 28.07g/L，或 $Na_2HPO_4 \cdot 2H_2O$ 35.61g/L。

3. 柠檬酸-柠檬酸三钠缓冲液，pH 3.0~6.2

pH	0.1mol/L 柠檬酸 X/ml	0.1mol/L 柠檬酸三钠缓冲液 Y/ml	pH	0.1mol/L 柠檬酸 X/ml	0.1mol/L 柠檬酸三钠缓冲液 Y/ml
3.0	82.0	18.0	4.8	40.0	60.0
3.2	77.5	22.5	5.0	35.0	65.0
3.4	73.0	27.0	5.2	30.5	69.5
3.6	68.5	31.5	5.4	25.5	74.5
3.8	53.5	36.5	5.6	21.0	79.0
4.0	59.0	41.0	5.8	16.0	84.0
4.2	54.0	46.0	6.0	11.5	88.5
4.4	49.5	50.5	6.2	8.0	92.0
4.6	44.5	55.5			

注：柠檬酸（$C_6H_8O_7 \cdot H_2O$），分子量 210.04，0.1mol/L 溶液含 21.01g/L；
柠檬酸三钠（$C_6H_5O_7Na_3 \cdot 2H_2O$），分子量 294.12，0.1mol/L 溶液含 29.41g/L。

4. 醋酸-醋酸钠缓冲液，pH 3.7~5.6

pH(18℃)	0.2mol/L NaAc X/ml	0.2mol/L HAc Y/ml	pH(18℃)	0.2mol/L NaAc X/ml	0.2mol/L HAc Y/ml
3.7	10.0	90.0	4.8	59.0	41.0
3.8	12.0	88.0	5.0	70.0	30.0
4.0	18.0	82.0	5.2	79.0	21.0
4.2	26.5	73.5	5.4	86.0	14.0
4.4	37.0	63.0	5.6	91.0	9.0
4.6	49.0	51.0			

5. 琥珀酸-NaOH 缓冲液，pH 3.8~6.0

pH(25℃)	0.2mol/L NaOH X/ml	pH(25℃)	0.2mol/L NaOH X/ml
3.8	7.5	5.0	26.7
4.0	10.0	5.2	30.3
4.2	13.3	5.4	32.4
4.4	16.7	5.6	27.5
4.6	20.0	5.8	40.7
4.8	23.5	6.0	43.5

注：琥珀酸（$C_4H_6O_4$），分子量 118.09；
0.2mol/L 琥珀酸（23.62g/L）与 X ml 0.2mol/L NaOH，用 H_2O 稀释至 1000ml。

6. Na_2HPO_4-NaH_2PO_4 缓冲液，pH 5.8~8.0（25℃）

pH(25℃)	0.2mol/L Na_2HPO_4 X/ml	0.2mol/L NaH_2PO_4 Y/ml	pH(25℃)	0.2mol/L Na_2HPO_4 X/ml	0.2mol/L NaH_2PO_4 Y/ml
5.8	4.0	46.0	7.0	30.5	19.5
6.0	6.15	43.85	7.2	36.0	14.0
6.2	9.25	40.75	7.4	40.5	9.5
6.4	13.25	36.75	7.6	43.5	6.5
6.6	18.75	31.25	7.8	45.75	4.25
6.8	24.5	25.5	8.0	47.35	2.65

注：$Na_2HPO_4 \cdot 2H_2O$，分子量 178.05，0.2mol/L 溶液含 35.61g/L；
$Na_2HPO_4 \cdot 12H_2O$，分子量 358.22，0.2mol/L 溶液含 71.64g/L；
$Na_2HPO_4 \cdot H_2O$，分子量 138.01，0.2mol/L 溶液含 72.6g/L；
$NaH_2PO_4 \cdot 2H_2O$，分子量 156.03，0.2mol/L 溶液含 31.21g/L；
X ml 0.2mol/L $Na_2HPO_4 \cdot 2H_2O$ 与 Y ml 0.2mol/L NaH_2PO_4，用 H_2O 稀释至 100ml。

7. Clark-Lubs 缓冲液（KH_2PO_4-NaOH），pH 5.8～8.0

pH(25℃)	X/ml	缓冲值(β)①	pH(25℃)	X/ml	缓冲值(β)①
5.80	3.6		7.00	29.1	0.031
5.90	4.6	0.010	7.10	32.1	0.028
6.00	5.6	0.011	7.20	34.7	0.025
6.10	6.8	0.012	7.30	37.0	0.022
6.20	8.1	0.015	7.40	39.1	0.020
6.30	9.7	0.017	7.50	40.9	0.016
6.40	11.6	0.021	7.60	42.4	0.013
6.50	13.9	0.024	7.70	43.5	0.011
6.60	16.4	0.027	7.80	44.5	0.009
6.70	19.3	0.030	7.90	45.3	0.008
6.80	22.4	0.033	8.00	46.1	
6.90	25.9	0.033			

① 缓冲值也叫缓冲容量或缓冲指数，在数值上等于使 1ml 缓冲溶液的 pH 值改变 1 个单位时所必须加入的强碱或强酸的物质的量（通常单位用 mmol）。$\beta=\frac{\Delta b}{\Delta pH}$。

注：50ml 0.1mol/L KH_2PO_4（13.6g/L）与 X ml 0.1mol/L NaOH 混合，用水稀释至 100ml。

8. 三羟甲基甲烷（Tris）-盐酸缓冲液，pH 7.1～8.9（25℃）

pH(25℃)	0.1mol/L HCl X/ml	缓冲值(β)	pH(25℃)	0.1mol/L HCl X/ml	缓冲值(β)
7.10	45.7	0.010	8.10	26.2	0.031
7.20	44.7	0.012	8.20	22.9	0.031
7.30	43.4	0.013	8.30	19.9	0.029
7.40	42.0	0.015	8.40	17.2	0.026
7.50	40.3	0.017	8.50	14.7	0.024
7.60	38.5	0.018	8.60	12.4	0.022
7.70	36.6	0.020	8.70	10.3	0.020
7.80	34.5	0.023	8.80	8.5	0.016
7.90	32.0	0.027	8.90	7.0	0.014
8.00	29.2	0.029			

注：Tris($C_4H_{12}NO_3$)，分子量 121.14，0.1mol/L 溶液含 12.114g/L；
将 50ml 0.1mol/L Tris 与 X ml 0.1mol/L HCl 混合，加 H_2O 稀释至 100ml。

9. Clark-Lubs 缓冲液（硼酸-NaOH，KCl），pH 8.0～10.2

pH(25℃)	X/ml	缓冲值(β)	pH(25℃)	X/ml	缓冲值(β)
8.00	3.9		9.20	26.4	0.029
8.10	4.9	0.010	9.30	29.3	0.028
8.20	6.0	0.011	9.40	32.1	0.027
8.30	7.2	0.013	9.50	34.6	0.024
8.40	8.6	0.015	9.60	36.0	0.022
8.50	10.1	0.016	9.70	38.9	0.019
8.60	11.8	0.018	9.80	40.6	0.016
8.70	13.7	0.020	9.90	42.2	0.015
8.80	15.8	0.022	10.00	43.7	0.014
8.90	18.1	0.025	10.10	45.0	0.013
9.00	20.8	0.027	10.20	46.2	
9.10	23.6	0.028			

注：将 50ml 含 KCl 和 H_3BO_3（均为 0.1mol/L）的溶液（KCl 17.445g/L，H_3BO_3 6.184g/L）与 X ml 0.1mol/L NaOH 混合，用 H_2O 稀释至 100ml。

10. 硼酸缓冲液，pH 8.1～9.0（25℃）

pH(25℃)	0.1mol/L HCl X/ml	缓冲值(β)	pH(25℃)	0.1mol/L HCl X/ml	缓冲值(β)
8.10	19.7	0.009	8.60	13.5	0.018
8.20	18.8	0.010	8.70	11.6	0.020
8.30	17.0	0.011	8.80	9.4	0.023
8.40	16.6	0.012	8.90	7.1	0.024
8.50	15.2	0.015	9.00	4.6	0.026

注：将 50ml 0.025mol/L $Na_2B_4O_7 \cdot 10H_2O$(9.525g/L) 与 X ml 0.1mol/L HCl 混合，用 H_2O 稀释至 100ml。

11. 甘氨酸-NaOH 缓冲液，pH 8.6～10.6（25℃）

pH(25℃)	0.2mol/L NaOH X/ml	pH(25℃)	0.2mol/L NaOH X/ml
8.6	2.0	9.6	11.2
8.8	3.0	9.8	13.6
9.0	4.4	10.0	16.0
9.2	6.0	10.4	19.3
9.4	8.4	10.6	22.75

注：甘氨酸（$C_2H_5NO_2$），分子量 75.07；
将 25ml 0.2mol/L 甘氨酸（15.01g/L）与 X ml 0.2mol/L NaOH 混合，用 H_2O 稀释至 100ml。

12. Na_2CO_3-$NaHCO_3$ 缓冲液

pH		0.1mol/L Na_2CO_3 X/ml	0.1mol/L $NaHCO_3$ Y/ml	pH		0.1mol/L Na_2CO_3 X/ml	0.1mol/L $NaHCO_3$ Y/ml
20℃	37℃			20℃	37℃		
9.2	8.8	10	90	10.1	9.9	60	40
9.4	9.1	20	80	10.3	10.1	70	30
9.5	9.4	30	70	10.5	10.3	80	20
9.8	9.5	40	60	10.8	10.6	90	10
9.9	9.7	50	50				

注：$Na_2CO_3 \cdot 10H_2O$，分子量 286.2，0.1mol/L 溶液含 28.62g/L；
Na_2CO_3，分子量 105.99，0.1mol/L 溶液含 10.6g/L；
$NaHCO_3$，分子量 84，0.1mol/L 溶液含 8.4g/L。

13. 硼酸缓冲液，pH 9.3～10.7（25℃）

pH(25℃)	0.1mol/L NaOH X/ml	缓冲值(β)	pH(25℃)	0.1mol/L NaOH X/ml	缓冲值(β)
9.30	3.6	0.027	10.10	19.5	0.011
9.40	6.2	0.026	10.20	20.5	0.009
9.50	6.8	0.025	10.30	21.5	0.008
9.60	11.1	0.022	10.40	22.1	0.007
9.70	13.1	0.020	10.50	22.7	0.006
9.80	15.0	0.018	10.60	23.3	0.005
9.90	16.7	0.016	10.70	23.8	0.004
10.00	18.3	0.014			

注：将 50ml 0.025mol/L $Na_2B_4O_7 \cdot 10H_2O$（9.52g/L）与 X ml 0.1mol/L NaOH 混合，用 H_2O 稀释至 100ml。

14. 碳酸缓冲液，pH 9.7～10.9（25℃）

pH(25℃)	0.1mol/L NaOH *X*/ml	缓冲值(*β*)	pH(25℃)	0.1mol/L NaOH *X*/ml	缓冲值(*β*)
9.70	6.2	0.013	10.40	16.5	0.013
9.80	7.6	0.014	10.50	17.8	0.013
9.90	9.1	0.015	10.60	19.1	0.012
10.00	10.7	0.016	10.70	20.2	0.010
10.20	13.8	0.015	10.80	21.2	0.009
10.30	15.2	0.014	10.90	22.0	0.008

注：将 50ml 0.5mol/L $NaHCO_3$（4.208g/L）与 *X* ml 0.1mol/L NaOH 混合，用 H_2O 稀释至 100ml。

15. 纸上蛋白质电泳用的几种缓冲液

pH	每升溶液中所含组分	pH	每升溶液中所含组分
4.4	Na_2HPO_4 9.44g	8.6	二乙基巴比妥酸 1.84g
	柠檬酸 10.3g		二乙基巴比妥酸钠 10.30g
4.5	NaCl 3.51g	8.6	二乙基巴比妥酸 2.76g
	NaAc 3.28g		二乙基巴比妥酸钠 15.45g
	（用 HCl 调节至 pH 4.5）	8.6	二乙基巴比妥酸 3.68g
6.5	KH_2PO_4 3.11g		二乙基巴比妥酸钠 20.6g
	Na_2HPO_4 1.49g	8.9	Tris 60.5g
7.8	$NaH_2PO_4 \cdot H_2O$ 0.294g		EDTA 6.0g
	Na_2HPO_4 3.25g		硼酸 4.6g

参考文献

[1] 张洪渊，万海清．生物化学．3版．北京：化学工业出版社，2014．
[2] 吴梧桐．生物化学．6版．北京：人民卫生出版社，2007．
[3] 查锡良．生物化学．7版．北京：人民卫生出版社，2013．
[4] 万福生．生物化学．北京：高等教育出版社，2003．
[5] 潘文干．生物化学．5版．北京：人民卫生出版社，2004．
[6] 黄诒森，张光毅．生物化学与分子生物学．3版．北京：科学出版社，2015．
[7] 赵亚华．基础分子生物学教程．2版．北京：科学出版社，2010．
[8] 黄纯．生物化学．3版．北京：科学出版社，2017．
[9] 刘群良．生物化学．北京：化学工业出版社，2011．